python™ 으로 배우는

# OpenCV 프로그래밍

개정판

김동근 지음

Image Processing and Computer Vision with OpenCV-Python

Matplotlib, Pygame, PyOpenGL, Pillow/PIL, tkinter and PyQt5

KM
- 좋은 책 · 알찬 내용 -
가메출판사

python 으로 배우는
# OpenCV 프로그래밍
개정판

지은이    김동근
펴낸이    이병렬
펴낸곳    도서출판 가메 https://www.kame.co.kr
주소      서울시 마포구 양화로 56, 504호(서교동, 동양한강트레벨)
전화      02-322-8317
팩스      0303-3130-8317
이메일    km@kame.co.kr

등록      제313-2009-264호
발행      2022년 12월 29일 개정판 2쇄 발행
정가      28,000원

ISBN     978-89-8078-310-6

표지/편집디자인   편집디자인팀

# 머리말

OpenCV는 BSD 라이센스를 갖는 오픈소스 컴퓨터 비전 Computer Vision 라이브러리입니다. OpenCV는 C/C++로 구현되었고, 소스가 공개되어있어 사용자가 재빌드 할 수 있으며, 윈도우즈, 리눅스, iOS, 안드로이드 등의 다양한 플랫폼에서 C, C++, Python, JAVA 등의 언어로 사용할 수 있습니다. 이 책은 2021년 11월 현재 최신 파이썬 버전인 opencv-python 4.5.4를 사용합니다.

필자는 그동안 가메출판사에서 C언어, C++언어를 사용한 OpenCV 프로그래밍 관련 책을 출간하였습니다.

## OpenCV Programming/2010년(초판), 2011년(개정판)

C언어 기반의 OpenCV 2.1, 2.2 버전을 사용하여, opencv_core, opencv_highgui, opencv_imgproc 라이브러리 모듈을 중심으로 행렬 CvMat, 영상 IplImage 등의 구조체 struct 자료구조, 간단한 그래픽, 기본연산 함수, 포인트 프로세싱, 공간 필터링, 주파수 필터링, 영상 분할 및 특징검출, 비디오 입출력, 레이블링 등의 기본 영상처리 내용을 다루었습니다.

## OpenCV 컴퓨터 비전 프로그래밍/2014년

C 언어 기반의 OpenCV 2.4.6 버전을 사용하여, opencv_video 라이브러리 모듈의 움직임 검출 및 추적 Motion Detection and Tracking과 opencv_calib3d 라이브러리 모듈의 카메라 캘리브레이션 Camera Calibration 및 스테레오 매칭 Stereo Matching을 중심으로 Zhengyou Zhang의 논문 기반 호모그래피 계산, 호모그래피를 이용한 카메라 캘리브레이션 구현, OpenCV 카메라 캘리브레이션, 스테레오 영상의 에피폴라 및 기반행렬 계산, 깊이 depth 계산 및 재구성 등에 대해 다루었습니다.

C++ API OpenCV 프로그래밍/2015(초판), 2016(개정판)

C++ 클래스 기반의 OpenCV 초판:2.4.10, 3.0.0 버전, 개정판:2.4.13, 3.1.0 버전을 사용하여, Mat, InputArray, OutputArray, InputOutputArray, std::vector, Matx, Vec, Scalar 등의 다양한 클래스를 설명하고, 간단한 그래픽 및 영상파일 입출력, OpenCV 기본연산, 포인트 프로세싱, 이웃을 고려한 공간영역 필터링, 주파수 영역 필터링, 영상 분할, 영상 특징검출, 특징 검출기와 기술자, 영상의 기하학적 변환과 비디오 처리 내용을 다루었습니다.

Python으로 배우는 OpenCV 프로그래밍/2018(초판)

파이썬 기반의 OpenCV-python 3.4.2를 사용하여 영상 및 비디오 입출력, 간단한 그래픽, 이벤트 처리, OpenCV 기본연산, 임계값과 히스토그램처리, 영상 공간 필터링, 영상분할, 영상 특징검출, 디스크립터, 매칭, 비디오 처리, 기계학습을 간단히 다루었습니다.

이 책의 전체구조는 'Python으로 배우는 OpenCV 프로그래밍'의 내용을 기반으로 구성되어 있습니다. 초판의 예제에서 OpenCV가 버전 업 Version Up되면서 발생하는 오류들을 수정하였습니다. 이 책에서 변경된 주요 부분은 다음과 같습니다.

초판의 5장에서 설명된 히스토그램 평활화 알고리즘을 수정하였습니다. 개정판에서 CLAHE Contrast Limited Adaptive Equalization에 의한 히스토그램 평활화를 추가하였습니다,

초판의 9장에서는 특허권이 설정되어 있어 소스 재 빌드가 필요한 SURF 특징 검출 및 디스크립터 부분을 삭제하였습니다.

초판의 11장의 기계학습 부분을 개정하는 과정에서 분량이 너무 많아 삭제하고, 'OpenCV를 이용한 기계학습 딥러닝'을 별도의 책으로 집필하려합니다.

개정판에서는 카메라 캘리브레이션에 대한 내용을 새롭게 추가하고 파이썬의 영상처리 라이브러리인 Pillow/PIL Python Imaging Library와 tkinter, Pygame, PyQt5 등의 GUI를 사용에 대해 설명을 추가하였습니다.

개정판의 구조는 다음과 같습니다.

1장은 영상처리, 컴퓨터 비전, OpenCV의 개요를 설명하고, 파이썬, Numpy, Matplotlib, OpenCV 등을 설치하는 방법을 설명합니다.

2장은 OpenCV로 영상과 비디오를 읽고, 윈도우 화면에 표시하고, 파일로 저장하는 방법에 대하여 설명합니다.

3장은 영상 및 비디오에서 처리 결과를 표시하기 위한 직선, 사각형, 원, 타원, 다각형, 텍스트 등 간단한 그리기 함수와 키보드, 마우스 이벤트 처리 등을 다룹니다.

4장은 영상의 속성과 화소 접근, 관심 영역 ROI, 산술연산, 채널 분리 및 합성 그리고 컬러 변환 등의 OpenCV의 기본연산에 대하여 설명합니다.

5장은 임계값 영상, 히스토그램 처리, 히스토그램 평활화, CLAHE에 대하여 설명합니다.

6장은 입력 영상 화소의 주변 이웃을 고려하여 처리하는 공간영역 영상처리 필터링에 대하여 설명합니다.

7장은 입력 영상에서 에지 검출, 직선 검출, 컬러영역 검출, 윤곽선 검출, 연결 요소 검출 등에 의해 관심 영역을 분리하는 영상분할에 대하여 설명합니다.

8장은 코너 검출, 체스보드 패턴 코너 검출, 모멘트, 모양 관련 특징검출, 모양 매칭, 적분 영상, Haar-like 특징 등 영상 특징검출에 대하여 설명합니다.

9장은 특징 검출기 feature detector로 영상에서 관심 있는 특징점 에지, 코너점, 영역 등을 검출하고, 디스크립터 descriptor로 검출된 특징점 주위의 밝기, 색상, 그래디언트 방향 등의 매칭 정보를 이용한 영상매칭 방법을 설명합니다.

10장은 배경 차영상, 광류, 비디오에서 특징 매칭, meanShift, CamShift, Kalman 필터 등의 비디오에서 움직임 검출 및 추적 방법에 대하여 설명합니다.

11장은 호모그래피 계산, 분해, 카메라 행렬, 카메라의 자세 계산, 비디오에서의 카메라 캘리브레이션, 증강현실 augmented reality, ArUco, ChArUco 마커에 의한 캘리브레이션을 설명합니다.

12장은 파이썬 영상처리 라이브러리인 Pillow Python Imaging Library; PIL를 사용하여 입출력, 크기변환, 가우시안 블러링, 그레이스케일 변환, 에지 영상 등의 영상처리 연산과 OpenCV 영상변환, ImageGrab에 의한 스크린 캡처 동영상 생성 등에 대해 설명합니다. tkinter, Pygame, PyQt5 등의 GUI를 사용하여 OpenCV 영상과 비디오를 윈도우에 표시하는 방법을 설명합니다.

이 책의 독자는 파이썬, Numpy, Matplotlib에 대한 간단한 이해를 필요로 합니다. 파이썬은 초보자에서 전문가에 이르기까지 폭넓게 사용되는 프로그래밍 언어 입니다. 이 책을 공부하면서, 파이썬 기본문법, Numpy, Matplotlib 패키지 등을 함께 공부하면 많은 도움이 될 것 입니다. 끝으로, 책 출판에 수고해 주신 가메 출판사의 관계자 여러분께 감사드리며, 독자 여러분의 영상처리, 컴퓨터 비전 공부에 도움이 되길 바랍니다.

2021년 12월
김동근

# Contents

## Chapter 10 | 비디오 처리

## Chapter 11 | 카메라 캘리브레이션

## Chapter 12 | Pillow/PIL · Tkinter · Pygame · PyQt5

**CHAPTER** **01**

# 시작하기

# 01 영상처리와 컴퓨터 비전

**디지털 영상처리** Digital Image Processing는 컴퓨터를 사용하여 영상 데이터를 다루는 분야이다. 예를 들면 Adobe Photoshop, GNU GIMP 등은 영상처리 응용 SW이다. 영상 잡음제거 Noise Removal, 영상 대비개선 Contrast Enhancement, 관심 영역 Region of Interest의 강조 Emphasizing, 분할 Segmentation, 영상의 파일 압축 Compression 저장, 네트워크 영상 송수신, 비디오 스트리밍 Streaming, 영상의 검색 Retrieval, 분류 Classification, 인식 Recognition 등의 영상을 다루는 모든 분야가 영상처리이다.

**컴퓨터 비전** Computer Vision은 카메라에 의해 캡처된 입력 영상에서 의미 있는 정보를 추출하는 분야로 주로 실시간 Real time 응용을 다룬다. 컴퓨터 비전의 응용 예는 산업 현장에서 자동으로 제품의 결함을 검사 Industrial Inspection하거나, 스캐너 또는 카메라 캡처 영상에서 문자인식 Character Recognition, 얼굴 인식 Face Recognition, 지문인식 Fingerprint Recognition, 사람 또는 자동차 등과 같은 움직이는 물체 검출 Motion Detection 및 물체추적 Object Tracking, 2개 이상의 카메라로부터 캡처한 스테레오 영상을 이용하여 깊이를 계산하거나 3차원 물체의 구조 Structure/Shape를 계산하는 등의 스테레오 비전 Stereo Vision 등이 있다.

영상처리와 컴퓨터 비전은 모두 영상을 다루기 때문에 [그림 1.1]과 같이 많은 내용이 중복되어 경계 구분이 모호하다. 대략적으로 영상처리는 입력 또는 출력이 영상(이미지, 동영상)인 모든 분야를 다룬다. 컴퓨터 비전은 인간의 눈 대신 카메라로 영상을 캡처하고, 인간의 뇌 대신 컴퓨터를 사용하여 영상으로부터 의미있는 정보를 추출하는 분야를 다룬다.

좁은 의미로는 입력 영상의 화질 개선, 잡음 제거, 영역 분할 등의 전처리 Pre-processing 또는 저수준 처리를 영상처리라 하고, 영상

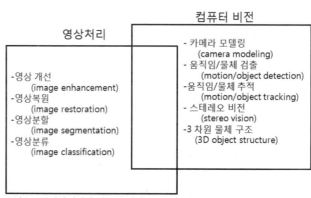

그림 1.1 ◆ 영상처리와 컴퓨터 비전

분석, 추적, 인식 등의 후처리 Postprocessing 또는 고수준 처리를 컴퓨터 비전이라 한다.

의료 영상처리 medical image processing, 위성 영상처리 satellite image processing와 같이 구체적으로 분야를 명시하여 용어를 사용하기도 한다. 신호처리 signal processing, 기계 비전 machine vision, 로봇 비전 robot vision, 패턴인식 pattern recognition, 원격탐사 remote sensing 등은 관련 분야이다. 영상 분류 classification와 인식 recognition은 인공지능 artificial intelligence, 기계학습 machine learning, 딥러닝 deep learning 분야와 밀접한 관련이 있다.

# OpenCV 개요 02

OpenCV Open Source Computer Vision는 영상처리, 컴퓨터 비전, 비디오처리, 기계학습 등을 포함한 라이브러리이다. OpenCV는 BSD Berkeley Software Distribution 라이센스를 따르는 공개 소스이고 교육 및 상업 목적 사용이 모두 무료이다.

OpenCV는 초창기에 Intel에서 C 언어로 개발된 IPL Image Processing Library을 기반으로 만들어졌으며, 현재는 C++로 개발되었다. 2000년에 최초로 일반인에게 공개되었으며, 2021년 11월을 기준으로 OpenCV 4.5.4 버전이 최신 버전이다.

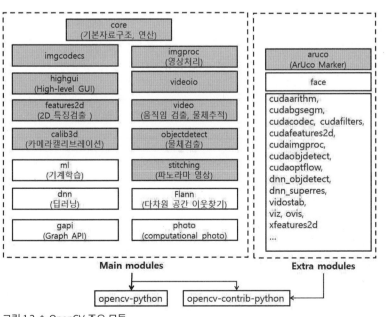

그림 1.2 ◆ OpenCV 주요 모듈

OpenCV는 윈도우즈, 리눅스, 안드로이드, 애플의Mac OS, iOS 등의 다양한 플랫폼에서 사용할 수 있다. OpenCV는 C, C++, Python, JAVA 등의 프로그래밍 인터페이스 API를 제공한다. 이 책에서는 Python을 기반으로하여 OpenCV를 사용한다. [그림 1.2]는 OpenCV의 주요 모듈이다. 진하게 표시된 모듈은 본 교재에서 다루는 모듈이다.

# 03 파이썬·Numpy·Matplotlib·OpenCV 설치

본 교재는 파이썬으로 OpenCV를 사용한다. 파이썬과 OpenCV 모두 매우 빠른 속도로 버전이 변경되고 있다. 여기서는 2021년 11월 기준으로 발표된 최신 버전을 설치한다.

파이썬의 공식 웹 사이트인 https://www.python.org/downloads/에서 "Python 3.10.0-amd64.exe"(64비트)를 다운로드한다. [그림 1.3]과 같은 설치화면에서 체크박스를 선택하고, [Install Now] 링크를 클릭하여 파이썬을 설치한다.

그림 1.3 ◆ 파이썬 3.10.0(64비트) 설치

[그림 1.4]와 같이 윈도우즈 명령 cmd 창에서, 파이썬 소프트웨어 패키지를 설치하는 응용 프로그램인 "pip"를 사용하여 필요한 패키지를 설치한다. 앞서 설치한 'Python 3.10.0'에 맞는 버전의 패키지가 설치된다. pafy, youtube_dl, pygame 등의 패키지는 필요에 따라 추가로 설치한다. numpy 버전이 충돌할 경우 "pip install numpy --upgrade" 명령을 실행하여 numpy 패키지를 업그레이드한다.

opencv-python은 OpenCV의 메인 모듈을 포함하고, opencv-contrib-python은 메인 모듈과 Extras 모듈을 포함한다. 여기서는 opencv-contrib-python을 설치한다. open-contrib-python을 설치할 때 numpy는 자동으로 설치된다.

```
C:\> pip install opencv-contrib-python
C:\> pip install matplotlib
C:\> pip install pafy youtube_dl pygame
```

그림 1.4 ◆ pip를 이용한 패키지 설치

[그림 1.5]는 파이썬 IDLE에서 패키지를 임포트하여 설치된 패키지의 버전을 확인한 결과이다.

```
IDLE Shell 3.10.0                                                    −  □  ×
File  Edit  Shell  Debug  Options  Window  Help
Python 3.10.0 (tags/v3.10.0:b494f59, Oct  4 2021, 19:00:18) [MSC v.1929
64 bit (AMD64)] on win32
Type "help", "copyright", "credits" or "license()" for more information.
>>> import cv2
>>> cv2.__version__
'4.5.4-dev'
>>> import numpy as np
>>> np.__version__
'1.21.3'
>>> import matplotlib as mlp
>>> mlp.__version__
'3.4.3'
>>> import pafy
>>> pafy.__version__
'0.5.5'
>>> import pygame
pygame 2.0.2 (SDL 2.0.16, Python 3.10.0)
Hello from the pygame community. https://www.pygame.org/contribute.html
>>> pygame.__version__
'2.0.2'
                                                              Ln: 20  Col: 0
```

그림 1.5 ◆ IDLE에서 패키지 임포트 및 버전 확인

# CHAPTER 02

# 영상 및 비디오 입출력

이 장에서는 파이썬에서 OpenCV로 영상 파일을 읽고, 윈도우 화면에 표시하고, 파일로 저장하는 방법에 대하여 설명한다. 앞으로 설명할 python OpenCV의 함수 형식에서 인수를 표기할 때 사용된 대괄호 [ ]는 생략 가능한 옵션을 나타내고, 화살표 →는 함수의 반환 값을 표현한다. 반환 값이 None이거나 큰 의미가 없는 경우는 설명을 생략한다.

# 01 영상 입출력과 디스플레이

[표 2.1]은 영상을 입출력하고 디스플레이하는 함수이다. cv2.imread()는 영상 파일을 읽고, cv2.imwrite()는 영상을 파일로 저장한다. namedWindow()는 화면에 윈도우를 생성하고, cv2.imshow()는 영상을 윈도우에 표시한다. cv2.waitKey()는 키보드 입력을 받고, cv2.destroyAllWindows()는 모든 윈도우를 파괴한다. 다양한 2D 그래프를 표시하는 matplotlib를 사용하여 영상을 윈도우에 표시할 수 있다.

[표 2.1] 영상 입출력과 디스플레이 함수

| 함수 | 비고 |
|---|---|
| cv2.imread(filename[, flags]) → retval | 영상 입력 |
| cv2.imwrite(filename, img[, params]) → retval | 영상 파일 출력 |
| cv2.namedWindow(winname[, flags]) | 윈도우 생성 |
| cv2.imshow(winname, mat) | 윈도우 표시 |
| cv2.waitKey([, delay]) → retval | 키보드 입력 대기 |
| cv2.destroyWindow(winname) | 윈도우 파괴 |
| cv2.destroyAllWindows() | 모든 윈도우 파괴 |

1 cv2.imread()는 첫 번째 인수인 filename의 BMP, JPEG, PNG, TIFF 등의 영상 파일을 numpy.ndarray의 배열로 읽어 반환한다. 읽기에 실패하면 None을 반환한다. 두 번째 인수인 flags는 cv2.IMREAD_COLOR 디폴트, cv2.IMREAD_GRAYSCALE, cv2.IMREAD_UNCHANGED 등의 읽기 옵션이다. cv2.IMREAD_UNCHANGED는 Alpha 채널을 포함하여 읽는다.

2 cv2.imwrite()는 numpy.ndarray의 배열 img를 filename의 영상 파일로 저장한다. 파일의 확장자에 의해 영상포맷이 결정된다. params는 압축 관련 인수로 생략할 수 있다.

**3** cv2.namedWindow()는 winname의 타이틀 이름을 갖는 윈도우를 생성한다. flags는 cv2.WINDOW_AUTOSIZE 크기고정, 디폴트, cv2.WINDOW_NORMAL이 있다.

**4** cv2.imshow()는 winname 윈도우에 영상 mat를 표시한다. winname 윈도우가 없으면 생성한다.

**5** cv2.waitKey()는 키보드 입력을 위해 delay 밀리초 milli second만큼 대기한다. delay = 0 디폴트이면 키보드 입력이 있을 때까지 무한대기하여, 윈도우가 없어지지 않게 한다. 키보드에서 누른 키에 대한 코드를 반환한다. 지정된 시간에 키를 누르지 않으면 −1을 반환한다.

**6** destroyWindow()는 인수로 주어진 winname 윈도우만 파괴하고, 인수가 없는 destroyAllWindows()는 모든 윈도우를 파괴한다.

---

**예제 2.1** | **영상 파일 읽기 및 화면표시**

```
01 # 0201.py
02 import cv2
03 import numpy as np
04
05 imageFile = './data/lena.jpg'
06 img  = cv2.imread(imageFile)    # cv2.IMREAD_COLOR
07 img2 = cv2.imread(imageFile, 0) # cv2.IMREAD_GRAYSCALE
08
09 ##encode_img = np.fromfile(imageFile, np.uint8)
10 ##img = cv2.imdecode(encode_img, cv2.IMREAD_UNCHANGED)
11
12 cv2.imshow('Lena color',img)
13 cv2.imshow('Lena grayscale',img2)
14
15 cv2.waitKey()
16 cv2.destroyAllWindows()
```

**프로그램 설명**

① 파이썬에서 OpenCV를 사용하기 위해 cv2를 임포트한다. OpenCV 함수는 cv2를 이용하여 접근한다.

② imageFile 파일을 cv2.imread() 함수를 이용하여 컬러 영상으로 img에 읽는다. cv2. imread(imageFile, cv2.IMREAD_COLOR)와 같다. img의 자료형은 'numpy.ndarray'이고,

img.shape은 (512, 512, 3)으로 512×512 크기의 3채널 컬러 영상이다. 영상의 채널 순서는 BGR 순서이다

③ imageFile 파일을 cv2.imread() 함수를 이용하여 그레이스케일 영상으로 img2에 읽는다. img2.shape은 (512, 512)로 1채널 그레이스케일 영상이다.

④ 파일경로 문자열에 한글이 있으면 먼저 np.fromfile()로 바이너리로 encode_img에 읽고, cv2.imdecode()로 디코드하여 영상을 읽는다.

⑤ cv2.imshow() 함수를 이용하여 img 영상을 윈도우 'Lena color'에 표시하고, img2 영상을 윈도우 'Lena grayscale'에 표시한다.

⑥ cv2.waitKey()는 delay = 0으로 키보드 입력이 있을 때까지 무한 대기시켜, 윈도우를 계속 화면에 표시한다. 윈도우가 포커스 받은 상태에서 키보드를 임의의 키를 터치하면 cv2.destroyAllWindows() 함수로 윈도우를 파괴한다. [그림 2.1]은 실행 결과이다.

(a) cv2.IMREAD_COLOR          (b) cv2.IMREAD_GRAYSCALE

그림 2.1 ◆ [예제 2.1]의 실행 결과

---

**예제 2.2 | 영상 파일 저장**

```
01  # 0202.py
02  import cv2
03
04  imageFile = './data/lena.jpg'
05  img = cv2.imread(imageFile)
06  # img = cv2.imread(imageFile, cv2.IMREAD_COLOR)
07
08  cv2.imwrite('./data/Lena.bmp', img)
09  cv2.imwrite('./data/Lena.png', img)
10  cv2.imwrite('./data/Lena2.png', img,
11           [cv2.IMWRITE_PNG_COMPRESSION, 9])
```

```
12  cv2.imwrite('./data/Lena2.jpg', img,
13           [cv2.IMWRITE_JPEG_QUALITY, 90])
```

**프로그램 설명**

① img 영상을 data 폴더에 'Lena.bmp', 'Lena.png', 'Lena2.png', 'Lena2.jpg' 파일로 저장한다.

② cv2.imwrite() 함수에서 세 번째 인수인 리스트 [cv2.IMWRITE_PNG_COMPRESSION, 9]는 img를 압축률 9의 PNG 영상으로 'Lena2.png' 파일에 저장한다. 압축률은 [0, 9]이며 압축률이 높을수록 시간이 오래 걸린다. 디폴트는 3이다.

③ cv2.imwrite() 함수에서 세 번째 인수인 리스트 [cv2.IMWRITE_JPEG_QUALITY, 90]은 img를 90%의 품질을 갖는 JPEG 영상으로 'Lena2.jpg' 파일에 저장한다. 품질의 범위는 [0, 100]이며 높을수록 영상의 품질이 좋다. 디폴트는 95이다.

| 예제 2.3 | Matplotlib 1: 컬러 영상 표시 |

```
01  # 0203.py
02  import cv2
03  from matplotlib import pyplot as plt
04
05  imageFile = './data/lena.jpg'
06  imgBGR = cv2.imread(imageFile)          # cv2.IMREAD_COLOR
07  plt.axis('off')
08  #plt.imshow(imgBGR)
09  #plt.show()
10
11  imgRGB = cv2.cvtColor(imgBGR,cv2.COLOR_BGR2RGB)
12  plt.imshow(imgRGB)
13
14  plt.show()
```

**프로그램 설명**

① matplotlib 패키지에서 pyplot를 plt 이름으로 임포트한다.

② plt.axis('off')는 X, Y 축을 표시하지 않는다.

③ OpenCV로 읽은 컬러 영상 imgBGR의 채널 순서 BGR을 cvtColor()로 RGB 채널 순서로 변경한다. OpenCV는 컬러 영상을 BGR 채널 순서로 처리하고, Matplotlib는 RGB 채널 순서로 처리하기 때문이다.

④ plt.imshow(imgRGB)는 imgRGB를 출력하고, plt.show()는 윈도우에 [그림 2.2]와 같이 표시한다. plt.imshow(imgBGR)는 영상의 채널 순서 때문에 영상의 컬러가 다르게 표시된다.

그림 2.2 ◆ Matplotlib 컬러 영상: 채널순서 RGB

---

**예제 2.4** | Matplotlib 2: 그레이스케일 영상 표시

```
01  # 0204.py
02  import cv2
03  from matplotlib import pyplot as plt
04
05  imageFile = './data/lena.jpg'
06  imgGray = cv2.imread(imageFile, cv2.IMREAD_GRAYSCALE)
07  plt.axis('off')
08
09  plt.imshow(imgGray, cmap = "gray", interpolation = 'bicubic')
10
11  plt.show()
```

**프로그램 설명**

① imgGray = imread(imageFile, cv2.IMREAD_GRAYSCALE)은 그레이스케일로 영상을 읽어 imgGray에 할당한다. 컬러 영상으로 읽어 cvtColor() 함수를 이용하여 그레이스케일 영상으로 변경할 수도 있다.

② plt.imshow(imgGray, cmap = 'gray', interpolation = 'bicubic')는 imgGray 영상을 'gray' 컬러맵 cmap, 'bicubic'으로 보간하여 [그림 2.3]과 같이 표시한다.

그림 2.3 ◆ Matplotlib 그레이스케일 영상

**예제 2.5** | Matplotlib 3: 여백 조정 및 영상저장

```
01  # 0205.py
02  import cv2
03  from   matplotlib import pyplot as plt
04
05  imageFile = './data/lena.jpg'
06  imgGray = cv2.imread(imageFile, cv2.IMREAD_GRAYSCALE)
07
08  plt.figure(figsize = (6, 6))
09
10  plt.subplots_adjust(left = 0, right = 1, bottom = 0, top = 1)
11  plt.imshow(imgGray, cmap = 'gray')
12
13  ##plt.axis('tight')
14  plt.axis('off')
15  plt.savefig('./data/0205.png')
16  plt.show()
```

**프로그램 설명**

① plt.figure(figsize = (6, 6))으로 크기를 (6인치, 6인치)로 설정한다.

② plt.subplots_adjust(left = 0, right = 1, bottom = 0, top = 1)는 영상 출력 범위를 좌우를 [0, 1], 위아래를 [0, 1]로 조정한다. 범위는 left < right와 bottom < top이어야 한다.

③ plt.imshow()로 imgGray 영상을 cmap = 'gray'로 그레이스케일로 [그림 2.4]와 같이 화면에 표시한다. plt.axis('off')로 축을 없애고, plt.savefig()로 영상을 '0205.png' 파일에 저장한다.

그림 2.4 ◆ Matplotlib 그레이스케일 영상에서 여백 제거

**예제 2.6** | Matplotlib 4: 서브플롯에 영상 표시

```
01 # 0206.py
02 import cv2
03 from   matplotlib import pyplot as plt
04
05 path = './data/'
06 imgBGR1 = cv2.imread(path + 'lena.jpg')
07 imgBGR2 = cv2.imread(path + 'apple.jpg')
08 imgBGR3 = cv2.imread(path + 'baboon.jpg')
09 imgBGR4 = cv2.imread(path + 'orange.jpg')
10
11 # 컬러 변환: BGR -> RGB
12 imgRGB1 = cv2.cvtColor(imgBGR1, cv2.COLOR_BGR2RGB)
13 imgRGB2 = cv2.cvtColor(imgBGR2, cv2.COLOR_BGR2RGB)
14 imgRGB3 = cv2.cvtColor(imgBGR3, cv2.COLOR_BGR2RGB)
15 imgRGB4 = cv2.cvtColor(imgBGR4, cv2.COLOR_BGR2RGB)
16
17 fig, ax = plt.subplots(2, 2, figsize = (10, 10), sharey = True)
18 fig.canvas.manager.set_window_title('Sample Pictures')
19
20 ax[0][0].axis('off')
21 ax[0][0].imshow(imgRGB1, aspect = 'auto')
22
23 ax[0][1].axis('off')
24 ax[0][1].imshow(imgRGB2, aspect = 'auto')
25
26 ax[1][0].axis("off")
27 ax[1][0].imshow(imgRGB3, aspect = 'auto')
28
29 ax[1][1].axis("off")
30 ax[1][1].imshow(imgRGB4, aspect = 'auto')
31
32 plt.subplots_adjust(left = 0, bottom = 0,
33                     right = 1, top = 1,
34                     wspace = 0.05, hspace = 0.05)
35
36 plt.savefig("./data/0206.png", bbox_inches = 'tight')
37 plt.show()
```

**프로그램 설명**

① cv2.imread() 함수로 'lena.jpg', 'apple.jpg', 'baboon.jpg', 'orange.jpg' 파일을 imgBGR1, imgBGR2, imgBGR3, imgBGR4에 읽는다.

② imgRGB1, imgRGB2, imgRGB3, imgRGB4의 영상을 cvtColor() 함수로 BGR 채널에서
RGB 채널의 영상으로 변환한다.

③ fig.canvas.manager.set_window_title()는 Figure 객체 fig를 이용하여 윈도우 타이틀을
'Sample Pictures'로 변경한다.

④ 2×2 서브플롯을 figsize = (10, 10) 크기로 ax에 생성한다. axis('off')로 좌표축을 없애고,
imshow()에서 aspect = 'auto'로 설정하여 영상을 출력한다. 4개의 서브플롯의 배치는
위에서 아래, 왼쪽에서 오른쪽으로 배치하여 ax[0][0]은 왼쪽-위, ax[1][1]은 오른쪽-아래에
배치한다. plt.subplots_adjust()를 사용하여 그림의 크기를 left = 0, bottom = 0, right = 1,
top = 1로 설정하고, 서브플롯 사이의 가로세로 여백을 wspace = 0.05, hspace = 0.05로
조정한다. [그림 2.5]는 4개의 서브플롯에 영상 표시한 결과이다.

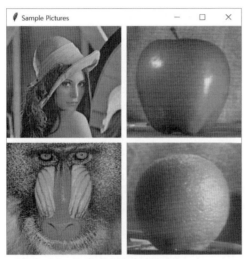

그림 2.5 ◆ Matplotlib를 이용한 다중 영상 표시

# 비디오 프레임 캡처와 화면표시 02

이 절에서는 비디오 파일 또는 컴퓨터에 연결된 카메라로부터 비디오 프레임을 캡처하고,
윈도우 화면에 표시하는 방법에 대하여 설명한다. 비디오 캡처는 아날로그 비디오를 디지털
비디오로 변환하는 과정이다. 프레임 Frame은 비디오에서 캡처한 한 장의 영상이다. 비디오는
이러한 프레임들의 연속 시퀀스이다.

비디오는 압축 알고리즘으로 인코딩되어 있어 코덱으로 디코딩해야 한 장의 프레임을 얻을 수 있다. [표 2.2]는 비디오 프레임 캡처와 화면표시 함수이다. VideoCapture()로 비디오 파일 또는 카메라를 개방하고, while 문에 의한 반복문에서 VideoCapture.read() 함수로 프레임을 한 장씩 캡처하여 영상 프레임을 처리하고, 윈도우 화면에 표시한다. 반복문 내에서 비디오 프레임을 얻을 수 없거나, 키보드 Esc 등에 의한 중단 요청이 있는 경우 반복문을 탈출하여 종료한다.

[표 2.2] 비디오 프레임 캡처와 화면표시 함

| 함수 | 비고 |
|---|---|
| cv2.VideoCapture() → <VideoCapture object><br>cv2.VideoCapture(filename) → <VideoCapture object><br>cv2.VideoCapture(device) → <VideoCapture object> | 비디오 획득 객체 생성 |
| cv2.VideoCapture.read([image]) → retval, image | 프레임 획득 |
| cv2.VideoCapture.grab() → retval | 프레임 감지 |
| cv2.VideoCapture.retrieve([image[, channel]]) → retval, image | 프레임 획득 |
| cv2.VideoCapture.release() | 비디오 획득 객체 해제 |
| cv2.VideoCapture.get(propId) → retval | 비디오 특성 얻기 |
| cv2.VideoCapture.set(propId, value) → retval | 비디오 특성 설정 |

1 cv2.VideoCapture()는 비디오 파일 filename 또는 카메라 번호 device로부터 VideoCapture 객체를 생성하여 반환한다. 장치번호는 카메라가 한 개면 0이고, 두 개이면 0, 1로 번호를 지정한다. 파일명 또는 장치번호 명시 없이 VideoCapture()로 생성한 경우는 VideoCapture.open(filename) 또는 VideoCapture.open(device)로 비디오를 개방한다. VideoCapture.isOpened()를 사용하면 비디오 객체가 개방되었는지를 확인할 수 있다.

2 cv2.VideoCapture.read()는 개방된 VideoCapture 객체로부터 다음 비디오 프레임을 잡아서 grab 디코딩하여 프레임을 반환한다. VideoCapture.grab()과 VideoCapture.retrieve()를 모두 수행한 결과로 대부분의 비디오 프레임 캡처를 위해서 VideoCapture.read()를 사용한다. 프레임 캡처에 성공하면 retval는 True이고, 실패하면 False이다.

3 cv2.VideoCapture.grab()은 개방된 VideoCapture 객체에서 다음 프레임을 잡기

grab 위해 사용한다. 프레임을 캡처하기 위해서는 VideoCapture.retrieve()를 사용한다.
여러 대의 카메라 스테레오 카메라, Kinect 등에서 동기화를 목적으로 사용한다.

**4** cv2.VideoCapture.retrieve()는 VideoCapture.grab()에 의해 잡힌 영상을 디코딩
하여 image로 반환한다. 프레임을 캡처하면 retval는 True이고, 실패하면 False이다.

**5** cv2.VideoCapture.release()는 개방된 VideoCapture 객체를 해제하여 닫는다.

**6** cv2.VideoCapture.get()은 개방된 VideoCapture 객체의 특성을 실수로 반환한다.
[표 2.3]은 주요 property_id 상수이다. 비디오 파일에서 프레임 속도, 총 프레임 수 등이
올바르게 설정되지 않은 값이 있을 수 있다.

**7** cv2.VideoCapture.set()는 개방된 VideoCapture 객체의 propId 특성을 value로
설정한다. 설정의 성공 여부를 참, 거짓으로 반환한다.

[표 2.3] property_id 주요 상수

| property_id | 설명 |
| --- | --- |
| cv2.CAP_PROP_POS_MSEC | 밀리초 milliseconds로 현재 위치 |
| cv2.CAP_PROP_POS_FRAMES | 캡처될 프레임 번호 |
| cv2.CAP_PROP_FRAME_WIDTH | 비디오 프레임의 가로 크기 |
| cv2.CAP_PROP_FRAME_HEIGHT | 비디오 프레임의 세로 크기 |
| cv2.CAP_PROP_FPS | 프레임 속도 |
| cv2.CAP_PROP_FOURCC | 코덱의 4 문자 |
| cv2.CAP_PROP_FRAME_COUNT | 비디오 파일에서 총 프레임 수 |
| cv2.CAP_PROP_CONVERT_RGB | 영상이 RGB로 변환해야 하는지 여부 |
| cv2.CAP_PROP_FORMAT | 캡처된 영상 포맷 |
| CV_CAP_PROP_BRIGHTNESS | 카메라에서 영상의 밝기 |
| CV_CAP_PROP_CONTRAST | 카메라에서 영상의 대비 |
| CV_CAP_PROP_SATURATION | 카메라에서 영상의 포화도 |
| CV_CAP_PROP_HUE | 카메라에서 영상의 채도 |
| CV_CAP_PROP_GAIN | 카메라에서 영상의 Gain |
| CV_CAP_PROP_EXPOSURE | 카메라에서 영상의 노출 |

| 예제 2.7 | 비디오 캡처와 화면표시 1 |
|---|---|

```
01 # 0207.py
02 import cv2
03
04 cap = cv2.VideoCapture(0)            # 0번 카메라
05
06 ##cap = cv2.VideoCapture('./data/vtest.avi')
07 ##cap.set(cv2.CAP_PROP_FRAME_WIDTH, 320)
08 ##cap.set(cv2.CAP_PROP_FRAME_HEIGHT, 240)
09
10 frame_size = (int(cap.get(cv2.CAP_PROP_FRAME_WIDTH)),
11               int(cap.get(cv2.CAP_PROP_FRAME_HEIGHT)))
12 print('frame_size =', frame_size)
13
14 while True:
15
16     retval, frame = cap.read()       # 프레임 캡처
17
18     if not retval:
19         break
20
21     cv2.imshow('frame',frame)
22
23     key = cv2.waitKey(25)
24     if key == 27:                     # Esc
25         break
26 if cap.isOpened():
27     cap.release()
28 cv2.destroyAllWindows()
```

### 프로그램 설명

① 0번 카메라에 대한 VideoCapture 객체 cap를 생성한다. 비디오 파일 'vtest.avi'로부터 VideoCapture 객체를 생성할 수도 있다.

② cap.get()으로 비디오 프레임의 가로, 세로 크기 속성을 읽어 정수로 변환하여 frame_size에 할당한다. 비디오 파일 'vtest.avi'은 frame_size = (768, 576)이다. 카메라의 경우 cap.set()으로 비디오 프레임의 가로, 세로 크기 속성을 변경할 수 있다. 속성은 카메라의 성능에 의존한다.

③ 무한 반복하는 while 문에서 retval, frame = cap.read()로 비디오 프레임을 frame에 캡처한다. 프레임 캡처에 실패 retval = False하면, break 문에 의해 비디오 프레임 캡처를 중지시키기 위하여 반복을 중단한다. 프레임을 캡처 retval = True하면, imshow()로 'frame' 윈도우에 입력 비디오 프레임 frame을 표시한다. 25/1000초 대기시간을 갖고, 키보드로부터

입력된 key가 Esc이면 while 문을 탈출하여, 비디오 객체 cap을 해제한 뒤에 모든 윈도우를
파괴하고 프로그램을 종료한다.

④ [그림 2.6](a)는 카메라로부터, [그림 2.6] (b)는 비디오 파일로부터 캡처하여 표시한 결과이다.

| (a) cv2.VideoCapture(0) | (b) cv2.VideoCapture('./data/vtest.avi') |

그림 2.6 ◆ 비디오 캡처와 디스플레이

**예제 2.8** | 비디오 입력과 화면표시 2: 안드로이드 스마트 폰

```python
01 # 0208.py
02 import cv2
03
04 # droid cam
05 cap = cv2.VideoCapture('http://172.30.1.18:4747/mjpegfeed')
06
07 ##cap = cv2.VideoCapture('http://172.30.1.18:4747/mjpegfeed?640x480')
08 ##cap = cv2.VideoCapture('http://172.30.1.18:8080/video')   # IP Webcam
09
10 frame_size = (int(cap.get(cv2.CAP_PROP_FRAME_WIDTH)),
11               int(cap.get(cv2.CAP_PROP_FRAME_HEIGHT)))
12 print('frame_size =', frame_size)
13
14 while True:
15     retval, frame = cap.read()           # 프레임 캡처
16     if not retval:
17         break
18
19     cv2.imshow('frame', frame)
20
21     key = cv2.waitKey(25)
22     if key == 27: # Esc
23         break
24 if cap.isOpened():
25     cap.release()
26 cv2.destroyAllWindows()
```

**프로그램 설명**

① 안드로이드 스마트 폰에 [그림 2.7]의 무료 'DroidCam' 앱을 설치한다.

② 스마트 폰에서 'DroidCam' 앱을 실행하고 보이는 와이파이 IP, 포트 번호, 'mjpegfeed'를 사용하는 문자열로 VideoCapture 객체 cap를 생성한다.

③ 와이파이 IP, 포트 번호는 스마트 폰 및 와이파이 환경에 따라 다르고, 'mjpegfeed' 문자열은 앱에 따라 다를 수 있다. 'IP Webcam' 앱은 'video' 문자열을 사용한다. OpenCV는 일반 네트워크 카메라도 비슷하게 접속한다.

그림 2.7 ◆ WIFI용 DroidCam 앱 설치

---

**예제 2.9** | 비디오 입력과 화면표시 3: 유튜브 동영상

```
01  # 0209.py
02  '''
03   pip install youtube_dl
04   pip install pafy
05  '''
06  import cv2, pafy
07  url = 'https://www.youtube.com/watch?v=u_Q7Dkl7AIk'
08  video = pafy.new(url)
09
10  print('title = ', video.title)
11  print('video.rating = ', video.rating)
12  print('video.duration = ', video.duration)
13
14  best = video.getbest()          # video.getbest(preftype = 'mp4')
15
16  print('best.resolution', best.resolution)
17
18  cap = cv2.VideoCapture(best.url)
19
```

```
20 while(True):
21     retval, frame = cap.read()
22     if not retval:
23         break
24     cv2.imshow('frame',frame)
25
26     gray = cv2.cvtColor(frame, cv2.COLOR_BGR2GRAY)
27     edges = cv2.Canny(gray,100,200)
28     cv2.imshow('edges',edges)
29     key = cv2.waitKey(25)
30     if key == 27:              # Esc
31         break
32 cv2.destroyAllWindows()
```

**프로그램 설명**

① pip 명령을 이용하여 유투브 동영상을 다운로드하는 기능이 있는 youtube_dl, pafy 패키지를 설치한다.

② pafy 내부에서 youtube_dl를 사용한다. pafy를 임포트하고 pafy.new()로 유투브 url의 video 객체를 생성한다. 제목 $^{video.title}$, 등급 $^{video.rating}$, 재생시간 $^{video.duration}$ 등의 메타 데이터를 출력할 수 있다.

③ video.getbest()로 최적의 비디오 파일양식 정보를 best에 저장하고, best.url을 이용하여 VideoCapture 객체 cap를 생성한다.

④ cap.read()로 비디오 프레임 frame을 캡처하여 창에 표시하고, cv2.cvtColor()로 그레이 스케일로 변환하고, cv2.Canny()로 에지를 검출하여 창에 표시한다.

# 비디오 파일 녹화 03

[표 2.4]는 비디오 파일 녹화를 위한 함수이다. 비디오 파일과 관련된 VideoWriter 객체를 생성하고, 영상 프레임을 write() 함수로 비디오 파일에 출력하여 녹화한다.

[표 2.4] 비디오 파일 녹화 함수

| 함수 | 비고 |
|------|------|
| cv2.VideoWriter([filename, fourcc, fps, frameSize[, isColor]]) → <VideoWriter object> | 비디오 출력 객체 생성 |
| cv2.VideoWriter.write(image) | 비디오 파일에 이미지 출력 |
| cv2.VideoWriter.release() | 비디오 출력 객체 해제 |

**1** cv2.VideoWriter()는 VideoWriter 객체를 생성하여 반환한다. filename은 비디오 파일의 이름이고, fourcc는 비디오 코덱을 위한 4-문자이다. 코덱 문자는 http://www. fourcc.org/codecs.php에 있으며, [표 2.5]는 주요 코덱 문자이다. VideoWriter_fourcc(*'DIVX')는 VideoWriter_fourcc('D', 'I', 'V', 'X')와 같다. fourcc = -1이면, 압축 코덱 선택 대화상자가 나타난다. fps는 프레임 속도, frameSize는 프레임의 크기, isColor = True이면 컬러 비디오, isColor = False이면 그레이스케일 비디오이다. VideoWriter 객체만 생성된 경우 VideoWriter.open()으로 비디오를 개방할 수 있다. VideoWriter.isOpened()로 개방 여부를 확인할 수 있다.

[표 2.5] 주요 fourcc 비디오 코덱 문자

| fourcc | 코덱 |
|---|---|
| cv2.VideoWriter_fourcc(*'PIM1') | MPEG-1 |
| cv2.VideoWriter_fourcc(*'MJPG') | Motion-JPEG |
| cv2.VideoWriter_fourcc(*'DIVX') | DIVX 4.0 이후 버전 |
| cv2.VideoWriter_fourcc(*'XVID') | XVID, MPEG-4 |
| cv2.VideoWriter_fourcc(*'MPEG') | MPEG |
| cv2.VideoWriter_fourcc(*'X264') | H.264/AVC |

**2** cv2.VideoWriter.write()는 개방된 VideoWriter 객체에 image를 출력한다. 주의할 것은 image의 크기는 VideoWriter 객체를 생성할 때 명시한 프레임 크기인 frameSize와 같아야 한다.

**3** cv2.VideoWriter.release()는 개방된 VideoWriter 객체를 해제하여 닫는다.

**예제 2.10 | 비디오 파일 저장**

```
01  # 0210.py
02  import cv2
03
04  cap = cv2.VideoCapture(0)        #0번 카메라
05  frame_size = (int(cap.get(cv2.CAP_PROP_FRAME_WIDTH)),
06              int(cap.get(cv2.CAP_PROP_FRAME_HEIGHT)))
07  print('frame_size =', frame_size)
08
09  #fourcc = cv2.VideoWriter_fourcc(*'DIVX')  # ('D', 'I', 'V', 'X')
10  fourcc = cv2.VideoWriter_fourcc(*'XVID')
```

```
11
12  out1 = cv2.VideoWriter('./data/record0.mp4',
13                          fourcc, 20.0, frame_size)
14  out2 = cv2.VideoWriter('./data/record1.mp4',
15                          fourcc, 20.0, frame_size,
16                          isColor = False)
17
18  while True:
19      retval, frame = cap.read()
20      if not retval:
21          break
22
23      out1.write(frame)
24
25      gray = cv2.cvtColor(frame, cv2.COLOR_BGR2GRAY)
26
27      out2.write(gray)
28
29      cv2.imshow('frame', frame)
30      cv2.imshow('gray', gray)
31
32      key = cv2.waitKey(25)
33      if key == 27:
34          break
35  cap.release()
36  out1.release()
37  out2.release()
38  cv2.destroyAllWindows()
```

**프로그램 설명**

① 0번 카메라에 대한 VideoCapture 객체 cap을 생성한다.

② VideoWriter_fourcc(*'XVID')로 비디오 출력을 위한 코덱을 4-문자로 fourcc에 생성한다.

③ 비디오 파일 'record0.mp4', 코덱 $^{fourcc}$, 프레임 속도 $^{fps}$ 20.0, 프레임 크기 $^{frame\_size}$, 컬러 영상 여부 isColor = True로 설정하여 컬러 비디오 VideoWriter 객체 out1을 생성한다. 비디오 파일 'record1.mp4', 코덱 $^{fourcc}$, 프레임속도 $^{fps}$ 20.0, 프레임 크기 $^{frame\_size}$, 컬러 영상 여부 isColor = False로 설정하여 그레이스케일 비디오 VideoWriter 객체 out2를 생성한다.

④ 무한 반복하는 while 문에서 retval, frame = cap.read()로 비디오 프레임을 캡처하고, out1.write(frame)로 frame을 out1 객체에 출력하고, cvtColor()로 입력 비디오 프레임을 그레이스케일 영상으로 gray에 변환하고, out2.write(gray)로 gray를 out2 객체에 출력한다. imshow()로 'frame' 윈도우에 입력 비디오 프레임 frame을 표시한 뒤에 25/1000초 대기시간을 갖고, 키보드 입력이 Esc 이면 while 문을 탈출하여 cap, out1, out2 비디오 객체를 해제하고, 모든 윈도우를 파괴하고 프로그램을 종료한다.

# 04 matplotlib 비디오 디스플레이

matplotlib를 사용하여 캡처한 비디오 프레임을 화면에 표시할 수 있다. 반복문에서 프레임을 캡처하여 처리할 때는 윈도우가 그림을 표시할 때마다 멈추는 것을 방지하기 위하여 plt.ion()으로 대화 모드 Interactive로 설정하고, 빠른 처리를 위하여 AxesImage.set_array()로 영상을 교체하고, fig.canvas.draw()로 캔버스를 다시 그리고, fig.canvas.flush_events()에 의해 다른 GUI 이벤트를 처리할 수 있다. animation.FuncAnimation 클래스를 사용하여 애니메이션 처리 방법으로 처리하면 보다 효과적으로 비디오를 처리할 수 있다.

| 예제 2.11 | matplotlib 비디오 디스플레이 |

```
01  # 0211.py
02  import cv2
03  import matplotlib.pyplot as plt
04
05  #1
06  def handle_key_press(event):
07      if event.key == 'escape':
08          cap.release()
09          plt.close()
10  def handle_close(evt):
11      print('Close figure!')
12      cap.release()
13
14  #2 프로그램 시작
15  cap = cv2.VideoCapture(0)          # 0번 카메라
16
17  plt.ion()                          # 대화 모드 설정
18  fig = plt.figure(figsize=(10, 6))  # fig.set_size_inches(10, 6)
19  plt.axis('off')
20  #ax = fig.gca()
21  #ax.set_axis_off()
22  fig.canvas.manager.set_window_title('Video Capture')
23  fig.canvas.mpl_connect('key_press_event', handle_key_press)
24  fig.canvas.mpl_connect('close_event', handle_close)
25  retval, frame = cap.read()         # 첫 프레임 캡처
26  im = plt.imshow(cv2.cvtColor(frame, cv2.COLOR_BGR2RGB))
```

```
27
28  #3
29  while True:
30      retval, frame = cap.read()      # 프레임 캡처
31      if not retval:
32          break
33  #    plt.imshow(cv2.cvtColor(frame, cv2.COLOR_BGR2RGB))
34      im.set_array(cv2.cvtColor(frame, cv2.COLOR_BGR2RGB))
35      fig.canvas.draw()
36  #   fig.canvas.draw_idle()
37      fig.canvas.flush_events()        # plt.pause(0.001)
38
39  if cap.isOpened():
40      cap.release()
```

**프로그램 설명**

① #1: 키보드 이벤트 key_press_event를 처리 함수를 handle_key_press()로 설정한다. ⎡Esc⎤ 키를 누르면 cap.release()로 비디오 객체를 해제하고, plt.close()로 창을 파괴한다.

② #2: 0번 카메라에 대한 VideoCapture 객체 cap을 생성한다. plt.ion()은 대화 모드로 설정한다. 그림의 크기를 10×6인치로 설정하고, 좌표축을 제거하고, 윈도우 타이틀을 'Video Capture'로 변경한다. 윈도우 닫기 이벤트 close_event를 처리할 함수를 handle_close()로 설정한다. 윈도우를 닫으면 cap.release()로 비디오 객체를 해제한다. 비디오의 첫 프레임을 frame에 캡처하고, cvtColor()로 RGB로 변환하여 plt.imshow()로 표시하고, 반환 값을 im에 저장한다. im은 AxesImage 영상이다.

③ #3: 무한 반복하는 while 문에서 retval, frame = cap.read()로 비디오 프레임을 frame에 캡처한다. 프레임 캡처에 실패하면 break 문에 의해 비디오 프레임 캡처를 중지시키기 위하여 반복을 중단한다. 프레임 캡처에 성공하면, cvtColor()로 RGB로 변환하여 im.set_array()로 AxesImage 영상을 변경한다. plt.imshow()로 변경하는 것보다 빠르다. fig.canvas.draw()로 캔버스를 갱신하고, fig.canvas.flush_events()에 의해 다른 사용자 인터페이스 GUI 이벤트를 처리할 수 있다. [그림 2.8]은 실행 결과이다.

그림 2.8 ◆ Matplotlib 비디오 디스플레이

예제 2.12 | animation.FuncAnimation 비디오 디스플레이 1

```python
01  # 0212.py
02  import cv2
03  import matplotlib.pyplot as plt
04  import matplotlib.animation as animation
05
06  # 프로그램 시작
07  cap = cv2.VideoCapture(0)
08  fig = plt.figure(figsize=(10, 6))      # fig.set_size_inches(10, 6)
09  fig.canvas.manager.set_window_title('Video Capture')
10  plt.axis('off')
11
12  def init():
13      global im
14      retval, frame = cap.read()      # 첫 프레임 캡처
15      im = plt.imshow(cv2.cvtColor(frame, cv2.COLOR_BGR2RGB))
16  ##     return im,
17
18  def updateFrame(k):
19      retval, frame = cap.read()
20      if retval:
21          im.set_array(cv2.cvtColor(frame, cv2.COLOR_BGR2RGB))
22
23  ani = animation.FuncAnimation(fig, updateFrame, init_func = init,
24                                interval = 50)
25  plt.show()
26  if cap.isOpened():
27      cap.release()
```

**프로그램 설명**

① matplotlib.animation을 animation으로 임포트하여 애니메이션으로 비디오를 처리한다.

② 애니메이션에서 초기화를 위해 한번 호출할 함수 init()를 정의한다. 비디오의 첫 프레임을 frame에 캡처하고, cvtColor()로 RGB로 변환하여 plt.imshow()로 표시하고, 반환 값을 전역변수 im에 저장한다. 애니메이터가 갱신할 im을 리스트로 반환한다. 그러나 예제에서는 updateFrame()에서 im.set_array()의해 그림을 갱신하기 때문에 반환 값이 없어도 된다.

③ 애니메이션에서 반복적으로 호출될 함수 updateFrame()에서 인수 k는 애니메이션 프레임 번호 0, 1, 2 등이 전달된다. 비디오 프레임을 frame에 캡처하고, cv2.cvtColor()로 RGB로 변환하여 im.set_array()로 im 영상을 변경한다.

④ animation.FuncAnimation()로 fig에서, 갱신함수 updateFrame(), 초기화 함수 init(), 프레임 간격을 50밀리초로 애니메이션을 설정한다. 실행 결과는 [그림 2.8]과 유사하다.

**예제 2.13** | animation.FuncAnimation 비디오 디스플레이 2

```python
01 # 0213.py
02 import cv2
03 import matplotlib.pyplot as plt
04 import matplotlib.animation as animation
05
06 class Video:
07     def __init__(self, device = 0):
08         self.cap = cv2.VideoCapture(device)
09         self.retval, self.frame = self.cap.read()
10         self.im = plt.imshow(cv2.cvtColor(self.frame,
11                                     cv2.COLOR_BGR2RGB))
12         print('start capture ...')
13
14     def updateFrame(self, k):
15         self.retval, self.frame = self.cap.read()
16         self.im.set_array(cv2.cvtColor(camera.frame,
17                                     cv2.COLOR_BGR2RGB))
18 #       return self.im,
19
20     def close(self):
21         if self.cap.isOpened():
22             self.cap.release()
23         print('finish capture.')
24
25 # 프로그램 시작
26 fig = plt.figure()
27 fig.canvas.manager.set_window_title('Video Capture')
28 plt.axis("off")
29
30 camera = Video() # camera = Video('./data/vtest.avi')
31 ani = animation.FuncAnimation(fig, camera.updateFrame,
32                                 interval = 50)
33 plt.show()
34 camera.close()
```

**프로그램 설명**

① matplotlib.animation의 애니메이션을 이용하여 카메라에서 비디오 프레임을 캡처하고 디스플레이하는 Video 클래스로 구현한다.

② plt.figure()로 Figure 객체 fig를 생성하고, 윈도우 타이틀을 'Video Capture'로 설정하고, 축을 표시하지 않는다.

③ Video 객체 camera를 생성하여 카메라를 초기화하고, 첫 프레임을 캡처한다. animation. FuncAnimation()로 fig에서 camera.updateFrame()를 프레임 호출할 갱신함수로 설정하고, 프레임 갱신 간격을 interval = 50밀리 초로 설정한다. plt.show()로 현재 화면에 표시한다. 실행 결과는 [그림 2.8]과 유사하다.

**예제 2.14** animation.FuncAnimation 3: 클래스 상속

```python
01  # 0214.py
02  import cv2
03  import matplotlib.pyplot as plt
04  import matplotlib.animation as animation
05
06  class Video(animation.FuncAnimation):
07      def __init__(self, device = 0, fig = None, frames = None,
08                   interval = 50, repeat_delay = 5, blit = False,
09                   **kwargs):
10          if fig is None:
11              self.fig = plt.figure()
12              self.fig.canvas.manager.set_window_title(
13                                          'Video Capture')
14          plt.axis("off")
15
16          super(Video, self).__init__(self.fig, self.updateFrame,
17                          init_func = self.init, frames = frames,
18                          interval = interval, blit = blit,
19                          repeat_delay = repeat_delay, **kwargs)
20          self.cap = cv2.VideoCapture(device)
21          print("start capture ...")
22
23      def init(self):
24          retval, self.frame = self.cap.read()
25          if retval:
26              self.im = plt.imshow(cv2.cvtColor(self.frame,
27                              cv2.COLOR_BGR2RGB))
28
29      def updateFrame(self, k):
30          retval, self.frame = self.cap.read()
31          if retval:
32              self.im.set_array(cv2.cvtColor(camera.frame,
33                              cv2.COLOR_BGR2RGB))
34  #       return self.im,
35
36      def close(self):
37          if self.cap.isOpened():
38              self.cap.release()
39          print("finish capture.")
40
41  # 프로그램 시작
42  camera = Video()              # camera = Video('./data/vtest.avi')
43  plt.show()
44  camera.close()
```

**프로그램 설명**

① animation.FuncAnimation 클래스에서 상속받아 애니메이션을 이용하여 카메라에서 비디오
프레임을 캡처하고 디스플레이하는 Video 클래스로 구현한다. 생성자 _init_() 메서드에서
super(Video, self)._init_() 상위 클래스의 생성자를 호출하여 애니메이션의 초기화 함수
self.init(), 프레임 갱신함수 self.updateFrame()로 초기화하고, device 번호의 카메라에
연결된 VideoCapture 객체 self.cap을 생성한다.

② init() 메서드는 self.frame에 프레임을 캡처하고, cvtColor()로 RGB로 변환하여 plt.
imshow()로 표시하고, 반환 값을 self.im에 저장한다.

③ updateFrame() 메서드는 애니메이션에서 반복적으로 호출될 함수로 비디오 프레임을
frame에 캡처하고, cvtColor()로 RGB로 변환하여 im.set_array()로 self.im 영상을 변경
한다.

④ close() 메서드는 비디오 객체 self.cap가 개방되어 있으면 해제한다.

⑤ Video 객체 camera를 생성하고, plt.show()를 호출하면 바로 카메라에서 프레임을 획득
하여 디스플레이한다. 실행 결과는 [그림 2.8]과 유사하다.

---

**예제 2.15** | animation.FuncAnimation 4 : 서브플롯

```
01  # 0215.py
02  import cv2
03  import numpy as np
04  import matplotlib.pyplot as plt
05  import matplotlib.animation as animation
06
07  class Video(animation.FuncAnimation):
08      def __init__(self, device = 0, fig = None, frames = None,
09                   interval = 80, repeat_delay = 5, blit = False,
10                   **kwargs):
11          self.im1.set_array(cv2.merge((gray, gray, gray)))
12          if fig is None:
13              self.fig, self.ax = plt.subplots(1, 2, figsize = (10, 5))
14              self.fig.canvas.manager.set_window_title(
15                              'Video Capture')
16              self.ax[0].set_position([0, 0, 0.5, 1])
17              self.ax[0].axis('off')
18
19              self.ax[1].set_position([0.5, 0, 0.5, 1])
20              self.ax[1].axis('off')
21  ##          plt.subplots_adjust(left = 0, bottom = 0,
22  ##                              tright = 1, op = 1,
23  ##                              wspace = 0.05, hspace = 0.05)
```

```
24          super(Video, self).__init__(self.fig, self.updateFrame,
25                                      init_func = self.init,
26                                      frames = frames,
27                                      interval = interval,
28                                      blit = blit,
29                                      repeat_delay = repeat_delay,
30                                      **kwargs)
31          self.cap = cv2.VideoCapture(device)
32          print('start capture ...')
33
34      def init(self):
35          retval, self.frame = self.cap.read()
36          if retval:
37              self.im0 = self.ax[0].imshow(cv2.cvtColor(self.frame,
38                          cv2.COLOR_BGR2RGB), aspect = 'auto')
39
40              self.im1 = self.ax[1].imshow(np.zeros(self.frame.shape,
41                          self.frame.dtype), aspect = 'auto')
42
43      def updateFrame(self, k):
44          retval, self.frame = self.cap.read()
45          if retval:
46              self.im0.set_array(cv2.cvtColor(self.frame,
47                                      cv2.COLOR_BGR2RGB))
48
49          gray = cv2.cvtColor(self.frame, cv2.COLOR_BGR2GRAY)
50          self.im1.set_array(cv2.merge((gray,gray,gray)))
51
52      def close(self):
53          if self.cap.isOpened():
54              self.cap.release()
55          print('finish capture.')
56
57  # 프로그램 시작
58  camera = Video()
59  plt.show()
60  camera.close()
```

### 프로그램 설명

① animation.FuncAnimation 클래스에서 상속받아 Video 클래스를 정의한다. 생성자인 __init__() 메서드에서 10×5인치 크기의 Figure 객체 self.fig와 1×2 그리드 Axes 객체 self.ax[0], self.ax[1]을 생성한다. set_position()으로 self.ax[0], self.ax[1]의 출력 위치를 설정하고, axis('off')로 축을 제거한다. super(Video, self).__init__()로 상위 클래스의

생성자 메서드를 호출하여 애니메이션의 초기화 함수 self.init(), 프레임 갱신함수 self.updateFrame()으로 초기화하고, device 번호의 카메라에 연결된 VideoCapture 객체 self.cap을 생성한다.

② init() 메서드는 self.frame에 프레임을 캡처하고, cvtColor()로 RGB로 변환하여 self.ax[0]에 표시하고, 반환 값을 self.im0에 저장한다. self.ax[1]에는 np.zeros()로 프레임과 같은 크기의 0으로 초기화된 영상을 표시한다. self.frame을 표시해도 된다.

③ updateFrame() 메서드에서 비디오 프레임을 self.frame에 캡처하고, RGB로 변환하여 self.im0 영상을 변경한다. 캡처 영상 self.frame을 그레이스케일 영상 gray로 변환하고, 디스플레이 목적으로 merge((gray, gray, gray)로 3-채널 그레이영상으로 변환하여 self.im1 영상을 변경한다.

④ close() 메서드는 비디오 객체 self.cap가 개방되어 있으면 해제한다.

⑤ Video 객체 camera를 생성하고, plt.show()를 호출하면 바로 카메라에서 프레임을 획득하여 실행 결과는 [그림 2.9]와 같이 왼쪽에는 컬러 영상, 오른쪽에는 그레이스케일 영상을 표시한다.

그림 2.9 ◆ Matplotlib 비디오 서브플롯 디스플레이

**CHAPTER 03**

# 간단한 그래픽 및 이벤트 처리

OpenCV는 영상 및 비디오에서 처리 결과를 표시하기 위한 직선, 사각형, 원, 타원, 다각형, 텍스트 등 간단한 그리기 함수가 있다. matplotlib를 사용하면 더욱 다양한 2D 그래프를 그릴 수 있지만, 여기서는 OpenCV 내에 있는 그리기 함수만을 사용한다.

OpenCV의 그리기 함수는 영상 이미지에 그래픽을 그리고, imshow() 함수로 영상을 윈도우에 반영하여 표시한다. 좌표의 원점 (0, 0)은 왼쪽-상단 upper-left이고, 왼쪽에서 오른쪽 방향의 가로가 x축, 위에서 아래 방향의 세로가 y축이다.

# 01 직선 및 사각형 그리기

[표 3.1]은 직선 및 사각형 그리기 함수이다. line() 함수는 직선, rectangle()는 사각형, clipLine()는 사각형과 직선의 교점 좌표를 계산한다.

[표 3.1] 직선 및 사각형 그리기 함수

| 함수 | 비고 |
|---|---|
| cv2.line(img, pt1, pt2, color[, thickness[, lineType[, shift]]]) | 직선 |
| cv2.rectangle(img, pt1, pt2, color<br>[, thickness[, lineType[, shift]]]) | 사각형 |
| cv2.clipLine(imgRect, pt1, pt2) → retval, pt1, pt2 | 사각형-직선 절단 좌표 |

**1** cv2.line()은 영상 img에 좌표 pt1에서 pt2까지 연결하는 직선을 그린다. color 색상, thickness 두께, lineType은 cv2.LINE_8 디폴트, cv2.LINE_4, cv2.LINE_AA 등이 있다. shift는 pt1과 pt2의 각 좌표에 대한 비트 이동 shift right을 설정한다.

**2** cv2.rectangle()은 영상 img에 좌표 pt1, pt2에 의해 정의되는 직각 사각형을 그린다. color 색상, thickness 두께로 thickness = -1이면 color 색상으로 채운 사각형을 그린다.

**3** cv2.clipLine()은 좌표 pt1에서 pt2까지의 직선이 imgRect 사각형에 의해 절단되는 좌표점을 계산하여 pt1과 pt2에 반환한다. 직선이 사각 영역 밖에 있으면 retval에 False를 반환한다.

| 예제 3.1 | 직선 및 사각형 그리기 |
|---|---|

```
01  #0301.py
02  import cv2
03  import numpy as np
04
05  # White 배경 생성
06  img = np.zeros(shape = (512, 512, 3), dtype = np.uint8) + 255
07  #img = np.ones((512, 512, 3), np.uint8) * 255
08  #img = np.full((512, 512, 3), (255, 255, 255), dtype = np.uint8)
09  #img = np.zeros((512, 512, 3), np.uint8)        # Black 배경
10  pt1 = 100, 100
11  pt2 = 400, 400
12  cv2.rectangle(img, pt1, pt2, (0, 255, 0), 2)
13
14  cv2.line(img, (0, 0), (500, 0), (255, 0, 0), 5)
15  cv2.line(img, (0, 0), (0, 500), (0, 0, 255), 5)
16
17  cv2.imshow('img', img)
18  cv2.waitKey()
19  cv2.destroyAllWindows()
```

**프로그램 설명**

① np.zeros()는 영상으로 사용할 0으로 초기화된 배열 numpy.ndarray을 생성한다. shape = (512, 512, 3)은 512×512 크기의 3채널 컬러 영상, dtype = np.uint8은 영상 화소가 부호 없는 8비트 정수이다. 화소값이 (0, 0, 0)이면 검은색(black) 배경 영상이다.

np.zeros() + 255를 사용하면 영상의 모든 채널 값이 255로 변경되어 흰색배경이다. np.ones()는 1로 초기화된 배열을 생성한다. np.full()을 사용하면 배경으로 사용할 컬러를 지정하여 영상을 생성할 수 있다.

② cv2.rectangle()로 img 영상에 pt1(100, 100), pt2(400, 400)에 의해서 정의되는 사각형을 녹색 (0, 255, 0), 두께 2로 그린다.

③ cv2.line()으로 img 영상에 원점 (0, 0)에서 좌표 (500, 0)로 파란색 (255, 0, 0), 두께 5로 그린다.

④ cv2.line()으로 img 영상에 원점 (0, 0)에서 좌표 (0, 500)로 빨간색 (0, 0, 255), 두께 5로 그린다. [그림 3.1]은 직선 및 사각형 그리기의 실행 결과이다.

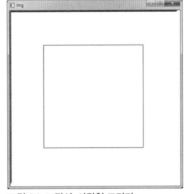

그림 3.1 ◆ 직선, 사각형 그리기

**예제 3.2** | 직선-사각형 교차점

```
01  # 0302.py
02  import cv2
03  import numpy as np
04
05  img = np.zeros(shape = (512, 512, 3), dtype = np.uint8) + 255
06
07  x1, x2 = 100, 400
08  y1, y2 = 100, 400
09  cv2.rectangle(img, (x1, y1), (x2, y2), (0, 0, 255))
10
11  pt1 = 120, 50
12  pt2 = 300, 500
13  cv2.line(img, pt1, pt2, (255, 0, 0), 2)
14
15  imgRect = (x1, y1, x2 - x1, y2 - y1)
16  retval, rpt1, rpt2 = cv2.clipLine(imgRect, pt1, pt2)
17  if retval:
18      cv2.circle(img, rpt1, radius = 5, color = (0, 255, 0),
19                  thickness = -1)
20      cv2.circle(img, rpt2, radius = 5, color = (0, 255, 0),
21                  thickness = -1)
22
23  cv2.imshow('img', img)
24  cv2.waitKey()
25  cv2.destroyAllWindows()
```

### 프로그램 설명

① cv2.clipLine(imgRect, pt1, pt2)는 좌표
pt1과 pt2에 의한 직선과 imgRect에 정의된
사각형의 교차좌표를 계산한다.
직선이 사각형과 만나면 retval = True이고,
교차점은 rpt1과 rpt2에 계산한다. 직선과
사각형이 만나지 않으면 반환 값은 retval =
False이다.

② retval = True이면, cv2.circle() 함수로 img
영상에 절단 좌표 rpt1과 rpt2가 중심인
반지름 5의 원을 그린다. [그림 3.2]는 직선-
사각형 교차점을 나타낸 실행 결과이다.

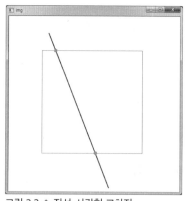

그림 3.2 ◆ 직선-사각형 교차점

# 원 및 타원 그리기 **02**

[표 3.2]는 원, 타원 그리기 함수이다. circle() 함수는 원, ellipse()는 타원, ellipse2Poly()는 타원 위의 좌표를 계산한다.

[표 3.2] 원, 타원 그리기 함수

| 함수 | 비고 |
|---|---|
| cv2.circle(img, center, radius, color<br>[, thickness[, lineType[, shift]]]) | 원 그리기 |
| cv2.ellipse(img, center, axes, angle, startAngle,<br>endAngle, color [, thickness[, lineType[, shift]]]) | 타원 그리기 |
| cv2.ellipse(img, box, color[, thickness[, lineType]]) | 회전 사각형 내접 타원 |
| cv2.ellipse2Poly(center, axes, angle, arcStart,<br>arcEnd, delta) → pts | 타원 위 좌표 계산 |

**1** cv2.circle()는 영상 img에 중심점 center, 반지름 radius의 원을 색상 color, 두께 thickness로 그린다. thickness = CV_FILLED()이면 color 색상으로 채운 원을 그린다.

**2** cv2.ellipse()는 영상 img에 중심점 center, 주축 크기의 절반 axes, 수평축과의 회전각도 angle, 호 ^arc^의 시작과 끝의 각도는 startAngle, endAngle인 타원을 그린다. startAngle = 0, endAngle = 360이면 닫힌 타원을 그린다. thickness = CV_FILLED() 이면 color 색상으로 채운 타원을 그린다.

**3** cv2.ellipse()는 영상 img에 회전된 사각형 box = (center, size, angle)에 내접하는 타원을 그린다. center는 중심점, size는 크기, angle은 수평축과의 각도이다.

**4** cv2.ellipse2Poly()는 중심점 center, 축의 크기 axes, 각도 angle, 호 ^arc^의 시작과 끝의 각도 startAngle, endAngle인 타원 위의 좌표를 delta 각도 간격으로 계산하여 반환한다.

---

**예제 3.3 | 원 그리기**

```
01  #0303.py
02  import cv2
03  import numpy as np
```

```
04
05 img = np.zeros(shape = (512, 512, 3), dtype = np.uint8) + 255
06 cy = img.shape[0] // 2
07 cx = img.shape[1] // 2
08
09 for r in range(200, 0, -100):
10     cv2.circle(img, (cx, cy), r, color = (255, 0, 0))
11
12 cv2.circle(img, (cx, cy), radius = 50, color = (0, 0, 255),
13            thickness = -1)
14
15 cv2.imshow('img', img)
16 cv2.waitKey()
17 cv2.destroyAllWindows()
```

**프로그램 설명**

① cx, cy에 영상의 중심을 정수로 계산한다.

② for 문으로 원의 반지름 r을 200, 100으로 반복하면서 cv2.circle() 함수로 원의 중심 (cx, cy), 반지름 r, 색상 (255, 0, 0)인 원을 그린다.

③ cv2.circle() 함수로 thickness = -1로 하여 반지름을 50으로 하고 (0, 0, 255) 색상으로 채운 원을 그린다. [그림 3.3]은 원 그리기의 실행 결과이다.

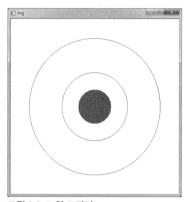

그림 3.3 ◆ 원 그리기

---

**예제 3.4 │ 타원 그리기**

```
01 #0304.py
02 import cv2
03 import numpy as np
04
```

```
05 img = np.zeros(shape = (512, 512, 3), dtype = np.uint8) + 255
06 ptCenter = img.shape[1] // 2, img.shape[0] // 2
07 size = 200, 100
08
09 cv2.ellipse(img, ptCenter, size, 0, 0, 360, (255, 0, 0))
10 cv2.ellipse(img, ptCenter, size, 45, 0, 360, (0, 0, 255))
11
12 box = (ptCenter, size, 0)
13 cv2.ellipse(img, box, (255, 0, 0), 5)
14
15 box = (ptCenter, size, 45)
16 cv2.ellipse(img, box, (0, 0, 255), 5)
17
18 cv2.imshow('img', img)
19 cv2.waitKey()
20 cv2.destroyAllWindows()
```

**프로그램 설명**

① cv2.ellipse()로 타원의 중심 ptCenter, 축의 절반 크기 size, 각도 angle 0, 시작 각도 0, 끝 각도 360, 색상 (255, 0, 0)인 타원을 그린다.

② cv2.ellipse()로 타원의 중심 ptCenter, 축 절반 크기 size, 각도 angle 45, 색상 (0, 0, 255)인 타원을 그린다.

③ 중심 ptCenter, 크기 size, 각도 0인 box로 색상 (255, 0, 0), 두께 5인 타원을 그린다. 크기 size는 타원의 바운딩 박스의 크기이며 ①의 타원 크기의 절반이다.

④ 중심 ptCenter, 크기 size, 각도 45인 box로 색상 (0, 0, 255), 두께 5인 타원을 그린다. 크기 size는 타원의 바운딩 박스의 크기이며 ②의 타원 크기의 절반이다. [그림 3.4]는 타원 그리기의 실행 결과이다.

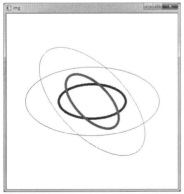

그림 3.4 ◆ 타원 그리기

# 03 다각형 그리기

[표 3.3]은 다각형을 그리기 위한 함수이다.

[표 3.3] 다각형 그리기 함수

| 함수 | 비고 |
|---|---|
| cv2.polylines(img, pts, isClosed, color<br>[, thickness[, lineType[, shift]]]) | 다각형 그리기 |
| cv2.fillConvexPoly(img, points, color[, lineType[, shift]]) | 볼록다각형 채우기 |
| cv2.fillPoly(img, pts, color[, lineType[, shift[, offset]]]) | 다각형 채우기 |

**1** cv2.polylines()는 하나 또는 그 이상의 다각형을 color 색상으로 그린다. pts는 다각형들의 numpy 배열이고, isClosed = True이면 닫힌 다각형을 그린다.

**2** cv2.fillConvexPoly()는 points에 저장된 좌표로 이루어진 볼록다각형 또는 일반 다각형을 color 색상으로 채웁니다. fillPoly() 함수보다 빠르게 그린다.

**3** cv2.fillPoly()는 하나 또는 그 이상의 다각형을 color 색상으로 채운다. pts는 다각형들의 numpy 배열이다.

---

**예제 3.5 | 다각형 그리기 1**

```python
01  #0305.py
02  import cv2
03  import numpy as np
04
05  img = np.zeros(shape = (512, 512, 3), dtype = np.uint8) + 255
06
07  pts1 = np.array([[100, 100], [200, 100], [200, 200], [100, 200]])
08  pts2 = np.array([[300, 200], [400, 100], [400, 200]])
09
10  cv2.polylines(img, [pts1, pts2], isClosed = True,
11              color = (255, 0, 0))
12
13  cv2.imshow('img', img)
14  cv2.waitKey()
15  cv2.destroyAllWindows()
```

**프로그램 설명**

① 4개의 좌표를 갖는 다각형을 pts1 배열 <sup>numpy.ndarray</sup>에 생성한다. 3개의 좌표를 갖는
다각형을 pts2 배열에 생성한다.

② cv2.polylines() 함수로 [pts1, pts2]로 2개의 닫힌 다각형을 (255, 0, 0) 색상으로 그린다.
[그림 3.5]는 다각형 그리기의 실행 결과이다.

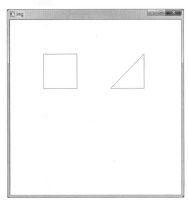

그림 3.5 ◆ 다각형 그리기 1

| 예제 3.6 | 다각형 그리기 2 |
|---|---|

```
01 #0306.py
02 import cv2
03 import numpy as np
04
05 img = np.zeros(shape = (512, 512, 3), dtype = np.uint8) + 255
06
07 ptCenter = img.shape[1] // 2, img.shape[0] // 2
08 size = 200, 100
09
10 cv2.ellipse(img, ptCenter, size, 0, 0, 360, (255, 0, 0))
11 pts1 = cv2.ellipse2Poly(ptCenter, size,  0, 0, 360, delta = 45)
12
13 cv2.ellipse(img, ptCenter, size, 45, 0, 360, (255, 0, 0))
14 pts2 = cv2.ellipse2Poly(ptCenter, size, 45, 0, 360, delta = 45)
15 cv2.polylines(img, [pts1, pts2], isClosed = True,
16               color = (0, 0, 255))
17
18 cv2.imshow('img', img)
19 cv2.waitKey()
20 cv2.destroyAllWindows()
```

**프로그램 설명**

① cv2.ellipse()로 타원의 중심 ptCenter, 크기 size, 각도 angle 0, 색상 (255, 0, 0)인 타원을 그린다. delta = 45 간격으로 타원 위의 좌표를 pts1 배열에 생성한다.

② cv2.ellipse()로 타원의 중심 ptCenter, 크기 size, 각도 angle 45, 색상 (0, 0, 255)인 타원을 그린다. delta = 45 간격으로 타원 위의 좌표를 pts2 배열에 생성한다.

③ cv2.polylines() 함수로 [pts1, pts2]로 2개의 닫힌 다각형을 (0, 0, 255) 색상으로 그린다. [그림 3.6]은 다각형 그리기의 실행 결과이다.

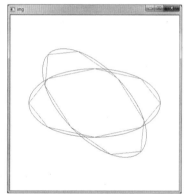

그림 3.6 ◆ 다각형 그리기 2

| 예제 3.7 | 다각형 그리기 3: 회전 사각형 |

```
01 #0307.py
02 import cv2
03 import numpy as np
04
05 img = np.zeros(shape = (512, 512, 3), dtype = np.uint8) + 255
06
07 x, y = 256, 256
08 size = 200
09
10 for angle in range(0, 90, 10):
11     rect = ((256, 256), (size, size), angle)
12     box = cv2.boxPoints(rect).astype(np.int32)
13     r = np.random.randint(256)
14     g = np.random.randint(256)
15     b = np.random.randint(256)
16     cv2.polylines(img, [box], True, (b, g, r), 2)
17
```

```
18  cv2.imshow('img', img)
19  cv2.waitKey()
20  cv2.destroyAllWindows()
```

**프로그램 설명**

① cv2.boxPoints()로 중심 (256, 256), 크기 (size, size), 각도 angle인 회전 사각형 rect의
모서리 점을 정수로 변환하여 box에 계산한다.

② cv2.polylines() 함수로 회전 사각형의 모서리 점을 닫힌 다각형을 그린다. 난수로 생성한
(b, g, r)을 색상으로 하여 사각형을 그린다. [그림 3.7]은 회전 사각형의 실행 결과이다.

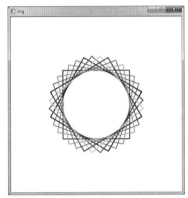

그림 3.7 ◆ 회전 사각형 그리기

## 예제 3.8 │ 다각형 채우기

```
01  #0308.py
02  import cv2
03  import numpy as np
04
05  img = np.zeros(shape =(512, 512, 3), dtype = np.uint8) + 255
06
07  pts1 = np.array([[100, 100], [200, 100], [200, 200], [100, 200]])
08  pts2 = np.array([[300, 200], [400, 100], [400, 200]])
09
10  cv2.fillConvexPoly(img, pts1, color = (255, 0, 0))
11
12  cv2.fillPoly(img, [pts2], color = (0, 0, 255))
13  #cv2.fillPoly(img, [pts1, pts2], color = (0, 0, 255))
14
15  cv2.imshow('img', img)
16  cv2.waitKey()
17  cv2.destroyAllWindows()
```

**프로그램 설명**

① cv2.fillConvexPoly()로 하나의 볼록다각형 pts1을 (255, 0, 0) 색상으로 채운다.

② cv2.fillPoly()로 다각형 pts2의 배열 [pts2]를 (0, 0, 255) 색상으로 채운다. pts1과 pts2를 리스트 [ ]로 감싸지 않으면 오류가 발생한다.

③ pts1과 pts2의 배열 [pts1, pts2]를 사용하면 한 번에 2개의 다각형을 채운다. [그림 3.8]은 다각형 채우기의 실행 결과이다.

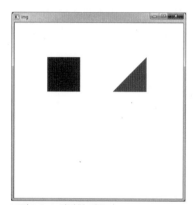

그림 3.8 ◆ 다각형 채우기

# 04 문자열 출력

[표 3.4]는 문자열 출력을 위한 함수이다.

[표 3.4] 문자열 출력 함수

| 함수 | 비고 |
| --- | --- |
| cv2.getTextSize(text, fontFace, fontScale, thickness)<br>→ retval, baseLine | 문자열 출력 크기 반환 |
| cv2.putText(img, text, org, fontFace, fontScale,<br>color[, thickness[, lineType[, bottomLeftOrigin]]]) | 문자열 출력 |

[1] cv2.getTextSize()은 문자열 text의 출력을 위한 크기를 retval에 반환하고, 출력될 사각 영역의 하단으로부터의 상대적 기준선 baseLine y의 위치를 반환한다.

**2** cv2.putText()는 문자열 text를 사각형 왼쪽 하단 좌표 위치 org에 폰트 fontFace, 폰트 스케일 fontScale, 색상 color으로 문자열을 출력한다.

| 예제 3.9 | 문자열 출력 |
|---|---|

```
01  #0309.py
02  import numpy as np
03  import cv2
04
05  img = np.zeros(shape = (512, 512, 3), dtype = np.uint8) + 255
06  text = 'OpenCV Programming'
07  org = (50, 100)
08  font = cv2.FONT_HERSHEY_SIMPLEX
09  cv2.putText(img,text, org, font, 1, (255, 0, 0), 2)
10
11  size, baseLine = cv2.getTextSize(text, font, 1, 2)
12  #print('size=', size)
13  #print('baseLine=', baseLine)
14  cv2.rectangle(img, org, (org[0] + size[0], org[1] - size[1]),
15              (0, 0, 255))
16  cv2.circle(img, org, 3, (0, 255, 0), 2)
17
18  cv2.imshow('img', img)
19  cv2.waitKey()
20  cv2.destroyAllWindows()
```

**프로그램 설명**

① cv2.putText()로 text 문자열을 org 위치에 font 폰트, 폰트 스케일 1, (255, 0, 0) 색상, 두께 2로 출력한다.

② cv2.getTextSize()로 text 문자열을 font 폰트, 폰트 스케일 1, 두께 2로 출력하기 위한 사각형의 크기를 size에 반환하고, baseLine 은 사각형 아래 기준선의 상대적 y 값을 반환한다. print() 문은 size = (345, 22), baseLine = 10을 출력한다.

③ cv2.rectangle()은 사각형 모서리 좌표 org, (org[0] + size[0], org[1] - size[1])로 문자열의 출력 위치를 그린다. 실제 기준선의 y 좌표는 org[1] + baseLine이다. [그림 3.9] 는 문자열 출력의 실행 결과이다.

그림 3.9 ◆ 문자열 출력

# 05 키보드 이벤트 처리

cv2.waitKey()는 키보드로부터 입력된 1바이트의 키값을 받고, cv2.waitKeyEx()는 2바이트 키값을 입력받는다. 여기서는 2바이트 키 입력 함수 cv2.waitKeyEx()를 사용하고 delay 〉 0인 대기시간을 이용하여 키보드에서 누른 방향키의 코드를 반환받아 원의 움직이는 방향을 바꾸는 애니메이션을 작성한다.

**예제 3.10 | 키보드 이벤트 처리**

```python
01  #0310.py
02  import numpy as np
03  import cv2
04
05  width, height = 512, 512
06  x, y, R = 256, 256, 50
07  direction = 0                    # right
08
09  while True:
10      key = cv2.waitKeyEx(30)
11      if key == 0x1B:
12          break;
13
14  # 방향키 방향전환
15      elif key == 0x270000:        # right
16          direction = 0
17      elif key == 0x280000:        # down
18          direction = 1
19      elif key == 0x250000:        # left
20          direction = 2
21      elif key == 0x260000:        # up
22          direction = 3
23
24  # 방향으로 이동
25      if direction == 0:           # right
26          x += 10
27      elif direction == 1:         # down
28          y += 10
29      elif direction == 2:         # left
30          x -= 10
31      else: # 3, up
32          y -= 10
33
```

```
34  #  경계확인
35     if x < R:
36         x = R
37         direction = 0
38     if x > width - R:
39         x = width - R
40         direction = 2
41     if y < R:
42         y = R
43         direction = 1
44     if y > height - R:
45         y = height - R
46         direction = 3
47
48  # 지우고, 그리기
49     img = np.zeros((width, height, 3), np.uint8) + 255     # 지우기
50     cv2.circle(img, (x, y), R, (0, 0, 255), -1)
51     cv2.imshow('img', img)
52
53  cv2.destroyAllWindows()
```

**프로그램 설명**

① cv2.waitKeyEx()로 key에 키보드에서 입력된 키의 코드를 읽어서 [ Esc ] 키 0x1B이면 while
   문을 종료한다.

② 방향키에 따라 시계방향으로 [→]이면 direction = 0, [↓]이면 direction = 1, [←]이면
   direction = 2, [↑]이면 direction = 3으로 저장하고, 현재의 방향으로 x, y 좌표를 10만큼
   이동시킨다. 원이 경계에 부딪히면 반대 방향으로 방향을 전환한다.

③ np.zeros() 함수로 영상 img를 흰색으로 지우고, cv2.circle() 함수로 (x, y) 위치에 원을
   그리고, cv2.imshow()로 영상을 화면에 표시한다. [그림 3.10]은 키보드 이벤트 처리의
   실행 결과이다.

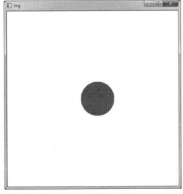

그림 3.10 ◆ 키보드 이벤트 처리

# 06 마우스 이벤트 처리

cv2.setMouseCallback(windowName, onMouse[, param])은 windowName 윈도우에서 발생하는 마우스 이벤트 처리 핸들러 함수를 onMouse() 함수로 설정한다. param은 onMouse() 함수로 전달될 추가 정보이다.

| 예제 3.11 | 마우스 이벤트 처리 |
| --- | --- |

```python
01 #0311.py
02 import numpy as np
03 import cv2
04
05 def onMouse(event, x, y, flags, param):
06 ##    global img
07     if event == cv2.EVENT_LBUTTONDOWN:        # 마우스 왼쪽 버튼 클릭
08         if flags & cv2.EVENT_FLAG_SHIFTKEY:   # Shift 키와 함께
09             cv2.rectangle(param[0], (x - 5, y - 5),
10                                     (x + 5, y + 5), (255, 0, 0))
11         else:
12             cv2.circle(param[0], (x, y), 5, (255, 0, 0), 3)
13     elif event == cv2.EVENT_RBUTTONDOWN:       # 마우스 오른쪽 버튼 클릭
14         cv2.circle(param[0], (x, y), 5, (0, 0, 255), 3)
15     elif event == cv2.EVENT_LBUTTONDBLCLK:    # 마우스 왼쪽 버튼 더블클릭
16         param[0] = np.zeros(param[0].shape, np.uint8) + 255
17     cv2.imshow("img", param[0])
18
19 img = np.zeros((512, 512, 3), np.uint8) + 255
20 cv2.imshow('img', img)
21 cv2.setMouseCallback('img', onMouse, [img])
22 cv2.waitKey()
23 cv2.destroyAllWindows()
```

### 프로그램 설명

① onMouse() 함수는 마우스 이벤트 핸들러 함수이다. event는 마우스 이벤트로

EVENT_MOUSEMOVE,      EVENT_LBUTTONDOWN,
EVENT_RBUTTONDOWN,   EVENT_LBUTTONUP,
EVENT_RBUTTONUP,       EVENT_LBUTTONDBLCLK,
EVENT_RBUTTONDBLCLK

등이 있다. x, y는 마우스 위치이다.

flags는 마우스 이벤트가 발생할 때 마우스 버튼과 함께 ⃞Ctrl⃞, ⃞Shift⃞, ⃞Alt⃞ 등의 키가 눌러졌는지 확인할 때 사용하며,

EVENT_FLAG_LBUTTON,　　EVENT_FLAG_RBUTTON,

EVENT_FLAG_CTRLKEY,　　EVENT_FLAG_SHIFTKEY,

EVENT_FLAG_ALTKEY

등이 있다. param은 마우스 핸들러로 전달되는 부가 정보이다. 예에서는 마우스 왼쪽 버튼 더블클릭할 때 전역변수 img를 변경하기 위해 리스트로 img 영상을 param에 전달한다. 다른 방법으로는 global img로 img 변수를 전역변수로 선언하고 사용할 수도 있다.

② **cv2.setMouseCallback()** 함수로 'img' 윈도우의 마우스 이벤트 핸들러로 onMouse() 함수를 설정하고, 매개변수 param에 img 영상의 리스트 [img]를 전달한다. [그림 3.11]은 마우스 이벤트 처리의 실행 결과이다.

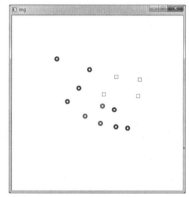

그림 3.11 ◆ 마우스 이벤트 처리

# 트랙바 이벤트 처리 **07**

트랙바를 생성하여 윈도우에 붙이고, 마우스로 트랙바의 슬라이더를 움직여서 정수값을 입력받는다. 슬라이더의 최소값은 항상 0이다.

[표 3.5] 트랙바 이벤트 처리 함수

| 함수 | 비고 |
|---|---|
| cv2.CreateTrackbar(trackbarName, windowName, value, count, onChange) → None | 비디오 출력 객체 생성 |
| cv2.setTrackbarPos(trackbarname, winname, pos) | 비디오에 이미지 출력 |
| cv2.getTrackbarPos(trackbarname, winname) → retval | 비디오 출력 객체 해제 |

**1** cv2.CreateTrackbar()는 윈도우에 트랙바를 생성한다. trackbarname는 트랙바 이름, winname는 윈도우 이름, value는 트랙바를 생성할 때 슬라이더의 위치이다. count는 슬라이더의 최대값이다. onChange() 함수는 슬라이더 위치가 변경될 때마다 슬라이더 이벤트를 처리를 위해 호출될 함수이다.

**2** cv2.setTrackbarPos()는 트랙바의 위치를 pos로 변경한다.

**3** cv2.getTrackbarPos()는 트랙바의 현재 위치를 반환한다.

| 예제 3.12 | 트랙바 이벤트 처리 |
|---|---|

```
01  # 0312.py
02  import numpy as np
03  import cv2
04
05  def onChange(pos):               # 트랙바 핸들러
06      global img
07      r = cv2.getTrackbarPos('R', 'img')
08      g = cv2.getTrackbarPos('G', 'img')
09      b = cv2.getTrackbarPos('B', 'img')
10      img[:] = (b, g, r)
11      cv2.imshow('img', img)
12
13  img = np.zeros((512, 512, 3), np.uint8)
14  cv2.imshow('img', img)
15
16  # 트랙바 생성
17  cv2.createTrackbar('R', 'img', 0, 255, onChange)
18  cv2.createTrackbar('G', 'img', 0, 255, onChange)
19  cv2.createTrackbar('B', 'img', 0, 255, onChange)
20
21  # 트랙바의 위치 초기화
22  #cv2.setTrackbarPos('R', 'img', 0)
23  #cv2.setTrackbarPos('G', 'img', 0)
24  cv2.setTrackbarPos('B', 'img', 255)
25
26  cv2.waitKey()
27  cv2.destroyAllWindows()
```

**프로그램 설명**

① onChange(pos)는 트랙바 이벤트 핸들러 함수이다. global img 문으로 영상 img를 전역

변수로 참조하도록 하고, cv2.getTrackbarPos() 함수를 사용하여 세 개의 'R', 'G', 'B' 트랙바
에서 슬라이더의 현재 위치로부터 r, g, b 값을 얻는다. img[:] = [b, g, r]로 img 영상의 모든
화소를 (b, g, r) 색상으로 초기화하고, cv2.imshow()로 'img'창에 표시한다.

② cv2.createTrackbar()로 세 개의 'R', 'G', 'B' 트랙바를 생성한다. 모든 트랙바에서 슬라이더
의 초기 위치는 0, 최대값은 255, 트랙바 이벤트 핸들러 함수는 onChange()이다.

③ cv2.setTrackbarPos('B', 'img', 255)로 'B' 트랙바에서 슬라이더의 위치를 255로 변경하면
트랙바 이벤트 핸들러 함수 onChange()가 호출되어 윈도우의 영상이 파란색으로 변경된다.
마우스로 트랙바의 슬라이더를 변경하면 트랙바의 슬라이더 위치에 따라 윈도우의 배경색이
변경된다. [그림 3.12]는 트랙바 이벤트 처리의 결과이다.

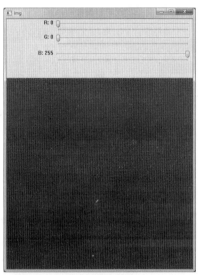

그림 3.12 ◆ 트랙바 이벤트 처리

**CHAPTER 04**

# OpenCV 기본 연산

영상처리를 위한 영상의 속성과 화소 접근, 관심 영역 ROI, 산술연산, 채널 분리 및 합성 그리고 컬러 변환에 대하여 설명한다. [그림 4.1]은 OpenCV의 영상 좌표계이다. 왼쪽 상단이 원점이고, 가로 방향이 X축 열, 위에서 아래로 세로 방향이 Y축 행이다. OpenCV에서 영상 화소는 행 row-열 column 순서인 img(y, x)로 접근한다. 본 교재에서는 편의상 함수와 수식의 설명에서 src(x, y), dst(x, y)와 같이 표현한다.

그림 4.1 ◆ OpenCV 영상 좌표계

# 01 영상 속성과 화소 접근

OpenCV 파이썬은 영상을 numpy.ndarray을 이용하여 표현한다. 영상의 중요 속성 shape, dtype을 확인하고, numpy의 astype( ), reshape( )로 속성을 변경하고, 영상 화소를 y 행, x 열 순으로 인덱스를 지정 접근하여 밝기 또는 컬러 값을 접근 읽기와 쓰기에 대하여 설명한다. [표 4.1]은 numpy와 대응하는 OpenCV 자료형이다. 단, numpy는 다중채널 영상을 모양 shape에 의해 표현하고, OpenCV는 화소 자료형으로 표현한다.

예를 들어 cv2.CV_8UC3은 부호 없는 8비트 정수 화소, 3-채널 영상을 의미한다. OpenCV는 1채널에서 4채널 영상까지 지원한다. cv2.CV_8U는 1-채널 부호 없는 8비트 정수 화소 자료형으로 cv2.CV_8UC1과 같다. OpenCV 함수에서 결과 영상의 화소 자료형을 요구하는 경우는 화소 비트, 자료형, 채널 수를 명시한 OpenCV 자료형 상수를 사용한다.

[표 4.1] numpy와 OpenCV 자료형

| 구분 | numpy 자료형 | OpenCV 자료형, 1-채널 |
|---|---|---|
| 8비트 unsigned 정수 | np.uint8 | cv2.CV_8U |
| 8비트 signed 정수 | np.int8 | cv2.CV_8S |
| 16비트 unsigned 정수 | np.uint16 | cv2.CV_16U |
| 16비트 signed 정수 | np.int16 | cv2.CV_16S |
| 32비트 signed 정수 | np.int32 | cv2.CV_32S |
| 32비트 실수 | np.float32 | cv2.CV_32F |
| 64비트 실수 | np.float64 | cv2.CV_64F |

**예제 4.1 | 영상 속성 1: 모양과 자료형**

```python
01  # 0401.py
02  import cv2
03  import numpy as np
04
05  img = cv2.imread('./data/lena.jpg')        # cv2.IMREAD_COLOR
06  ##img = cv2.imread('./data/lena.jpg', cv2.IMREAD_GRAYSCALE)
07
08  print('img.ndim = ', img.ndim)
09  print('img.shape = ', img.shape)
10  print('img.dtype = ', img.dtype)
11
12  ## np.bool, np.uint16, np.uint32,
13  ## np.float32, np.float64, np.complex64
14  img = img.astype(np.int32)
15  print('img.dtype=', img.dtype)
16
17  img = np.uint8(img)
18  print('img.dtype=', img.dtype)
```

**실행 결과: cv2.IMREAD_COLOR**

```
img.ndim= 3
img.shape= (512, 512, 3)
img.dtype= uint8
img.dtype= int32
img.dtype= uint8
```

**실행 결과: cv2.IMREAD_GRAYSCALE**

```
img.ndim= 3
img.shape= (512, 512, 3)
img.dtype= uint8
```

```
img.dtype= int32
img.dtype= uint8
```

**프로그램 설명**

① 'lena.jpg' 영상을 컬러 <sup>cv2.IMREAD_COLOR</sup> 영상으로 img에 읽는다. img 영상은 img.ndim = 3 으로 3차원 배열이고, img.shape = (512, 512, 3)으로 512×512 크기의 3채널 영상이다. img.shape[0]은 영상의 세로 화소 크기 <sup>height</sup>, img.shape[1]은 영상의 가로 화소 크기 <sup>width</sup>, img.shape[2]는 영상의 채널 개수이다. 각 화소의 자료형은 img.dtype = uint8로 부호 없는 8비트 정수이다.

② 'lena.jpg' 영상을 그레이스케일 <sup>cv2.IMREAD_GRAYSCALE</sup> 영상으로 img에 읽으면, img.ndim = 2로 2차원 배열이고, img.shape = (512, 512)로 512(세로)×512(가로) 화소 크기의 그레이스케일 영상이다. 각 화소의 자료형은 img.dtype = uint8로 부호 없는 8비트 정수이다.

③ img.astype(np.int32)은 img의 화소 자료형을 정수형으로 변경한다. 주요 화소 자료형은 np.bool, uint8, np.uint16, np.uint32, np.uint64, np.float32, np.float64, np.complex64 등이 있다.

④ img = np.uint8(img)로 img의 화소 자료형을 uint8로 변경할 수 있다.

⑤ 영상처리 계산을 위해서 다양한 자료형으로 변경할 필요가 있다. 그러나 영상을 표시하기 위한 cv2.imshow() 함수는 uint8 자료형의 영상만을 화면에 표시한다.

---

| 예제 4.2 | 영상 속성 2: 모양 변경하기 |

```
01 # 0402.py
02 import cv2
03 ##import numpy as np
04
05 img = cv2.imread('./data/lena.jpg', cv2.IMREAD_GRAYSCALE)
06 print('img.shape=', img.shape)
07
08 ##img = img.reshape(img.shape[0] * img.shape[1])
09 img = img.flatten()
10 print('img.shape=', img.shape)
11
12 img = img.reshape(-1, 512, 512)
13 print('img.shape=', img.shape)
14
15 cv2.imshow('img', img[0])        # 그레이스케일 영상을 화면에 표시
16 cv2.waitKey()
17 cv2.destroyAllWindows()
```

### 실행 결과

```
img.shape= (512, 512)
img.shape= (262144,)
img.shape= (1, 512, 512)
```

### 프로그램 설명

① 'lena.jpg' 영상을 그레이스케일(cv2.IMREAD_GRAYSCALE)영상으로 img에 읽는다. img.
shape = (512, 512)로 512×512 크기의 그레이스케일 영상이다.

② img.flatten()은 다차원 배열을 1차원 배열로 변경하여 img.shape = (262144,)이다.

③ img.reshape(-1, 512, 512)는 3차원 배열로 확장한다. -1로 표시된 부분은 크기를 자동
으로 계산한다. img의 화소 크기가 512×512이므로 img.shape = (1, 512, 512)로 변경된다.
img[0].shape은 (512, 512)이다. cv2.imshow('img', img[0])은 원본 영상을 표시한다.
img.reshape()은 실제 데이터를 변경하지는 않고, 모양을 변경한다.

④ 영상의 확대 축소 크기는 cv2.resize()로 변환한다.

| 예제 4.3 | 화소 접근 1: 그레이스케일 영상 |
|---|---|

```
01 # 0403.py
02 import cv2
03 ##import numpy as np
04
05 img = cv2.imread('./data/lena.jpg', cv2.IMREAD_GRAYSCALE)
06 img[100, 200] = 0                 # 화소값(밝기, 그레이스케일) 변경
07 print(img[100:110, 200:210])      # ROI 접근
08
09 ##for y in range(100, 400):
10 ##     for x in range(200, 300):
11 ##          img[y, x] = 0
12
13 img[100:400, 200:300] = 0         # ROI 접근
14
15 cv2.imshow('img', img)
16 cv2.waitKey()
17 cv2.destroyAllWindows()
```

### 실행 결과

```
[[  0 143 145 132 147 144 142 139 132 138]
 [138 138 143 151 137 144 139 139 138 138]
 [132 139 153 140 133 136 143 138 137 128]
 [137 146 138 125 132 145 139 142 130 128]
 [149 139 130 137 140 145 136 133 132 141]
```

```
[141 139 134 149 149 137 132 127 140 140]
[142 148 139 142 144 138 146 135 131 130]
[151 146 136 131 142 144 149 135 126 132]
[147 131 135 138 147 139 128 125 134 138]
[135 132 149 142 134 128 122 135 138 129]]
```

**프로그램 설명**

① 'lena.jpg' 영상을 그레이스케일(cv2.IMREAD_GRAYSCALE) 영상으로 img에 읽는다.

② img[100, 200] = 0은 img 영상의 y = 100(행), x = 200(열) 화소의 값 밝기, 그레이스케일을 0으로 변경한다. img[100, 200]은 img[100][200]과 같다. 화소의 인덱스는 y 행, x 열 순으로 지정한다.

③ print(img[100:110, 200:210])는 numpy의 슬라이싱으로 y = 100에서 y = 109까지, x = 200에서 x = 209까지의 10 × 10 사각 영역을 ROI로 지정하여 화소값을 출력한다.

④ for 문으로 영상의 y = 100에서 y = 399까지, x = 200에서 x = 299까지의 사각 영역을 0으로 변경한다. numpy의 슬라이싱으로 ROI를 지정하여 img[100:400, 200:300] = 0으로 변경할 수 있다. [그림 4.2]는 영상의 화면표시 결과이다.

그림 4.2 ◆ img[100:400, 200:300] = 0

**예제 4.4** | 화소 접근 2 : 컬러 영상(BGR)

```
01  # 0404.py
02  import cv2
03  ##import numpy as np
04
05  img = cv2.imread('./data/lena.jpg')       # cv2.IMREAD_COLOR
06  img[100, 200] = [255, 0, 0]               # 컬러(BGR) 변경
07  print(img[100, 200:210])                  # ROI 접근
08
```

```
09  ##for y in range(100, 400):
10  ##     for x in range(200, 300):
11  ##         img[y, x] = [255, 0, 0]        # 파란색(blue)으로 변경
12
13  img[100:400, 200:300] = [255, 0, 0]       # ROI 접근
14
15  cv2.imshow('img', img)
16  cv2.waitKey()
17  cv2.destroyAllWindows()
```

**실행 결과: print(img[100, 200:210])**

```
[[[255   0   0]
  [116 115 207]
  [122 114 214]
  [107 103 198]
  [117 121 209]
  [112 119 204]
  [114 115 205]
  [116 109 206]
  [100 107 192]
  [108 112 201]]]
```

**프로그램 설명**

① 'lena.jpg' 영상을 컬러 영상으로 img에 읽는다.

② img[100, 200] = [255, 0, 0]은 y = 100행, x = 200열의 영상 화소 img[100, 200]의 컬러를 리스트 [255, 0, 0] 또는 튜플 (255, 0, 0)로 변경한다. 컬러는 [B, G, R] 채널 순서이다.

③ print(img[100, 200:210])는 numpy의 슬라이싱으로 y = 100, x = 200에서 x = 209까지의 1×10 영역을 ROI로 지정하여 컬러를 출력한다. 컬러는 BGR-채널 순서이다.

④ for 문 09~11행으로 영상의 y = 100에서 y = 399까지, x = 200에서 x = 299까지의 사각 영역에 포함된 각 화소를 파란색 [255, 0, 0] 으로 변경한다. numpy의 슬라이싱으로 ROI를 지정하여 img[100:400, 200:300] = [255, 0, 0]으로 변경할 수 있다. [그림 4.3]은 화면표시 결과이다.

그림 4.3 ◆ img[100:400, 200:300] = [255, 255, 0]

| 예제 4.5 | 화소 접근3: 컬러 영상(채널 접근) |
| --- | --- |

```python
01 # 0405.py
02 import cv2
03 ##import numpy as np
04
05 img = cv2.imread('./data/lena.jpg')    # cv2.IMREAD_COLOR
06
07 ##for y in range(100, 400):
08 ##    for x in range(200, 300):
09 ##        img[y, x, 0] = 255          # B-채널을 255로 변경
10
11 img[100:400, 200:300, 0] = 255        # B-채널을 255로 변경
12 img[100:400, 300:400, 1] = 255        # G-채널을 255로 변경
13 img[100:400, 400:500, 2] = 255        # R-채널을 255로 변경
14
15 cv2.imshow('img', img)
16 cv2.waitKey()
17 cv2.destroyAllWindows()
```

**프로그램 설명**

① img[y, x, 0] = 255로 img(y,x)의 B-채널을 255로 변경한다.

② img[100:400, 200:300, 0] = 255는 img[100:400, 200:300]의 B-채널을 255로 변경한다.

③ img[100:400, 300:400, 1] = 255는 img[100:400, 300:400]의 G-채널을 255로 변경한다.

④ img[100:400, 400:500, 2] = 255는 img[100:400, 400:500]의 R-채널을 255로 변경한다.

⑤ [그림 4.4]는 ROI 영역지정, BGR 채널 변경 후, 화면표시 결과이다.

그림 4.4 ◆ ROI 영역 지정과 BGR 채널 변경

# 관심 영역과 ROI 02

영상의 사각 관심 영역 Region Of Interest, ROI을 [예제 4.3]에서 [예제 4.5]처럼 numpy의 슬라이싱으로 지정하여 접근한다. 여기서는 ROI를 사용하여 블록 평균 영상을 생성하고, 마우스를 이용한 ROI 영역지정 함수 selectROI()와 selectROIs()를 설명한다.

```
cv2.selectROI(windowName, img[, showCrosshair[, fromCenter]]) -> retval
```

**1** windowName 윈도우 디폴트 'ROI selector'에 img 영상을 표시하고, 사용자가 마우스 클릭과 드래그로 ROI를 선택할 수 있다.

**2** showCrosshair = True이면 선택영역에 격자가 표시되고, fromCenter = True이면 마우스 클릭 위치 중심을 기준으로 박스가 선택된다. 선택을 종료하려 면 Space Bar 또는 Enter 키를 사용하면 반환 값 retval에 선택영역의 튜플 (x, y, width, height)을 반환한다. (x, y)는 박스의 왼쪽-상단 좌표이고, (width, height)는 박스의 가로세로 크기이다. c 키를 사용하면 선택을 취소하고, (0, 0, 0, 0)을 반환 한다.

```
selectROIs(windowName, img[, showCrosshair[, fromCenter]])
                                        -> boundingBoxes
```

**1** windowName 윈도우를 생성에 img 영상을 표시하고, 사용자가 마우스 클릭과 드래그로 다중 ROI를 선택할 수 있다.

**2** 마우스 클릭과 드래그로 각 ROI를 선택하고 스페이스바 또는 엔터를 사용하고, 선택영역을 취소하려면 c 키를 선택한다. ESC 키는 다중 ROI 선택을 종료하고, 선택한 영역을 넘파이 배열로 반환한다.

| 예제 4.6 | ROI에 의한 블록 평균 영상 |
| --- | --- |

```
01 # 0406.py
02 import cv2
03 import numpy as np
04
05 src = cv2.imread('./data/lena.jpg', cv2.IMREAD_GRAYSCALE)
06 dst = np.zeros(src.shape, dtype = src.dtype)
```

```
07
08 N = 4                                          # 8, 32, 64
09 height, width = src.shape                       # 그레이스케일 영상
10 ##height, width, channel = src.shape            # 컬러 영상
11
12 h = height // N
13 w = width // N
14 for i in range(N):
15     for j in range(N):
16         y = i * h
17         x = j * w
18         roi = src[y:y + h, x:x + w]
19         dst[y:y + h, x:x + w] = cv2.mean(roi)[0]     # 그레이스케일 영상
20 ##      dst[y:y + h, x:x + w] = cv2.mean(roi)[0:3]   # 컬러 영상
21
22 cv2.imshow('dst', dst)
23 cv2.waitKey()
24 cv2.destroyAllWindows()
```

**프로그램 설명**

① 원본 영상 src와 같은 자료형과 크기이고, 0으로 초기화된 dst를 생성하고, for문에서 roi를 이용하여, 하나의 블록 크기가 w×h인 N×N 블록 평균 영상을 dst에 계산한다.

② src가 그레이스케일 영상이면, height, width = src.shape로 영상의 가로 크기 width와 세로 크기 height를 저장한다. src가 컬러 영상이면, height, width, channel = src.shape로 영상의 가로 크기 width와 세로 크기 height를 저장한다.

③각 블록의 크기는 w × h이고, x, y는 각 블록의 왼쪽-상단(left-top) 좌표이다. roi = src[y:y + h, x:x + w]는 원본 영상에서 roi를 설정한다. cv2.mean(roi)는 roi의 평균을 계산한다. cv2.mean()은 4-채널 값을 반환한다. dst[y:y + h, x:x + w] = cv2.mean(roi)[0]은 dst 영상에 roi의 평균을 계산하여 0-채널 값을 저장한다.

(a) dst, N = 4          (b) dst, N = 32

그림 4.5 ◆ ROI에 의한 블록 평균 영상

④ src가 컬러 영상이면, dst[y:y + h, x:x + w] = cv2.mean(roi)[0:3]으로 roi의 평균을 dst 영상의 블록에 저장한다.

⑤ [그림 4.5]는 ROI에 의한 블록 평균 영상 결과로 (a)는 N = 4인 결과이고, (b)는 N = 32인 결과이다.

| 예제 4.7 | 마우스로 ROI 영역 지정: cv2.selectROI() |
|---|---|

```python
01 # 0407.py
02 import cv2
03
04 src = cv2.imread('./data/lena.jpg', cv2.IMREAD_GRAYSCALE)
05 roi = cv2.selectROI(src)
06 print('roi =', roi)
07
08 if roi != (0, 0, 0, 0):
09     img = src[roi[1]:roi[1] + roi[3],
10             roi[0]:roi[0] + roi[2]]
11
12     cv2.imshow('Img', img)
13     cv2.waitKey()
14
15 cv2.destroyAllWindows()
```

**프로그램 설명**

① roi = cv2.selectROI(src)는 디폴트 'ROI selector' 윈도우에 src 영상을 표시하고, [그림 4.6](a)와 같이 마우스 클릭과 드래그로 ROI를 선택하고, 스페이스바/엔터키를 누르면 선택 영역을 roi에 반환한다. 만약 마우스로 ROI를 선택하지 않고 스페이스바/엔터키를 누르면 roi = (0, 0, 0, 0)을 반환한다.

② 선택영역 roi = (206, 236, 170, 127)에서 roi[0]은 x 열, roi[1]은 y 행, roi[2]는 가로 크기 width, roi[3]은 세로 크기 height이다.

③ img = src[roi[1]:roi[1] + roi[3], roi[0]:roi[0] + roi[2]]는 src에서 선택영역의 roi을 img에 저장한다.

(a) src　　　　　　　(b) roi

그림 4.6 ◆ 마우스로 ROI 영역 지정: selectROI()

**예제 4.8 │ 마우스로 다중 ROI 영역 지정: cv2.selectROIs()**

```python
01 # 0408.py
02 import cv2
03
04 src = cv2.imread('./data/lena.jpg', cv2.IMREAD_GRAYSCALE)
05 rects = cv2.selectROIs('src', src, False, True)
06 print('rects =', rects)
07
08 for r in rects:
09     cv2.rectangle(src, (r[0], r[1]),
10                   (r[0] + r[2], r[1] + r[3]), 255)
11 ##    img = src[r[1]:r[1] + r[3], r[0]:r[0] + r[2]]
12 ##    cv2.imshow('Img', img)
13 ##    cv2.waitKey()
14
15 cv2.imshow('src', src)
16 cv2.waitKey()
17 cv2.destroyAllWindows()
```

**실행 결과**

```
rects = [[241 245  50  44]
 [307 247  46  36]]
```

**프로그램 설명**

1. rects = cv2.selectROIs('src', src, False, True)는 'src' 윈도우에 src 영상을 표시하고, showCrosshair = False로 선택영역에 격자를 표시하지 않고 fromCenter = True로 마우스 클릭 위치 중심을 기준으로 드래그하여 박스를 선택하고, 스페이스바/엔터키를 눌러 반복적으로 ROI 영역을 지정하고, Esc 키를 눌러 다중 영역 선택을 종료하면 rects에 반환한다.

2. 선택된 다중 영역의 리스트 rects = [[241 245 50 44] [307 247 46 36]]의 각각의 ROI 영역 r을 이용하여 src 영상에 [그림 4.7]과 같이 사각형을 그려 표시한다.

그림 4.7 ◆ 마우스로 다중 ROI 영역 지정: selectROIs()

# 영상 복사 03

원본 영상의 데이터를 그대로 유지하고 원본 영상의 복사본에 라인, 사각형, 원 등을 표시하는 경우가 많다. 원본 영상의 복사는 numpy.copy()로 복사하거나, np.zeros() 같은 함수로 영상을 생성한 후에 복사할 수 있다. dst = src와 같은 지정문은 복사가 아니라 참조 reference를 생성하기 때문에 한 영상을 변경하면 다른 영상도 변경된다.

| 예제 4.9 | 영상 복사 1 |
|---|---|

```python
01  # 0409.py
02  import cv2
03  src = cv2.imread('./data/lena.jpg', cv2.IMREAD_GRAYSCALE)
04
05  ##dst = src                    # 참조
06  dst = src.copy()               # 복사
07  dst[100:400, 200:300] = 0
08
09  cv2.imshow('src', src)
10  cv2.imshow('dst', dst)
11  cv2.waitKey()
12  cv2.destroyAllWindows()
```

**프로그램 설명**

① dst = src.copy()는 src를 dst에 복사한다. dst[100:400, 200:300] = 0으로 dst의 부분 영역을 변경하면 복사되기 때문에 [그림 4.8]과 같이 dst만 변경되고, src는 변경되지 않는다.

② dst = src는 dst가 src를 참조하여, dst를 변경하면 src도 변경됨에 주의한다.

(a) src  (b) dst

그림 4.8 ◆ dst = src.copy() 영상 복사

**예제 4.10 | 영상 복사 2**

```
01 # 0410.py
02 import cv2
03 im∧port numpy as np
04
05 src = cv2.imread('./data/lena.jpg', cv2.IMREAD_GRAYSCALE)
06 shape = src.shape[0], src.shape[1], 3
07 dst = np.zeros(shape, dtype=np.uint8)
08
09 dst[:, :, 0] = src              # B-채널
10 ##dst[:, :, 1] = src            # G-채널
11 ##dst[:, :, 2] = src            # R-채널
12
13 dst[100:400, 200:300, :] = [255, 255, 255]
14
15 cv2.imshow('src', src)
16 cv2.imshow('dst', dst)
17 cv2.waitKey()
18 cv2.destroyAllWindows()
```

**프로그램 설명**

① dst = np.zeros(shape, dtype = np.uint8)는 src와 같은 가로, 세로 크기의 3-채널 컬러 영상 dst를 생성한다.

② dst[:,:,0] = src는 dst의 0-채널 blue에 src를 복사한다.

③ dst의 부분 영역 100:400, 200:300을 흰색 [255, 255, 255]로 변경하면 [그림 4.9]와 같이 dst만 변경되고 src는 변경되지 않는다.

(a) src         (b) dst

그림 4.9 ◆ dst[:, :, 0] = src 영상 복사

## 영상 채널 분리 및 병합  **04**

cv2.split()는 다중 채널 영상을 튜플에 단일 채널 영상으로 분리하고, cv2.merge()는
단일 채널 영상을 병합하여 다중 채널 영상을 생성한다.

```
cv2.split(m[, mv]) -> mv
```

cv2.split()는 다중 채널 배열(영상) m을 단일 채널의 배열로 분리하여 튜플 mv에
출력한다.

```
cv2.merge(mv[, dst ]) -> dst
```

cv2.merge()는 단일 채널 배열(영상)의 리스트 mv를 하나의 다중 채널 배열(영상)
dst로 생성한다.

---

**예제 4.11** | **채널 분리**

```
01  # 0411.py
02  import cv2
03  src = cv2.imread('./data/lena.jpg')
04
05  dst = cv2.split(src)
06  print(type(dst))
07  print(type(dst[0]))          # type(dst[1]), type(dst[2])
08
09  cv2.imshow('blue',  dst[0])
10  cv2.imshow('green', dst[1])
11  cv2.imshow('red',   dst[2])
12  cv2.waitKey()
13  cv2.destroyAllWindows()
```

**실행 결과**

```
<class 'tuple'>
<class 'numpy.ndarray'>
```

**프로그램 설명**

1 dst = cv2.split(src)는 3-채널 BGR 컬러 영상 src를 채널 분리하여 튜플 dst에 저장한다.
[그림 4.10]은 dst[0], dst[1], dst[2]를 표시한다.

2 type(dst)는 'tuple'이고, type(dst[0]), type(dst[1]), type(dst[2])는 'numpy.ndarray'
이다. 채널 순서로 0-채널은 Blue, 1-채널은 Green, 2-채널은 Red이다.

(a) Blue: dst[0]　　　　　　　(b) Green: dst[1]　　　　　　　(c) Red: dst[2]

그림 4.10 ◆ 채널 분리

## 예제 4.12 | 채널 병합

```
01  # 0412.py
02  import cv2
03  src = cv2.imread('./data/lena.jpg')
04
05  b, g, r = cv2.split(src)
06  dst = cv2.merge([b, g, r])      # cv2.merge([r, g, b])
07
08  print(type(dst))
09  print(dst.shape)
10  cv2.imshow('dst', dst)
11  cv2.waitKey()
12  cv2.destroyAllWindows()
```

### 프로그램 설명

① b, g, r = cv2.split(src)은 3-채널 컬러 영상 src를 채널 분리하여 b, g, r에 저장한다.

② dst = cv2.merge([b, g, r])은 리스트 [b, g, r]을 dst에 채널 합성한다. 리스트의 항목의 순서 b, g, r의 순서는 채널 순서로 중요하다. cv2.merge([r, g, b])는 다른 색상의 컬러 영상을 생성한다. type(dst)는 numpy.ndarray이다. dst.shape = (512, 512, 3)로 dst는 src와 같은 3-채널 컬러 영상이다.

# 컬러 공간변환 05

cvtColor() 함수는 GRAY, HSV, YCrCb 등의 다양한 컬러 공간 포맷으로 변환한다.

```
cv2.cvtColor(src, code[, dst[, dstCn ]]) -> dst
```

**1** 입력 영상 src를 code에 따라 출력 영상 dst에 변환한다.

**2** dstCn은 출력 영상의 채널 수이다. 컬러 변환에서 R, G, B 채널의 값은 영상의 자료형에 따라 np.uint8은 0..255, np.uint16은 0..65535, np.float32는 0..1의 범위로 간주한다. 선형변환의 경우는 화소 자료형을 따르는 값의 범위가 문제 되지 않지만, 비선형 변환의 경우 문제가 될 수 있다. 그러므로 컬러 변환 전에 astype() 함수를 사용하여 np.uint16, np.uint32 또는 np.float32로 변환할 필요가 있을 수 있다.

[표 4.2]는 주요 컬러 변환코드이다. BGR 채널 컬러 영상을 1-채널 GRAY 영상으로 변환하거나 컬러 영상 처리를 위하여 HSV, YCrCb 포맷으로 변환하여 처리하는 경우가 많다.

[표 4.2] 주요 컬러 변환 코드

| 입력 영상 src | 변환코드 code | 출력 영상 dst |
|---|---|---|
| BGR | cv2.COLOR_BGR2GRAY | GRAY |
| GRAY | cv2.COLOR_GRAY2BGR | BGR |
| BGR | cv2.COLOR_BGR2HSV | HSV |
| HSV | cv2.COLOR_HSV2BGR | BGR |
| BGR | cv2.COLOR_BGR2YCrCb | YCrCb |
| YCrCb | cv2.COLOR_YCrCb2BGR | BGR |

**예제 4.13 | 컬러 변환**

```
01  # 0413.py
02  import cv2
03  src = cv2.imread('./data/lena.jpg')
04
05  gray = cv2.cvtColor(src, cv2.COLOR_BGR2GRAY)
06  yCrCv = cv2.cvtColor(src, cv2.COLOR_BGR2YCrCb)
07  hsv = cv2.cvtColor(src, cv2.COLOR_BGR2HSV)
```

```
08
09  cv2.imshow('gray',  gray)
10  cv2.imshow('yCrCv', yCrCv)
11  cv2.imshow('hsv',   hsv)
12
13  cv2.waitKey()
14  cv2.destroyAllWindows()
```

### 프로그램 설명

① gray = cv2.cvtColor(src, cv2.COLOR_BGR2GRAY)은 [그림 4.11](a)와 같이 BGR 채널 컬러 영상 src를 GRAY 영상 gray로 변환한다.

② yCrCv = cv2.cvtColor(src, cv2.COLOR_BGR2YCrCb)는 [그림 4.11](b)와 같이 BGR 채널 컬러 영상 src를 YCrCb 컬러 영상 yCrCv로 변환한다.

③ hsv = cv2.cvtColor(src, cv2.COLOR_BGR2HSV)는 [그림 4.11](c)와 같이 BGR 채널 컬러 영상 src를 HSV 컬러 영상 yCrCv로 변환한다.

(a) cv2.COLOR_BGR2GRAY　　　(b) cv2.COLOR_BGR2YCrCb　　　(c) cv2.COLOR_BGR2HSV

그림 4.11 ◆ 컬러 변환

## 06  영상의 크기 변환과 회전

cv2.resize()는 영상의 크기를 변환하여 영상을 확대 축소한다. cv2.rotate()는 영상을 90의 배수로 회전한다. 일반적인 확대 축소 및 회전 영상은 cv2.getRotationMatrix2D()로 변환행렬을 계산하고 cv2.warpAffine()로 영상을 변환한다.

```
cv2.resize(src, dsize[, dst[, fx[, fy[, interpolation ]]]]) -> dst
```

1 입력 영상을 크기 변환하여 반환한다.

2 src는 입력 영상, dsize는 출력 영상의 크기, dst는 출력 영상, fx, fy는 가로와 세로의 스케일이고, interpolation은

cv2.INTER_NEAREST, cv2.INTER_LINEAR 디폴트, cv2.INTER_AREA,
cv2.INTER_CUBIC, cv2.INTER_LANCZOS4

등의 보간법이다. 출력 영상 dst를 반환한다.

---

**예제 4.14 영상 크기 변환**

```
01 # 0414.py
02 import cv2
03 import numpy as np
04 src = cv2.imread('./data/lena.jpg', cv2.IMREAD_GRAYSCALE)
05
06 dst = cv2.resize(src, dsize = (320, 240))
07 dst2 = cv2.resize(src, dsize = (0, 0), fx = 1.5, fy = 1.2)
08
09 cv2.imshow('dst', dst)
10 cv2.imshow('dst2', dst2)
11 cv2.waitKey()
12 cv2.destroyAllWindows()
```

**프로그램 설명**

(a) dsize = (320, 240)  (b) dsize = (0, 0), fx = 1.5, fy = 1.2

그림 4.12 ◆ cv2.resize()에 의한 영상 크기 변환

① dst = cv2.resize(src, dsize = (320, 240))는 src를 가로 320, 세로 240 크기로 변환하여 dst에 저장한다. dst.shape은 (240, 320)이다.

② dst2 = cv2.resize(src, dsize = (0, 0), fx = 1.5, fy = 1.2)는 src를 가로 fx = 1.5배, 세로 fy = 1.2배로 변환하여 dst2에 저장한다. dst2.shape은 (614, 768)이다.

③ [그림 4.12](a)는 src를 축소한 dst이고 [그림 4.12](b)는 확대한 dst2이다.

```
cv2.rotate(src, rotateCode[, dst]) -> dst
```

**1** 입력 영상 src를 크기 rotateCode에 따라 90의 배수로 회전시켜 dst에 반환한다.

**2** rotateCode는

cv2.ROTATE_90_CLOCKWISE,

cv2.ROTATE_180,

cv2.ROTATE_90_COUNTERCLOCKWISE

등이 있다.

| 예제 4.15 | cv2.rotate() 영상 회전 |

```
01  # 0415.py
02  import cv2
03  src = cv2.imread('./data/lena.jpg')
04
05  dst1 = cv2.rotate(src, cv2.ROTATE_90_CLOCKWISE)
06  dst2 = cv2.rotate(src, cv2.ROTATE_90_COUNTERCLOCKWISE)
07
08  cv2.imshow('dst1', dst1)
09  cv2.imshow('dst2', dst2)
10  cv2.waitKey()
11  cv2.destroyAllWindows()
```

**프로그램 설명**

① [그림 4.13](a)는 cv2.rotate()에서 cv2.ROTATE_90_CLOCKWISE로 시계방향으로 90도 회전한 결과이다.

② [그림 4.13](b)는 cv2.rotate()에서 cv2.ROTATE_90_COUNTERCLOCKWISE로 반시계 방향으로 90도 회전한 결과이다.

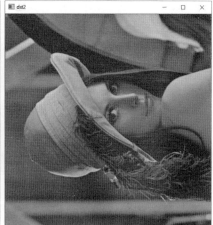

(a) cv2.ROTATE_90_CLOCKWISE　　(b) cv2.ROTATE_90_COUNTERCLOCKWISE

그림 4.13 ◆ cv2.rotate() 영상 회전

```
cv2.getRotationMatrix2D(center, angle, scale) -> M
```

1 center 좌표를 중심으로 scale 확대/축소하고, angle 각도만큼 회전한 어파인 변환행렬 M을 반환한다.

2 angle 〉 0이면 반시계방향 회전이다. M[:, 2] += (tx, ty)를 추가하면 이동을 추가할 수 있다.

$$M = \begin{bmatrix} \alpha & \beta & (1-\alpha) \cdot center.x - \beta \cdot center.y \\ -\beta & \alpha & \beta \cdot center.x + (1-\alpha) \cdot center.y \end{bmatrix}$$

여기서,
$$\alpha = scale \cdot cos(RADIAN(angle))$$
$$\beta = scale \cdot sin(RADIAN(angle))$$

```
cv2.warpAffine(src, M, dsize[, dst[, flags[,
            borderMode[, borderValue ]]]]) -> dst
```

1 cv2.warpAffine() 함수는 src 영상에 2×3 어파인 변환행렬 M을 적용하여 dst에 반환한다.

**2** dsize는 출력 영상 dst의 크기이며, flags는 보간법(cv2.INTER_NEAREST, cv2.INTER_LINEAR 등)과 cv2.WARP_INVERSE_MAP의 조합이다. cv2.WARP_INVERSE_MAP은 M이 dst->src의 역변환을 의미한다. borderMode 는 경계값 처리방식이다. borderMode = cv2.BORDER_CONSTANT에서 borderValue는 경계값 상수이다.

| 예제 4.16 | 영상 어파인 변환(확대/축소, 회전) |
| --- | --- |

```
01  # 0416.py
02  import cv2
03  src = cv2.imread('./data/lena.jpg')
04
05  rows, cols, channels = src.shape
06  M1 = cv2.getRotationMatrix2D((rows / 2, cols / 2), 45, 0.5 )
07  M2 = cv2.getRotationMatrix2D((rows / 2, cols / 2), -45, 1.0 )
08
09  dst1 = cv2.warpAffine(src, M1, (rows, cols))
10  dst2 = cv2.warpAffine(src, M2, (rows, cols))
11
12  cv2.imshow('dst1',  dst1)
13  cv2.imshow('dst2',  dst2)
14  cv2.waitKey()
15  cv2.destroyAllWindows()
```

**프로그램 설명**

① M1 = cv2.getRotationMatrix2D((rows / 2, cols / 2), 45, 0.5)는 영상의 중심인 center = (rows / 2, cols / 2)를 기준으로 scale = 0.5로 축소하고, angle = 45도 반시계방향로 회전한 어파인 변환행렬 M1을 생성한다.

② M2 = cv2.getRotationMatrix2D((rows / 2, cols / 2), -45, 1.0)는 영상의 중심인 center = (rows / 2, cols / 2)를 기준으로 scale = 1.0으로 확대 또는 축소를 하지 않고, angle = –45도 시계방향로 회전한 어파인 변환행렬 M2를 생성한다.

③ dst1 = cv2.warpAffine(src, M1, (rows, cols))는 src 영상에 2×3 어파인 변환행렬 M1을 적용하여, [그림 4.14](a)와 같이 (rows, cols) 크기의 dst1 영상을 생성한다.

④ dst2 = cv2.warpAffine( src, M2, (rows, cols))는 src 영상에 2×3 어파인 변환행렬 M2를 적용하여, [그림 4.14](b)와 같이 (rows, cols) 크기의 dst2 영상을 생성한다.

(a) M1: scale = 0.5, angle = 45      (b) M2: scale = 1.0, angle = -45

그림 4.14 ◆ 영상 어파인 변환(확대/축소, 회전)

# 산술연산 · 비트연산 · 비교범위 · 수치연산 함수 07

OpenCV_Python은 영상을 numpy.ndarray로 표현하기 때문에 numpy 연산을 사용할 수도 있다. numpy 연산을 사용할 때, 연산 결과가 자료형의 범위를 벗어나는 경우 주의해서 사용한다. 예를 들어, uint8 자료형의 영상 src1과 src2에서 dst = src1 + src2의 연산을 하는 경우, 255를 넘는 화소 값은 256으로 나눈 나머지를 갖는다. 그러나 dst = cv2.add(src1, src2)는 255를 넘는 화소 값은 최대값 255를 저장한다.

[표 4.3]은 OpenCV의 주요 산술 사칙연산, 비트연산, 비교연산, 범위연산, 수치연산의 주요함수이다. [표 4.3]에서 src, src1, src2는 입력 영상이고, dst는 연산의 결과 영상이다. 대괄호 [ ]는 옵션, mask는 8-비트 1-채널 마스크 영상으로, 인 화소에서만 연산을 수행한다. 화살표 ->는 반환 값을 표시한다.

dtype에 출력 영상의 화소 자료형을 명시할 경우,

cv2.CV_8U,     cv2.CV_8UC1,     cv2.CV_8UC3,     cv2.CV_8UC1,

cv2.CV_16S,     cv2.CV_16SC1,     cv2.CV_32F,     cv2.CV_32FC3,

cv2.CV_64F,     cv2.CV_64FC3

등과 같이 비트, 타입, 채널 수를 명시한 상수를 사용한다. OpenCV 함수의 매개변수 dst를 생략하거나, dst = None을 사용하면 결과 영상을 생성하여 반환한다.

[표 4.3] 산술연산, 비트연산, 비교범위, 수치연산 주요 함수

| 구분 | 함수 |
|------|------|
| 사칙연산 | cv2.add(src1, src2[, dst[, mask[, dtype ]]]) -> dst |
| | cv2.addWeighted(src1, alpha, src2, beta, gamma[, dst[, dtype ]]) -> dst |
| | cv2.subtract(src1, src2[, dst[, mask[, dtype ]]]) -> dst |
| | cv2.scaleAdd(src1, alpha, src2[, dst ]) -> dst |
| | cv2.multiply(src1, src2[, dst[, scale[, dtype ]]]) -> dst |
| | cv2.divide(src1, src2[, dst[, scale[, dtype ]]]) -> dst |
| | cv2.divide(scale, src2[, dst[, dtype ]]) -> dst |
| 비트연산 | cv2.bitwise_not(src[, dst[, mask ]]) -> dst |
| | cv2.bitwise_not(src[, dst[, mask ]]) -> dst |
| | cv2.bitwise_or(src1, src2[, dst[, mask ]]) -> dst |
| | cv2.bitwise_xor(src1, src2[, dst[, mask ]]) -> dst |
| 비교연산 범위연산 | cv2.compare(src1, src2, cmpop[, dst ]) -> dst |
| | cv2.checkRange(a[, quiet[, minVal[, maxVal ]]]) -> retval, pos |
| | cv2.inRange(src, lowerb, upperb[, dst ]) -> dst |
| 수치연산 | cv2.absdiff(src1, src2[, dst ]) -> dst |
| | cv2.convertScaleAbs(src[, dst[, alpha[, beta ]]]) -> dst |
| | cv2.exp(src[, dst ]) -> dst |
| | cv2.log(src[, dst ]) -> dst |
| | cv2.pow(src, power[, dst ]) -> dst |
| | cv2.sqrt(src[, dst ]) -> dst |
| | cv2.magnitude(x, y[, magnitude ]) -> magnitude |
| | cv2.phase(x, y[, angle[, angleInDegrees ]]) -> angle |
| | cv2.cartToPolar(x, y[, magnitude[, angle[, angleInDegrees ]]]) -> magnitude, angle |
| | cv2.polarToCart(magnitude, angle[, x[, y[, angleInDegrees ]]]) -> x, y |

**예제 4.17 | 영상 연산 1: 영상 덧셈**

```
01  # 0417.py
02  import cv2
03  import numpy as np
04
05  src1 = cv2.imread('./data/lena.jpg', cv2.IMREAD_GRAYSCALE)
06  src2 = np.zeros(shape = (512,512), dtype = np.uint8) + 100
07
```

```
08 dst1 = src1 + src2
09 dst2 = cv2.add(src1, src2)
10 #dst2 = cv2.add(src1, src2, dtype = cv2.CV_8U)
11
12 cv2.imshow('dst1',  dst1)
13 cv2.imshow('dst2',  dst2)
14 cv2.waitKey()
15 cv2.destroyAllWindows()
```

**프로그램 설명**

① dst1 = src1 + src2에서 numpy의 배열 덧셈으로 src1 + src2를 계산하면, 덧셈 결과가 255를 넘는 경우, 256으로 나눈 나머지를 계산하여, dst1은 [그림 4.15](a)와 같다.

② dst2 = cv2.add(src2, src1)에서와 같이 cv2.add() 함수로 src1, src2를 덧셈하여, 덧셈 결과가 255를 넘는 경우, 255로 계산하여 dst2는 [그림 4.15](b)와 같다.

③ #dst2 = cv2.add(src1, src2, dtype = cv2.CV_8U)은 출력 영상 dst2의 화소 자료형을 dtype을 cv2.CV_8U와 같이 명시할 수 있다. 다른 자료형은 [표 4.1]을 참조한다.

(a) dst1 = src1 + src2      (b) dst2 = cv2.add(src1, src2)

그림 4.15 ◆ 영상 덧셈

**예제 4.18 | 영상 연산 2: 비트연산**

```
01 # 0418.py: OpenCV-Python Tutorials 참조
02 import cv2
03 import numpy as np
04
05 src1 = cv2.imread('./data/lena.jpg')
06 src2 = cv2.imread('./data/opencv_logo.png')
07 cv2.imshow('src2', src2)
08
```

```
09 #1
10 rows,cols,channels = src2.shape
11 roi = src1[0:rows, 0:cols]
12
13 #2
14 gray = cv2.cvtColor(src2, cv2.COLOR_BGR2GRAY)
15 ret, mask = cv2.threshold(gray, 160, 255, cv2.THRESH_BINARY)
16 mask_inv = cv2.bitwise_not(mask)
17 cv2.imshow('mask',  mask)
18 cv2.imshow('mask_inv', mask_inv)
19
20 #3
21 src1_bg = cv2.bitwise_and(roi, roi, mask = mask)
22 cv2.imshow('src1_bg', src1_bg)
23
24 #4
25 src2_fg = cv2.bitwise_and(src2, src2, mask = mask_inv)
26 cv2.imshow('src2_fg', src2_fg)
27
28 #5
29 ##dst = cv2.add(src1_bg, src2_fg)
30 dst = cv2.bitwise_or(src1_bg, src2_fg)
31 cv2.imshow('dst', dst)
32
33 #6
34 src1[0:rows, 0:cols] = dst
35
36 cv2.imshow('result', src1)
37 cv2.waitKey(0)
38 cv2.destroyAllWindows()
```

## 프로그램 설명

① #1: src2의 전체크기에 대한 src1의 영역을 roi에 저장한다.

② #2: [그림 4.16](a)의 컬러 영상 src2를 그레이스케일 영상 gray로 변환하고, 전경과 배경을 분할하기 위하여 [그림 4.16](b)의 이진 영상 mask를 생성하고, [그림 4.16](c)의 비트 반전 영상 mask_inv를 생성한다.

③ #3: roi 영상에서 mask의 255 흰색영역인 화소에서만 bitwise_and() 함수로 src1의 배경 영역을 복사하고, 전경영역은 0 검은색인 [그림 4.16](d)의 src1_bg를 생성한다.

④ #4: cv2.bitwise_and()로 mask_inv 마스크를 사용하여 src2에서 전경영역을 [그림 4.16](e)의 src2_fg에 복사한다.

⑤ #5: cv2.bitwise_or()로 src1_bg와 src2_fg를 비트 OR 연산하여 [그림 4.16](f)의 dst를 생성한다. cv2.add() 함수를 사용해도 결과는 같다.

⑥ #6: dst를 src1[0:rows, 0:cols]에 복사하여, [그림 4.16](g)의 결과 영상을 생성한다.

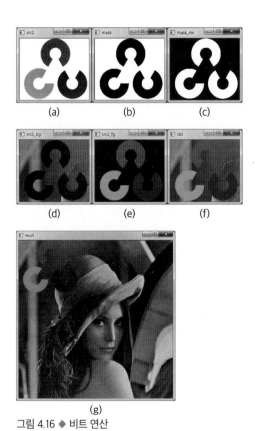

(a)　　　　　(b)　　　　　(c)

(d)　　　　　(e)　　　　　(f)

(g)

그림 4.16 ◆ 비트 연산

## 예제 4.19 | 반전 영상

```
01  # 0419.py
02  import cv2
03  import numpy as np
04
05  src1 = cv2.imread('./data/lena.jpg', cv2.IMREAD_GRAYSCALE)
06  src2 = np.zeros(shape = (512,512), dtype = np.uint8) + 255
07
08  dst1 = 255 - src1
09  dst2 = cv2.subtract(src2, src1)
10  dst3 = cv2.compare(dst1, dst2, cv2.CMP_NE)        # cv2.CMP_EQ
11  n    = cv2.countNonZero(dst3)
```

```
12  print('n = ', n)
13
14  cv2.imshow('dst1', dst1)
15  cv2.imshow('dst2', dst2)
16  cv2.waitKey()
17  cv2.destroyAllWindows()
```

### 실행 결과

n = 0

### 프로그램 설명

① dst1 = 255 - src1은 numpy의 브로드 캐스팅으로 255를 src1 크기의 배열로 확장하고, src1의 각 화소와 뺄셈으로 계산하여 src1 영상의 값을 [그림 4.17](a)의 반전 영상 dst1을 생성한다.

② dst2 = cv2.subtract(src2, src1)는 cv2.subtract() 함수를 사용하여 (src2 - src1) 연산으로 src1의 화소값을 반전하여 [그림 4.17](b)의 반전 영상 dst2를 생성한다.

③ dst3 = cv2.compare(dst1, dst2, cv2.CMP_NE)는 cv2.compare() 함수로 dst1과 dst2의 각 화소를 cv2.CMP_NE(not equal to) 비교하여, 참이면 255, 거짓이면 0을 dst 영상의 각 화소에 출력한다. dst1과 dst2는 모든 화소에서 같은 값을 갖는다. cv2.compare() 함수는 cv2.CMP_EQ, cv2.CMP_NE, cv2.CMP_GT, cv2.CMP_GE, cv2.CMP_LT, cv2.CMP_LE 등의 비교를 할 수 있다.

④ n = cv2.countNonZero(dst3)는 dst3에서 0이 아닌 화소를 카운트하여 반환한다. dst3의 화소는 모두 0이기 때문에, n = 0의 결과를 확인할 수 있다.

(a) dst1　　　　　　　　(b) dst2

그림 4.17 ◆ 반전 영상

# 수학 및 통계 함수 08

[표 4.4]는 수학 및 통계 연산을 위한 주요 함수이다. [표 4.4]에서 src, src1, src2는 입력 영상이고, dst는 연산의 결과 영상이다. 대괄호 [ ]는 옵션, mask는 8-비트 1-채널 마스크 영상으로, $mask(y,x) \neq 0$인 화소에서만 연산을 수행한다. 화살표 ->는 반환 값을 표시한다.

[표 4.4] 수학 및 통계 연산을 위한 주요 함수

| 구분 | 함수 |
|---|---|
| 정규화 | cv2.norm(src1, src2[, normType[, mask ]]) -> retval |
| | cv2.normalize(src, dst[, alpha[,beta[,norm_type[,dtype[,mask ]]]]]) -> dst |
| 최대최소 | cv2.min(src1, src2[, dst ]) -> dst |
| | cv2.max(src1, src2[, dst ]) -> dst |
| | cv2.minMaxLoc(src[, mask ]) -> minVal, maxVal, minLoc, maxLoc |
| 통계 | cv2.countNonZero(src) -> retval |
| | cv2.reduce(src, dim, rtype[, dst[, dtype ]]) -> dst |
| | cv2.mean(src[, mask ]) -> retval |
| | cv2.meanStdDev(src[, mean[, stddev[, mask ]]]) -> mean, stddev |
| | cv2.calcCovarMatrix(samples, flags[, covar[, mean[, ctype ]]]) -> covar, mean |
| | cv2.Mahalanobis(v1, v2, icovar) -> retval |
| 난수 | cv2.randu(dst, low, high) -> dst |
| | cv2.randn(dst, mean, stddev) -> dst |
| | cv2.randShuffle(dst[, iterFactor ]) -> dst |
| 선형대수 | cv2.eigen(src[, eigenvalues[, eigenvectors ]]) -> retval, eigenvalues, eigenvectors |
| | cv2.PCACompute(data, mean[, eigenvectors[, maxComponents ]]) -> mean, eigenvectors |
| | cv2.PCAProject(data, mean, eigenvectors[, result ]) -> result |
| | cv2.PCABackProject(data, mean, eigenvectors[, result ]) -> result |
| 정렬 | cv2.sort(src, flags[, dst ]) -> dst |
| | cv2.sortIdx(src, flags[, dst ]) -> dst |

**예제 4.20** | cv2.normalize()에 의한 영상 정규화

```python
01 # 0420.py
02 import cv2
03 import numpy as np
04
05 src = cv2.imread('./data/lena.jpg', cv2.IMREAD_GRAYSCALE)
06
07 minVal, maxVal, minLoc, maxLoc = cv2.minMaxLoc(src)
08 print('src:', minVal, maxVal, minLoc, maxLoc)
09
10 dst = cv2.normalize(src, None, 100, 200, cv2.NORM_MINMAX)
11 minVal, maxVal, minLoc, maxLoc = cv2.minMaxLoc(dst)
12 print('dst:', minVal, maxVal, minLoc, maxLoc)
13
14 cv2.imshow('dst', dst)
15 cv2.waitKey()
16 cv2.destroyAllWindows()
```

**실행 결과**

```
src: 18.0 248.0 (265, 198) (116, 273)
dst: 100.0 200.0 (265, 198) (116, 273)
```

**프로그램 설명**

① minVal, maxVal, minLoc, maxLoc = cv2.minMaxLoc(src)는 cv2.minMaxLoc(src)는 src의 최소값 $minVal = 18.0$, 최대값 $maxVal = 248.0$, 최소값 위치 $minLoc = (265, 198)$, 최대값 위치 $maxLoc = (116, 273)$를 계산하여 반환한다. 최소/최대값이 여러 개 있는 경우, 최초의 값의 위치를 반환한다.

② dst = cv2.normalize(src, None, 100, 200, cv2.NORM_MINMAX)는 norm_type = cv2. NORM_MINMAX에 의해, src의 최소/최소값 범위 [18.0, 248.0]을 범위 [100, 200]으로 dst에 [그림 4.18] 같이 정규화한다. dst = None은 결과 영상을 새로 생성한다.

그림 4.18 ◆ 영상 정규화

③ minVal, maxVal, minLoc, maxLoc = cv2.minMaxLoc(dst)는 cv2.minMaxLoc(dst)는 dst의 최소값 $^{minVal}$ = 100.0, 최대값 $^{maxVal}$ = 200.0, 최소값 위치 $^{minLoc}$ = (265, 198), 최대값 위치 $^{maxLoc}$ = (116, 273)를 계산하여 반환한다.

| 예제 4.21 | cv2.randu()에 2차원 균등분포 난수 좌표 |
|---|---|

```python
01  # 0421.py
02  import cv2
03  import numpy as np
04  import time
05
06  dst = np.full((512, 512, 3), (255, 255, 255), dtype = np.uint8)
07  nPoints = 100
08  pts = np.zeros((1, nPoints, 2), dtype = np.uint16)
09  cv2.setRNGSeed(int(time.time()))
10  cv2.randu(pts, (0, 0), (512, 512))
11
12  # draw points
13  for k in range(nPoints):
14      x, y = pts[0, k][:]        # pts[0, k, :]
15      cv2.circle(dst, (x, y), radius = 5, color = (0, 0, 255),
16                  thickness = -1)
17
18  cv2.imshow('dst', dst)
19  cv2.waitKey()
20  cv2.destroyAllWindows()
```

**프로그램 설명**

① cv2.setRNGSeed(int(time.time()))는 난수 생성을 초기화한다. 초기화하지 않으면 항상 같은 난수열을 생성하므로 주의한다.

② cv2.randu(pts, (0, 0), (512, 512))는 1×nPoints이고 2-채널인 pts 배열에 (0, 0)에서 (512, 512) 범위의 균등분포 난수를 생성한다.

③ x, y = pts[0, k][:] # pts[0, k, :]는 ptspts[0, k]의 채널 데이터를 x, y에 저장한다.

cv2.circle() 함수로 좌표 (x, y)에 반지름 radius = 5, 컬러 color = (0, 0, 255)인 원을 dst에 [그림 4.19]와 같이 표시한다.

그림 4.19 ◆ 100개의 균등분포

**예제 4.22** | cv2.randn()에 2차원 정규분포 난수 좌표

```python
01 # 0422.py
02 import cv2
03 import numpy as np
04 import time
05
06 dst = np.full((512, 512, 3), (255, 255, 255), dtype = np.uint8)
07 nPoints = 100
08 pts = np.zeros((1, nPoints, 2), dtype = np.uint16)
09
10 cv2.setRNGSeed(int(time.time()))
11 cv2.randn(pts, mean = (256, 256), stddev = (50, 50))
12
13 # draw points
14 for k in range(nPoints):
15     x, y = pts[0][k, :]           # pts[0, k, :]
16     cv2.circle(dst, (x, y), radius = 5,
17               color = (0, 0, 255), thickness = -1)
18
19 cv2.imshow('dst', dst)
20 cv2.waitKey()
21 cv2.destroyAllWindows()
```

**프로그램 설명**

① cv2.setRNGSeed(int(time.time()))

　난수 생성을 초기화한다. 초기화하지 않으면 항상 같은 난수열을 생성한다.

② cv2.randn(pts, mean = (256, 256), stddev = (50, 50))

　1×nPoints이고 2-채널인 pts 배열에 mean = (256, 256), stddev = (50, 50)인 정규분포
　난수를 생성한다.

③ x, y = pts[0, k][:] # pts[0, k, :]

　ptspts[0, k]의 채널 데이터를 x, y에 저장한다.

　cv2.circle() 함수로 좌표 (x, y)에 반지름 radius = 5,
　컬러 color = (0,0,255)인 원을 dst에 [그림 4.20] 같이
　표시한다.

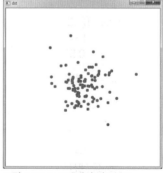

그림 4.20 ◆ 100개의 정규분포

**예제 4.23** | cv2.Mahalanobis()에 의한 통계적 거리 계산

```python
01  # 0423.py
02  import cv2
03  import numpy as np
04
05  X = np.array([[0,  0,   0, 100, 100, 150, -100, -150],
06                [0, 50, -50,   0,  30, 100,  -20, -100]],
07             dtype = np.float64)
08  X = X.transpose()     # X = X.T
09
10  cov, mean = cv2.calcCovarMatrix(X, mean = None,
11                                  flags = cv2.COVAR_NORMAL +
12                                          cv2.COVAR_ROWS)
13  print('mean=', mean)
14  print('cov=', cov)
15
16  ret, icov = cv2.invert(cov)
17  print('icov=', icov)
18
19  v1 = np.array([[0], [0]], dtype = np.float64)
20  v2 = np.array([[0], [50]], dtype = np.float64)
21
22  dist = cv2.Mahalanobis(v1, v2, icov)
23  print('dist = ', dist)
24
25  cv2.waitKey()
26  cv2.destroyAllWindows()
```

### 실행 결과

```
mean= [[ 12.5   1.25]]
cov= [[ 73750.  34875. ]
     [ 34875.  26287.5]]
icov= [[  3.63872307e-05  -4.82740722e-05]
      [ -4.82740722e-05   1.02084955e-04]]
dist = 0.5051854992128457
```

### 프로그램 설명

① X = X.transpose() # X = X.T는 X의 전치행렬로 변경하여, 각 행에 2차원 좌표를 위치시킨다.

② cov, mean = cv2.calcCovarMatrix(X, mX, cv2.COVAR_NORMAL + cv2.COVAR_ROWS)는 X의 각 행(cv2.COVAR_ROWS )에서 (x, y) 좌표의 평균 mean, 공분산 행렬 cov를 계산한다. 평균 mean은 1×2 열벡터이고, 공분산 행렬 cov는 2×2 행렬이다. 만약 데이터가 행렬의 열에 있으면 flags에 cv2.COVAR_COLS를 사용한다.

③ ret, icov = cv2.invert(cov)는 공분산 행렬 cov의 역행렬 icov를 계산한다.

④ dist = cv2.Mahalanobis(v1, v2, icov)는 두 벡터 v1, v2 사이의 통계적 거리인 마하라노비스 거리로 공분산 행렬의 역행렬을 이용하여 계산한다. $v1 = [0, 0]^T$와 $v2 = [0, 100]^T$ 사이의 거리 dist = 0.50518549921284570이다.

$$dist(v1, v2) = \sqrt{(v1 - v2)^T \times icov \times (v1 - v2)}$$

| 예제 4.24 | cv2.Mahalanobis() 통계적 거리 계산, 공분산 행렬의 고유값과 고유 벡터 |
|---|---|

```python
01  # 0424.py
02  import cv2
03  import numpy as np
04
05  X = np.array([[0,  0,   0, 100, 100, 150, -100, -150],
06                [0, 50, -50,   0,  30, 100,  -20, -100]],
07                dtype = np.float64)
08  X = X.transpose()    # X = X.T
09
10  cov, mean = cv2.calcCovarMatrix(X, mean = None,
11                          flags = cv2.COVAR_NORMAL + cv2.COVAR_ROWS)
12  ret, icov = cv2.invert(cov)
13
14  dst = np.full((512, 512, 3), (255, 255, 255), dtype = np.uint8)
15  rows, cols, channel = dst.shape
16  centerX = cols // 2
17  centerY = rows // 2
18
19  v2 = np.zeros((1, 2), dtype=np.float64)
20
21  FLIP_Y = lambda y: rows - 1 - y
22
23  # draw Mahalanobis distance
24  for y in range(rows):
25      for x in range(cols):
26          v2[0, 0] = x - centerX
27          v2[0, 1] = FLIP_Y(y) - centerY    # y-축 뒤집기
28          dist = cv2.Mahalanobis(mean, v2, icov)
29          if dist < 0.1:
30              dst[y, x] = [50, 50, 50]
31          elif dist < 0.3:
32              dst[y, x] = [100, 100, 100]
33          elif dist < 0.8:
34              dst[y, x] = [200, 200, 200]
35          else:
36              dst[y, x] = [250, 250, 250]
```

```
37
38  for k in range(X.shape[0]):
39      x, y = X[k,:]
40      cx = int(x + centerX)
41      cy = int(y + centerY)
42      cy = FLIP_Y(cy)
43      cv2.circle(dst, (cx, cy), radius = 5,
44                  color = (0, 0, 255), thickness = -1)
45
46  # draw X, Y-axes
47  cv2.line(dst, (0, 256), (cols - 1, 256), (0, 0, 0))
48  cv2.line(dst, (256, 0), (256, rows), (0, 0, 0))
49
50  # calculate eigen vectors
51  ret, eVals, eVects = cv2.eigen(cov)
52  print('eVals=',  eVals)
53  print('eVects=', eVects)
54
55  def ptsEigenVector(eVal, eVect):
56  ##     global mX, centerX, centerY
57      scale = np.sqrt(eVal) # eVal[0]
58      x1 = scale * eVect[0]
59      y1 = scale * eVect[1]
60      x2, y2 = -x1, -y1                    # 대칭
61
62      x1 += mean[0, 0] + centerX
63      y1 += mean[0, 1] + centerY
64      x2 += mean[0, 0] + centerX
65      y2 += mean[0, 1] + centerY
66      y1 = FLIP_Y(y1)
67      y2 = FLIP_Y(y2)
68      return int(x1), int(y1), int(x2), int(y2)
69
70  # draw eVects[0]
71  x1, y1, x2, y2 = ptsEigenVector(eVals[0], eVects[0])
72  cv2.line(dst, (x1, y1), (x2, y2), (255, 0, 0), 2)
73
74  # draw eVects[1]
75  x1, y1, x2, y2 = ptsEigenVector(eVals[1], eVects[1])
76  cv2.line(dst, (x1, y1), (x2, y2), (255, 0, 0), 2)
77
78  cv2.imshow('dst', dst)
79  cv2.waitKey()
80  cv2.destroyAllWindows()
```

**실행 결과**

```
eVals= [[ 92202.13359547]
        [  7835.36640453]]
eVects= [[ 0.88390424  0.46766793]
         [-0.46766793  0.88390424]]
```

**프로그램 설명**

① X = X.transpose()  # X = X.T는 X의 전치행렬로 변경하여, 각 행에 2차원 좌표를 위치시킨다. 평균 벡터 mean, 공분산 행렬 cov는 [예제 4.23]과 같다.

② FLIP_Y = lambda y: rows - 1 - y는 FLIP_Y(y) 함수는 y 좌표를 rows - 1 - y로 변환하여 y-축을 반전시킨다.

③ dist = cv2.Mahalanobis(mean, v2, icov)는 rows×cols의 각 좌표를 중심점 (centerX, centerY)을 원점으로 변환한 벡터 v2와 평균 벡터 mean의 마하라노비스 거리 dist를 계산한다. dist < 0.1이면 [50, 50, 50], dist < 0.3이면 [100, 100, 100], dist < 0.8이면 [200, 200, 200], 그 외는 [250, 250, 250] 색상을 dst[y, x]에 저장한다.

④ x, y = X[k,:]는 X의 k-번째 행의 좌표 (x, y)를 원점 (centerX, centerY)을 기준으로 좌표 (cx, cy)로 변환하고, cy = FLIP_Y(cy)로 y-좌표를 반전시켜 cv2.circle() 함수로 dst에 빨간색 (0, 0, 255) 원으로 표시한다.

⑤ ret, eVals, eVects = cv2.eigen(cov)는 공분산 행렬 cov의 고유값 eVals, 고유 벡터 eVects를 계산한다.

⑥ def ptsEigenVector(eVal, eVect)는 고유값 eVal, 고유 벡터 eVect를 이용하여 고유 벡터 위의 대칭인 두 좌표 (x1, y1), (x2, y2)을 계산한다. scale = np.sqrt(eVal)은 고유값의 제곱근을 scale에 저장한다. x1 = scale * eVect[0], y1 = scale * eVect[1]은 고유 벡터를 scale하여 좌표 (x1, y1)를 계산하고, x2, y2 = -x1, -y1은 대칭을 이용하여 (x2, y2)를 계산한다. 좌표 (x1, y1), (x2, y2)을 평균벡터 mean로 이동하고, 원점을 (centerX, centerY)로 변환하고, y1, y2는 반전시킨다.

⑦ x1, y1, x2, y2 = ptsEigenVector(eVals[0], eVects[0])는 고유값 eVals[0], 고유 벡터 eVects[0]을 이용하여 고유 벡터 위의 대칭인 두 좌표 (x1, y1), (x2, y2)을 계산한다. cv2.line(dst, (x1, y1), (x2, y2), (255, 0, 0), 2)으로 dst에 파란색 (255, 0, 0) 라인으로 그린다. eVects[0]은 데이터 X에 대한 분포의 장축 long axis을 그린다.

⑧ x1, y1, x2, y2 = ptsEigenVector(eVals[1], eVects[1])는 고유값 eVals[1], 고유 벡터 eVects[1]을 이용하여 고유 벡터 위의 대칭인 두 좌표 (x1, y1), (x2, y2)을 계산한다. cv2.line(dst, (x1, y1), (x2, y2), (255, 0, 0), 2)으로 dst에 파란색 (255, 0, 0) 라인으로 그린다. eVects[1]은 데이터 X에 대한 분포의 단축 short axis을 그린다.

⑨ [그림 4.21]은 마하라노비스 거리와 공분산 행렬의 고유 벡터를 표시한다. 파란색 (255, 0, 0) 라인으로 표시된 고유 벡터는 데이터 X의 분포를 고려한 좌표축이다. 이때, 좌표축의 원점은 평균 벡터 mean이다.

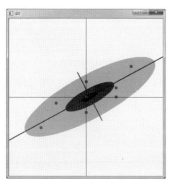

그림 4.21 ◆ Mahalanobis 거리, 공분산 행렬의 고유 벡터

**예제 4.25 | PCA 투영, 역투영**

```
01  # 0425.py
02  import cv2
03  import numpy as np
04
05  X = np.array([[0,  0,   0, 100, 100, 150, -100, -150],
06                [0, 50, -50,   0,  30, 100,  -20, -100]],
07              dtype = np.float64)
08  X = X.transpose()             # X = X.T
09
10  ##mean = cv2.reduce(X, 0, cv2.REDUCE_AVG)
11  ##print('mean = ', mean)
12
13  mean, eVects = cv2.PCACompute(X, mean = None)
14  print('mean = ', mean)
15  print('eVects = ', eVects)
16
17  Y = cv2.PCAProject(X, mean, eVects)
18  print('Y = ', Y)
19
20  X2 =cv2.PCABackProject(Y, mean, eVects)
21  print('X2 = ', X2)
22  print(np.allclose(X, X2))
23  cv2.waitKey()
24  cv2.destroyAllWindows()
```

**실행 결과**

```
mean = [[ 12.5   1.25]]
eVects = [[ 0.88390424 0.46766793]
          [-0.46766793 0.88390424]]
Y = [[ -11.63338792    4.74096885]
```

```
    [  11.75000868   48.93618085]
    [ -35.01678451  -39.45424315]
    [  76.75703609  -42.02582434]
    [  90.78707404  -15.50869713]
    [ 167.71904127   22.98120308]
    [-109.37717055   33.82967723]
    [-190.9858171   -13.49926538]]
X2 = [[  1.77635684e-15   0.00000000e+00]
    [  3.55271368e-15   5.00000000e+01]
    [  0.00000000e+00  -5.00000000e+01]
    [  1.00000000e+02  -7.10542736e-15]
    [  1.00000000e+02   3.00000000e+01]
    [  1.50000000e+02   1.00000000e+02]
    [ -1.00000000e+02  -2.00000000e+01]
    [ -1.50000000e+02  -1.00000000e+02]]
True
```

### 프로그램 설명

① X = X.transpose()　# X = X.T는 X의 전치행렬로 변경하여, 각 행에 2차원 좌표를 위치시킨다.

② mean, eVects = cv2.PCACompute(X, mean = None)는 X의 평균 벡터 mean, 공분산 행렬의 고유 벡터 eVects를 계산한다. [예제 4.24]의 eVects와 같다.

③ Y = cv2.PCAProject(X, mean, eVects)는 cv2.PCAProject() 함수는 고유 벡터 eVects에 의해 PCA 투영한다. 즉 데이터를 고유 벡터를 축으로 한 좌표로 변환한다. 아래 수식에서 $A$는 직교행렬로 eVects이고, $m$은 평균 벡터이며, $x$, $y$, $m$는 2×1 열벡터이다. $x$는 $X$의 각 행에 저장된 좌표를 열벡터 변환이다. $Y$는 수식의 열벡터 $y$를 각 행에 저장한 PCA 투영 결과이다.

$$y = A(x - m) \qquad \#PCA\ projection$$

$$A^{-1}y = A^{-1}A(x - m)$$

$$A^{T}y = (x - m) \qquad \#직교행렬, A^{-1} = A^{T}$$

$$x = A^{T}y + m \qquad \#PCA\ backprojection$$

④ X2 = cv2.PCABackProject(Y, mean, eVects)는 Y를 PCA 역투영하면 원본 X를 복구할 수 있다. X와 X2는 오차 범위 내에서 같은 값을 갖는다. 즉, np.allclose(X, X2)는 True이다.

---

**예제 4.26** | 3-채널 컬러 영상의 PCA 투영

```python
01  # 0426.py
02  import cv2
03  import numpy as np
04
05  src = cv2.imread('./data/lena.jpg')
06  b, g, r = cv2.split(src)
07  cv2.imshow('b', b)
08  cv2.imshow('g', g)
09  cv2.imshow('r', r)
10
11  X = src.reshape(-1, 3)
12  print('X.shape=', X.shape)
13
14  mean, eVects = cv2.PCACompute(X, mean = None)
15  print('mean = ', mean)
16  print('eVects = ', eVects)
17
18  Y = cv2.PCAProject(X, mean, eVects)
19  Y = Y.reshape(src.shape)
20  print('Y.shape=', Y.shape)
21
22  eImage = list(cv2.split(Y))
23  for i in range(3):
24      cv2.normalize(eImage[i], eImage[i], 0, 255, cv2.NORM_MINMAX)
25      eImage[i]=eImage[i].astype(np.uint8)
26
27  cv2.imshow('eImage[0]', eImage[0])
28  cv2.imshow('eImage[1]', eImage[1])
29  cv2.imshow('eImage[2]', eImage[2])
30  cv2.waitKey()
31  cv2.destroyAllWindows()
```

---

**실행 결과**

```
X.shape= (262144, 3)
mean = [[ 105.40034485  99.5634079  179.72720337]]
eVects = [[ 0.39437696   0.69050199   0.60636115]
          [-0.63457286  -0.27262595   0.72318232]
          [ 0.66466874  -0.66998684   0.3306565 ]]
Y.shape= (512, 512, 3)
```

**프로그램 설명**

① b, g, r = cv2.split(src)는 'lena.jpg' 영상을 컬러로 읽은 src를 b, g, r에 채널 분리한다.

② X = src.reshape(-1, 3)는 src.reshape(-1, 3)으로 모양을 재조정하여 X의 각 행에 화소의 컬러값을 위치시킨다. X.shape = (262144, 3)이다.

③ mean, eVects = cv2.PCACompute(X, mean = None)는 X의 평균 벡터 mean, 공분산 행렬의 고유 벡터 eVects를 계산한다. eVects는 3×3 행렬이다.

④ Y = cv2.PCAProject(X, mean, eVects)는 cv2.PCAProject() 함수로 고유 벡터 eVects에 의해 X를 Y에 PCA 투영한다.

⑤ Y = Y.reshape(src.shape)는 Y의 모양을 src 모양으로 재조정한다. Y.shape = (512, 512, 3)이다.

⑥ elmage = list(cv2.split(Y))로 Y를 elmage에 채널 분리하고, cv2.normalize()로 각 채널 elmage[i]의 값을 [0, 255]로 정규화하여 elmage[i].astype(np.uint8)으로 8-비트 영상으로 변환한다.

⑦ [그림 4.22](a), (b), (c)는 원본 컬러 영상 src의 채널 분리 영상이고, [그림 4.22](d), (e), (f)는 컬러의 공분산 행렬의 고유 벡터에 의한 PCA 투영 영상이다. elmage[0]은 고유값이 가장 큰 고유 벡터 가장 큰 축로의 투영으로 정보가 가장 많고, elmage[2]는 고유값이 가장 작은 고유 벡터 가장 작은 축로의 투영으로 정보가 가장 적다.

(a) b          (b) g          (c) r

(d) elmage[0]        (e) elmage[1]        (f) elmage[2]

그림 4.22 ◆ 3-채널 컬러 영상의 PCA 투영

# CHAPTER 05

# 임계값과 히스토그램 처리

OpenCV에서 영상 화소는 행 row-열 column 순서인 img(y, x)로 화소값을 접근한다. 그러나, 함수와 수식에서는 [그림 5.1]과 같이 src(x, y), dst(x, y)로 표현한다.

포인트 프로세싱 point processing은 입력 영상 src(x, y)에 대한 각 화소(x, y)의 값 밝기 또는 컬러 r을 변환 함수 T(r)로 변환하여 출력 영상 dst(x, y)의 화소값 s를 얻는 영상처리 방법이다. log(), pow() 등의 산술연산은 포인트 처리를 수행한다. 여기서는 대표적인 포인트 처리 방법인 임계값 영상과 히스토그램 처리에 대하여 설명한다.

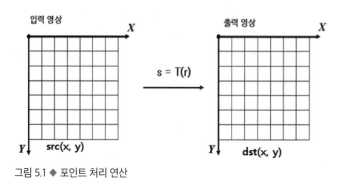

그림 5.1 ◆ 포인트 처리 연산

# 01 임계값 영상

cv2.threshold() 함수는 주어진 임계값 threshold에 따라 다양한 임계값 영상 threshold image을 출력한다. 예를 들어, cv2.THRESH_BINARY를 사용하면 2개의 값만을 갖는 이진 영상을 생성할 수 있다. cv2.adaptiveThreshold() 함수는 화소마다 다른 임계값을 적용하는 적응형 임계값 영상을 계산한다. 임계값은 영상을 분할하는 가장 간단한 방법이다.

```
cv2.threshold(src, thresh, max_val, type[, dst ]) -> retval, dst
```

src는 1-채널의 np.uint8 또는 np.float32의 입력 영상이고, dst는 src와 같은 자료형, 같은 크기의 출력 영상이다. thresh는 임계값, type은 임계값의 종류이다. type에 cv2.THRESH_OTSU를 추가하면 임계값 thresh와 관계 없이 Otsu 알고리즘으로 최적 임계값을 계산하고, retval에 반환한다. Otsu 방법은 8비트에서 구현되어 있다.

A  cv2.THRESH_BINARY

$$dst(x,y) = \begin{cases} max\_val & if \;\; src(x,y) > thresh \\ 0 & o.w \end{cases}$$

B  cv2.THRESH_BINARY_INV

$$dst(x,y) = \begin{cases} 0 & if \;\; src(x,y) > thresh \\ max\_val & o.w \end{cases}$$

C  cv2.THRESH_TRUNC

$$dst(x,y) = \begin{cases} thresh & if \;\; src(x,y) > thresh \\ src(x,y) & o.w \end{cases}$$

D  cv2.THRESH_TOZERO

$$dst(x,y) = \begin{cases} src(x,y) & if \;\; src(x,y) > thresh \\ 0 & o.w \end{cases}$$

E  cv2.THRESH_TOZERO_INV

$$dst(x,y) = \begin{cases} 0 & if \;\; src(x,y) > thresh \\ src(x,y) & o.w \end{cases}$$

| 예제 5.1 | 임계값 영상 |
| --- | --- |

```python
01  # 0501.py
02  import cv2
03  import numpy as np
04  src = cv2.imread('./data/heart10.jpg', cv2.IMREAD_GRAYSCALE)
05  cv2.imshow('src', src)
06
07  ret, dst = cv2.threshold(src, 120, 255, cv2.THRESH_BINARY)
08  print('ret=', ret)
09  cv2.imshow('dst', dst)
10
11  ret2, dst2 = cv2.threshold(src, 200, 255,
12                      cv2.THRESH_BINARY+cv2.THRESH_OTSU)
```

```
13  print('ret2=', ret2)
14  cv2.imshow('dst2', dst2)
15
16  cv2.waitKey()
17  cv2.destroyAllWindows()
```

**실행 결과**

ret= 120.0
ret2= 175.0

**프로그램 설명**

① [그림 5.2](a)의 입력 영상 src에서 thresh = 120, max_val = 255, type = cv2.THRESH_ BINARY으로 임계값을 적용하여 [그림 5.2](b)와 같은 이진 영상 dst를 생성한다. ret = 120 이다.

② 입력 영상 src에서 thresh = 200, max_val = 255, type = cv2.THRESH_BINARY + cv2. THRESH_OTSU로 임계값을 적용하여 [그림 5.2](c)와 같은 이진 영상 dst2를 생성한다. 주어진 임계값 thresh = 200과 상관없이 Otsu 알고리즘으로 최적 임계값을 ret2 = 175로 계산한다.

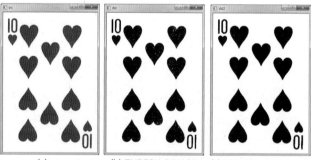

(a) src          (b) THRESH_BINARY    (c) THRESH_BINARY + THRESH_OTSU

그림 5.2 ◆ cv2.threshold() 함수에 의한 임계값 영상

```
cv2.adaptiveThreshold(src, max_val, adaptiveMethod,
                      thresholdType, blockSize, C[, dst ]) -> dst
```

**1** adaptiveThreshold() 함수는 적응형 임계값 영상을 계산한다. 화소의 이웃을 사용하므로 포인트 프로세싱을 하는 것이 아니지만, 임계값 영상과 관련이 있기 때문에 여기서 설명한다.

**2** 입력 영상 src는 8비트 1-채널 영상이며, blockSize×blockSize 크기의

이웃에서 계산한 평균 또는 가중평균에서 함수의 인자인 C 값을 뺄셈하여 임계값을 계산하고, thresholdType에 따라 출력 영상 dst를 계산한다.

**3** adaptiveMethod는 적응형 임계값 종류이다. cv2.ADAPTIVE_THRESH_MEAN_C이면, blockSize×blockSize 크기의 이웃에서 평균을 계산한 다음 함수의 인자인 C 값을 뺄셈한 값이 임계값 $T(y, x)$가 된다. cv2.ADAPTIVE_THRESH_GAUSSIAN_C이면 blockSize×blockSize 크기의 이웃에서 가우시안 가중평균을 계산한 다음 C 값을 뺄셈한 값이 임계값 $T(y, x)$가 된다. block_size는 이웃의 크기로 3, 5, 7, 9 등과 같이 홀수이다.

**4** thresholdType = cv2.THRESH_BINARY

$$dst(x, y) = \begin{cases} max\_val & if \ \ src(x, y) > T(x, y) \\ 0 & o.w \end{cases}$$

**5** thresholdType = cv2.THRESH_BINARY_INV

$$dst(x, y) = \begin{cases} 0 & if \ \ src(x, y) > T(x, y) \\ max\_val & o.w \end{cases}$$

| 예제 5.2 | 적응형 임계값 영상 |
|---|---|

```
01 # 0502.py
02 import cv2
03 import numpy as np
04 src = cv2.imread('./data/srcThreshold.png', cv2.IMREAD_GRAYSCALE)
05 cv2.imshow('src', src)
06
07 ret, dst = cv2.threshold(src, 0, 255,
08                          cv2.THRESH_BINARY+cv2.THRESH_OTSU)
09 cv2.imshow('dst', dst)
10
11 dst2 = cv2.adaptiveThreshold(src, 255, cv2.ADAPTIVE_THRESH_MEAN_C,
12                              cv2.THRESH_BINARY, 51, 7)
13 cv2.imshow('dst2', dst2)
14
15 dst3 = cv2.adaptiveThreshold(src, 255,
16                              cv2.ADAPTIVE_THRESH_GAUSSIAN_C,
17                              cv2.THRESH_BINARY, 51, 7)
18 cv2.imshow('dst3', dst3)
```

```
19
20  cv2.waitKey()
21  cv2.destroyAllWindows()
```

### 프로그램 설명

① [그림 5.3](a)의 입력 영상 src는 전체적으로 조명이 일정하지 않다. 오른쪽 윗부분의 밝기가 어둡다. [그림 5.3](b)는 thresh = 0, max_val = 255, type = cv2.THRESH_BINARY + cv2. THRESH_OTSU으로 최적의 임계값 ret = 149인 이진 영상이다.

② [그림 5.3](c)는 adaptiveMethod = cv2.ADAPTIVE_THRESH_MEAN_C, thresholdType = cv2.THRESH_BINARY, blockSize = 51, C = 7로 각각의 화소별로 적응형 임계값을 적용한 이진 영상 dst2이다.

③ [그림 5.3](d)는 adaptiveMethod = cv2.ADAPTIVE_THRESH_GAUSSIAN_C, thresholdType = cv2.THRESH_BINARY, blockSize = 51, C = 7로 각각의 화소별로 적응형 임계값을 적용한 이진 영상 dst3이다.

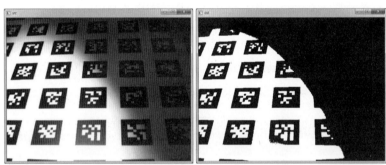

(a) src　　　　　　　　(b) cv2.THRESH_BINARY+cv2.THRESH_OTSU

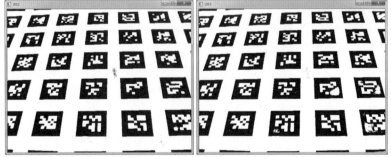

(c) cv2.ADAPTIVE_THRESH_MEAN_C　　(d) cv2.ADAPTIVE_THRESH_GAUSSIAN_C

그림 5.3 ◆ cv2.adaptiveThreshold() 함수에 의한 적응형 임계값 영상

# 히스토그램 계산 02

히스토그램 histogram은 관찰 데이터의 빈도수 frequency를 막대그래프로 표시한 것으로, 데이터의 확률분포함수 probability density function를 추정할 수 있다. 영상의 히스토그램은 영상 화소의 분포에 대한 매우 중요한 정보이다. 여기서는 히스토그램 계산하고, 히스토 그램 평활화 equalization에 의한 화질 개선, 히스토그램 비교, 히스토그램 역투영 등에 대하여 설명한다.

```
cv2.calcHist(images, channels, mask, histSize,
             ranges[, hist[, accumulate ]]) -> hist
```

**1** images는 히스토그램을 계산할 영상의 배열이다. 영상은 같은 크기, 같은 깊이의 8비트 부호 없는 정수 또는 32비트 실수 자료형이다.

**2** channels는 히스토그램을 계산할 채널 번호를 갖는 정수형 배열이다.

**3** mask는 images[i]와 같은 크기의 8비트 영상으로, mask(x, y) != 0인 image[i](x, y)만을 히스토그램 계산에 사용한다. mask = None이면 마스크를 사용하지 않고, 모든 화소에서 히스토그램을 계산한다.

**4** histSize는 결과 히스토그램 hist의 각 빈(bin) 크기에 대한 정수배열이다.

**5** ranges는 히스토그램의 각 빈의 경계값 배열의 배열이다. OpenCV 파이썬은 등간격 히스토그램을 계산한다.

**6** accumulate=True이면, calcHist() 함수를 수행할 때 히스토그램을 초기화 하지 않고, 이전 값을 계속 누적한다.

**7** hist는 결과 히스토그램이다.

---

| 예제 5.3 | 히스토그램 계산 1 |
| --- | --- |

```
01  # 0503.py
02  import cv2
03  import numpy as np
04
```

```
05  src = np.array([[0, 0, 0, 0],
06                  [1, 1, 3, 5],
07                  [6, 1, 1, 3],
08                  [4, 3, 1, 7]
09                 ], dtype = np.uint8)
10
11  hist1 = cv2.calcHist(images = [src], channels = [0], mask = None,
12                       histSize = [4], ranges = [0, 8])
13  print('hist1 = ', hist1)
14
15  hist2 = cv2.calcHist(images = [src], channels = [0], mask = None,
16                       histSize = [4], ranges = [0, 4])
17  print('hist2 = ', hist2)
```

### 실행 결과

```
hist1 = [[ 9.]
         [ 3.]
         [ 2.]
         [ 2.]]
hist2 = [[ 4.]
         [ 5.]
         [ 0.]
         [ 3.]]
```

### 프로그램 설명

① hist1 = cv2.calcHist(images = [src], channels = [0], mask = None, histSize = [4], ranges = [0, 8])는 4×4 배열 src의 0번 채널에서 마스크 지정 없이, 히스토그램 빈 크기 histSize = [4], 범위 ranges = [0, 8]로 히스토그램 hist1을 계산한다. 범위 [0, 8]에서 0은 포함, 8은 포함하지 않는다.

  hist1[0][0] = 9는 src에서 0과 1의 카운트이다.

  hist1[1][0] = 3은 src에서 2와 3의 카운트이다.

  hist1[2][0] = 2는 src에서 4와 5의 카운트이다.

  hist1[3][0] = 2는 src에서 6과 7의 카운트이다.

② hist2 = cv2.calcHist(images = [src], channels = [0], mask = None, histSize = [4], ranges = [0, 4])는 4×4 배열 src의 0번 채널에서 마스크 지정 없이, 히스토그램 빈 크기 histSize 4, 범위 ranges=[0, 4]로 히스토그램 hist1을 계산한다. 범위 [0, 4]에서 0은 포함되고 4는 포함하지 않는다.

  hist1[0][0] = 4는 src에서 0의 카운트이다.

  hist1[1][0] = 5는 src에서 1의 카운트이다.

  hist1[2][0] = 0은 src에서 2의 카운트이다.

  hist1[3][0] = 3은 src에서 3의 카운트이다.

| 예제 5.4 | 히스토그램 계산 2: 그레이스케일 영상 |
|---|---|

```
01  # 0504.py
02  import cv2
03  import numpy as np
04  from   matplotlib import pyplot as plt
05
06  src = cv2.imread('./data/lena.jpg', cv2.IMREAD_GRAYSCALE)
07
08  hist1 = cv2.calcHist(images = [src], channels = [0], mask = None,
09                       histSize = [32], ranges = [0, 256])
10
11  hist2 = cv2.calcHist(images = [src], channels = [0], mask = None,
12                       histSize = [256], ranges = [0, 256])
13  #1
14  hist1 = hist1.flatten()
15  hist2 = hist2.flatten()
16
17  #2
18  plt.title('hist1: binX = np.arange(32)')
19  plt.plot(hist1, color = 'r')
20  binX = np.arange(32)
21
22  plt.bar(binX, hist1, width = 1, color = 'b')
23  plt.show()
24
25  #3
26  plt.title('hist1: binX = np.arange(32)*8')
27  binX = np.arange(32) * 8
28  plt.plot(binX, hist1, color = 'r')
29  plt.bar(binX, hist1, width = 8, color = 'b')
30  plt.show()
31
32  #4
33  plt.title('hist2: binX = np.arange(256)')
34  plt.plot(hist2, color = 'r')
35  binX = np.arange(256)
36  plt.bar(binX, hist2, width = 1, color = 'b')
37  plt.show()
```

### 프로그램 설명

① hist1 = cv2.calcHist(images = [src], channels = [0], mask = None, histSize = [32], ranges = [0, 256])는 그레이스케일 영상 src의 0번 채널에서 마스크 지정 없이, 히스토그램 빈 크기 histSize = [32], 범위 ranges = [0, 256]으로 히스토그램 hist1을 계산한다.

hist1[0][0]은 영상 src에서 0에서 31까지의 카운트이다.

hist1[1][0]은 영상 src에서 32에서 63까지의 카운트이다.

  …

hist1[31][0]은 영상 src에서 224에서 255까지의 카운트이다.

② hist2 = cv2.calcHist(images = [src], channels = [0], mask = None, histSize = [256], ranges = [0, 256])는 영상 src의 0번 채널에서 마스크 지정 없이, 히스토그램 빈 크기 histSize = [256], 범위 ranges = [0, 256]으로 히스토그램 hist2를 계산한다.

hist2[0][0]은 영상 src에서 0의 카운트이다.

hist2[1][0]은 영상 src에서 1의 카운트이다.

  …

hist2[255][0]은 영상 src에서 255까지의 카운트이다.

③ #1: hist1 = hist1.flatten(), hist2 = hist2.flatten()으로 hist1, hist2의 모양이 각각 hist1. shape = (32,),  hist2.shape = (256, )인 1차원 행 배열로 변경한다.

④ #2: matplotlib를 사용하여 히스토그램 hist1을 plt.plot()는 꺾은선 그래프, plt.bar()는 막대그래프로 [그림 5.4]와 같이 표시한다. 가로축은 binX = np.arange(32)에 의해 빈의

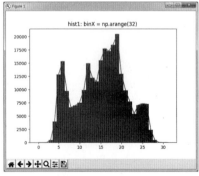

그림 5.4 ◆ hist1: binX = np.arange(32)
인덱스이다.

⑤ #3: matplotlib를 사용하여 히스토그램 hist1을 plt.plot()는 꺾은선 그래프, plt.bar()는 막대그래프로 [그림 5.5]와 같이 표시한다. 가로축은 binX = np.arange(32) * 8에 의해 각 빈에 카운트된 값의 범위 정보이다. plt.bar()에서 막대그래프의 너비 width = 8이다.

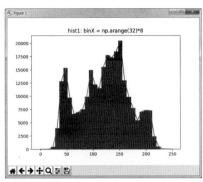

그림 5.5 ◆ hist1: binX = np.arange(32) * 8

⑥ #4: matplotlib를 사용하여 히스토그램 hist2을 plt.plot()는 꺾은선 그래프, plt.bar()는 막대그래프로 [그림 5.6]과 같이 표시한다. 가로축은 binX = np.arange(256)에 의해 빈의 인덱스 각 빈에 카운트된 값의 범위이다.

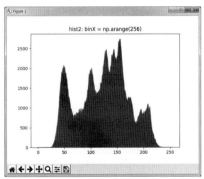

그림 5.6 ◆ hist2: binX = np.arange(256)

| 예제 5.5 | 히스토그램 계산 3: 컬러 영상 |

```
01  # 0505.py
02  import cv2
03  import numpy as np
04  from   matplotlib import pyplot as plt
05
06  src = cv2.imread('./data/lena.jpg')
07  histColor = ('b', 'g', 'r')
08  for i in range(3):
09      hist = cv2.calcHist(images = [src], channels = [i], mask = None,
10                          histSize = [256], ranges = [0, 256])
11      plt.plot(hist, color = histColor[i])
12  plt.show()
```

**프로그램 설명**

① hist = cv2.calcHist(images = [src], channels = [i], mask = None, histSize = [256], ranges = [0, 256])는 for 문에서 컬러 영상 src의 i번 채널에서 마스크 지정 없이, 히스토그램 빈 크기 histSize = [256], 범위 ranges = [0, 256]으로 히스토그램 hist을 계산한다.

② plt.plot(hist, color = histColor[i])는 src의 i번 채널의 히스토그램 hist를 컬러 histColor[i]로 꺾은선 그래프를 [그림 5.7]과 같이 표시한다.

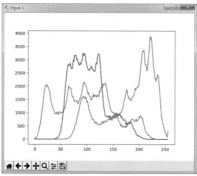

그림 5.7 ◆ 컬러 영상 히스토그램

---

### 예제 5.6 │ 히스토그램 계산 4 : 컬러 영상의 2채널 히스토그램

```
01  # 0506.py
02  import cv2
03  from   matplotlib import pyplot as plt
04
05  bgr = cv2.imread('./data/lena.jpg')
06  ##hsv    = cv2.cvtColor(src, cv2.COLOR_BGR2HSV)
07
08  #1
09  hist01 = cv2.calcHist([bgr], [0,1], None,
10                       [32, 32], [0, 256, 0, 256])
11  ##cv2.normalize(hist01, hist01, 0, 1, cv2.NORM_MINMAX)
12  ##fig = plt.figure()
13  ##fig.canvas.set_window_title('2D Histogram')
14
15  plt.title('hist01')
16  plt.ylim(0, 31)
17  plt.imshow(hist01, interpolation = "nearest")
18  plt.show()
19
```

```
20  #2
21  hist02 = cv2.calcHist([bgr], [0, 2], None,
22                        [32, 32], [0, 256, 0, 256])
23  plt.title('hist02')
24  plt.ylim(0, 31)
25  plt.imshow(hist02, interpolation = "nearest")
26  plt.show()
27
28  #3
29  hist12 = cv2.calcHist([bgr], [1, 2], None,
30                        [32, 32], [0, 256, 0, 256])
31  plt.title('hist12')
32  plt.ylim(0, 31)
33  plt.imshow(hist02, interpolation = "nearest")
34  plt.show()
```

**프로그램 설명**

① #1: cv2.calcHist() 함수로 bgr의 [0, 1] 채널에서 histSize = [32, 32], 범위 ranges = [0, 256, 0, 256]으로 히스토그램 hist01을 계산하고, plt.imshow()로 [그림 5.8](a)와 같이 표시한다.

② #2: cv2.calcHist() 함수로 bgr의 [0, 2] 채널에서 histSize = [32, 32], 범위 ranges = [0, 256, 0, 256]으로 히스토그램 hist02를 계산하고, plt.imshow()로 [그림 5.8](b)와 같이 표시한다.

③ #3: cv2.calcHist() 함수로 bgr의 [1, 2] 채널에서 histSize = [32, 32], 범위 ranges = [0, 256, 0, 256]으로 히스토그램 hist12를 계산하고, plt.imshow()로 [그림 5.8](c)와 같이 표시한다.

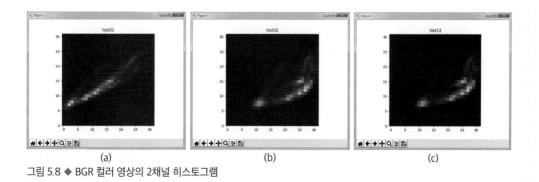

(a)　　　　　　　　　(b)　　　　　　　　　(c)

그림 5.8 ◆ BGR 컬러 영상의 2채널 히스토그램

# 03 히스토그램 역투영

얼굴 인식에서 얼굴 영역 분할을 위해 피부 색상을 이용할 때, 샘플 영상의 피부 영역에서 히스토그램을 계산하고 역투영 back projection하면 손 또는 얼굴 등의 영역을 분할 할 수 있다.

물체추적에서, 추적할 물체를 관심 영역으로 지정한 후에, 컬러 정보 hue의 히스토그램으로 계산하고, 추적할 때, 계산된 히스토그램을 비디오에 역투영하고 임계치를 적용하여 추적을 위한 영상과 컬러정보가 비슷한 영역만을 검출할 수 있다. 비디오에서 물체추적 방법인 meanShift, CamShift 함수에서 히스토그램 역투영을 사용한다.

```
cv2.calcBackProject(images, channels, hist, ranges,
                    scale[, dst ]) -> dst
```

**1** images는 히스토그램 역투영할 영상의 배열이다. 영상은 같은 크기, 같은 깊이의 8비트 부호 없는 정수 또는 32비트 실수 자료형이다.

**2** channels는 히스토그램 역투영을 계산할 채널 번호를 갖는 정수형 배열이다.

**3** hist는 입력으로 사용되는 히스토그램이다.

**4** ranges는 히스토그램의 각 차원 빈의 경계값의 배열의 배열이다. OpenCV 파이썬은 등간격 히스토그램을 계산한다.

**5** ranges는 히스토그램의 각 빈의 경계값 배열의 배열이다.

**6** scale은 출력 역투영 행렬에 적용될 스케일 값으로 디폴트 스케일은 scale = 1 이다.

**7** dst는 역투영 결과 영상이다.

| 예제 5.7 | 영상 속성 1: 모양과 자료형 |
|---|---|

```
01 # 0507.py
02 import cv2
03 import numpy as np
```

```
04
05  src = np.array([[0, 0, 0, 0],
06                  [1, 1, 3, 5],
07                  [6, 1, 1, 3],
08                  [4, 3, 1, 7]
09                  ], dtype = np.uint8)
10
11  hist = cv2.calcHist(images = [src], channels = [0], mask = None,
12                      histSize = [4], ranges = [0, 8])
13  print('hist = ', hist)
14
15  backP = cv2.calcBackProject([src], [0], hist, [0, 8], scale = 1)
16  print('backP = ', backP)
```

**실행 결과**

```
hist =  [[ 9.]
         [ 3.]
         [ 2.]
         [ 2.]]
backP = [[9 9 9 9]
         [9 9 3 2]
         [2 9 9 3]
         [2 3 9 2]]
```

**프로그램 설명**

① hist = cv2.calcHist(images = [src], channels = [0], mask = None, histSize = [4], ranges = [0, 8])은 4×4 배열 src의 0번 채널에서 마스크 지정 없이, 히스토그램 빈 크기 histSize = [4], 범위 ranges = [0, 8]로 히스토그램 hist을 계산한다. 범위 [0, 8]에서 0은 포함, 8은 포함하지 않는다.

  hist1[0][0] = 9는 src에서 0과 1의 카운트이다.

  hist1[1][0] = 3은 src에서 2와 3의 카운트이다.

  hist1[2][0] = 2는 src에서 4와 5의 카운트이다.

  hist1[3][0] = 2는 src에서 6과 7의 카운트이다.

② backP = cv2.calcBackProject([src], [0], hist, [0, 8], scale = 1)은 히스토그램 hist을 이용하여 역투영 backP를 계산한다.

  src(x, y)의 0, 1 위치는 backP(x, y)에서 hist1[0][0] = 9이다.

  src(x, y)의 2, 3 위치는 backP(x, y)에서 hist1[1][0] = 3이다.

  src(x, y)의 4, 5 위치는 backP(x, y)에서 hist1[2][0] = 2이다.

  src(x, y)의 6, 7 위치는 backP(x, y)에서 hist1[3][0] = 2이다.

**예제 5.8** Hue-채널의 히스토그램 역투영

```python
# 0508.py
import cv2
import numpy as np

#1
src = cv2.imread('./data/fruits.jpg')
hsv = cv2.cvtColor(src, cv2.COLOR_BGR2HSV)
h, s, v = cv2.split(hsv)

#2
roi = cv2.selectROI(src)
print('roi =', roi)
roi_h = h[roi[1]:roi[1] + roi[3], roi[0]:roi[0] + roi[2]]
hist = cv2.calcHist([roi_h], [0], None, [64], [0, 256])
backP= cv2.calcBackProject([h.astype(np.float32)], [0],
                            hist, [0, 256], scale = 1.0)
##minVal, maxVal, minLoc, maxLoc = cv2.minMaxLoc(backP)
##T = maxVal -1        # threshold

#3
hist = cv2.sort(hist, cv2.SORT_EVERY_COLUMN+cv2.SORT_DESCENDING)
k = 1
T = hist[k][0] - 1        # threshold
print('T =', T)
ret, dst = cv2.threshold(backP, T, 255, cv2.THRESH_BINARY)

cv2.imshow('dst', dst)
cv2.waitKey()
cv2.destroyAllWindows()
```

**프로그램 설명**

① #1: BGR 컬러 영상 src를 HSV 컬러 영상 hsv로 변환하고, h, s, v에 채널 분리한다.

② #2: cv2.selectROI(src)로 마우스를 사용하여 관심 영역 roi를 지정하고, cv2.calcHist() 함수로 h-채널의 관심 영역 roi_h에서 64빈으로 히스토그램 hist를 계산한다.
cv2.calcBackProject() 함수로 히스토그램 hist를 h-채널 영상으로 역투영한 backP를 계산한다.

③ #3: cv2.sort() 함수로 히스토그램 hist의 각 열을 내림차순으로 정렬한다. T = hist[k][0] - 1로 임계값 T를 설정하여, cv2.threshold() 함수로 이진 영상을 계산하면, 관심 영역의 h-채널 화소 히스토그램/분포에서 가장 많은 k 번째까지의 화소를 255로 검출된다.

④ [그림 5.9]는 Hue-채널의 히스토그램 역투영 결과이다. [그림 5.9](a), (c)는 관심 영역 roi를 표시하고, [그림 5.9](b), (d)는 히스토그램 역투영에 의한 roi와 같은 Hue 분포를 갖는 영역 분할 결과이다.

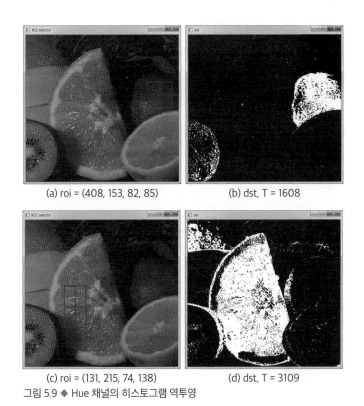

(a) roi = (408, 153, 82, 85)　　　　(b) dst, T = 1608

(c) roi = (131, 215, 74, 138)　　　　(d) dst, T = 3109

그림 5.9 ◆ Hue 채널의 히스토그램 역투영

# 히스토그램 비교 **04**

2개의 히스토그램 분포를 비교하는 compareHist(), EMD() 함수가 있다. compareHist() 함수는 상관관계와 같은 통계적 방법에 기초하고, EMD() 함수 Earth Mover Distance function는 두 개의 시그니처 분포 사이의 최소 일 minimal work을 측정한다.

EDM은 Rubner 등의 "The Earth Mover's Distance as a Metric for Image Retrieval" 논문에 의해 내용기반 영상 검색 content-based image retrieval에 소개되었다. 두 개의 분포 사의의 거리를 계산하기 방법으로 분포 P와 Q가 주어질 때, 분포 P를 Q로 변경하는 데 드는 최소 비용을 계산한다. 같은 시그니처 사이에 EMD는 0이다.

```
cv2.compareHist(H1, H2, method) -> retval
```

두 개의 히스토그램 H1과 H2를 method 방법으로 비교하여, $d(H_1, H_2)$를 반환한다.

1 method = cv2.HISTCMP_CORREL

$$d(H_1, H_2) = \frac{\sum_i (H_1(i) - \overline{H_1})(H_2(i) - \overline{H_2})}{\sqrt{\sum_i (H_1(i) - \overline{H_1}) \sum_i (H_2(i) - \overline{H_2})}}$$

여기서, $\overline{H_k} = \frac{1}{N}\sum_j H_k(j)$ , $N=$ 히스토그램 빈수

$-1 \le d(H_1, H_2) \le 1$, $d(H_1, H_2)$의 절대값이 크면 $H_1$과 $H_2$는 유사한 히스토그램이다.

2 method = cv2.HISTCMP_CHISQR

$$d(H_1, H_2) = \sum_i \frac{(H_1(i) - H_2(i))^2}{H_1(i)}$$

$d(H_1, H_2)$은 히스토그램 크기에 의존하며, 값이 작으면 $H_1$과 $H_2$는 유사한 히스토그램이다.

3 method = cv2.HISTCMP_INTERSECT

$$d(H_1, H_2) = \sum_i \min(H_1(i), H_2(i))$$

$d(H_1, H_2)$ 값이 크면 $H_1$과 $H_2$는 유사한 히스토그램이다. 정규화된 히스토그램에서는 $0 \le d(H_1, H_2) \le 1$이다.

4 method = cv2.HISTCMP_BHATTACHARYYA

$$d(H_1, H_2) = \sqrt{1 - \frac{1}{\sqrt{\overline{H_1}\,\overline{H_2}}\,N^2}\sum_i \sqrt{H_1(i)\,H_2(i)}}$$

cv2.HISTCMP_BHATTACHARYYA는 정규화된 히스토그램에서만 적용할 수 있다. $0 \le d(H_1, H_2) \le 1$, $d(H_1, H_2)$ 값이 작으면 $H_1$과 $H_2$는 유사한 히스토그램이다.

| 예제 5.9 | cv2.compareHist(): 1차원 히스토그램 비교 |

```
01  # 0509.py
02  import cv2
03  import numpy as np
04  import time
05  from  matplotlib import pyplot as plt
06
07  #1
08  nPoints = 100000
09  pts1 = np.zeros((nPoints, 1), dtype = np.uint16)
10  pts2 = np.zeros((nPoints, 1), dtype = np.uint16)
11
12  cv2.setRNGSeed(int(time.time()))
13  cv2.randn(pts1, mean = (128), stddev = (10))
14  cv2.randn(pts2, mean = (110), stddev = (20))
15
16  #2
17  H1 = cv2.calcHist(images = [pts1], channels = [0], mask = None,
18                    histSize = [256], ranges = [0, 256])
19  cv2.normalize(H1, H1, 1, 0, cv2.NORM_L1)
20  plt.plot(H1, color = 'r', label = 'H1')
21
22  H2 = cv2.calcHist(images = [pts2], channels = [0], mask = None,
23                    histSize = [256], ranges = [0, 256])
24  cv2.normalize(H2, H2, 1, 0, cv2.NORM_L1)
25
26  #3
27  d1 = cv2.compareHist(H1, H2, cv2.HISTCMP_CORREL)
28  d2 = cv2.compareHist(H1, H2, cv2.HISTCMP_CHISQR)
29  d3 = cv2.compareHist(H1, H2, cv2.HISTCMP_INTERSECT)
30  d4 = cv2.compareHist(H1, H2, cv2.HISTCMP_BHATTACHARYYA)
31  print('d1(H1, H2, CORREL)=', d1)
32  print('d2(H1, H2, CHISQR)=', d2)
33  print('d3(H1, H2, INTERSECT)=', d3)
34  print('d4(H1, H2, BHATTACHARYYA)=', d4)
35
36  plt.plot(H2, color = 'b', label = 'H2')
37  plt.legend(loc = 'best')
38  plt.show()
```

### 실행 결과

```
d1(H1, H2, CORREL) = 0.5737748583472358
d2(H1, H2, CHISQR)= 53.472136840094414
d3(H1, H2, INTERSECT)= 0.4894499858492054
d4(H1, H2, BHATTACHARYYA)= 0.4890169060831442
```

**프로그램 설명**

① #1: pts1에 nPoints개의 mean = (128), stddev = (10)인 정규분포 난수를 생성하고, pts2에 nPoints개의 mean = (110), stddev = (20)인 정규분포 난수를 생성한다.

② #2: pts1, pts2의 히스토그램을 H1, H2에 각각 계산하고, cv2.NORM_L1 놈으로 정규화하여 sum(H1), sum(H2)이 1이 되게 하여 확률로 변환한다. [그림 5.10]은 정규화된 히스토그램 H1, H2를 표시한다.

③ #3: 히스토그램 H1, H2를

    cv2.HISTCMP_CORREL,    cv2.HISTCMP_CHISQR,

    cv2.HISTCMP_INTERSECT, cv2.HISTCMP_BHATTACHARYYA

방법으로 각각 d1, d2, d3, d4에 계산한다.

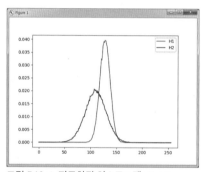

그림 5.10 ◆ 정규화된 히스토그램 H1, H2

```
cv2.EMD(S1, S2, distType[, cost[, lowerBound[, flow]]])
                        -> retval, lowerBound, flow
```

**1** EMD() 함수는 2개의 가중치를 갖는 좌표의 최소 일 minimal work을 계산한다. 시그니처 입력 S1, S2는 32비트 실수 자료형이고, 행렬의 각 행에 가중치가 가장 먼저 오고, 이어서 위치 정보가 온다. 반환 값 retval은 EMD로 0에 가까우면 S1, S2는 비슷한 시그니처이다.

**2** distType은 거리 계산 유형으로 cv2.DIST_L1, cv2.DIST_L2, cv2.DIST_C 등이 있다.

    cv2.DIST_L1 // distance = |x1 - x2| + |y1 - y2|

    cv2.DIST_L2 // distance = sqrt((x1 - x2) * (x1 - x2) + (x1 - x2) * (x1 - x2))

    cv2.DIST_C // distance = max(|x1 - x2|, |y1 - y2|)

3 lowerBound는 두 좌표의 중심 mass 사이의 거리이며 입출력 변수이다. cost가 주어지거나, 두 분포의 가중치 합이 다르면 lowerBound는 계산하지 않는다. lowerBound는 항상 두 개의 무게중심 사이의 계산된 거리를 반환한다. lowerBound를 임의의 값으로 초기화하고, 계산된 중심 사이의 거리가 lowerBound 보다 크거나 같으면 충분히 멀리 떨어져 있으면, EMD를 계산하지 않는다.

| 예제 5.10 | cv2.EMD(): 1차원 히스토그램 비교 |
| --- | --- |

```
01  # 0510.py
02  import cv2
03  import numpy as np
04  import time
05  from   matplotlib import pyplot as plt
06
07  #1
08  nPoints = 100000
09  pts1 = np.zeros((nPoints, 1), dtype = np.uint16)
10  pts2 = np.zeros((nPoints, 1), dtype = np.uint16)
11
12  cv2.setRNGSeed(int(time.time()))
13  cv2.randn(pts1, mean = (128), stddev = (10))
14  cv2.randn(pts2, mean = (110), stddev = (20))
15
16  #2
17  H1 = cv2.calcHist(images = [pts1], channels = [0], mask = None,
18                  histSize = [256], ranges = [0, 256])
19  ##cv2.normalize(H1, H1, norm_type = cv2.NORM_L1)
20
21  H2 = cv2.calcHist(images = [pts2], channels = [0], mask = None,
22                  histSize = [256], ranges = [0, 256])
23  ##cv2.normalize(H2, H2, norm_type = cv2.NORM_L1)
24
25  #3
26  S1 = np.zeros((H1.shape[0], 2), dtype = np.float32)
27  S2 = np.zeros((H1.shape[0], 2), dtype = np.float32)
28  ##S1[:, 0] = H1[:, 0]
29  ##S2[:, 0] = H2[:, 0]
30  for i in range(S1.shape[0]):
31      S1[i, 0] = H1[i,0]
32      S2[i, 0] = H2[i,0]
33      S1[i, 1] = i
34      S2[i, 1] = i
```

```
35
36  emd1, lowerBound, flow = cv2.EMD(S1, S2, cv2.DIST_L1)
37
38  print('EMD(S1, S2, DIST_L1) =',  emd1)
39
40  emd2, lowerBound, flow = cv2.EMD(S1, S2, cv2.DIST_L2)
41  print('EMD(S1, S2, DIST_L2) =',  emd2)
42
43  emd3, lowerBound, flow = cv2.EMD(S1, S2, cv2.DIST_C)
44  print('EMD(S1, S2, DIST_C) =',  emd3)
45
46  plt.plot(H1, color = 'r', label = 'H1')
47  plt.plot(H2, color = 'b', label = 'H2')
48  plt.legend(loc = 'best')
49  plt.show()
```

### 실행 결과

```
EMD(S1, S2, DIST_L1) = 18.317110061645508
EMD(S1, S2, DIST_L2) = 18.317110061645508
EMD(S1, S2, DIST_C) = 18.317110061645508
```

### 프로그램 설명

① #1: pts1에 nPoints개의 mean = (128), stddev = (10)인 정규분포 난수를 생성하고, pts2에 nPoints개의 mean = (110), stddev = (20)인 정규분포 난수를 생성한다.

② #2: pts1, pts2의 히스토그램을 H1, H2에 각각 계산한다. [그림 5.11]은 히스토그램 H1, H2를 표시한다.

③ #3: 시그니처 배열 S1, S2의 0-열에 가중치로 각각 히스토그램 H1, H2을 복사하고, 1-열에 배열의 첨자를 위치 정보로 하여, cv2.EMD() 함수로 cv2.DIST_L1, cv2.DIST_L2, cv2.DIST_C의 EMD를 각각 emd1, emd2, emd3에 계산하면, EMD가 모두 같다. 히스토그램을 정규화해도 같은 EMD를 갖는다. 정확히 같은 히스토그램에 대해 EMD를 계산하면 0이다.

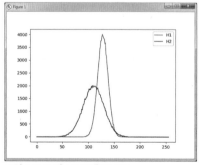

그림 5.11 ◆ 히스토그램 H1, H2

# 히스토그램 평활화 Equalization  05

히스토그램 평활화는 입력 영상의 화소값에 대하여 누적 분포 함수 cumulative distribution function를 변환 함수로 사용하여 출력 영상의 화소값을 계산하는 영상개선 image enhancement 방법이다. 누적분포 함수는 단조증가 함수 non-decreasing function이다.

히스토그램 평활화는 화소값의 범위가 좁은 저대비 low contrast 입력 영상을 화소값의 범위가 넓은 고대비 high contrast 출력 영상을 얻는다. 즉, 밝기값이 몰려있어 어둡거나 또는 밝거나 한 영상을 평활화하면 더욱 선명한 영상을 얻는다.

BGR 컬러 영상의 히스토그램 평활화는 HSV, YCrCb 등의 컬러 모델로 변환한 다음, 밝기 값 채널(V, Y)에 히스토그램 평활화를 적용한 후에 BGR 컬러 영상으로 변환한다.

```
cv2.equalizeHist(src[, dst ]) -> dst
```

1  src는 1채널 8비트 입력 영상이고, dst는 src와 같은 크기, 같은 종류의 히스토 그램 평활화된 출력 영상이다. 히스토그램 평활화 알고리즘은 다음과 같다.

2  다음은 히스토그램 평활화 알고리즘이다.

> a  src 영상에서 256개의 빈에 히스토그램 hist를 계산한다.
> b  hist의 누적합계 cdf를 계산한다.
> c  cdf에서 0을 제외한 최소값(cdf_min)과 최대값(cdf_max)를 계산한다.
> d  변환표 $T$를 계산한다.
>
> $$T[i] = 0, \quad if \quad cdf[i] = 0$$
>
> $$T[i] = \frac{255}{cdf\_max - cdf\_min}(cdf[i] - cdf\_min) \quad if \quad cdf[i] \neq 0$$
>
> e  $dst(x,y) = T[src(x,y)]$로 히스토그램 평활화 영상을 계산한다.

**예제 5.11**    배열의 히스토그램 평활화

```python
01  # 0511.py
02  import cv2
03  import numpy as np
04
05  src = np.array([[2, 2, 4, 4],
06                  [2, 2, 4, 4],
07                  [4, 4, 4, 4],
08                  [4, 4, 4, 4]
09                 ], dtype = np.uint8)
10  #1
11  dst = cv2.equalizeHist(src)
12  print('dst =', dst)
13
14  #2
15  '''
16  ref: https://docs.opencv.org/master/d5/daf/tutorial_py_histogram_
17  equalization.html
18  '''
19  ##hist = cv2.calcHist(images = [src], channels = [0], mask = None,
20  ##                    histSize = [256], ranges = [0, 256])
21  hist, bins = np.histogram(src.flatten(), 256, [0,256])
22  cdf = hist.cumsum()
23  cdf_m = np.ma.masked_equal(cdf, 0)        # cdf에서 0을 True 마스킹
24  T = (cdf_m - cdf_m.min()) * 255 / (cdf_m.max() - cdf_m.min())
25  T = np.ma.filled(T, 0).astype('uint8')    # 마스킹을 0으로 채우기
26  dst2 = T[src] # dst2 == dst
27  #print('dst2 =', dst2)
```

**실행 결과**

```
dst = [[  0   0 255 255]
       [  0   0 255 255]
       [255 255 255 255]
       [255 255 255 255]]
```

**프로그램 설명**

① 배열 src는 화소값의 범위가 [2, 4]로 좁은 범위에 걸쳐 있어 어두운 영상이다.

② dst = cv2.equalizeHist(src)에서 저대비 영상 src를 히스토그램 평활화한 결과 영상인 dst는 화소값의 범위가 [0, 255]로 넓은 고대비 영상이다.

③ #2는 히스토그램 평활화 알고리즘을 직접 구현한다. dst2는 dst와 같다.

## 예제 5.12 | 그레이스케일 영상의 히스토그램 평활화

```python
01  # 0512.py
02  import cv2
03  import numpy as np
04  from   matplotlib import pyplot as plt
05
06  src = cv2.imread('./data/lena.jpg', cv2.IMREAD_GRAYSCALE)
07  dst = cv2.equalizeHist(src)
08  cv2.imshow('dst', dst)
09  cv2.waitKey()
10  cv2.destroyAllWindows()
11
12  plt.title('Grayscale histogram of lena.jpg')
13
14  hist1 = cv2.calcHist(images = [src], channels = [0], mask = None,
15                     histSize = [256], ranges = [0, 256])
16  plt.plot(hist1, color = 'b', label = 'hist1 in src')
17
18  hist2 = cv2.calcHist(images = [dst], channels = [0], mask = None,
19                     histSize = [256], ranges = [0, 256])
20  plt.plot(hist2, color = 'r', alpha = 0.7, label = 'hist2 in dst')
21  plt.legend(loc = 'best')
22  plt.show()
```

**프로그램 설명**

① 그레이스케일 영상 src를 cv2.equalizeHist()로 히스토그램 평활화한 영상 dst는 [그림 5.12](a)와 같이 선명하게 보인다.

② [그림 5.12](b)에서 파란색 꺾은선 그래프는 src의 히스토그램이고, 빨간색 꺾은선 그래프는 dst의 히스토그램이다. 빨간색 꺾은선 그래프가 더욱 넓게 분포된 것을 알 수 있다.

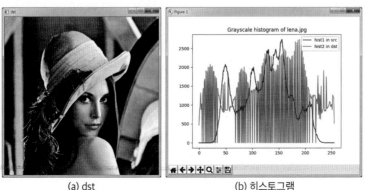

(a) dst            (b) 히스토그램

그림 5.12 ◆ 그레이스케일 영상 히스토그램 평활화

**예제 5.13** | **컬러 영상의 히스토그램 평활화**

```python
01  # 0513.py
02  import cv2
03  import numpy as np
04
05  src = cv2.imread('./data/lena.jpg')
06  cv2.imshow('src', src)
07
08  #1
09  hsv = cv2.cvtColor(src, cv2.COLOR_BGR2HSV)
10  h, s, v = cv2.split(hsv)
11
12  v2 = cv2.equalizeHist(v)
13  hsv2 = cv2.merge([h, s, v2])
14  dst = cv2.cvtColor(hsv2, cv2.COLOR_HSV2BGR)
15  cv2.imshow('dst', dst)
16
17  #2
18  yCrCv = cv2.cvtColor(src, cv2.COLOR_BGR2YCrCb)
19  y, Cr, Cv = cv2.split(yCrCv)
20
21  y2 = cv2.equalizeHist(y)
22  yCrCv2 = cv2.merge([y2, Cr, Cv])
23  dst2 = cv2.cvtColor(yCrCv2, cv2.COLOR_YCrCb2BGR)
24
25  cv2.imshow('dst2',  dst2)
26  cv2.waitKey()
27  cv2.destroyAllWindows()
```

**프로그램 설명**

① BGR 컬러 영상 src를 BGR 컬러 영상의 히스토그램 평활화는 HSV, YCrCb 등의 컬러 모델로 변환한 다음, 밝기값 채널(V, Y)에 히스토그램 평활화를 적용하고 BGR 컬러 영상으로 변환한다.

② #1: cv2.cvtColor()로 BGR 컬러 영상 src를 HSV 컬러 영상 hsv로 변환하고, cv2.split()로 hsv를 h, s, v에 채널 분리한다. cv2.equalizeHist()로 v를 v2에 히스토그램 평활화한다. cv2.merge()로 [h, s, v2]를 hsv2에 채널 합성한다. cv2.cvtColor()로 HSV 컬러 영상 hsv2를 BGR 컬러 영상 [그림 5.13](a)와 같이 dst에 변환한다. [그림 5.13](a)는 원본 영상에 비해 선명한 느낌이다.

③ #2: cv2.cvtColor()로 BGR 컬러 영상 src를 YCrCb 컬러 영상 yCrCv로 변환하고, cv2. split()로 yCrCv를 y, Cr, Cv에 채널 분리한다. cv2.equalizeHist()로 y를 y2에 히스토그램 평활화한다. cv2.merge()로 [y2, Cr, Cv]를 yCrCv2에 채널 합성한다. cv2.cvtColor()로 YCrCb 컬러 영상 yCrCv2를 BGR 컬러 영상 [그림 5.13](b)와 같이 dst2에 변환한다. [그림 5.13](b)는 [그림 5.13](a) 만큼 진하지는 않지만, 원본 영상에 비해 선명한 느낌이다.

| (a) dst | (b) dst2 |

그림 5.13 ◆ 컬러 영상 히스토그램 평활화

# CLAHE 히스토그램 평활화  06

CLAHE Contrast Limited Adaptive Histogram Equalization는 대비를 제한하고, 영상을 타일 (블록)로 나누어 각 타일별로 히스토그램을 평활화하고, 양선형 보간한다. 타일의 히스토 그램에서 대비제한 contrast limit보다 큰 빈의 값을 히스토그램에 균등하게 재분배한다. 밝기 분포가 한쪽으로 치우친 유사영역에서 효과적이다. CLAHE 히스토그램 평활화 알고리즘은 다음과 같다.

> 1 영상을 타일로 나누어 각 타일의 히스토그램을 계산한다.
> 2 각 타일의 히스토그램에서 clipLimit보다 큰 값은 전체 빈에 재분배한다. clipLimit는 히스토그램 크기와 타일의 크기를 고려하여 계산한다.
> 3 각 타일의 히스토그램 평활화를 수행하고, 타일경계에서 문제를 해결하기 위하여 4개의 이웃 타일의 히스토그램을 이용하여 양선형 보간 bilinear interpolation한다([그 림 5.14]).

```
cv2.createCLAHE([, clipLimit[, tileGridSize]]) -> retval
cv2.CLAHE.apply(src[, dst]) ->dst
```

1 cv2.createCLAHE()는 대비제한 임계값 clipLimit과 타일 그리드 크기 tileGridSize를 이용하여 CLAHE 객체를 생성한다.

2 apply() 메서드는 src영상에 CLAHE를 적용하여 히스토그램을 평활화한다.

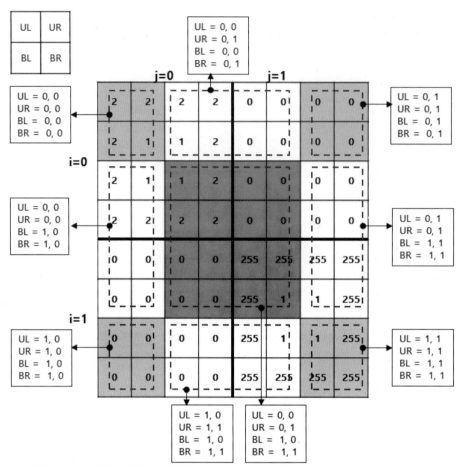

그림 5.14 ◆ CLAHE에서 부분영역 양선형 보간(tilesX = 2, tilesY = 2)

```
01  # 0514.py
02  import cv2
03  import numpy as np
04
05  src = np.array([[2, 2, 2, 2, 0,   0,   0,   0],
06                  [2, 1, 1, 2, 0,   0,   0,   0],
07                  [2, 1, 1, 2, 0,   0,   0,   0],
08                  [2, 2, 2, 2, 0,   0,   0,   0],
09                  [0, 0, 0, 0, 255, 255, 255, 255],
10                  [0, 0, 0, 0, 255, 1,   1,   255],
```

```
11                      [0, 0, 0, 0, 255, 1,   1,   255],
12                      [0, 0, 0, 0, 255, 255, 255, 255]],
13                      dtype = np.uint8)
14  #1
15  clahe = cv2.createCLAHE(clipLimit = 40, tileGridSize = (1, 1))
16  dst = clahe.apply(src)
17  print("dst=\n", dst)
18
19  #2
20  clahe2 = cv2.createCLAHE(clipLimit = 40, tileGridSize = (2, 2))
21  dst2 = clahe2.apply(src)
22  print("dst2=\n", dst2)
```

**실행 결과**

```
dst=
[[116 116 116 116  44  44  44  44]
 [116  76  76 116  44  44  44  44]
 [116  76  76 116  44  44  44  44]
 [116 116 116 116  44  44  44  44]
 [ 44  44  44  44 255 255 255 255]
 [ 44  44  44  44 255  76  76 255]
 [ 44  44  44  44 255  76  76 255]
 [ 44  44  44  44 255 255 255 255]]
dst2=
[[ 80  80  80  72  32  40  48  48]
 [ 80  48  48  72  32  40  48  48]
 [ 80  48  48  72  32  40  48  48]
 [ 72  72  72  66  32  36  40  40]
 [ 32  32  32  32 255 255 255 255]
 [ 40  40  40  36 255  48  48 255]
 [ 48  48  48  40 255  48  48 255]
 [ 48  48  48  40 255 255 255 255]]
```

**프로그램 설명**

① #1은 clipLimit = 40, tileGridSize = (1, 1)로 clahe 객체를 생성하고, clahe.apply(src)로 src를 적용하여 dst에 평활화한다. tileGridSize = (1, 1), tileArea = 8 * 8이다. 8-비트 그레이스케일 영상에서 histSize = 256이므로, clipLimit = 40 * 64 / 256 = 10이다. tileGridSize = (1, 1) 이므로 히스토그램은 1개만 계산한다. 히스토그램에서 clipLimit = 10 보다 큰 값은 히스토그램에 균등하게 재분배한다([예제 5.15] 참조).

② #2는 clipLimit = 40, tileGridSize = (2, 2)로 clahe2 객체를 생성하고, clahe2.apply(src)로 src를 적용하여 dst2에 평활화한다. tileGridSize = (2,2), tileArea = 4 * 4이다. 그러므로 실제 clipLimit = 40 * 16 / 256 = 2.5이다. tileGridSize = (2, 2)이므로 히스토그램은 4개를 계산한다. 각 히스토그램에서 clipLimit = 2.5 보다 큰 값은 히스토그램에 균등하게 재분배한다 ([예제 5.15] 참조).

**예제 5.15** | CLAHE 구현

```python
01  #0515.py
02  '''
03  ref1: https://github.com/opencv/opencv/blob/master/modules/imgproc/src/
04  clahe.cpp#L157
05  ref2: http://www.realtimerendering.com/resources/GraphicsGems/gemsiv/
06  clahe.c
07  ref3: https://gist.github.com/sadimanna/52c320ce5c49e200ce398f800d39a2c1
08  #file-clahe-py
09  '''
10
11  import cv2
12  import numpy as np
13
14  #1
15  src = np.array([[2, 2, 2, 2, 0,   0,   0,   0],
16                  [2, 1, 1, 2, 0,   0,   0,   0],
17                  [2, 1, 1, 2, 0,   0,   0,   0],
18                  [2, 2, 2, 2, 0,   0,   0,   0],
19                  [0, 0, 0, 0, 255, 255, 255, 255],
20                  [0, 0, 0, 0, 255, 1,   1,   255],
21                  [0, 0, 0, 0, 255, 1,   1,   255],
22                  [0, 0, 0, 0, 255, 255, 255, 255]], dtype = np.uint8)
23
24  #2
25  def interpolate(sub_image, UL, UR, BL, BR):
26      dst = np.zeros(sub_image.shape)
27      sY, sX = sub_image.shape
28      area = sX * sY
29      #print("sX={}, sY={}".format(sX, sY))
30
31      for y in range(sY):
32          invY = sY-y
33          for x in range(sX):
34              invX = sX-x
35              val = sub_image[y, x].astype(int)
36              dst[y, x] = np.floor((invY * (invX * UL[val] + x * UR[val]) +
37                                    y * (invX * BL[val] + x * BR[val])) /
38                                    area)
39      return dst
40
41  #3
42
43  def CLAHE(src, clipLimit = 40.0, tileX = 8, tileY = 8):
```

```
44  #3-1
45      histSize = 256
46      tileSizeX = src.shape[1] // tileX
47      tileSizeY = src.shape[0] // tileY
48      tileArea  = tileSizeX * tileSizeY
49      clipLimit = max(clipLimit * tileArea / histSize, 1)
50      lutScale = (histSize - 1) / tileArea
51      print("clipLimit=", clipLimit)
52
53      LUT = np.zeros((tileY, tileX, histSize))
54      dst = np.zeros_like(src)
55      #print("tileX={}, tileY={}".format(tileX, tileY))
56
57  #3-2: sublocks, tiles
58      for iy in range(tileY):
59          for ix in range(tileX):
60  #3-2-1
61              y = iy * tileSizeY
62              x = ix * tileSizeX
63              roi = src[y:y+tileSizeY, x:x+tileSizeX] # tile
64
65              tileHist, bins = np.histogram(roi, histSize, [0, 256])
66              #tileHist = cv2.calcHist([roi], [0], None,
67              #                        [histSize], [0,256]).astype(np.int)
68              #tileHist = tileHist.flatten()
69              #print("tileHist[{},{}]=\n{}".format(iy, ix, tileHist))
70
71
72  #3-2-2
73              if clipLimit > 0:      # clip histogram
74                  clipped = 0
75                  for i in range(histSize):
76                      if tileHist[i] > clipLimit:
77                          clipped += tileHist[i] - clipLimit
78                          tileHist[i] = clipLimit
79
80                  # redistribute clipped pixels
81                  redistBatch = int(clipped / histSize)
82                  residual = clipped - redistBatch * histSize
83
84                  for i in range(histSize):
85                      tileHist[i] += redistBatch
86                  if residual != 0:
87                      residualStep = max(int(histSize / residual), 1)
88
```

```
89                              for i in range(0, histSize, residualStep):
90                                  if residual> 0:
91                                      tileHist[i] += 1
92                                      residual -= 1
93                      # print("redistributed[{},{}]=\n{}".format(iy,
94                      #                                      ix, tileHist))
95  #3-2-3:        calculate Lookup table for equalizing
96                  cdf = tileHist.cumsum()
97                  tileLut = np.round(cdf*lutScale)
98                  LUT[iy, ix] = tileLut
99  #3-3
100     # bilinear interpolation
101     y = 0
102     for i in range(tileY + 1):
103         if i == 0:              # top row
104             subY = int(tileSizeY/2)
105             yU = yB = 0
106         elif i == tileY: # bottom row
107             subY = int(tileSizeY / 2)
108             yU = yB = tileY - 1
109         else:
110             subY = tileSizeY
111             yU = i - 1
112             yB = i
113         #print("i={}, yU={}, yB={}, subY={}".format(
114         #                                      i, yU, yB, subY))

116         x = 0
117         for j in range(tileX+1):
118             if j == 0: # left column
119                 subX = tileSizeX // 2
120                 xL = xR = 0
121             elif j == tileX: # right column
122                 subX = tileSizeX // 2
123                 xL = xR = tileX - 1
124             else:
125                 subX = tileSizeX
126                 xL = j - 1
127                 xR = j
128             # print(" j={}, xL={}, xR={}, subX={}".format(j, xL,
129             #                                      xR, subX))

131             UL = LUT[yU, xL]
132             UR = LUT[yU, xR]
133             BL = LUT[yB, xL]
134             BR = LUT[yB, xR]
```

```
135
136              roi = src[y:y + subY, x:x + subX]
137              dst[y:y + subY, x:x + subX] = \
138                    interpolate(roi, UL, UR, BL, BR)
139              x += subX
140          y += subY
141      return  dst
142
143  #4
144  ##dst = CLAHE(src, clipLimit = 40.0, tileX = 1, tileY = 1)
145  ##print("dst=", dst)
146  dst2 = CLAHE(src, clipLimit = 40.0, tileX = 2, tileY = 2)
147  print("dst=\n", dst2)
```

**실행 결과**

```
clipLimit= 2.5
tileHist[0,0]=
[ 0  4 12  0  0  0  0  0  0  0  0  0  0  0  0  0  0  0  0  0  0  0  0  0  0  0
  0  0  0  0  0  0  0  0  0  0  0  0  0  0  0  0  0  0  0  0  0  0  0  0  0  0
  0  0  0  0  0  0  0  0  0  0  0  0  0  0  0  0  0  0  0  0  0  0  0  0  0  0
  0  0  0  0  0  0  0  0  0  0  0  0  0  0  0  0  0  0  0  0  0  0  0  0  0  0
  0  0  0  0  0  0  0  0  0  0  0  0  0  0  0  0  0  0  0  0  0  0  0  0  0  0
  0  0  0  0  0  0  0  0  0  0  0  0  0  0  0  0  0  0  0  0  0  0  0  0  0  0
  0  0  0  0  0  0  0  0  0  0  0  0  0  0  0  0  0  0  0  0  0  0  0  0  0  0
  0  0  0  0  0  0  0  0  0  0  0  0  0  0  0  0  0  0  0  0  0  0  0  0  0  0
  0  0  0  0  0  0  0  0  0  0  0  0  0  0  0  0  0  0  0  0  0  0  0  0  0  0
  0  0  0  0  0  0  0  0  0  0  0  0  0  0  0  0  0  0  0  0  0  0  0  0  0  0
  0  0  0  0  0  0  0  0  0  0  0  0  0  0]
redistributed[0,0]=
[1 2 2 0 0 0 0 0 0 0 0 0 0 0 0 0 0 0 0 0 0 0 0 0 0 1 0 0 0 0 0 0 0 0 0 0 0
 0 0 0 0 0 0 0 0 0 1 0 0 0 0 0 0 0 0 0 0 0 0 0 0 0 0 0 0 0 0 0 0 1 0 0 0 0
 0 0 0 0 0 0 0 0 0 0 0 0 0 0 0 1 0 0 0 0 0 0 0 0 0 0 0 0 0 0
 0 0 0 1 0 0 0 0 0 0 0 0 0 0 0 0 0 0 0 0 0 0 0 0 1 0 0 0 0 0 0 0 0 0
 0 0 0 0 0 0 0 0 0 1 0 0 0 0 0 0 0 0 0 0 0 0 0 0 0 0 0 1
 0 0 0 0 0 0 0 0 0 0 0 0 0 0 0 0 1 0 0 0 0 0 0 0 0 0 0 0 0
 0 0 0 0 0 0 0 1 0 0 0 0 0 0 0 0 0 0 0 0 0 0 0 0 0 0 0 0]
 ...
dst=
[[ 80  80  80  72  32  40  48  48]
 [ 80  48  48  72  32  40  48  48]
 [ 80  48  48  72  32  40  48  48]
 [ 72  72  72  66  32  36  40  40]
 [ 32  32  32  32 247 247 247 247]
 [ 40  40  40  36 247  48  48 243]
 [ 48  48  48  40 247  48  48 239]
```

## 프로그램 설명

① CLAHE 알고리즘을 ref1: OpenCV 소스, ref2: Graphics Gems IV, ref3을 참고하여 작성하였다. 영상 크기와 타일 블록의 크기에 따라 패딩이 필요할 수 있지만, 여기서는 패딩 없이, histSize = 256로 히스토그램을 계산하고, 히스토그램 재분배를 한 번만 수행하여 구현하였다.

② #2의 interpolate() 함수는 4-개의 타일의 히스토그램 평활화 변환표 $^{lookup\ table}$인 UL, UR, BL, BR을 이용하여 sub_image를 dst에 양선형 보간한다([그림 5.14]). UL[val]은 UL 변환표로 val을 평활화한 결과이다.

③ #3은 src 영상을 대비 제한 적응 평활화한 결과 dst를 반환하는 CLAHE() 함수를 정의한다. #3-1에서 tileSizeX, tileSizeY는 타일의 픽셀 크기이고, tileArea은 픽셀 개수이다. clipLimit는 max(clipLimit * tileArea / histSize, 1)에 의해 다시 계산한다. lutScale은 누적 히스토그램 cdf에 곱할 스케일값이다. LUT는 각 타일의 히스토그램 평활화를 위한 변환표이다.

④ #3-2는 타일의 히스토그램 $^{tileHist}$을 계산하고(#3-2-1), clipLimit보다 큰 히스토그램 빈의 크기의 합계를 clipped에 계산하고, clipped를 히스토그램에 균일하게 재분배한다 (#3-2-2). #3-2-3은 재분배된 히스토그램(tileHist)을 누적시켜 cdf를 계산하고, np.round(cdf * lutScale)로 히스토그램 평활화 변환표 $^{tileLut}$를 계산하여 LUT[iy, ix]에 저장한다. LUT[iy, ix]는 [iy, ix] 타일의 변환표이다. LUT를 이용하여 각 타일별로 평활화하면 타일 경계 표시가 나타난다. cv2.equalizeHist()와 평활화 계산 방법이 다르다.

⑤ #3-3은 타일 경계 문제를 해결하기 위하여, 부분영역 $^{roi\ =\ src[y:y\ +\ subY,\ x:x\ +\ subX]}$이 포함하는 4개의 타일의 변환표를 이용한 히스토그램 평활화 결과를 양선형 보간한다. [그림 5.14]는 tileX = 2, tileY = 2의 양선형 보간을 설명한다. 9개 부분영역을 타일 4개를 이용하여 보간한다. 테두리는 부분영역의 크기가 다르다. [그림 5.14]는 편의상 U $^{upper}$, L $^{left}$, R $^{right}$, B $^{bottom}$를 이용하여 부분영역이 속한 타일의 인덱스를 (i, j) 순서로 표시한다. 예제 프로그램 $^{0515.py}$에서는 부분영역이 속한 타일 인덱스를 xL, xR, yU, yB로 계산하고, UL, UR, BL, BR은 해당 타일의 히스토그램 평활화 변환표이다.

⑥ #4는 CLAHE(src, clipLimit = 40.0, tileX = 2, tileY = 2)로 dst2에 CLAHE 평활화를 수행한다. 결과는 [예제 5.14]의 결과와 같다. clipLimit = max(clipLimit * tileArea / histSize, 1)에 의해 clipLimit = 2.5이다. 예를 들어, (iy, ix) = [0, 0] 타일에서 계산된 히스토그램 tileHist 에서 clipLimit = 2.5에 의해 재분배된 후의 히스토그램을 보면 clipLimit = 2.5보다 큰 값이 없는 것을 확인할 수 있다. 재분배에 의해 clipLimit 보다 큰 값이 있을 수 있기 때문에 ref2는 반복적으로 재분배한다.

| 예제 5.16 | 히스토그램 평활화 비교 |
|---|---|

```
01  # 0516.py
02  import cv2
03  import numpy as np
04  #1
05  src = cv2.imread('./data/tsukuba_l.png', cv2.IMREAD_GRAYSCALE)
06  cv2.imshow('src', src)
07
08  #2
09  dst = cv2.equalizeHist(src)
10  cv2.imshow('dst', dst)
11
12  #3
13  clahe2 = cv2.createCLAHE(clipLimit = 40, tileGridSize = (1, 1))
14  dst2 = clahe2.apply(src)
15  cv2.imshow('dst2', dst2)
16
17  #4
18  clahe3 = cv2.createCLAHE(clipLimit = 40, tileGridSize = (8, 8))
19  dst3 = clahe3.apply(src)
20  cv2.imshow('dst3', dst3)
21
22  cv2.waitKey()
23  cv2.destroyAllWindows()
```

**프로그램 설명**

① #1은 원본 영상 'tsukuba_l.png' 파일을 src에 읽고 표시한다. 대부분의 배경이 어둡고 조각상의 얼굴 부분만 밝은 영상이다([그림 5.15](a)).

② #2는 cv2.equalizeHist()로 전체 영상에 대해 하나의 히스토그램을 이용하여 dst에 평활화한 결과이다. 영상전체가 밝아져서, 얼굴 부분의 윤곽선이 구분되지 않는다([그림 5.15](b)).

③ #3은 clahe2 = cv2.createCLAHE(clipLimit = 40, tileGridSize = (1, 1))로 하나의 히스토 그램만을 가지고 dst2에 CLAHE 히스토그램 평활화한다([그림 5.15](c)). 하나의 히스토 그램을 사용하기 때문에 #2의 dst와 비슷 결과를 갖는다. dst와 dst2는 정확히 같지는 않다. CLAHE는 히스토그램 재분배를 수행하고, 변환 테이블 계산 방법이 cv2.equalizeHist()와 다르기 때문이다.

src 영상 전체의 히스토그램은 clipLimit = 40 * src.size / 256 = 17280.0 보다 큰 빈 값이 없기 때문에 재분배는 수행하지 않는다.

④ #4는 cv2.createCLAHE(clipLimit = 40, tileGridSize = (8, 8))로 tileGridSize = (8, 8)개의 타일로 나누어 dst3에 CLAHE 히스토그램 평활화한다([그림 5.15](d)). dst3은 배경뿐만 아니라 얼굴 부분에서 dst, dst2에 비해 대비가 선명한 영상을 얻는다.

그림 5.15 ◆ 히스토그램 평활화 비교

# CHAPTER 06

# 영상 공간 필터링

입력 영상 화소의 주변 이웃 neighbors을 고려하여 처리하는 공간영역 spatial domain 영상 처리 필터링에 대하여 설명한다. 일반적인 공간영역 처리 방법은 입력 영상 src(x, y)의 화소 (x, y)뿐만 아니라 주위의 이웃 neighbourhood 화소 w(x, y)를 고려하여, 변환/연산 함수 T()에 의해 출력 영상 dst(x, y)의 (x, y) 위치에서 화소값 s를 계산한다. w(x, y)는 필터 filter 또는 윈도우 window라고 부르며, 3×3, 5×5, 7×7, 11×11 등과 같이 홀수 크기를 주로 사용한다.

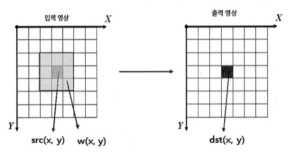

그림 6.1 ◆ 공간영역 필터링에서 입력 영상과 출력 영상

# 01 블러 필터

영상을 부드럽게 하는 블러링 blurring/스무딩 smothing 필터를 사용하는 [표 6.1]의 함수는 영상의 잡음 noise을 제거하고 영상을 부드럽게 한다. [표 6.2]는 영상 밖의 화소를 채우는 borderType을 사용하는 경계선 처리 padding 방법에 대한 1차원 배열의 예를 설명한다.

[표 6.1] 영상을 부드럽게 하는 블러/스무딩 필터

| 함 수 |
| --- |
| cv2.boxFilter(src, ddepth, ksize[, dst[, anchor[, normalize[, borderType ]]]]) -> dst |
| cv2.bilateralFilter(src, d, sigmaColor, sigmaSpace[, dst[, borderType ]]) -> dst |
| cv2.medianBlur(src, ksize[, dst ]) -> dst |
| cv2.blur(src, ksize[, dst[, anchor[, borderType ]]]) -> dst |
| cv2.GaussianBlur(src, ksize, sigmaX[, dst[, sigmaY[, borderType ]]]) -> dst |
| cv2.getGaussianKernel(ksize, sigma[, ktype ]) -> retval |

[표 6.2] 주요 경계값 채우기 borderType 예 ksize = 3에서의 패딩

| bordertype | 왼쪽 패딩 | 배열 | 오른쪽 패딩 |
|---|---|---|---|
| cv2.BORDER_CONSTANT | 000 | 123456 | 000 |
| cv2.BORDER_REPLICATE | 111 | 123456 | 111 |
| cv2.BORDER_REFLECT | 321 | 123456 | 654 |
| cv2.BORDER_REFLECT_101 | 234 | 123456 | 543 |
| cv2.BORDER_WRAP | 456 | 123456 | 123 |

```
cv2.boxFilter(src, ddepth, ksize[, dst[, anchor[,
              normalize[, borderType ]]]]) -> dst
```

**1** src는 입력 영상, dst는 src와 같은 크기, 같은 자료형의 ddepth 깊이의 필터링된 출력 영상이다. ddepth = -1이면 src와 같은 깊이이다.

**2** 디폴트인 anchor = (-1, -1)은 커널 중심을 의미하고, normalize = True는 튜플 커널 크기 ksize = (kw, kh)로 정규화되며, 평균 필터와 같다. 박스 필터의 커널 K는 다음과 같다.

$$K = \alpha \begin{bmatrix} 1 & 1 & 1 \dots & 1 & 1 \\ 1 & 1 & 1 \dots & 1 & 1 \\ & \dots\dots\dots & \\ 1 & 1 & 1 \dots & 1 & 1 \end{bmatrix}$$

$$여기서, \alpha = \begin{cases} \dfrac{1}{kw*kh} & if\ normalize = True \\ 1 & o.w. \end{cases}$$

```
cv2.bilateralFilter(src, d, sigmaColor, sigmaSpace[,
                    dst[, borderType ]]) -> dst
```

**1** bilateralFilter 함수는 가우시안 함수를 사용하여 에지를 덜 약화하면서 양방향 필터링을 한다. src는 8비트 또는 32비트 float 자료형의 1-채널 또는 3-채널 입력 영상이고, dst는 src와 같은 크기, 같은 자료형인 출력 영상이다.

**2** d는 필터링 동안 사용될 각 화소의 이웃을 결정할 지름 diameter이다. 실시간 처리를 위해서는 d = 5가 적합하다. 만약 d < 0이면 sigmaSpace에 의해 계산된다.

가우시안은 $\pm 3\sigma$ 내에 99.7%가 놓이므로 $d = 2 \times 3 \times sigmaSpace + 1$ 로 계산할 수 있다. sigmaColor는 컬러 공간에서 필터 표준편차이다. sigmaColor가 큰 값을 가지면, 이웃 화소 내의 화소 중에서 색상 공간에서 멀리 떨어진 색상을 혼합하여 유사한 색상으로 뭉개서 큰 영역으로 만든다. sigmaSpace는 좌표 공간에서의 필터 표준편차이다. sigmaSpace 값이 크면, sigmaColor에 의해 색상이 충분히 가까우면서 위치가 멀리 떨어진 이웃 화소가 영향을 준다. d <= 0이면 이웃의 크기가 sigmaSpace에 의해 결정된다. 다음 수식에서 param1, param2는 d에 의해 결정된다.

$$dst(x,y) = \frac{1}{\displaystyle\sum_{s=-param1/2}^{param1/2} \sum_{t=-param2/2}^{param2/2} w(s,t)} \left( \sum_{s=-param1/2}^{param1/2} \sum_{t=-param2/2}^{param2/2} w(s,t)\, src(x-s, y-t) \right)$$

$$w(s,t) = w_s(s,t)\, w_r(s,t)$$

$$w_s(s,t) = \exp\left[ -\frac{s^2 + t^2}{2\sigma_s^2} \right]$$

$$w_r(s,t) = \exp\left[ -\frac{(src(x,y) - src(s,t))^2}{2\sigma_r^2} \right]$$

$$\sigma_s : sigmaColor$$

$$\sigma_r : sigmaSpace$$

| 예제 6.1 | 박스 필터와 양방향 필터 |
| --- | --- |

```
01  # 0601.py
02  import cv2
03  import numpy as np
04
05  src = cv2.imread('./data/lena.jpg', cv2.IMREAD_GRAYSCALE)
06
07  dst1= cv2.boxFilter(src, ddepth = -1, ksize = (11, 11))
08  dst2 = cv2.boxFilter(src, ddepth = -1, ksize = (21, 21))
09
```

```
10  dst3 = cv2.bilateralFilter(src, d = 11, sigmaColor = 10,
11                              sigmaSpace = 10)
12  dst4 = cv2.bilateralFilter(src, d = -1, sigmaColor = 10,
13                              sigmaSpace = 10)
14
15  cv2.imshow('dst1', dst1)
16  cv2.imshow('dst2', dst2)
17  cv2.imshow('dst3', dst3)
18  cv2.imshow('dst4', dst4)
19  cv2.waitKey()
20  cv2.destroyAllWindows()
```

**프로그램 설명**

① [그림 6.2](a)의 dst1은 필터 크기 ksize = (11, 11)로 cv2.boxFilter()를 적용한 결과이다.

② [그림 6.2](b)의 dst2는 필터 크기 ksize = (21, 21)로 cv2.boxFilter()를 적용한 결과이다.

③ [그림 6.2](c)의 dst3은 d = 11, sigmaColor = 10, sigmaSpace = 10으로 cv2. bilateralFilter()를 적용한 결과이다.

(a) boxFilter, ksize = (11, 11)  (b) boxFilter, ksize = (21, 21)

(c) bilateralFilter, d = 1  (d) bilateralFilter, d = -1

그림 6.2 ◆ 박스 필터와 양방향 필터

④ [그림 6.2](d)의 dst4는 d = -1로 이웃의 크기가 sigmaSpace에 의해 결정되며, sigmaColor = 10, sigmaSpace = 10으로 cv2.bilateralFilter()를 적용한 결과이다.

```
cv2.medianBlur(src, ksize[, dst ]) -> dst
```

① medianBlur() 함수는 src에서 정수 커널 크기 ksize에 의해 ksize×ksize의 필터를 사용하여 미디언 중위수을 계산하여 dst에 저장한다.

② src는 1, 3, 4채널 영상이고, ksize = 3 또는 5일 때는 src의 깊이가 8비트, 16비트 부호 없는 정수, 32비트 실수가 가능하고, ksize가 크면 8비트만 가능하다. dst는 src와 같은 크기이며 같은 자료형이다.

③ 미디언 필터링의 결과값은 원본 src에 있는 값이며, 소금이나 후추가 뿌려져 있는 듯한 잡음 salt and pepper noise의 경우에 평균 필터 또는 가우시안 필터보다 효과적이다.

```
cv2.blur(src, ksize[, dst[, anchor[, borderType ]]]) -> dst
```

① blur() 함수는 튜플 커널 크기 ksize = (kw, kh) 내부의 합계를 계산하고, 커널 크기로 정규화된 박스 필터이다.

② src는 입력 영상으로 모든 채널이 가능하며, 깊이는 8비트 또는 16비트 부호 없는 정수, 16비트 정수, 32비트 또는 64비트 실수가 가능하다. dst는 src와 같은 크기이며 같은 자료형이다.

```
cv2.GaussianBlur(src, ksize, sigmaX[, dst[, sigmaY[, borderType ]]])
                                                              -> dst
```

① 튜플 커널 크기 ksize = (kw, kh)의 2차원 가우시안 Gaussian 커널과 회선 convolution을 수행한다.

② $sigmaX$는 X-축 방향으로의 가우시안 커널 표준편차, $sigmaY$는 Y-축 방향으로의 가우시안 커널 표준편차이다. $sigmaX \neq 0$, $sigmaY = 0$이면,

$sigma\,Y = sigma\,X$이다. $sigma\,X = 0$, $sigma\,Y = 0$이면, 튜플 커널 크기 ksize = (kw, kh)로 계산한다. 커널 크기 $n$의 가우시안은 $\pm 3\sigma$내에 99.7%가 놓이므로 $n = 2 \times 3\sigma + 1$이다.

$$sigma\,X = 0.3(kw - 1)/2 - 1) + 0.8$$
$$sigma\,Y = 0.3(kh - 1)/2 - 1) + 0.8$$

---

`cv2.getGaussianKernel(ksize, sigma[, ktype ])-> retval`

**1** ksize×1의 1차원 가우시안 커널을 배열로 반환한다. ksize는 커널 크기로 3, 5, 7, 9 등의 홀수이다.

**2** sigma는 가우시안 표준편차이며, sigma <= 0이면, sigma = 0.3 * ((ksize - 1) * 0.5 - 1) + 0.8로 계산한다. ktype은 필터의 자료형으로 32비트 또는 64비트 실수이다.

$$G_i = \alpha \times exp[\frac{-(i - (ksize - 1)/2)^2}{(2 \times \sigma)^2}, \, i = 0, 1, ... ksize - 1,$$

여기서, $\sum_i G_i = 1$인 스케일 상수 $\alpha$

---

**예제 6.2** | 미디안 필터, 블러, 가우시안 필터

```
01  # 0602.py
02  import cv2
03  import numpy as np
04
05  src = cv2.imread('./data/lena.jpg', cv2.IMREAD_GRAYSCALE)
06
07  dst1= cv2.medianBlur(src, ksize = 7)
08  dst2 = cv2.blur(src, ksize = (7, 7))
09  dst3 = cv2.GaussianBlur(src, ksize = (7, 7), sigmaX = 0.0)
10  dst4 = cv2.GaussianBlur(src, ksize = (7, 7), sigmaX = 10.0)
11
12  cv2.imshow('dst1', dst1)
```

```
13  cv2.imshow('dst2', dst2)
14  cv2.imshow('dst3', dst3)
15  cv2.imshow('dst4', dst4)
16  cv2.waitKey()
17  cv2.destroyAllWindows()
```

## 프로그램 설명

① [그림 6.3](a)의 dst1은 ksize = 7인 미디안 필터 결과이다.

② [그림 6.3](b)의 dst2은 ksize = (7, 7)인 블러 필터 결과이다.

③ [그림 6.3](c)의 dst3은 ksize = (7, 7), sigmaX = 0.0인 가우시안 필터 결과이다.

④ [그림 6.32](d)의 dst4는 ksize = (7, 7), sigmaX = 10.0인 가우시안 필터 결과이다.

(a) medianBlur, ksize = 7      (b) blur, ksize = (7, 7)

(c) GaussianBlur      (d) GaussianBlur

그림 6.3 ◆ 미디안 필터, 블러, 가우시안 필터

## 미분 필터 **02**

영상을 날카롭게 하는 샤프닝 sharpening 연산은 미분 연산으로 이루어진다. 함수에서 미분은 변화율을 측정한다. 미분 필터를 이용하여 영상을 선명하게 하거나, 에지를 검출할 수 있다. [표 6.3]은 OpenCV의 미분 필터 연산 함수이다.

[표 6.3] 미분 필터

| 함수 |
| --- |
| cv2.Sobel(src, ddepth, dx, dy[, dst[, ksize[, scale[, delta[, borderType ]]]]]) -> dst |
| cv2.Scharr(src, ddepth, dx, dy[, dst[, scale[, delta[, borderType ]]]]) -> dst |
| cv2.Laplacian(src, ddepth[, dst[, ksize[, scale[, delta[, borderType ]]]]]) -> dst |
| cv2.getDerivKernels(dx, dy, ksize[, kx[, ky[, normalize[, ktype ]]]]) -> kx, ky |

### 차분에 의한 미분 연산 **01**

1차원 함수 $f(x)$에서 1차 미분, $f'(x)$을 컴퓨터를 이용하여 근사적으로 계산하는 한 가지 방법은 다음과 같이 인접한 값의 차분으로 계산할 수 있다.

$$f'(x) = \frac{\partial f(x)}{\partial x} = \lim_{h \to 0} \frac{f(x+h) - f(x)}{h}$$

$$= f(x+1) - f(x) \ , \ \text{if} \ h = 1$$

2차 미분, $f''(x)$은 다음과 같이 계산할 수 있다.

$$f''(x) = \frac{\partial^2 f(x)}{\partial^2 x} = f(x+1) + f(x-1) - 2f(x)$$

2차원 함수인 영상 $f(x,y)$의 그래디언트 gradient, 구배, 경사, 기울기 $\nabla f(x,y)$는 x-축 방향으로의 편미분 $g_x$, y-축 방향으로의 편미분 $g_y$에 의한 2×1 벡터이고, 이 벡터의 크기는 $mag(\nabla f(x,y))$, 방향은 $\theta$이다. $mag(\nabla f(x,y))$가 큰 값을 갖는 화소는 에지 edge 화소이다.

$$\nabla f(x,y) = \begin{bmatrix} g_x \\ g_y \end{bmatrix} = \begin{bmatrix} \dfrac{\partial f(x,y)}{\partial x} \\ \dfrac{\partial f(x,y)}{\partial y} \end{bmatrix}$$

$$mag(\nabla f(x,y)) = \sqrt{(g_x^2 + g_y^2)} = \sqrt{(\dfrac{\partial f(x,y)}{\partial x})^2 + (\dfrac{\partial f(x,y)}{\partial y})^2}$$

$$\approx |\dfrac{\partial f(x,y)}{\partial x}| + |\dfrac{\partial f(x,y)}{\partial y}|$$

$$\theta = angle(\nabla f(x,y)) = \text{atan}(\dfrac{g_y}{g_x})$$

## 02  1차 미분 필터

영상처리에서 x-축 방향으로의 편미분 $g_x$, y-축 방향으로의 편미분 $g_y$을 계산하는 대표적인 방법이 Sobel 연산자이다. Sobel 1차 편미분 $g_x$, $g_y$의 수식은 다음과 같고, $g_x$는 [그림 6.4](a)의 ksize = 3, dx = 1, dy = 0의 필터이고, $g_y$는 ksize = 3, dx = 0, dy = 1 필터이다. 윈도우 커널을 사용하여 cv2.filter2D() 함수로 편미분을 직접 계산하거나 cv2.Sobel() 함수를 사용하면 간단히 Sobel 연산자에 의한 편미분을 계산한다.

$$g_x = \frac{\partial f(x,y)}{\partial x} = [f(x+1, y-1) + 2f(x+1, y) + f(x+1, y+1)]$$

$$- [f(x-1, y-1) + 2f(x-1, y) + f(x-1, y+1)]$$

$$g_y = \frac{\partial f(x,y)}{\partial y} = [f(x-1, y+1) + 2f(x, y+1) + f(x+1, y+1)]$$

$$- [f(x-1, y-1) + 2f(x, y-1) + f(x+1, y-1)]$$

## 2차 미분 필터 03

2차원 함수 $f(x, y)$의 라플라시안 <sup>Laplacian</sup> $\nabla^2 f(x,y)$의 수식은 다음과 같이 x, y 축 방향으로의 2차 편미분의 합으로 정의되며, [그림 6.5]의 ksize = 1인 3×3 라플라시안 필터이다. 에지 <sup>edge</sup> 화소는 라플라시안 필터링 영상에서 부호가 (+, -) 또는 (-, +)로 바뀌어, 0-교차 <sup>zero-crossing</sup>한다.

$$\nabla^2 f(x,y) = \frac{\partial^2 f(x,y)}{\partial^2 x} + \frac{\partial^2 f(x,y)}{\partial^2 y}$$

$$= [f(x+1, y) + f(x-1, y) - 2f(x,y)] + [f(x, y+1) + f(x, y-1) - 2f(x,y)]$$

$$= f(x+1, y) + f(x-1, y) + f(x, y+1) + f(x, y-1) - 4f(x,y)$$

$$여기서,\ \frac{\partial^2 f(x,y)}{\partial^2 x} = f(x+1, y) + f(x-1, y) - 2f(x,y)$$

$$\frac{\partial^2 f(x,y)}{\partial^2 y} = f(x, y+1) + f(x, y-1) - 2f(x,y)$$

```
cv2.Sobel(src, ddepth, dx, dy[, dst[, ksize[, scale[,
        delta[, borderType ]]]]]) -> dst
```

**1** 입력 src의 Sobel 연산자를 확장한 dx, dy에 따라 1, 2, 3차 미분을 dst에 출력한다.

$$dst(x, y) = \frac{\partial^{dx+dy} src(x,y)}{\partial x^{dx} \partial y^{dy}}$$

**2** dst는 src와 같은 채널, 같은 크기이다. ddepth는 출력 dst의 화소 구조이며, ddepth = -1이면, src와 같은 화소 구조이다. src가 cv2.CV_8U이면 dst의 ddepth는 -1, cv2.CV_16S, cv2.CV_32F, cv2.CV_64F가 가능하다.

**3** dx는 x축 미분 차수, dy는 y축 미분 차수이다.

**4** ksize는 Sobel 윈도우 필터의 크기로 1, 3, 5, 7이다. 예를 들어, ksize = 3이면

3×3 윈도우 필터 커널이고, dx = 1, dy = 0이면, x-축 편미분 $g_x$, dx = 0, dy = 1이면, y-축 편미분 $g_y$ 필터를 적용한다. ksize = 1이면 dx, dy에 따라 3×1 또는 1×3 커널이 적용되고, x-축, y-축으로의 1차 또는 2차 미분만을 위해 사용한다. [그림 6.4]는 Sobel() 함수에서 dx, dy에 따른 필터 커널이다. 8비트 입력 영상 src에 대하여 Sobel() 함수로 미분을 계산할 때, 출력 영상 dst가 8비트이면 계산 결과의 절단 truncation에 주의한다.

| | | |
|---|---|---|
| -1 | 0 | 1 |
| -2 | 0 | 2 |
| -1 | 0 | 1 |

$g_x$: dx = 1, dy = 0

| | | |
|---|---|---|
| -1 | -2 | -1 |
| 0 | 0 | 0 |
| 1 | 2 | 1 |

$g_y$: dx = 0, dy = 1

| | | |
|---|---|---|
| 1 | 0 | -1 |
| 0 | 0 | 0 |
| -1 | 0 | 1 |

dx = 1, dy = 1

(a) ksize = 3에서 1차 미분 필터

| | | |
|---|---|---|
| 1 | -2 | 1 |
| 2 | -4 | 2 |
| 1 | -2 | 1 |

dx = 2, dy = 0

| | | |
|---|---|---|
| 1 | -2 | -1 |
| -2 | -4 | -2 |
| 1 | 2 | 1 |

dx = 0, dy = 2

| | | |
|---|---|---|
| 1 | -2 | -1 |
| -2 | 4 | -2 |
| 1 | −2 | 1 |

dx = 2, dy = 2

(b) ksize = 3에서 2차 미분 필터

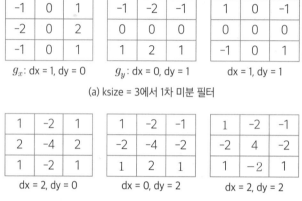

그림 6.4 ◆ Sobel에서 dx, dy의 필터

```
cv2.Laplacian(src, ddepth[, dst[, ksize[, scale[,
          delta[, borderType ]]]]]) -> dst
```

src에 대하여 2차 미분을 이용한 Laplacian을 적용한 후에 scale로 스케일링하고 delta 값을 더해 ddepth 깊이의 dst에 저장한다. ksize는 필터 크기를 결정하며, [그림 6.5]는 ksize = 1일 때 3×3 라플라시안 필터이다. 에지는 라플라시안 필터링 결과에서 0-교차 zero-crossing하는 위치를 찾는다. 라플라시안 필터링은 2차 미분을 사용하므로 잡음 noise에 민감하다. 잡음을 줄이는 방법은 입력 영상에 가우시안 필터를 사용하여 영상을 부드럽게 하여 잡음을 제거하고 미분 오차를 줄이며 라플라시안 필터링을 사용하는 것이다.

| | | |
|---|---|---|
| 0 | 1 | 0 |
| 1 | -4 | 1 |
| 0 | 1 | 0 |

그림 6.5 ◆ 3×3 라플라시안 필터, ksize = 1

```
cv2.getDerivKernels(dx, dy, ksize[, kx[, ky[,
                    normalize[, ktype ]]]]) -> kx, ky
```

cv2.getDerivKernels() 함수는 영상에서 미분을 계산하기 위한 1D 선형 필터를 반환한다. kx, ky는 행과 열의 dx, dy 미분 필터 계수를 위한 출력행렬이다. normalize = True이면 정규화한다. ktype은 kx, ky의 자료형으로 32비트 실수 또는 64비트 실수이다. ksize는 커널의 크기이다. ksize = 1, 3, 5, 또는 7이면 Sobel 커널이 생성된다. 생성된 커널을 사용하여 cv2.sepFilter2D() 함수로 필터링하여 미분을 계산한다. 2D 필터는 ky.dot(kx.T) 행렬 곱셈으로 얻을 수 있다.

| 예제 6.3 | Sobel 필터 1 |

```python
01 # 0603.py
02 import cv2
03 import numpy as np
04
05 src = cv2.imread('./data/rect.jpg', cv2.IMREAD_GRAYSCALE)
06 #1
07 gx = cv2.Sobel(src, cv2.CV_32F, 1, 0, ksize = 3)
08 gy = cv2.Sobel(src, cv2.CV_32F, 0, 1, ksize = 3)
09
10 #2
11 dstX = cv2.sqrt(np.abs(gx))
12 dstX = cv2.normalize(dstX, None, 0, 255, cv2.NORM_MINMAX,
13                      dtype = cv2.CV_8U)
14
15 #3
16 dstY = cv2.sqrt(np.abs(gy))
17 dstY = cv2.normalize(dstY, None, 0, 255, cv2.NORM_MINMAX,
18                      dtype = cv2.CV_8U)
19
20 #4
21 mag    = cv2.magnitude(gx, gy)
22 minVal, maxVal, minLoc, maxLoc = cv2.minMaxLoc(mag)
23 print('mag:', minVal, maxVal, minLoc, maxLoc)
24
25 dstM = cv2.normalize(mag, None, 0, 255, cv2.NORM_MINMAX,
26                      dtype = cv2.CV_8U)
27
28 cv2.imshow('src', src)
29 cv2.imshow('dstX', dstX)
30 cv2.imshow('dstY', dstY)
```

```
31 cv2.imshow('dstM', dstM)
32 cv2.waitKey()
33 cv2.destroyAllWindows()
```

**프로그램 설명**

① #1: 입력 영상 src의 그래디언트 gx, gy를 cv2.Sobel() 함수를 계산한다.

② #2: gx의 절대값의 제곱근을 계산하고, cv2.normalize()로 최소값을 0, 최대값을 255로 dstX에 정규화한다.

③ #3: gy의 절대값의 제곱근을 계산하고, cv2.normalize()로 최소값을 0, 최대값을 255로 dstY에 정규화한다.

④ #4: cv2.magnitude(gx, gy)로 그래디언트의 크기를 mag에 계산한다. mag의 값이 큰 화소가 에지이다. cv2.normalize()로 최소값을 0, 최대값을 255로 dstM에 정규화한다.

⑤ [그림 6.6](a)은 입력 영상이다. [그림 6.6](b)은 gx를 정규화한 dstX로 x-방향으로 변화가 있는 세로 에지에서 높은 값(흰색)을 갖는다. [그림 6.6](c)은 gy를 정규화한 dstY로 y-방향으로 변화가 있는 가로 에지에서 높은 값 흰색을 갖는다. [그림 6.6](d)은 mag를 정규화한 dstM로 사각형의 테두리 에지에서 높은 값을 갖는다. cv2.normalize() 대신 cv2.threshold()를 사용하면 에지와 배경을 갖는 이진 영상을 얻을 수 있다.

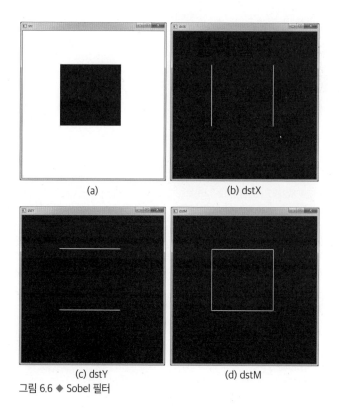

(a)　　　　　　　(b) dstX

(c) dstY　　　　　　　(d) dstM

그림 6.6 ◆ Sobel 필터

예제 6.4 | Sobel 필터 2: 에지 그래디언트 방향 gradient orientation

```python
01  # 0604.py
02  import cv2
03  import numpy as np
04  from   matplotlib import pyplot as plt
05
06  src = cv2.imread('./data/rect.jpg', cv2.IMREAD_GRAYSCALE)
07  ##src = cv2.imread('./data/line.png', cv2.IMREAD_GRAYSCALE)
08  cv2.imshow('src',  src)
09
10  #1
11  gx = cv2.Sobel(src, cv2.CV_32F, 1, 0, ksize = 3)
12  gy = cv2.Sobel(src, cv2.CV_32F, 0, 1, ksize = 3)
13
14  mag, angle = cv2.cartToPolar(gx, gy, angleInDegrees = True)
15  minVal, maxVal, minLoc, maxLoc = cv2.minMaxLoc(angle)
16  print('angle:', minVal, maxVal, minLoc, maxLoc)
17
18  #2
19  ret, edge = cv2.threshold(mag, 100, 255, cv2.THRESH_BINARY)
20  edge = edge.astype(np.uint8)
21  cv2.imshow('edge',  edge)
22
23  #3
24  height, width = mag.shape[:2]
25  angleM = np.full((height, width, 3), (255, 255, 255), dtype = np.uint8)
26  for y in range(height):
27      for x in range(width):
28          if edge[y, x] != 0:          # if mag[y, x] > 100: # edge
29              if angle[y, x] ==   0:
30                  angleM[y, x] =  (0, 0, 255)        # red
31              elif angle[y, x] == 90:
32                  angleM[y, x] = (0, 255, 0)         # green
33              elif angle[y, x] == 180:
34                  angleM[y, x] = (255, 0, 0)         # blue
35              elif angle[y, x] == 270:
36                  angleM[y, x] = (0, 255, 255)       # yellow
37              else:
38                  angleM[y, x] =  (128, 128, 128)   # gray
39  cv2.imshow('angleM',  angleM)
40  ##cv2.waitKey()
41  ##cv2.destroyAllWindows()
42
43  #4
44  hist = cv2.calcHist(images = [angle], channels = [0], mask = edge,
45                      histSize = [360], ranges = [0, 360])
```

```
46
47  hist = hist.flatten()
48  ##plt.title('hist: binX = np.arange(360)')
49  plt.plot(hist, color = 'r')
50  binX = np.arange(360)
51  plt.bar(binX, hist, width = 1, color = 'b')
52  plt.show()
```

## 프로그램 설명

① #1: cs2.Sobel() 함수를 이용하여 입력 영상 src의 그래디언트 gx, gy를 계산한다. cv2.
cartToPolar()로 그래디언트 크기 mag와 각도 angle을 계산한다.

② #2: cv2.threshold()로 mag에서 임계값 100을 사용하여 이진 영상 edge를 계산한다.
화면표시를 위해 화소 자료형을 np.uint8로 변경한다. [그림 6.7](a)은 이진 영상 edge이다.

③ #3: angleM을 배경이 흰색 (255, 255, 255)인 3-채널 컬러 영상으로 생성한다.
edge[y, x] != 0에 의해 에지인 화소에서 그래디언트 각도가 0, 90, 180, 270도인 화소에서
빨강, 초록, 파랑, 노랑, 그 외 각도의 에지 화소는 회색(gray)을 angleM[y, x]에 저장한다.
[그림 6.7](b)는 그래디언트 각도를 컬러로 표시한 컬러 영상 angleM이다.

④ #4: cv2.calcHist()로 그래디언트 각도 angle의 히스토그램을 histSize = [360], ranges =
[0, 360], mask = edge로 hist에 계산한다. 그래디언트 각도는 0, 90, 180, 270도에서
대부분이다. 여기서, 변화가 없는 gx = 0, gy = 0인 화소와 구분하기 위하여, 에지 영상 edge를
마스크로 사용하여, 에지에서만 히스토그램을 구하는 것이 중요하다. plt.bar()로 막대
그래프를 그리기 위하여 hist = hist.flatten()로 hist의 모양을 (360, )의 1차원 행 배열로
변경한다([그림 6.7](c)).

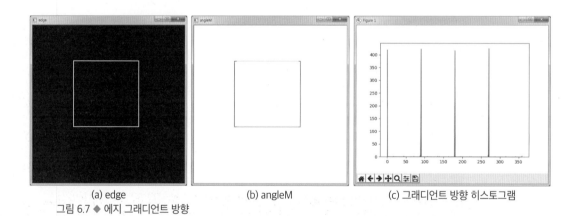

(a) edge       (b) angleM       (c) 그래디언트 방향 히스토그램

그림 6.7 ◆ 에지 그래디언트 방향

| 예제 6.5 | Laplacian 필터 1 |
|---|---|

```python
01  # 0605.py
02  import cv2
03  import numpy as np
04
05  #1
06  src = cv2.imread('./data/lena.jpg', cv2.IMREAD_GRAYSCALE)
07  blur= cv2.GaussianBlur(src, ksize = (7, 7), sigmaX = 0.0)
08  cv2.imshow('src', src)
09  cv2.imshow('blur', blur)
10
11  #2
12  lap = cv2.Laplacian(src, cv2.CV_32F)
13  minVal, maxVal, minLoc, maxLoc = cv2.minMaxLoc(lap)
14  print('lap:', minVal, maxVal, minLoc, maxLoc)
15  dst = cv2.convertScaleAbs(lap)
16  dst = cv2.normalize(dst, None, 0, 255, cv2.NORM_MINMAX)
17  cv2.imshow('lap', lap)
18  cv2.imshow('dst', dst)
19
20  #3
21  lap2 = cv2.Laplacian(blur, cv2.CV_32F)
22  minVal, maxVal, minLoc, maxLoc = cv2.minMaxLoc(lap2)
23  print('lap2:', minVal, maxVal, minLoc, maxLoc)
24  dst2 = cv2.convertScaleAbs(lap2)
25  dst2 = cv2.normalize(dst2, None, 0, 255, cv2.NORM_MINMAX)
26
27  cv2.imshow('lap2', lap2)
28  cv2.imshow('dst2', dst2)
29
30  cv2.waitKey()
31  cv2.destroyAllWindows()
```

### 프로그램 설명

① #1: 입력 영상 src를 부드럽게 하여 미분 오차를 줄이기 위하여 ksize = (7, 7) 크기의 필터를 사용한 가우시안 블러링으로 blur를 생성한다.

② #2: 입력 영상 src에 라플라시안 필터링하여 [그림 6.8](a)의 lap을 생성한다.
minVal = -239.0, maxVal = 189.0이다. lap의 절대값을 dst에 저장하고, 범위 [0, 255]로 [그림 6.8](b)의 dst를 정규화한다.

③ #3: 가우시안 블러링 영상 blur에 라플라시안 필터링하여 [그림 6.8](c)의 lap을 생성한다.
minVal = -35.0, maxVal = 3.0이다. lap2의 절대값을 dst에 저장하고, 범위 [0, 255]로 [그림 6.8](d)의 dst2를 정규화한다.

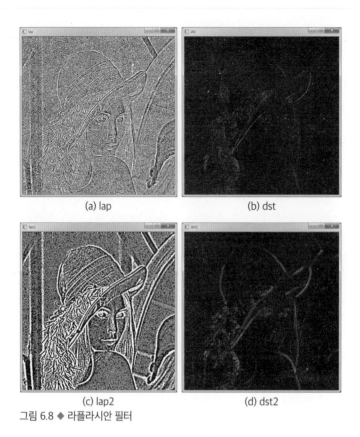

(a) lap　　　　　　　　　　　　(b) dst

(c) lap2　　　　　　　　　　　　(d) dst2

그림 6.8 ◆ 라플라시안 필터

## 예제 6.6 | Laplacian 필터 2 : 0-교차 zero-crossing

```
01 # 0606.py
02 import cv2
03 import numpy as np
04
05 #1
06 #src  = cv2.imread('./data/A.bmp', cv2.IMREAD_GRAYSCALE)
07 src  = cv2.imread('./data/rect.jpg', cv2.IMREAD_GRAYSCALE)
08 #src  = cv2.imread('./data/lena.jpg', cv2.IMREAD_GRAYSCALE)
09 blur = cv2.GaussianBlur(src, ksize = (7, 7), sigmaX = 0.0)
10 lap = cv2.Laplacian(blur, cv2.CV_32F,3)
11
12 ##ret, edge = cv2.threshold(np.abs(lap), 10, 255,
13 ##                              cv2.THRESH_BINARY)
14 ##edge = edge.astype(np.uint8)
15 ##cv2.imshow('edge',  edge)
16
17 #2
```

```
18  def SGN(x):
19      if x >= 0:
20          sign = 1
21      else:
22          sign = -1
23      return sign
24
25  def zeroCrossing(lap):
26      height, width = lap.shape
27      Z = np.zeros(lap.shape, dtype = np.uint8)
28      for y in range(1, height - 1):
29          for x in range(1, width - 1):
30              neighbors=[lap[y - 1, x], lap[y + 1, x],
31                          lap[y, x - 1], lap[y, x + 1],
32                          lap[y - 1, x - 1], lap[y - 1, x + 1],
33                          lap[y + 1, x - 1], lap[y + 1, x + 1]]
34              mValue = min(neighbors)
35              if SGN(lap[y, x]) != SGN(mValue):
36                  Z[y, x] = 255
37      return Z
38  edgeZ = zeroCrossing(lap)
39  cv2.imshow('Zero Crossing',  edgeZ)
40  cv2.waitKey()
41  cv2.destroyAllWindows()
```

**프로그램 설명**

① #1: 입력 영상 src를 부드럽게 하여 미분 오차를 줄이기 위하여 ksize = (7, 7)의 가우시안 블러 영상 blur를 생성하고, 라플라시안 필터를 적용하여 lap을 생성한다.

② #2: SGN(lap[y, x])와 8-이웃 화소 neighbors 중 최소값의 부호 SGN(mValue)가 같지 않으면 영-교차점으로 판단한다. [그림 6.9](a)와 [그림 6.9](c)는 ksize = (7, 7)의 0-교차점에 의한 에지 영상이고, [그림 6.9](b)와 [그림 6.9](d)는 ksize = (15, 15)의 0-교차점에 의한 에지 영상이다.

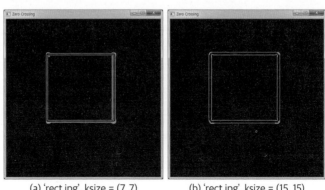

(a) 'rect.jpg', ksize = (7, 7)　　　　　(b) 'rect.jpg', ksize = (15, 15)

(c) 'lena.jpg', ksize = (7, 7)    (d) 'lena.jpg', ksize = (15, 15)

그림 6.9 ◆ 라플라시안 필터와 Zero-Crossing

# 03 일반적인 필터 연산

2차원 입력 영상 src(x, y)에 사용자에 의해 주어진 일반적인 필터 kernel(s, t)를 적용하여 출력 dst(x, y)를 계산하는 수식은 다음과 같다. 앵커점은 필터의 기준이 되는 중심점으로 필터 크기가 3×3이면 anchor = Point(1, 1)이고, 필터 크기가 5×5이면 anchor = Point(2, 2)이다. OpenCV는 cv2.filter2D()와 cv2.sepFilter2D() 함수로 필터를 적용할 수 있다.

$$dst(x, y) = \sum_{s=0}^{kernel.cols-1} \sum_{t=0}^{kernel.rows-1} kernel(s, t)\, src(x + s - anchor.x, y + t - anchor.y)$$

```
cv2.filter2D(src, ddepth, kernel[, dst[, anchor[, delta[,
                borderType ]]]]) -> dst
```

filter2D() 함수는 입력 src에 윈도우 kernel을 이용하여 회선을 계산하여 dst에 저장한다. ddepth는 dst의 화소 깊이로 ddepth = -1이면 입력과 같은 화소 깊이이다. kernel은 1-채널 실수 배열로 src의 모든 채널에 동일하게 적용된다. anchor는 커널의 중심점으로 kernel 내의 위치이다. delta는 필터링 결과에 더해지는 값이다.

```
cv2.sepFilter2D(src, ddepth, kernelX, kernelY[, dst[, anchor[, delta[,
                borderType ]]]]) -> dst
```

sepFilter2D() 함수는 분리 가능한 선형 필터 kernelX, kernelY를 적용한다. 입력
src의 각행에 커널 kernelX 적용한 결과의 각 열에 커널 kernelY를 적용하여 필터링
한다. 선형 필터 방식은 연산 속도가 빠르다.

| 예제 6.7 | cv2.filter2D()와 cv2.sepFilter2D()에 의한 에지 검출 |

```
01  # 0607.py
02  import cv2
03  import numpy as np
04
05  src = cv2.imread('./data/rect.jpg', cv2.IMREAD_GRAYSCALE)
06  ##src = cv2.imread('./data/lena.jpg', cv2.IMREAD_GRAYSCALE)
07
08  #1
09  kx, ky = cv2.getDerivKernels(1, 0, ksize = 3)
10  sobelX = ky.dot(kx.T)
11  ##sobelX = np.array([[-1,  0,  1],
12  ##                   [-2,  0,  2],
13  ##                   [-1,  0,  1]], dtype = np.float32)
14  print('kx=', kx)
15  print('ky=', ky)
16  print('sobelX=', sobelX)
17  gx = cv2.filter2D(src, cv2.CV_32F, sobelX)
18  ##gx = cv2.sepFilter2D(src, cv2.CV_32F, kx, ky)
19
20  #2
21  kx, ky = cv2.getDerivKernels(0, 1, ksize = 3)
22  sobelY = ky.dot(kx.T)
23  ##sobelY = np.array([[-1, -2, -1],
24  ##                   [ 0,  0,  0],
25  ##                   [ 1,  2,  1]], dtype = np.float32)
26  print('kx=', kx)
27  print('ky=', ky)
28  print('sobelY=', sobelY)
29  gy = cv2.filter2D(src, cv2.CV_32F, sobelY)
30  ##gy = cv2.sepFilter2D(src, cv2.CV_32F, kx, ky)
31
32  #3
33  mag = cv2.magnitude(gx, gy)
34  ret, edge = cv2.threshold(mag, 100, 255, cv2.THRESH_BINARY)
```

```
35
36 cv2.imshow('edge', edge)
37 cv2.waitKey()
38 cv2.destroyAllWindows()
```

**실행 결과**

```
kx= [[-1.] [ 0.] [ 1.]]
ky= [[ 1.] [ 2.] [ 1.]]
sobelX= [[-1.  0.  1.]
         [-2.  0.  2.]
         [-1.  0.  1.]]
kx= [[ 1.] [ 2.] [ 1.]]
ky= [[-1.] [ 0.] [ 1.]]
sobelY= [[-1. -2. -1.]
         [ 0.  0.  0.]
         [ 1.  2.  1.]]
```

**프로그램 설명**

① #1: cv2.getDerivKernels()에서 dx = 1, dy = 0, ksize = 3으로 x-축 방향 미분 선형 필터 kx, ky를 생성한다. sobelX 필터는 [그림 6.4](a)의 dx = 1, dy = 0의 Sobel에서 필터이다. cv2.filter2D()로 src에 sobelX 필터를 적용하여 gx를 생성한다.

② #2: cv2.getDerivKernels()에서 dx = 0, dy = 1, ksize = 3으로 y-축 방향 미분 선형 필터 kx, ky를 생성한다. sobelY 필터는 [그림 6.4](a)의 dx = 0, dy = 1의 Sobel에서 필터이다. cv2.filter2D()로 src에 sobelY 필터를 적용하여 gy를 생성한다.

③ #3: cv2.magnitude()로 그래디언트(gx, gy)의 크기를 mag에 계산하고, 임계값 100을 사용하여 에지 이진 영상 edge를 생성한다. [그림 6.10](a)는 'rect.jpg'의 에지 영상이고, [그림 6.10](b)는 'lena.jpg'의 에지 영상이다.

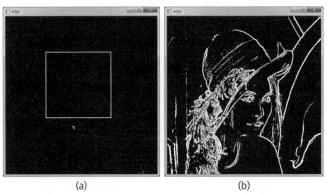

(a)           (b)

그림 6.10 ◆ cv2.filter2D()와 cv2.sepFilter2D()에 의한 에지 검출

**예제 6.8** LoG 필터링, 0-교차 에지 영상

```python
01  # 0608.py
02  import cv2
03  import numpy as np
04
05  src  = cv2.imread('./data/lena.jpg', cv2.IMREAD_GRAYSCALE)
06
07  #1
08  def logFilter(ksize = 7):
09      k2 = ksize // 2
10      sigma = 0.3 * (k2 - 1) + 0.8
11      print('sigma=', sigma)
12      LoG = np.zeros((ksize, ksize), dtype = np.float32)
13      for y in range(-k2, k2 + 1):
14          for x in range(-k2, k2 + 1):
15              g = -(x * x + y * y) / (2.0 * sigma ** 2.0)
16              LoG[y + k2, x + k2] = -(1.0 + g) * np.exp(g) /
17                                  (np.pi * sigma ** 4.0)
18      return LoG
19
20  #2
21  kernel = logFilter()          # 7, 15, 31, 51
22  LoG = cv2.filter2D(src, cv2.CV_32F, kernel)
23  cv2.imshow('LoG', LoG)
24
25  #3
26  def zeroCrossing2(lap, thresh = 0.01):
27      height, width = lap.shape
28      Z = np.zeros(lap.shape, dtype = np.uint8)
29      for y in range(1, height - 1):
30          for x in range(1,width - 1):
31              neighbors=[lap[y - 1, x], lap[y + 1, x],
32                         lap[y, x - 1], lap[y, x + 1],
33                         lap[y - 1, x - 1], lap[y - 1, x + 1],
34                         lap[y + 1, x - 1], lap[y + 1, x + 1]]
35              pos = 0
36              neg = 0
37              for value in neighbors:
38                  if value > thresh:
39                      pos += 1
40                  if value < -thresh:      # value < thresh
41                      neg += 1
42              if pos > 0 and neg > 0:
43                  Z[y, x] = 255
44      return Z
```

```
45  edgeZ = zeroCrossing2(LoG)
46  cv2.imshow('Zero Crossing2', edgeZ)
47  cv2.waitKey()
48  cv2.destroyAllWindows()
```

**프로그램 설명**

① #1: logFilter() 함수는 ksize의 LoG Laplacian of Gaussian 필터를 생성하여 반환한다. 라플라시안 필터링은 2차 미분을 사용하여 잡음 noise에 민감하다. 잡음을 줄이는 방법으로 입력 영상을 가우시안 필터링하여 잡음을 제거한 후에 라플라시안을 적용하는 방법을 사용할 수 있다. 또는 가우시안 함수에 대한 2차 미분에 의한 라플라시안을 계산하여 윈도우 필터를 생성하여 필터링할 수도 있다. 이러한 필터링을 LoG Laplacian of Gaussian라 한다. 윈도우 필터의 크기는 $n = 2 \times 3 \times \sigma + 1$ 또는 $\sigma = 0.3(n/2 - 1) + 0.8$로 계산할 수 있다. 에지는 LoG 필터링된 결과에서 0-교차 zero crossing하는 위치이다.

$$LoG(x,y) = -\frac{1}{\pi\sigma^4}\left[1 - \frac{x^2 + y^2}{2\sigma^2}\right]\exp\left(-\frac{x^2 + y^2}{2\sigma^2}\right)$$

② #2: logFilter()로 ksize의 가우시안의 라플라시안 필터 kernel을 생성한다. cv2.filter2D()로 src에 kernel 필터를 적용하여 LoG를 생성한다.

③ #3: zeroCrossing2() 함수는 lap[y,x]의 8-이웃 화소 neighbors에서 임계값 thresh를 이용하여 value > thresh인 개수 pos, value < -thresh는 neg에 카운트하여, pos > 0 and neg > 0이면 영-교차점으로 판단한다. 0 대신 thresh를 사용하는 것은 계산에서 실수에 따른 오차 때문이다. [그림 6.11]은 ksize = 7, 15, 31, 51에서의 LoG 필터링에 의한 0-교차점으로 찾은 에지 영상이다.

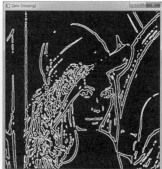

(a) ksize = 7, sigma= 1.4          (b) ksize = 15, sigma= 2.6

(c) ksize = 51, sigma= 5.0          (d) ksize = 51, sigma= 7.99

그림 6.11 ◆ LoG 필터링, 0-교차 에지 영상

# 모폴로지 연산 04

모폴로지 연산 morphological operation은 구조 요소 structuring element를 이용하여 반복적으로 영역을 확장시켜 떨어진 부분 또는 구멍을 채우거나, 잡음을 축소하여 제거하는 등의 연산으로 침식 erode, 팽창 dilate, 열기 opening, 닫기 closing 등이 있다. OpenCV는 cv2.getStructuringElement(), cv2.erode(), cv2.dilate(), cv2.morphologyEx() 등의 모폴로지 연산 함수가 있다.

```
cv2.getStructuringElement(shape, ksize[, anchor ]) -> retval
```

cv2.getStructuringElement() 함수는 모폴로지 연산에 사용하는 사각형 cv2.MORPH_RECT, 타원 cv2.MORPH_ELLIPSE, 십자 cv2.MORPH_CROSS 등의 shape 모양의 ksize 크기 구조 요소를 반환한다. anchor = (-1, -1)이면 중심점이 앵커점이 된다.

```
cv2.erode(src, kernel[, dst[, anchor[, iterations[,
                borderType[, borderValue ]]]]]) -> dst
```

입력 영상 src에 kernel를 적용하여 모폴로지 침식 erode 연산을 iterations만큼 반복하여 dst에 저장한다. kernel = None이면 3×3 사각형 커널을 사용한다. 디폴트

anchor는 kernel의 중심점이 앵커점이 된다. 입력 영상 src는

  cv2.CV_8U,

  cv2.CV_16U,　　cv2.CV_16S,

  cv2.CV_32F,　　cv2.CV_64F

의 화소 깊이를 가지며, 채널 수는 제한이 없다. 그레이스케일 영상에서는 반복적인 min 필터링과 같다. cv2.erode()로 지역 극소 local minima 값을 계산할 수 있다.

$$dst(x,y) = \min \; src(x+x', \, y+y'),$$

$$where \; (x', y') 은 kernel 에서 0이 아닌 위치의 이웃$$

```
cv2.dilate(src, kernel[, dst[, anchor[, iterations[,
        borderType[, borderValue ]]]]]) -> dst
```

입력 영상 src에 kernel를 적용하여 모폴로지 팽창 dilate 연산을 iterations만큼 반복하여 dst에 저장한다. kernel = None이면 3×3 사각형 커널을 사용한다. 그레이스케일 영상에서는 반복적인 max 필터링과 같다. cv2.dilate()로 지역 극대 local maxima 값을 계산할 수 있다.

$$dst(x,y) = \max \; src(x+x', \, y+y'),$$

$$where \; (x', y') 은 kernel 에서 0이 아닌 위치의 이웃$$

```
cv2.morphologyEx(src, op, kernel[, dst[, anchor[, iterations[,
        borderType[, borderValue ]]]]]) -> dst
```

입력 src에 kernel을 적용하여 모폴로지 op 연산을 iterations만큼 반복하여 dst에 저장한다. [표 6.4]는 모폴로지 op 연산을 표시한다.

[표 6.4] 모폴로지 op 연산

| op | 설명 |
|---|---|
| cv2.MORPH_OPEN | $dst = dilate(erode(src, kernel), kernel)$ |
| cv2.MORPH_CLOSE | $dst = erode(dilate(src, kernel), kernel)$ |
| cv2.MORPH_GRADIENT | $dst = dilate(src, kernel) - erode(src, kernel)$ |

[표 6.4] 모폴로지 op 연산 <sup>계속</sup>

| op | 설명 |
|---|---|
| cv2.MORPH_TOPHAT | $dst = src - open(src, kernel)$ |
| cv2.MORPH_BLACKHAT | $dst = close(src, kernel) - src$ |

| 예제 6.9 | erode()와 dilate() 모폴로지 연산 1 |
|---|---|

```python
01 # 0609.py
02 import cv2
03 import numpy as np
04
05 src   = cv2.imread('./data/morphology.jpg', cv2.IMREAD_GRAYSCALE)
06 kernel = cv2.getStructuringElement(shape = cv2.MORPH_RECT,
07                                    ksize = (3,3))
08 erode = cv2.erode(src,kernel,iterations = 5)
09 dilate = cv2.dilate(src,kernel,iterations = 5)
10 erode2 = cv2.erode(dilate,kernel,iterations = 7)
11 ##dilate2= cv2.dilate(erode2,kernel,iterations = 2)
12
13 cv2.imshow('src', src)
14 cv2.imshow('erode', erode)
15 cv2.imshow('dilate', dilate)
16 cv2.imshow('erode2', erode2)
17 ##cv2.imshow('dilate2', dilate2)
18 cv2.waitKey()
19 cv2.destroyAllWindows()
```

**프로그램 설명**

① shape = cv2.MORPH_RECT, ksize = (3, 3)으로 사각형 kernel을 생성하고, cv2.erode(), cv2.dilate() 함수로 모폴로지 연산을 수행한다.

② 입력 영상 [그림 6.12](a) src에 cv2.erode()로 iterations = 5로 다섯 번 침식 연산한 결과는 [그림 6.12](b)이다. 흰색의 침식으로 검은색 속의 흰색 점은 사라지고, 흰색물체 속의 검은색 점은 커진다.

③ [그림 6.12](c)는 src에 cv2.dilate()로 iterations = 5회 팽창 연산한 결과이다. 흰색의 팽창으로 검은색 속의 흰색 점은 더 커지고, 흰색물체 속의 검은색 점은 채워진다.

④ [그림 6.12](d)는 팽창으로 물체 내부의 구멍을 채운 dilate 영상에 cv2.erode()로 iterations = 7로 일곱 번 침식 연산한 결과이다. 흰색의 침식으로 검은색 속의 흰색 잡음을 제거한다. 흰색 물체를 src의 크기로 되돌리려면, erode2를 iterations = 2로 두 번 팽창 하면 된다.

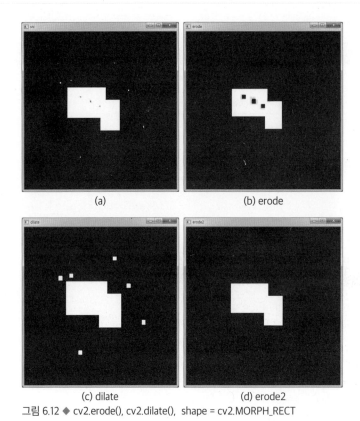

(a)           (b) erode

(c) dilate         (d) erode2

그림 6.12 ◆ cv2.erode(), cv2.dilate(),  shape = cv2.MORPH_RECT

| 예제 6.10 | morphologyEx() 모폴로지 연산 |
| --- | --- |

```
01  # 0610.py
02  import cv2
03  import numpy as np
04
05  src   = cv2.imread('./data/morphology.jpg', cv2.IMREAD_GRAYSCALE)
06  kernel= cv2.getStructuringElement(shape = cv2.MORPH_RECT,
07                                    ksize = (3,3))
08  closing = cv2.morphologyEx(src, cv2.MORPH_CLOSE, kernel,
09                             iterations = 5)
10  opening = cv2.morphologyEx(closing, cv2.MORPH_OPEN, kernel,
11                             iterations = 5)
12  gradient = cv2.morphologyEx(opening,cv2.MORPH_GRADIENT,kernel)
13  #gradient = cv2.morphologyEx(opening, cv2.MORPH_GRADIENT, kernel,
14                             iterations = 5)
15
16  tophat = cv2.morphologyEx(src, cv2.MORPH_TOPHAT, kernel,
17                            iterations = 5)
```

```
18  balckhat = cv2.morphologyEx(src, cv2.MORPH_BLACKHAT, kernel,
19                              iterations = 5)
20
21  cv2.imshow('opening', opening)
22  cv2.imshow('closing', closing)
23  cv2.imshow('gradient', gradient)
24  cv2.imshow('tophat', tophat)
25  cv2.imshow('balckhat', balckhat)
26  cv2.waitKey()
27  cv2.destroyAllWindows()
```

**프로그램 설명**

① shape = cv2.MORPH_RECT, ksize = (3, 3)로 사각형 kernel을 생성하고, cv2. morphologyEx() 함수로 모폴로지 연산을 수행한다.

② [그림 6.13](a)는 입력 영상 src에 cv2.MORPH_CLOSE 연산을 5회 수행하여 흰색 물체 속의 검은색 잡음을 제거한 closing 영상이다.

③ [그림 6.13](b)는 closing에 cv2.MORPH_OPEN 연산을 5회 수행하여 흰색 잡음을 제거한 opening 영상이다.

④ [그림 6.13](c)는 opening에 cv2.MORPH_GRADIENT 연산을 1회 수행하여 흰색 물체의 테두리를 검출한 gradient 영상이다. [그림 6.13](d)는 cv2.MORPH_GRADIENT 연산을 5회 수행하여 두꺼운 테두리를 검출한 gradient 영상이다.

⑤ [그림 6.13](e)는 입력 영상 src에 cv2.MORPH_TOPHAT 연산을 5회 수행하여 검은색 배경 속의 흰색 점을 검출한 tophat 영상이다.

⑥ [그림 6.13](f)는 입력 영상 src에 cv2.MORPH_BLACKHAT 연산을 5회 수행하여 흰색 물체 속의 검은색 점을 검출한 balckhat 영상이다.

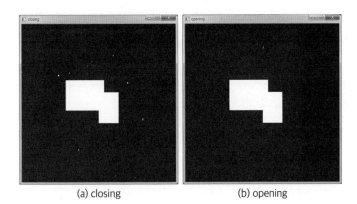

(a) closing    (b) opening

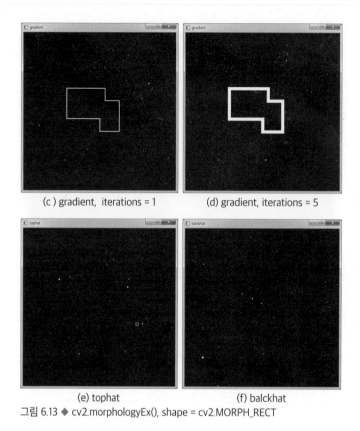

(c) gradient, iterations = 1        (d) gradient, iterations = 5

(e) tophat        (f) balckhat

그림 6.13 ◆ cv2.morphologyEx(), shape = cv2.MORPH_RECT

**예제 6.11 | 모폴로지 연산 골격화** skeleton

```python
01 # 0611.py
02 '''
03 ref: https://gist.github.com/jsheedy/3913ab49d344fac4d02bcc887ba4277d
04 ref: http://felix.abecassis.me/2011/09/opencv-morphological-skeleton/
05 '''
06 import cv2
07 import numpy as np
08
09 #1
10 src = cv2.imread('./data/T.jpg', cv2.IMREAD_GRAYSCALE)
11 ##src = cv2.imread('./data/alphabet.bmp', cv2.IMREAD_GRAYSCALE)
12 ##src = cv2.bitwise_not(src)
13
14 ret, A = cv2.threshold(src, 128, 255, cv2.THRESH_BINARY)
15 skel_dst = np.zeros(src.shape, np.uint8)
16
```

```
17 B = cv2.getStructuringElement(shape = shape1, ksize = (3, 3))
18 done = True
19 while done:
20     erode = cv2.erode(A, B)
21 ##     opening = cv2.dilate(erode, B)
22     opening = cv2.morphologyEx(erode, cv2.MORPH_OPEN, B)
23     # cv2.absdiff(erode, opening)
24     tmp = cv2.subtract(erode, opening)
25     skel_dst = cv2.bitwise_or(skel_dst, tmp)
26     A = erode.copy()
27     done = cv2.countNonZero(A) != 0
28
29 ##     cv2.imshow('opening', opening)
30 ##     cv2.imshow('tmp', tmp)
31 ##     cv2.imshow('skel_dst', skel_dst)
32 ##     cv2.waitKey()
33
34 cv2.imshow('src', src)
35 cv2.imshow('skel_dst', skel_dst)
36 cv2.waitKey()
37 cv2.destroyAllWindows()
```

## 프로그램 설명

① 입력 A의 골격화(skeleton)를 구조요소 B를 사용한 $\ominus$ 침식 $^{\ominus \text{ erosion}}$과 열기 o opening에 의한 골격화 $^{\text{skeleton}}$를 구현한다. $(A \ominus kB)$는 k-번 연속 침식 연산이다. 침식 연산이 공집합일 때까지 $S_k(A)$을 계산하여 합집합을 계산한다.

$$S(A) = \bigcup_{k=0}^{K} S_k(A)$$

$$S_k(A) = (A \ominus kB) - (A \ominus kB) \circ B$$

$$(A \ominus kB) = (...((A \ominus B) \ominus B) \ominus ...) \ominus B$$

② #1: 입력 영상 src에 임계값을 적용하여 이진 영상 A를 생성하고, 결과를 위한 skel_dst를 생성한다.

③ #2: 구조요소 B를 shape1 = cv2.MORPH_CROSS 또는 shape2 = cv2.MORPH_RECT로 생성한다. A를 B로 erode 침식하고, erode를 B로 opening 열기한 다음, tmp = erode - opening을 계산한 뒤에 cv2.bitwise_or() 비트연산으로 skel_dst에 합집합을 계산한다. 다음 반복을 위해 erode를 A에 복사하고, cv2.countNonZero(A)를 이용하여 A가 공집합이 아니면 계속 반복한다.

④ [그림 6.14]는 모폴로지 연산에 의한 골격화 $^{\text{skeleton}}$ 결과이다. [그림 6.14](a)와 [그림 6.14]

(b)는 입력 영상이다. [그림 6.14](b)는 'alphabet.bmp'의 문자를 흰색, 배경을 검은색으로 반전한 영상이다.

[그림 6.14](c), [그림 6.14](e)는 shape1 = cv2.MORPH_CROSS의 구조요소 B를 적용한 결과이고, [그림 6.14](d), [그림 6.14](f)는 shape1 = cv2.MORPH_CROSS의 구조요소 B를 적용한 결과이다.

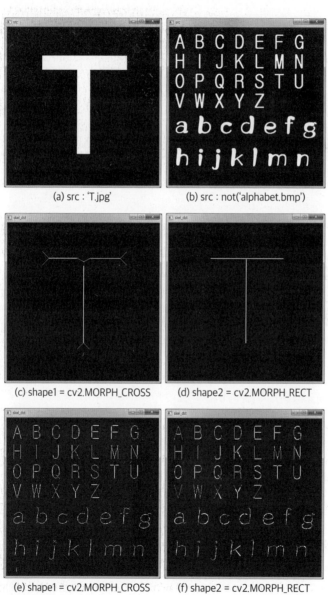

(a) src : 'T.jpg'

(b) src : not('alphabet.bmp')

(c) shape1 = cv2.MORPH_CROSS

(d) shape2 = cv2.MORPH_RECT

(e) shape1 = cv2.MORPH_CROSS

(f) shape2 = cv2.MORPH_RECT

그림 6.14 ◆ 모폴로지 연산 골격화 skeleton

## 템플릿 매칭 05

템플릿 매칭 template matching은 참조 영상 reference image에서 템플릿 template 영상과의 매칭 위치를 탐색하는 방법이다. 템플릿 매칭은 물체 인식, 스테레오 영상에서 대응점 검출 등에 사용될 수 있다. 일반적으로 템플릿 매칭은 이동 translation 문제는 해결할 수 있지만, 회전 및 스케일링 된 물체에 대한 매칭은 템플릿을 회전 및 스케일링시켜가며 여러 개의 템플릿을 이용할 수 있으나 어려운 문제이다.

템플릿 매칭에서 영상의 밝기를 그대로 사용할 수도 있고, 에지, 코너점, 주파수 변환 등의 특징 공간으로 변환하여 템플릿 매칭을 수행할 수 있으며, 영상의 밝기 등에 덜 민감하도록 정규화 과정이 필요하다.

매칭 방법은 상관관계 correlation, SAD Sum of Absolute Differences 등을 사용한다. [그림 6.15]는 템플릿 매칭을 나타낸다. 템플릿을 영상 I(x, y)에서 이동시키며, 매칭 방법에 따라 계산하여 결과를 R(x,y)에 저장하고, 매칭 결과 R(x,y)을 탐색하여 템플릿의 위치를 찾는다. 상관관계를 이용하는 방법은 최대값 위치에서, SAD를 이용하는 방법은 최소값 위치에서 템플릿 매칭 위치를 찾는다.

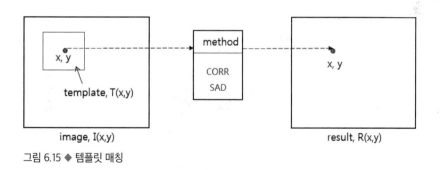

그림 6.15 ◆ 템플릿 매칭

```
cv2.matchTemplate(image, templ, method[, result ]) -> result
```

1 참조(탐색) 영상 image에서 templ을 method의 방법에 따라 템플릿 매칭을 계산하여 result에 반환한다. image는 8비트 또는 32비트 실수이며, templ은 image 에서 찾으려는 작은 영역의 템플릿으로, 자료형은 image와 같고, 크기는 image와

같거나 작아야 한다. result는 결과를 저장할 32비트 실수 행렬로, image의 크기가 W×H이고 templ의 크기가 w×h이면 result의 크기는 (W - w + 1) × (H - h + 1)이다. method는 비교하는 방법을 지정한다.

**2** 템플릿의 매칭 위치를 찾기 위해서는 minMaxLoc() 함수로 템플릿 매칭 결과인 result에서 method에 따라서 최소값(cv2.CV_TM_SQDIFF)의 위치 또는 최대값(cv2.CV_TM_CCORR, cv2.CV_TM_CCOEFF)의 위치를 찾아 템플릿의 매칭 위치를 찾는다. 주의할 것은 minMaxLoc() 함수는 같은 값의 최대값과 최소값이 있는 경우 처음 위치만 찾는다. 다음은 참조 영상 $I$, 템플릿 $T$, 매칭 결과 배열 $R$이다.

**a** method = cv2.TM_SQDIFF

템플릿 $T$를 탐색영역 $I$에서 이동시켜가며 차이의 제곱 합계를 계산한다. 매칭되는 위치에서 작은 값을 갖는다.

$$R_{SQDIFF}(x,y) = \sum_{s=0}^{w-1} \sum_{t=0}^{h-1} (T(s,t) - I(x+s, y+t))^2$$

**b** method = cv2.TM_SQDIFF_NORMED

$R_{SQDIFF}(x,y)$을 $D(x,y)$로 나누어 정규화한다.

$$R_{SQDIFF\_NORMED}(x,y) = \frac{R_{SQDIFF}(x,y)}{D(x,y)}$$

$$D(x,y) = \sqrt{\sum_{s=0}^{w-1} \sum_{t=0}^{h-1} T(s,t)^2 \cdot \sum_{s=0}^{w-1} \sum_{t=0}^{h-1} I(x+s, y+t)^2}$$

**c** method = cv2.TM_CCORR

템플릿 $T$를 탐색영역 $I$에서 이동시켜가며 곱의 합계를 계산한다. 매칭되는 위치에서 큰 값을 갖는다.

$$R_{CCORR}(x,y) = \sum_{s=0}^{w-1} \sum_{t=0}^{h-1} (T(s,t) \cdot I(x+s, y+t))$$

ⓓ method = cv2.TM_CCORR_NORMED

$R_{CCORR}(x,y)$을 $D(x,y)$로 나누어 정규화한다.

$$R_{CCORR\_NORMED}(x,y) = \frac{R_{CCORR}(x,y)}{D(x,y)}$$

ⓔ method = cv2.TM_CCOEFF

$T^{'}$는 템플릿 $T$의 각 요소값에서 평균을 뺄셈한 변환 템플릿이며, $I^{'}$는 템플릿과 대응되는 위치에서 $I$의 각 요소값에서 평균을 뺄셈한 영상이다. 즉, 각 평균값으로 보정하여 비교한다. 매칭되는 위치에서 큰 값을 갖는다.

$$R_{CCOEFF}(x,y) = \sum_{s=0}^{w-1}\sum_{t=0}^{h-1}(T^{'}(s,t) \cdot I^{'}(x+s,y+t))$$

$$T^{'}(s,t) = T(s,t) - \frac{\sum_{s^{'}=0}^{w-1}\sum_{t^{'}=0}^{h-1}T(s^{'},t^{'})}{(w \cdot h)}$$

$$I^{'}(x+s,y+t) = I(x+s,y+t) - \frac{\sum_{s^{'}=0}^{w-1}\sum_{t^{'}=0}^{h-1}I(x+s^{'},y+t^{'})}{(w \cdot h)}$$

ⓕ method = cv2.TM_CCOEFF_NORMED

$R_{CCOEFF}(x,y)$을 $D(x,y)$로 나누어 정규화한다.

$$R_{CCOEFF\_NORMED}(x,y) = \frac{R_{CCOEFF}(x,y)}{D(x,y)}$$

### 예제 6.12 ｜ cv2.matchTemplate() 템플릿 매칭

```
01 # 0612.py
02 import cv2
03 import numpy as np
04
05 src   = cv2.imread('./data/alphabet.bmp', cv2.IMREAD_GRAYSCALE)
06 tmp_A = cv2.imread('./data/A.bmp', cv2.IMREAD_GRAYSCALE)
```

```
07  tmp_S = cv2.imread('./data/S.bmp', cv2.IMREAD_GRAYSCALE)
08  tmp_b = cv2.imread('./data/b.bmp', cv2.IMREAD_GRAYSCALE)
09  dst   = cv2.cvtColor(src, cv2.COLOR_GRAY2BGR)       # 출력 표시 영상
10
11  #1
12  R1 = cv2.matchTemplate(src, tmp_A, cv2.TM_SQDIFF_NORMED)
13  minVal, _, minLoc, _ = cv2.minMaxLoc(R1)
14  print('TM_SQDIFF_NORMED:', minVal, minLoc)
15
16  h, w = tmp_A.shape[:2]
17  cv2.rectangle(dst, minLoc, (minLoc[0] + w, minLoc[1] + h),
18              (255, 0, 0), 2)
19
20  #2
21  R2 = cv2.matchTemplate(src, tmp_S, cv2.TM_CCORR_NORMED)
22  _, maxVal, _, maxLoc = cv2.minMaxLoc(R2)
23  print('TM_CCORR_NORMED:', maxVal, maxLoc)
24  h, w = tmp_S.shape[:2]
25  cv2.rectangle(dst, maxLoc, (maxLoc[0] + w, maxLoc[1] + h),
26              (0, 255, 0), 2)
27
28  #3
29  R3 = cv2.matchTemplate(src, tmp_b, cv2.TM_CCOEFF_NORMED)
30  _, maxVal, _, maxLoc = cv2.minMaxLoc(R3)
31  print('TM_CCOEFF_NORMED:', maxVal, maxLoc)
32  h, w = tmp_b.shape[:2]
33  cv2.rectangle(dst, maxLoc, (maxLoc[0] + w, maxLoc[1] + h),
34              (0, 0, 255), 2)
35
36  cv2.imshow('dst',  dst)
37  cv2.waitKey()
38  cv2.destroyAllWindows()
```

## 프로그램 설명

① 참조 영상으로 사용할 'alphabet.bmp'는 그림판에서 알파벳 문자를 생성하였다. 템플릿으로 사용한 'A.bmp', 'S.bmp', 'b.bmp'는 'alphabet.bmp'에서 마우스로 각 글자의 영역을 선택하여 저장하여 생성하였다.

② #1: 참조 영상 src에서 템플릿 tmp_A를 cv2.TM_SQDIFF_NORMED 방법으로 매칭한 결과를 R1에 저장한다. cv2.minMaxLoc(R1)로 최소값 minVal과 최소값 위치 minLoc를 찾는다. cv2.rectangle()로 최소값 위치 minLoc와 tmp_A의 크기(h, w)를 이용한 모서리 좌표 (minLoc[0] + w, minLoc[1] + h)로 dst에 사각형을 표시한다.

③ #2: 참조 영상 src에서 템플릿 tmp_S를 cv2.TM_CCORR_NORMED 방법으로 매칭한 결과를 R2에 저장한다. cv2.minMaxLoc(R2)로 최대값 maxVal과 최대값 위치 maxLoc를

찾는다. cv2.rectangle()로 최대값 위치 maxLoc와 tmp_S의 크기(h, w)를 이용한 모서리 좌표 (maxLoc[0] + w, maxLoc[1] + h)로 dst에 사각형을 표시한다.

④ #3: 참조 영상 src에서 템플릿 tmp_b를 cv2.TM_CCOEFF_NORMED 방법으로 매칭한 결과를 R3에 저장한다. cv2.minMaxLoc(R3)로 최대값 maxVal와 최대값 위치 maxLoc를 찾는다. cv2.rectangle()로 최대값 위치 maxLoc와 tmp_b의 크기(h, w)를 이용한 모서리 좌표 (maxLoc[0] + w, maxLoc[1] + h)로 dst에 사각형을 표시한다.

⑤ [그림 6.16]은 템플릿 매칭 결과이다. 모든 템플릿에 대하여 정확히 매칭 문자를 찾는다. 이것은 템플릿을 원본 영상의 부분 영상으로 생성하였기 때문에 정확히 매칭된다. 영상에서 글자의 크기가 다르거나 회전이 있으면 잘못된 매칭 결과를 반환한다.

그림 6.16 ◆ 템플릿 매칭

## CHAPTER 07

# 영상 분할

영상 분할 image segmentation은 입력 영상에서 관심 있는 영역을 분리하는 과정이다. 이러한 영상 분할은 영상분석, 물체 인식, 추적 등 대부분의 영상처리 응용에서 필수적인 단계이다.

영상 분할은 크게 경계선 또는 영역으로 분할한다. 임계값 사용 방법은 가장 간단한 영상 분할 방법으로 5장에서 cv2.threshold(), cv2.adaptiveThreshold()를 이미 설명하였다.

이장에서는 Canny 에지 검출, Hough 변환에 의한 직선 검출, 원 검출과 cv2.inRange()에 의한 컬러 범위에 의한 영역 분할, 임계값을 적용한 영역 분할 방법, 윤곽선 검출, 피라미드 기반 영역 분할, 클러스터링 기반 영역 분할에 대하여 설명한다.

# 01 Canny 에지 검출

에지 edge는 영상의 물체와 물체 사이 또는 물체와 배경 사이의 테두리에서 발생한다. 6장의 1차 미분 필터 cv2.Sobel()와 2차 미분 필터 cv2.Laplacian() 또는 LoG Laplacian of Gaussian로 필터링한 후에 0-교차점을 찾아 에지를 검출할 수 있다. 여기서는 cv2.Canny() 함수를 사용한 가느다란 에지 thin edges 검출에 대하여 설명한다.

```
cv2.Canny(image, threshold1, threshold2[, edges[, apertureSize[,
        L2gradient ]]]) -> edges
```

1 1-채널 8비트 입력 영상 image에서 에지를 검출하여 edges를 반환한다. apertureSize는 그래디언트를 계산하기 위한 Sobel 필터의 크기로 사용하고, 히스테리시스 임계값에 사용되는 두 임계값 threshold1, threshold2 threshold1 〈 threshold2를 사용하여 연결된 에지를 얻는다. 먼저 높은 값의 임계값 threshold2을 사용하여 그래디언트 방향에서 낮은 값의 임계값 threshold1이 나올 때까지 추적하며 에지를 연결하는 히스테리시스 임계값 hysteresis thresholding 방식을 사용한다.

2 L2gradient = True이면 그래디언트의 크기를 $\sqrt{(dI/dx)^2 + (dI/dy)^2}$ 로 계산하고, L2gradient = False이면 $|dI/dx| + |dI/dy|$로 계산한다. 입력 영상에

cv2.Canny() 함수 호출 전에 cv2.GaussianBlur() 함수 같은 블러링 함수로 영상을 부드럽게 하면 잡음에 덜 민감할 수 있다.

| 예제 7.1 | 에지 검출: cv2.Canny() |
| --- | --- |

```
01 # 0701.py
02 import cv2
03 import numpy as np
04
05 src = cv2.imread('./data/lena.jpg', cv2.IMREAD_GRAYSCALE)
06
07 edges1 = cv2.Canny(src, 50, 100)
08 edges2 = cv2.Canny(src, 50, 200)
09
10 cv2.imshow('edges1', edges1)
11 cv2.imshow('edges2', edges2)
12 cv2.waitKey()
13 cv2.destroyAllWindows()
```

**프로그램 설명**

① [그림 7.1](a)은 입력 영상 src에서 threshold1 = 50, threshold2 = 100, apertureSize = 3 으로 Canny 에지를 edges1에 검출한다. 검출된 에지가 Sobel 에지보다 가늘어 진 것을 볼 수 있다.

② [그림 7.1](b)은 src에서 threshold1 = 50, threshold2 = 200, apertureSize = 3으로 Canny 에지를 edges2에 검출한다. 검출된 edges2는 edges1보다 적은 에지가 검출된다.

(a) threshold1 = 50, threshold2 = 100　(b) threshold1 = 50, threshold2 = 200
그림 7.1 ◆ Canny 에지 검출

# 02 Hough 변환에 의한 직선 및 원 검출

Sobel, LoG, Canny로 검출한 에지 edges는 단순히 화소들의 집합이다. 즉, 에지는 직선, 사각형, 원, 곡선 등의 구조적 정보를 갖지 않는다. Hough 변환을 사용하면 에지에서 직선 또는 원의 방정식의 파라미터를 검출할 수 있다. [그림 7.2]는 $(\rho, \theta)$에 의한 극좌표에 의한 직선의 방정식이다.

$$\rho = x\cos(\theta) + y\sin(\theta)$$

직선 검출을 위한 허프 변환 알고리즘은 각 에지 점 $(x, y)$에 대하여, 이산격자 간격에서 점 $(x, y)$를 지나가는 가능한 모든 직선의 방정식의 파라미터 $(\rho_k, \theta_h)$을 계산하여, 대응하는 어큐뮬레이터 accmulator 정수 배열 $A(k, h)$을 1씩 증가시킨다. 모든 에지 점을 이처럼 처리하면 $A(k, h)$에는 $(\rho_k, \theta_h)$인 직선 위에 있는 에지의 개수가 누적된다. $A(k, h) > threshold$인 모든 $(k, h)$ 중에서 지역 극값 local maxima인 직선을 찾는다. 배열 $A(k, h)$의 각 위치는 하나의 직선의 방정식 $\rho_k = x\cos(\theta_h) + y\sin(\theta_h)$을 표현한다.

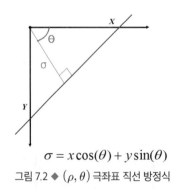

$$\sigma = x\cos(\theta) + y\sin(\theta)$$

그림 7.2 ◆ $(\rho, \theta)$ 극좌표 직선 방정식

```
cv2.HoughLines(image, rho, theta, threshold[, lines[, srn[, stn[,
        min_theta[, max_theta ]]]]]) -> lines
```

1 1-채널 8비트 이진 영상 image에서 직선을 lines에 검출한다.

2 lines는 검출된 직선의 $(\rho, \theta)$가 저장된 배열이다. rho는 원점으로부터의 거리 간격, theta는 x축과의 각도로 라디안 간격, threshold는 직선을 검출하기 위한 어큐 뮬레이터의 임계값이다.

```
cv2.HoughLinesP(image, rho, theta, threshold[, lines[,
            minLineLength[, maxLineGap ]]]) -> lines
```

1 probabilistic Hough 변환을 이용하여 양 끝점이 있는 선분 line segment을 lines에 검출한다.

2 출력 lines는 선분의 양 끝점 (x1, y1, x2, y2)을 저장하는 배열이다. rho는 원점으로부터의 거리 간격, theta는 x축과의 각도로 라디안 간격, threshold는 직선을 검출하기 위한 어큐뮬레이터의 임계값이다.

3 minLineLength는 검출할 최소 직선의 길이이고, maxLineGap은 직선 위의 에지들의 최대 허용 간격이다.

```
cv2.HoughCircles(image, method, dp, minDist[, circles[, param1[,
            param2[, minRadius[, maxRadius ]]]]]) -> circles
```

1 1채널 8비트 그레이스케일 영상(에지가 아니다) image에서 원을 찾아, 원의 매개변수 (cx, cy, r)를 저장한 배열 circles를 반환한다.

2 현재는 method = cv2.HOUGH_GRADIENT 방법만이 구현되어 있다. dp는 어큐뮬레이터 간격에서 영상 간격으로의 역 비율이다. dp=1이면 어큐뮬레이터가 입력 영상과 같은 해상도를 갖고, dp = 2이면 어큐뮬레이터의 크기가 영상 가로 크기의 반, 세로 크기의 반을 의미한다. minDist는 검출된 원의 중심 사이의 최소 거리로 너무 작으면 실제 원 주위에 너무 많은 원이 검출되고, 너무 크면 검출하지 못하는 원이 있을 수 있다.

3 param1은 Canny 에지 검출의 높은 임계값인 threshold2이다. 낮은 임계값은 threshold1 = param1 / 2이다. param2는 원 검출을 위한 어큐뮬레이터의 임계값으로 작은 값이면 너무 많은 원이 검출되고, 너무 크면 찾지 못하는 원이 있을 수 있다. minRadius는 원의 최소 반지름, maxRadius는 원의 최대 반지름이다.

$$(x - c_x)^2 + (y - c_y)^2 = r^2$$

**예제 7.2** 직선 검출: cv2.HoughLines()

```python
01 # 0702.py
02 import cv2
03 import numpy as np
04
05 src = cv2.imread('./data/rect.jpg')
06 gray = cv2.cvtColor(src,cv2.COLOR_BGR2GRAY)
07 edges = cv2.Canny(gray, 50, 100)
08 lines = cv2.HoughLines(edges, rho = 1, theta = np.pi / 180.0,
09                        threshold = 100)
10 print('lines.shape=', lines.shape)
11
12 for line in lines:
13     rho, theta = line[0]
14     c = np.cos(theta)
15     s = np.sin(theta)
16     x0 = c * rho
17     y0 = s * rho
18     x1 = int(x0 + 1000 * (-s))
19     y1 = int(y0 + 1000 * (c))
20     x2 = int(x0 - 1000 * (-s))
21     y2 = int(y0 - 1000 * (c))
22     cv2.line(src, (x1, y1), (x2, y2), (0, 0, 255), 2)
23
24 cv2.imshow('edges', edges)
25 cv2.imshow('src', src)
26 cv2.waitKey()
27 cv2.destroyAllWindows()
```

**프로그램 설명**

① [그림 7.3](a)은 cv2.Canny()로 gray 영상에서 에지를 검출한 edges 영상이다.

② edges에서, cv2.HoughLines()로 rho = 1, theta = np.pi / 180.0, threshold = 100을 적용하여 직선을 lines에 검출한다. 검출된 직선의 rho, theta를 저장한 lines 배열의 모양은 lines.shape = (4, 1, 2)이다. 4개의 직선의 rho, theta를 저장한 (1, 2)로 이해하면 된다.

③ for 문에서 각 직선의 매개변수는 rho, theta = line[0]이고, rho, theta를 이용하여 검출된 직선을 그린다. 원점에서 (rho, theta)에 의한 직선과 직각으로 만나는 좌표 (x0, y0)는 x0 = rho * c, y0 = rho * s로 계산한다. 직선 방향으로의 단위 벡터는 (cos(theta), -sin(theta))이다. 이 단위 벡터를 +, - 방향으로 스케일링하고, x0, y0에 더하여 선분의 양 끝점 (x1, y1)과 (x2, y2)를 계산하여 cv2.line()으로 src에 직선을 그리면 [그림 7.3](b)와 같이 4개의 직선이 표시된다.

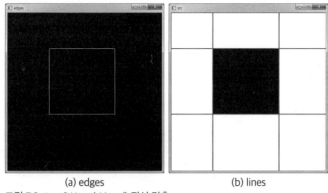

(a) edges             (b) lines

그림 7.3 ◆ cv2.HoughLines() 직선 검출

| 예제 7.3 | 선분 검출: cv2.HoughLinesP() |
|---|---|

```
01  # 0703.py
02  import cv2
03  import numpy as np
04
05  src = cv2.imread('./data/rect.jpg')
06  gray = cv2.cvtColor(src,cv2.COLOR_BGR2GRAY)
07  edges = cv2.Canny(gray, 50, 100)
08  lines = cv2.HoughLinesP(edges, rho = 1, theta = np.pi / 180.0,
09                          threshold = 100)
10  print('lines.shape=', lines.shape)
11
12  for line in lines:
13      x1, y1, x2, y2 = line[0]
14      cv2.line(src, (x1, y1), (x2, y2), (0, 0, 255), 2)
15
16  cv2.imshow('edges', edges)
17  cv2.imshow('src', src)
18  cv2.waitKey()
19  cv2.destroyAllWindows()
```

### 프로그램 설명

① [그림 7.3](a)의 edges에서, cv2.HoughLines()로 rho = 1, theta = np.pi / 180.0, threshold = 100을 적용하여 선분을 lines에 검출한다. 검출된 선분의 양 끝점 (x1, y1, x2, y2)을 저장한 lines 배열의 모양은 lines.shape = (4, 1, 4)이다. 4개 선분의 양 끝점을 저장한 (1, 4)로 이해하면 된다.

② for 문에서 각 선분의 양 끝점 정보는 x1, y1, x2, y2 = line[0]이고, cv2.line()으로 src에 직선을 [그림 7.4]와 같이 그린다.

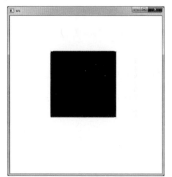

그림 7.4 ◆ cv2.HoughLinesP() 선분 검출

| 예제 7.4 | 원 검출 : cv2.HoughCircles() |
|---|---|

```
01 # 0704.py
02 import cv2
03 import numpy as np
04
05 #1
06 src1 = cv2.imread('./data/circles.jpg')
07 gray1 = cv2.cvtColor(src1,cv2.COLOR_BGR2GRAY)
08 circles1 = cv2.HoughCircles(gray1, method = cv2.HOUGH_GRADIENT,
09                             dp = 1, minDist = 50, param2 = 15)
10
11 circles1 =  np.int32(circles1)
12 print('circles1.shape=', circles1.shape)
13 for circle in circles1[0,:]:
14     cx, cy, r  = circle
15     cv2.circle(src1, (cx, cy), r, (0,0,255), 2)
16 cv2.imshow('src1',  src1)
17
18 #2
19 src2 = cv2.imread('./data/circles2.jpg')
20 gray2 = cv2.cvtColor(src2,cv2.COLOR_BGR2GRAY)
21 circles2 = cv2.HoughCircles(gray2, method = cv2.HOUGH_GRADIENT,
22                             dp = 1, minDist = 50, param2 = 15,
23                             minRadius = 30, maxRadius = 100)
24
25 circles2 =  np.int32(circles2)
26 print('circles2.shape=', circles2.shape)
27 for circle in circles2[0,:]:
28     cx, cy, r  = circle
29     cv2.circle(src2, (cx, cy), r, (0, 0, 255), 2)
```

```
30  cv2.imshow('src2', src2)
31  cv2.waitKey()
32  cv2.destroyAllWindows()
```

**프로그램 설명**

① #1: 'circles.jpg'의 그레이스케일 영상 gray1에서, cv2.HoughCircles()로 method = cv2.
HOUGH_GRADIENT, dp = 1, minDist = 50, param2 = 15를 적용하여 circles1에 원을
검출한다. param2 = 15는 원 검출을 위한 어큐뮬레이터의 임계값으로 원 위의 에지 개수
이다. 검출된 원의 중심 cx, cy, 반지름 r을 저장한 circles1 배열은 circles1.shape = (1, 3, 3)
으로 circles1[0]의 3개의 행에 원의 cx, cy, r을 저장한다. [그림 7.5](a)는 실행 결과이다.

② #2: 'circles2.jpg'의 그레이스케일 영상 gray2에서, cv2.HoughCircles()로 method = cv2.
HOUGH_GRADIENT, dp = 1, minDist = 50, param2 = 15, minRadius = 30, maxRadius
= 100을 적용하여 circles2에 원을 검출한다. 원의 반지름의 범위를 minRadius = 30,
maxRadius = 100으로 제한하여 원을 검출한다. circles2 배열은 circles2.shape = (1, 6, 3)
으로 circles2[0]의 6개의 행에 원의 cx, cy, r을 저장한다. [그림 7.5](b)는 실행 결과이다.

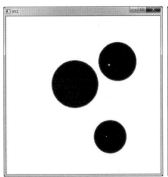 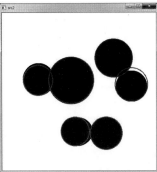

(a) 'circles.jpg'  (b) 'circles2.jpg'

그림 7.5 ◆ cv2.HoughCircles() 원 검출

## 컬러 범위에 의한 영역 분할 03

cv2.inRange()를 사용하면 lowerb와 upperb 범위의 컬러 영역을 분할할 수 있다.

```
cv2.inRange(src, lowerb, upperb[, dst ]) -> dst
```

**1** 입력 src의 각 화소가 lowerb(i) ≤ src(i) ≤ upperb(i) 범위에 있으면, dst(i) = 255, 그렇지 않으면 dst(i) = 0이다.

**2** lowerb와 upperb는 Scalar도 가능하고, dst는 src와 같은 크기의 8비트 부호 없는 정수 자료형이다. src가 다중 채널인 경우, 모든 채널에 대하여 범위를 만족해야 한다.

**3** 3-채널 컬러 영상에서, HSV 색상으로 변한 후에, 색상 범위를 지정하여 손, 얼굴 등의 피부 검출 등을 분할할 때 유용하다.

| 예제 7.5 | 컬러 영역 검출: cv2.inRange() |
|---|---|

```
01  # 0705.py
02  import cv2
03  import numpy as np
04
05  #1
06  src1 = cv2.imread('./data/hand.jpg')
07  hsv1 = cv2.cvtColor(src1, cv2.COLOR_BGR2HSV)
08  lowerb1 = (0, 40, 0)
09  upperb1 = (20, 180, 255)
10  dst1 = cv2.inRange(hsv1, lowerb1, upperb1)
11
12  #2
13  src2 = cv2.imread('./data/flower.jpg')
14  hsv2 = cv2.cvtColor(src2,cv2.COLOR_BGR2HSV)
15  lowerb2 = (150, 100, 100)
16  upperb2 = (180, 255, 255)
17  dst2 = cv2.inRange(hsv2, lowerb2, upperb2)
18
19  #3
20  cv2.imshow('src1', src1)
21  cv2.imshow('dst1', dst1)
22  cv2.imshow('src2', src2)
23  cv2.imshow('dst2', dst2)
24  cv2.waitKey()
25  cv2.destroyAllWindows()
```

**프로그램 설명**

① #1: 'hand.jpg' 영상을 3-채널 BGR 컬러 영상으로 읽은 [그림 7.6](a)의 src1을 HSV 영상으로 hsv1에 변환하고, hsv1에서 cv2.inRange()로 lowerb1 = (0, 40, 0), upperb1 = (20, 180, 255) 범위를 적용하여 [그림 7.6](b)의 손 영역을 분할한다.

② #2: 'flower.jpg' 영상을 3-채널 BGR 컬러 영상으로 읽은 [그림 7.6](c)의 src2를 HSV 영상
으로 hsv2에 변환하고, hsv2에서 cv2.inRange()로 lowerb2 = (150, 100, 100), upperb2
= (180, 255, 255) 범위를 적용하여 [그림 7.6](d)의 꽃 영역을 분할한다.

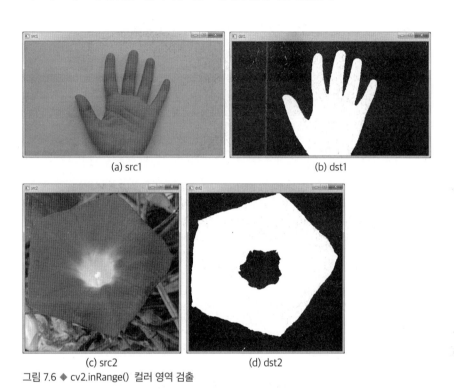

(a) src1        (b) dst1

(c) src2        (d) dst2

그림 7.6 ◆ cv2.inRange() 컬러 영역 검출

## 윤곽선 검출 및 그리기 **04**

윤곽선을 검출하고 그리기 기능을 수행 함수로는 물체의 경계를 이루고 있는
윤곽선 contour을 검출하는 findContours( ) 함수와 검출된 윤곽선을 영상에 그리는
drawContours() 함수가 있다. 입력 영상은 cv2.inRange(), cv2.threshold(), cv2.Canny()
등을 사용하여 얻은 이진 영상 binary image이다.

```
cv2.findContours(image, mode, method[, contours[, hierarchy[,
                 offset ]]]) -> contours, hierarchy
```

1️⃣ 1-채널 8비트 영상 image에서 윤곽선을 검출한다. image는 0이 아닌 값은 1로 취급하는 이진 영상이다.

2️⃣ contours는 검출된 윤곽선이고, 리스트 자료형의 각 요소에 윤곽선을 배열로 반환한다.

hierarchy는 윤곽선의 계층 구조에 관한 출력 배열이다. hierarchy[0][i]는 윤곽선 contour[i]에 대한 계층 구조의 배열이다.

hierarchy[0][i][0]와 hiearchy[0][i][1]은 같은 계층 구조 레벨에서 다음 next과 이전 previous 윤곽선이다. hiearchy[0][i][2]와 hierarchy[0][i][3]은 첫 번째 자식 child과 부모 parent 윤곽선이다. 대응하는 윤곽선이 없으면 음수 값을 갖는다.

3️⃣ mode는 윤곽선의 검색 모드로 [표 7.1]에는 사용 가능한 mode를 나타낸다. method는 윤곽선의 근사 방법으로 [표 7.2]에는 사용 가능한 method를 나타낸다. offset은 윤곽선 좌표의 옵셋 이동이다. offset에 주어진 좌표만큼 윤곽선의 모든 좌표를 이동시킨다.

[표 7.1] findContours() 함수의 mode

| mode | 설명 |
|---|---|
| cv2.RETR_EXTERNAL | 가장 외곽의 윤곽선만을 찾는다.<br>hierarchy[0][i][2] = hierarchy[0][i][3] = –1 |
| cv2.RETR_LIST | 모든 윤곽선을 검색한다. 계층관계를 설정하지 않는다.<br>hierarchy[0][i][0] = hierarchy[0][i][2] = –1<br>hierarchy[0][i][2] = hierarchy[0][i][3] = –1 |
| cv2.RETR_CCOMP | 2레벨 계층 구조로 모든 윤곽선을 가져온다. 최상위 top 레벨에는 가장 외곽의 윤곽선을 찾으며, 낮은 레벨은 구멍 hole의 윤곽선을 찾는다. 구멍 내에 또 다른 윤곽선이 있으면, 최상위 레벨로 설정한다. |
| cv2.RETR_TREE | 모든 윤곽선을 계층적 트리 형태로 찾는다. |

[표 7.2] findContours() 함수의 method

| method | 설명 |
|---|---|
| cv2.CHAIN_APPROX_NONE | 체인코드로 표현된 윤곽선의 모든 좌표를 변환한다. |
| cv2.CHAIN_APPROX_SIMPLE | 윤곽선의 다각형 근사 좌표를 변환한다. |
| cv2.CHAIN_APPROX_TC89_L1<br>cv2.CHAIN_APPROX_TC89_KCOS | Teh-Chin의 체인코드 알고리즘으로 근사한다. |

```
cv2.drawContours(image, contours, contourIdx, color[, thickness[,
            lineType[, hierarchy[, maxLevel[, offset ]]]]]) -> image
```

**1** 영상 image에 윤곽선 리스트 contours를 color 색상으로 그린다. 각각의 윤곽선 contour는 좌표 배열이다.

contourIdx는 표시할 윤곽선 첨자로 contourIdx < 0이면 모든 윤곽선을 그린다.

**2** thickness는 윤곽선의 두께이며, thickness = cv2.FILLED(-1)이면 윤곽선 내부를 채운다.

lineType은 라인의 형태로 8, 4, CV_AA Anti-aliasing 중 하나이다.

hierarchy는 윤곽선의 계층 구조로 maxLevel에 의해 주어진 계층 구조를 그릴 때 사용된다. maxLevel = 0이면 명시된 contour만을 그리고, maxLevel = 1이면 contour를 그린 뒤에 contour에 내포된 윤곽선을 그린다.

offset에 주어진 좌표만큼 윤곽선의 모든 좌표를 이동시킨다.

**예제 7.6** | **윤곽선 검출 및 그리기 1: mode = cv2.RETR_EXTERNAL**

```
01  # 0706.py
02  import cv2
03  import numpy as np
04
05  #1
06  src = np.zeros(shape = (512, 512, 3), dtype = np.uint8)
07  cv2.rectangle(src, (50, 100), (450, 400), (255, 255, 255), -1)
08  cv2.rectangle(src, (100, 150), (400, 350), (0, 0, 0), -1)
09  cv2.rectangle(src, (200, 200), (300, 300), (255, 255, 255), -1)
10  gray = cv2.cvtColor(src, cv2.COLOR_BGR2GRAY)
11
12  #2
13  mode = cv2.RETR_EXTERNAL
14  method = cv2.CHAIN_APPROX_SIMPLE
15  ##method =cv2.CHAIN_APPROX_NONE
16  contours, hierarchy = cv2.findContours(gray, mode, method)
17  print('type(contours)=', type(contours))
18  print('type(contours[0])=', type(contours[0]))
19  print('len(contours)=', len(contours))
20  print('contours[0].shape=', contours[0].shape)
21  print('contours[0]=', contours[0])
22
23  #3
```

```
24  cv2.drawContours(src, contours, -1, (255, 0, 0), 3)    # 모든 윤곽선
25
26  #4
27  for pt in contours[0][:]:       # 윤곽선 좌표
28      cv2.circle(src, (pt[0][0], pt[0][1]), 5, (0, 0, 255), -1)
29
30  cv2.imshow('src',  src)
31  cv2.waitKey()
32  cv2.destroyAllWindows()
```

**실행 결과**

```
type(contours)= <class 'list'>
type(contours[0])= <class 'numpy.ndarray'>
len(contours)= 1
contours[0].shape= (4, 1, 2)
contours[0]= [[[ 50 100]]
              [[ 50 400]]
              [[450 400]]
              [[450 100]]]
```

**프로그램 설명**

1️⃣ #1: src에 512×512 크기의 3-채널 컬러 영상을 생성하고, cv2.rectangle()로 채워진 사각형을 그린다. cv2.cvtColor()로 그레이스케일 영상 gray으로 변환한다.

2️⃣ #2: cv2.findContours()로 윤곽선 contours를 검출한다.

mode = cv2.RETR_EXTERNAL로 리스트 contours에 len(contours) = 1개의 가장 외곽의 윤곽선을 검출한다.

method = cv2.CHAIN_APPROX_SIMPLE로 윤곽선을 다각형으로 근사한 좌표를 반환한다. contours[0].shape = (4, 1, 2)은 4개의 검출된 좌표가 (1, 2) 배열에 저장된다. method = cv2.CHAIN_APPROX_NONE이면, contours[0].shape = (1400, 1, 2)로 윤곽선 위의 모든 좌표 1400개를 검출한다.

3️⃣ #3: cv2.drawContours(src, contours, -1, (255, 0, 0), 3)는 검출된 윤곽선 contours를 전부를 src에 (255, 0, 0) 컬러로 두께 3으로 그린다.

4️⃣ #4: for 문으로 윤곽선의 (1, 2) 좌표 배열 pt에 의해서 중심점 (pt[0][0], pt[0][1]), 반지름 5인 (0, 0, 255) 컬러로 채워진 원을 src에 그린다. [그림 7.7]은 실행 결과이다.

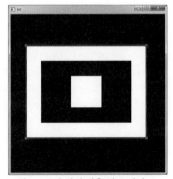

그림 7.7 ◆ 윤곽선 검출 및 그리기, mode = cv2.RETR_EXTERNAL

**예제 7.7** | 윤곽선 검출 및 그리기 2: mode = cv2.RETR_LIST

```python
01 # 0707.py
02 import cv2
03 import numpy as np
04
05 #1
06 src = np.zeros(shape = (512, 512, 3), dtype = np.uint8)
07 cv2.rectangle(src, (50, 100), (450, 400), (255, 255, 255), -1)
08 cv2.rectangle(src, (100, 150), (400, 350), (0, 0, 0), -1)
09 cv2.rectangle(src, (200, 200), (300, 300), (255, 255, 255), -1)
10 gray = cv2.cvtColor(src, cv2.COLOR_BGR2GRAY)
11
12 #2
13 mode = cv2.RETR_LIST
14 method = cv2.CHAIN_APPROX_SIMPLE;
15 contours, hierarchy = cv2.findContours(gray, mode, method)
16 ##cv2.drawContours(src, contours, -1, (255, 0, 0), 3)    # 모든 윤곽선
17
18 print('len(contours)=', len(contours))
19 print('contours[0].shape=', contours[0].shape)
20 print('contours=', contours)
21
22 #3
23 for cnt in contours:
24     cv2.drawContours(src, [cnt], 0, (255, 0, 0), 3)
25
26     for pt in cnt:       # 윤곽선 좌표
27         cv2.circle(src, (pt[0][0], pt[0][1]), 5, (0, 0, 255), -1)
28
29 cv2.imshow('src',  src)
30 cv2.waitKey()
31 cv2.destroyAllWindows()
```

**실행 결과**

```
len(contours)= 3
contours[0].shape= (4, 1, 2)
contours= [array([[[200, 200]],
                [[200, 300]],
                [[300, 300]],
                [[300, 200]]], dtype=int32), array([[[ 99, 150]],
                [[100, 149]],
                [[400, 149]],
                [[401, 150]],
                [[401, 350]],
                [[400, 351]],
```

```
                        [[100, 351]],
                        [[ 99, 350]]], dtype=int32), array([[[ 50, 100]],
                        [[ 50, 400]],
                        [[450, 400]],
                        [[450, 100]]], dtype=int32)]
```

**프로그램 설명**

① #1: src에 512×512 크기의 3-채널 컬러 영상을 생성하고, cv2.rectangle()로 채워진 사각형을 그린다. cv2.cvtColor()로 그레이스케일 영상 gray으로 변환한다.

② #2: cv2.findContours()로 윤곽선 contours를 검출한다. mode = cv2.RETR_LIST로 리스트 contours에 len(contours) = 3개의 모든 윤곽선을 검출한다. method = cv2. CHAIN_APPROX_SIMPLE로 윤곽선을 다각형으로 근사한 좌표를 반환한다. 윤곽선 contours[0]은 contours[0].shape = (4, 1, 2)로 4개의 검출된 좌표가 (1, 2) 배열에 저장된다. cv2.drawContours(src, contours, -1, (255, 0, 0), 3)는 리스트 contours의 모든 윤곽선을 그린다.

③ #3: for 문으로 리스트 contours의 각 윤곽선 cnt를 cv2.drawContours(src, [cnt], 0, (255, 0, 0), 3)로 그리고, for 문으로 cnt의 각 좌표 pt가 중심인 반지름 5의 원을 (0, 0, 255) 컬러로 그린다. [그림 7.8]은 실행 결과이다.

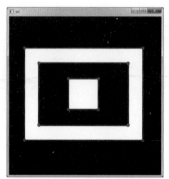

그림 7.8 ◆ 윤곽선 검출 및 그리기, mode = cv2.cv2.RETR_LIST

# 05 영역 채우기·인페인트·거리 계산·워터쉐드

cv2.floodFill()은 물체의 내부를 특정 값으로 채우고, cv2.inpaint()는 영상에서 부분 영역을 삭제하고 주변의 화소 값을 이용하여 채우며, cv2.distanceTransform()은 영상 영역의 내부의 0이 아닌 화소에서, 가장 가까운 0인 화소까지의 거리를 계산한다. cv2. watershed()는 마커 기반 영상 분할을 수행한다.

```
cv2.floodFill(image, mask, seedPoint, newVal[, loDiff[, upDiff[,
          flags ]]]) -> retval, image, mask, rect
```

**1** 입력 영상 image에서 seedPoint 점에서 시작하여 물체 내부를 채운다. image가 변경되므로 필요한 경우 원본을 복사해 사용한다.

**2** flags에 지정된 이웃(4 또는 8) 화소 (x′, y′)를 반복적으로 조사해가며 image(x′, y′) - loDiff $\leq$ image(x, y) $\leq$ image(x′, y′) + upDiff에 있는 (x, y) 점을 새로운 값 newVal로 채워 넣는다. masks는 8비트 단일 채널이며, 크기는 입력 영상 image보다 가로와 세로 각각 2 만큼씩 크다.

**3** flags에 cv2.FLOODFILL_FIXED_RANGE이 추가되면 현재 화소와 seedPoint 사이의 차이를 고려하여 영역을 채우고, cv2.FLOODFILL_FIXED_RANGE가 설정되지 않으면 이웃 화소들 사이의 차이를 고려하여 영역을 채운다. cv2.FLOODFILL_MASK_ONLY가 설정되면 image를 채우지 않고 mask를 채운다.

**4** rect는 채워진 영역의 바운딩 사각형을 반환한다.

```
cv2.distanceTransform(src, distanceType, maskSize[, dst ]) -> dst
```

**1** src에서 0이 아닌 화소에서 가장 가까운 0인 화소까지의 거리를 계산하여 실수형 배열 dst에 반환한다.

**2** src는 1-채널 8비트의 이진 영상이며, dst는 1-채널 32비트 실수형 배열이다. distanceType은

　　cv2.DIST_L1, cv2.DIST_L2, cv2.DIST_C

의 거리 계산 종류이다. maskSize는 3, 5, cv2.DIST_MASK_PRECISE 마스크 크기가 가능하다.

```
cv2.watershed(image, markers) -> markers
```

**1** 마커 기반으로 영상을 분할한다.

**2** 8비트 3-채널 컬러 영상 image에 사용자가 대략적으로 32비트 정수 1-채널 markers에 부분영역을 설정하면 영상을 분할하여 markers 배열을 반환한다.

**3** 초기에 markers에 주어진 영역의 값을 씨앗 seed으로 하여 나머지 영역을 분할한다. 반환 배열 markers에 1 이상의 값을 가지며 markers의 값이 같으면 동일 특성을 갖는 분할영역이며, 영역의 경계 부분은 -1을 갖는다.

---

**예제 7.8** | **cv2.floodFill() 영역 채우기**

```
01  # 0708.py
02  import cv2
03  import numpy as np
04
05  #1
06  src = np.full((512,512,3), (255, 255, 255), dtype = np.uint8)
07  cv2.rectangle(src, (50, 50), (200, 200), (0, 0, 255), 2)
08  cv2.circle(src, (300, 300), 100, (0, 0, 255), 2)
09
10  #2
11  dst = src.copy()
12  cv2.floodFill(dst, mask = None, seedPoint = (100,100),
13                newVal = (255, 0, 0))
14
15  #3
16  retval, dst2, mask, rect = cv2.floodFill(dst, mask = None,
17                                           seedPoint = (300,300),
18                                           newVal = (0,255,0))
19  print('rect=', rect)
20  x, y, width, height = rect
21  cv2.rectangle(dst2, (x,y), (x + width, y + height), (255, 0, 0), 2)
22
23  cv2.imshow('src', src)
24  cv2.imshow('dst', dst)
25  cv2.waitKey()
26  cv2.destroyAllWindows()
```

**프로그램 설명**

① **#1**: 512×512 크기의 배경이 (255, 255, 255)인 3-채널 컬러 영상 src를 생성하고 사각형과 원을 [그림 7.9](a)와 같이 그린다.

② **#2**: src를 dst에 복사하고, cv2.floodFill()로 dst의 seedPoint = (100, 100)을 시작점으로 사각형 내부를 newVal = (255, 0, 0) 색상으로 dst에 채운다.

③ **#3**: cv2.floodFill()로 dst의 seedPoint = (300, 300)를 시작점으로 원의 내부를 newVal = (0, 255, 0) 색상으로 dst에 채운다. 원의 내부를 채운 영역의 바운딩 사각형 rect를 이용하여 dst2에 사각형을 그린다. 반환 영상 ds2와 입력 영상 dst는 같은 영상이다. [그림 7.9]

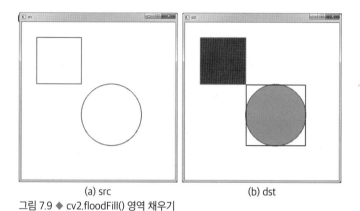

(a) src            (b) dst

그림 7.9 ◆ cv2.floodFill() 영역 채우기

**예제 7.9** | cv2.distanceTransform() 거리 계산

```
01 # 0709.py
02 import cv2
03 import numpy as np
04
05 #1
06 src = np.zeros(shape = (512,512), dtype = np.uint8)
07 cv2.rectangle(src, (50, 200), (450, 300), (255, 255, 255), -1)
08
09 #2
10 dist  = cv2.distanceTransform(src, distanceType = cv2.DIST_L1,
11                               maskSize = 3)
12 minVal, maxVal, minLoc, maxLoc = cv2.minMaxLoc(dist)
13 print('src:', minVal, maxVal, minLoc, maxLoc)
14
15 dst = cv2.normalize(dist, None, 0, 255, cv2.NORM_MINMAX,
16                     dtype = cv2.CV_8U)
17 ret, dst2 = cv2.threshold(dist, maxVal-1, 255, cv2.THRESH_BINARY)
18
19 #3
20 gx = cv2.Sobel(dist, cv2.CV_32F, 1, 0, ksize = 3)
21 gy = cv2.Sobel(dist, cv2.CV_32F, 0, 1, ksize = 3)
22 mag  = cv2.magnitude(gx, gy)
23 minVal, maxVal, minLoc, maxLoc = cv2.minMaxLoc(mag)
24 print('src:', minVal, maxVal, minLoc, maxLoc)
25 ret, dst3 = cv2.threshold(mag, maxVal - 2, 255,
26                           cv2.THRESH_BINARY_INV)
27
28 cv2.imshow('src', src)
```

```
29 cv2.imshow('dst', dst)
30 cv2.imshow('dst2', dst2)
31 cv2.imshow('dst3', dst3)
32 cv2.waitKey()
33 cv2.destroyAllWindows()
```

**프로그램 설명**

① #1: src에 512×512 크기의 그레이스케일 영상을 생성하고, cv2.rectangle()로 채워진 사각형을 [그림 7.10](a) 같이 그린다.

② #2: src에 cv2.distanceTransform()로 distanceType = cv2.DIST_L1, maskSize = 3 를 적용하여 dist에 거리를 계산한다. cv2.minMaxLoc(dist)로 계산한 최대값은 maxVal = 51.0이다. cv2.normalize()로 dist를 [0, 255] 범위로 [그림 7.10](b) 같이 정규화한다. cv2. threshold()로 dist를 thresh=maxVal-1로 dst2에 임계값을 적용하여 [그림 7.10](c) 같이 한다.

③ #3: cv2.Sobel()로 거리 dist에서 그래디언트를 계산하고, 크기 mag를 계산하여 thresh = maxVal - 2, cv2.THRESH_BINARY_INV으로 임계값 영상 [그림 7.10](d)를 생성한다.

6장에서는 모폴로지 연산으로 골격화 skeleton를 수행하였다. 다양한 세선화 thining 및 골격화 방법이 있다.

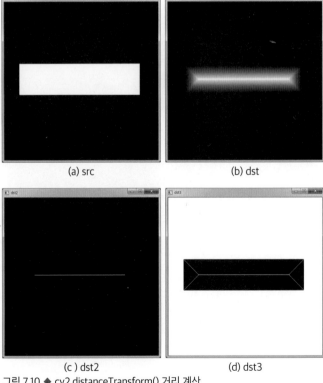

(a) src

(b) dst

(c) dst2

(d) dst3

그림 7.10 ◆ cv2.distanceTransform() 거리 계산

| 예제 7.10 | cv2.watershed() 영상 분할 |
|---|---|

```
01 # 0710.py
02 import cv2
03 import numpy as np
04
05 #1
06 src = cv2.imread('./data/hand.jpg')
07 ##src = cv2.imread('./data/flower.jpg')
08 mask   = np.zeros(shape = src.shape[:2], dtype = np.uint8)
09 markers= np.zeros(shape = src.shape[:2], dtype = np.int32)
10 dst = src.copy()
11 cv2.imshow('dst',dst)
12
13 #2
14 def onMouse(event, x, y, flags, param):
15     if event == cv2.EVENT_MOUSEMOVE:
16         if flags & cv2.EVENT_FLAG_LBUTTON:
17             cv2.circle(param[0], (x, y), 10, (255, 255, 255), -1)
18             cv2.circle(param[1], (x, y), 10, (255, 255, 255), -1)
19     cv2.imshow('dst', param[1])
20 ##cv2.setMouseCallback('dst', onMouse, [mask, dst])
21
22 #3
23 mode = cv2.RETR_EXTERNAL
24 method = cv2.CHAIN_APPROX_SIMPLE
25 while True:
26     cv2.setMouseCallback('dst', onMouse, [mask, dst])    # 3-1
27     key = cv2.waitKey(30)        # cv2.waitKeyEx(30)
28
29     if key == 0x1B:
30         break;
31     elif key == ord('r'):      # 3-2
32         mask[:,:] = 0
33         dst = src.copy()
34         cv2.imshow('dst',dst)
35     elif key == ord(' '):      # 3-3
36         contours, hierarchy = cv2.findContours(mask, mode, method)
37         print('len(contours)=', len(contours))
38         markers[:,:] = 0
39         for i, cnt in enumerate(contours):
40             cv2.drawContours(markers, [cnt], 0, i + 1, -1)
41         cv2.watershed(src, markers)
42
43         #3-4
44         dst = src.copy()
```

```
45            dst[markers == -1] = [0, 0, 255]        # 경계선
46            for i in range(len(contours)):          # 분할영역
47              r = np.random.randint(256)
48              g = np.random.randint(256)
49              b = np.random.randint(256)
50              dst[markers == i+1] = [b, g, r]
51
52            dst = cv2.addWeighted(src, 0.4, dst, 0.6, 0) # 합성
53            cv2.imshow('dst',dst)
54 cv2.destroyAllWindows()
```

## 프로그램 설명

① #1: src는 입력 영상이고 마우스로 지정할 마스크 영역을 지정하고, 윤곽선을 검출할 mask 영상, 윤곽선을 이용하여 워터쉐드 분할을 위한 마커 영상 markers를 생성한다. src를 dst에 복사한다.

② #2: 마우스 이벤트 핸들러 함수 onMouse()를 정의한다. param[0]은 mask, param[1]은 dst가 전달된다. 마우스 왼쪽버튼을 누르고 움직이면 param[0], param[1]에 반지름 20인 채운 원을 그린다.

③ #3: while 반복문에서 키보드 이벤트 처리를 구현한다. ⎡Esc⎤ 키를 누르면 반복문을 종료하고, ⎡r⎤ 키를 누르면 리셋하고, ⎡Space Bar⎤ 키를 누르면 영역 분할한다.

④ #3-1: cv2.setMouseCallback()로 'dst' 윈도우에 파라미터 [mask, dst]로 onMouse() 이벤트 핸들러를 설정한다. dst가 반복문 안에서 변경되기 때문에 마우스 이벤트 핸들러를 반복문 내에서 설정한다.

⑤ #3-2: ⎡r⎤ 키를 누르면 리셋하기 위하여 mask의 모든 화소를 0으로 초기화하고, src를 dst에 복사하고 'dst' 윈도우에 표시한다.

⑥ #3-3: ⎡Space Bar⎤ 키를 누르면, mask에서 윤곽선을 검출하고, markers를 0으로 초기화하고, cv2.drawContours()로 markers에 윤곽선 contours[i]를 i + 1 값으로 채워 넣어, cv2. watershed()의 입력으로 사용한다. cv2.watershed()로 src에서 markers에 표시된 마커 정보를 이용하여 영역을 markers에 분할한다.

⑦ #3-4: src를 dst에 복사하고, dst[markers == -1] = [0, 0, 255]에 의해 markers에 -1인 경계선을 빨간색 [0, 0, 255]로 변경한다. for 문에서 r, g, b에 [0, 255] 사이의 난수를 생성하여 dst[markers == i + 1] = [b, g, r]로 markers == i + 1인 dst의 화소를 [b, g, r] 컬러로 변경한다. cv2.addWeighted()로 src * 0.4와 dst * 0.6으로 섞어 dst에 저장하고, 'dst' 윈도우에 표시한다.

⑧ [그림 7.11](a), [그림 7.11](c)은 영상에 마우스로 마커를 지정한 영상이고, [그림 7.11](b)는 마커를 이용하여 2개 영역으로 분할한 결과이고, [그림 7.11](d)는 4개 영역으로 분할한 결과이다.

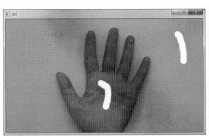

(a) 'hand.jpg', 마커지정

(b) 2개 분할영역

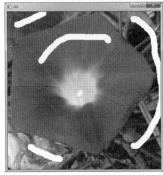

(c) 'flower.jpg', 마커지정

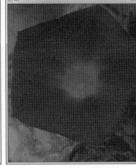

(d) 4개 분할영역

그림 7.11 ◆ cv2.watershed() 영상 분할

---

**예제 7.11  cv2.distanceTransform(), cv2.watershed() 영상 분할**

```python
01  # 0711.py
02  import cv2
03  import numpy as np
04
05  #1
06  src  = cv2.imread('./data/circles2.jpg')
07  gray = cv2.cvtColor(src, cv2.COLOR_BGR2GRAY)
08  ret, bImage = cv2.threshold(gray, 0, 255,
09                          cv2.THRESH_BINARY_INV + cv2.THRESH_OTSU)
10  dist  = cv2.distanceTransform(bImage, cv2.DIST_L1, 3)
11  dist8 = cv2.normalize(dist, None, 0, 255, cv2.NORM_MINMAX,
12                      dtype = cv2.CV_8U)
13  cv2.imshow('bImage', bImage)
14  cv2.imshow('dist8', dist8)
15
16  #2
17  minVal, maxVal, minLoc, maxLoc = cv2.minMaxLoc(dist)
18  print('dist:', minVal, maxVal, minLoc, maxLoc)
19  mask = (dist > maxVal * 0.5).astype(np.uint8) * 255
```

```
20  cv2.imshow('mask', mask)
21
22  #3
23  mode = cv2.RETR_EXTERNAL
24  method = cv2.CHAIN_APPROX_SIMPLE
25  contours, hierarchy = cv2.findContours(mask, mode, method)
26  print('len(contours)=', len(contours))
27
28  markers= np.zeros(shape=src.shape[:2], dtype = np.int32)
29  for i, cnt in enumerate(contours):
30      cv2.drawContours(markers, [cnt], 0, i + 1, -1)
31
32  #4
33  dst = src.copy()
34  cv2.watershed(src,  markers)
35
36  dst[markers == -1] = [0, 0, 255]              # 경계선
37  for i in range(len(contours)):                # 분할영역
38      r = np.random.randint(256)
39      g = np.random.randint(256)
40      b = np.random.randint(256)
41      dst[markers == i+1] = [b, g, r]
42  dst = cv2.addWeighted(src, 0.4, dst, 0.6, 0)  # 합성
43
44  cv2.imshow('dst',dst)
45  cv2.waitKey()
46  cv2.destroyAllWindows()
```

### 프로그램 설명

① #1: 입력 영상 src를 그레이스케일 영상 gray로 변환하고, 임계치를 이용하여 [그림 7.12] (a)의 이진 영상 bImage를 생성한다. cv2.distanceTransform()로 bImage에서 거리 배열 dist를 계산한다. 거리를 보여주기 위해 8비트 영상으로 [그림 7.12](b)의 dist8에 변환한다.

② #2: mask = (dist > maxVal * 0.5)로 거리 dist에서 최대값 maxVal를 이용하여 [그림 7.12] (c)의 8비트 mask 영상을 계산한다. dist대신 dist8을 이용할 수 있다. 여기서 중요한 점은 이진 영상 bImage에서 겹쳐진 원이 거리 계산을 이용한 mask에서는 분리된 것을 알 수 있다. 이렇게 분리하기 위하여 cv2.distanceTransform()을 이용한 것이다.

③ #3: cv2.findContours()로 mask에서 윤곽선 contours를 검출한다. 윤곽선 contours[i]를 markers에 i + 1로 채워 마커를 생성하여, cv2.watershed()로 src에서 markers에 표시된 마커 정보를 이용하여 영역을 markers에 분할한다.

④ #4: src를 dst에 복사하고, dst[markers == -1] = [0, 0, 255]에 의해 markers에 -1인 경계선을 빨간색 [0, 0, 255]로 변경한다. for 문에서 r, g, b에 [0, 255] 사이의 난수를 생성

하여 dst[markers == i + 1] = [b, g, r]로 markers == i + 1인 dst의 화소를 [b, g, r] 컬러로 변경한다. cv2.addWeighted()로 src * 0.4와 dst * 0.6으로 섞어 dst에 저장하고, 'dst' 윈도우에 표시한다.

⑤ [그림 7.12](d)는 6개 원 영역을 분할한 결과이다. 거리 변환을 사용한 워터쉐드로 겹쳐진 원을 구분하여 분할하였다.

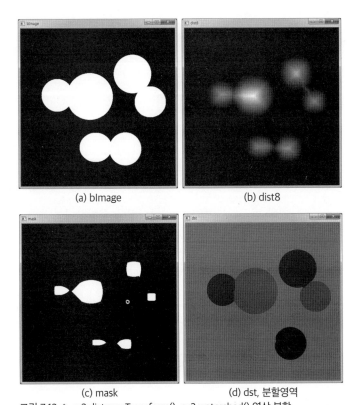

(a) bImage  (b) dist8

(c) mask  (d) dst, 분할영역

그림 7.12 ◆ cv2.distanceTransform(), cv2.watershed() 영상 분할

# 피라미드 기반 분할 06

cv2.pyrDown(), cv2.pyrUp() 함수는 영상을 피라미드 구조로 축소, 확대할 수 있다. cv2.pyrMeanShiftFiltering() 함수는 피라미드 기반으로 영상 분할한다.

```
cv2.pyrDown(src[, dst[, dstsize[, borderType ]]]) -> dst
```

**1** 영상 src에 가우시안 필터링하고, dstsize에 주어진 크기로 dst에 축소한다.

**2** 디폴트는 가로, 세로 각각을 1/2배 크기로 축소한다.

```
cv2.pyrUp(src[, dst[, dstsize[, borderType ]]]) -> dst
```

**1** 영상 src에 가우시안 필터링하고 dstsize에 주어진 크기로 dst에 확대한다.

**2** 디폴트는 가로, 세로 각각을 2배 크기로 확대한다.

```
cv2.pyrMeanShiftFiltering(src, sp, sr[, dst[, maxLevel[, termcrit ]]])
                          -> dst
```

**1** 영상 src에서 피라미드 기반 평균이동 meanshift 필터링을 수행한다.

**2** 입력 영상 src는 8비트 3채널 컬러 영상이고, dst는 src와 자료형과 크기가 같은 결과 영상으로, 평균이동 알고리즘에 의해 유사한 컬러 값을 갖는 화소가 같은 값을 갖는다.

**3** termcrit는 반복의 종료조건을 최대 반복횟수 cv2.TERM_CRITERIA_MAX_ITER 또는 cv2.TERM_CRITERIA_COUNT와 오차 cv2.TERM_CRITERIA_EPS로 설정한다.

**4** $sp \geq 1$는 공간 윈도우의 반지름, sr은 컬러 윈도우의 반지름, maxLevel은 피라미드의 최대 레벨이다. src의 화소 (X, Y)에 대하여, 공간 윈도우와 컬러 윈도우를 사용하여 반복적으로 meanshift를 수행한다. (x, y)는 공간 윈도우 내의 이웃 좌표이다. RGB, HSV 컬러 모델 등 3-개의 요소를 갖는 컬러 모델이면 모두 가능하다.

**a** 공간 윈도우와 컬러 윈도 우에 의한 이웃, (x, y)

$$X - sp \leq x \leq X + sp$$
$$Y - sp \leq y \leq Y + sp$$

$$\| (R, G, B) - (r, g, b) \| \leq sr$$

여기서, (R, G, B)는 (X, Y)에서의 컬러 벡터이고, (r, g, b)는 (x, y)의 컬러 벡터이다.

**b** meanshift 수행

화소 (X, Y)의 이웃에서 공간 평균 값, (X′, Y′)를 계산하고, 컬러 평균값 (R′, G′, B′) 값을 계산하여 다음 반복에서 이웃의 중심으로 설정한다. 반복이 종료되면, 반복의 시작 화소 (X, Y)의 값을 meanshift 수행의 마지막 컬러 평균값 (R*, G*, B*)로 저장한다.

$$dst(X, Y) = (R*, G*, B*)$$

**c** maxLevel > 0이면 maxLevel + 1의 가우시안 피라미드가 생성된다. meanshift를 하위 계층의 피라미드에서 계산하고 결과를 상위계층의 피라미드로 전달한다. 하위 계층의 피라미드에서 컬러가 sr 이상 차이가 나면, 상위계층의 피라미드에서 다시 반복 계산한다.

| 예제 7.12 | cv2.pyrDown(), cv2.pyrUp() 피라미드 영상 |

```
01 # 0712.py
02 import cv2
03 import numpy as np
04 #1
05 src = cv2.imread('./data/lena.jpg')
06
07 down2 = cv2.pyrDown(src)
08 down4 = cv2.pyrDown(down2)
09 print('down2.shape=', down2.shape)
10 print('down2.shape=', down2.shape)
11
12 #2
13 up2 = cv2.pyrUp(src)
14 up4 = cv2.pyrUp(up2)
15 print('up2.shape=', up2.shape)
16 print('up4.shape=', up4.shape)
17
18 cv2.imshow('down2', down2)
19 ##cv2.imshow('down4', down4)
20 cv2.imshow('up2', up2)
21 ##cv2.imshow('up4', up4)
22 cv2.waitKey()
23 cv2.destroyAllWindows()
```

### 프로그램 설명

① #1: [그림 7.13](a)의 down2는 입력 영상 src를 가로, 세로 각각 1/2배로 축소한 피라미드 영상이다. down2.shape= (256, 256, 3)이다. down4는 down2를 가로, 세로 각각 1/2로 축소한 피라미드 영상으로 down2.shape = (256, 256, 3)이다.

② #2: [그림 7.13](b)의 up은 입력 영상 src를 가로, 세로 각각 2배로 확대한 피라미드 영상으로 up2.shape = (1024, 1024, 3)이다. up4는 up2를 가로와 세로 각각 2배로 확대한 피라미드 영상으로 up4.shape = (2048, 2048, 3)이다.

(a) down2　　　　　　　　　　　　　(b) up2

그림 7.13 ◆ cv2.pyrDown(), cv2.pyrUp() 피라미드 영상

---

**예제 7.13** | cv2.pyrMeanShiftFiltering() 영역 검출

```python
01  # 0713.py
02  import cv2
03  import numpy as np
04
05  #1
06  def floodFillPostProcess(src, diff = (2, 2, 2)):
07      img = src.copy()
08      rows, cols = img.shape[:2]
09      mask = np.zeros(shape = (rows + 2, cols + 2), dtype = np.uint8)
```

```
10     for y in range(rows):
11         for x in range(cols):
12             if mask[y + 1, x + 1] == 0:
13                 r = np.random.randint(256)
14                 g = np.random.randint(256)
15                 b = np.random.randint(256)
16                 cv2.floodFill(img, mask, (x, y),
17                             (b, g, r), diff, diff)
18     return img
19
20 #2
21 src = cv2.imread('./data/flower.jpg')
22 hsv = cv2.cvtColor(src, cv2.COLOR_BGR2HSV)
23 dst  = floodFillPostProcess(src)
24 dst2 = floodFillPostProcess(hsv)
25 cv2.imshow('src', src)
26 cv2.imshow('hsv', hsv)
27 cv2.imshow('dst', dst)
28 cv2.imshow('dst2', dst2)
29
30 #3
31 res = cv2.pyrMeanShiftFiltering(src, sp = 5, sr = 20, maxLevel = 4)
32 dst3 = floodFillPostProcess(res)
33
34 #4
35 term_crit = (cv2.TERM_CRITERIA_EPS + cv2.TERM_CRITERIA_MAX_ITER,
36             10, 2)
37 res2 = cv2.pyrMeanShiftFiltering(hsv, sp = 5, sr = 20,
38                             maxLevel = 4, termcrit = term_crit)
39 dst4 = floodFillPostProcess(res2)
40
41 cv2.imshow('res', res)
42 cv2.imshow('res2', res2)
43 cv2.imshow('dst3', dst3)
44 cv2.imshow('dst4', dst4)
45 cv2.waitKey()
46 cv2.destroyAllWindows()
```

**프로그램 설명**

① #1: floodFillPostProcess()는 cv2.floodFill() 함수를 사용하여 src를 복사한 img 영상에서 유사한 영역을 채워 분할한다. mask는 img 보다 가로, 세로로 2만큼 큰 영상이고, 0인 화소, (x, y)를 찾아, cv2.floodFill()로 채우면, (x, y)의 화소값과 위아래로 diff 차이가 나지 않으면 img의 해당 화소는 newVal로 채우고, mask는 1로 채운다.

② #2: [그림 7.14](a)의 BGR 입력 영상 src를 [그림 7.14](c)의 HSV 영상 hsv로 변환한다.

floodFillPostProcess()를 src, hsv에 적용하여 각각 [그림 7.14](b)의 dst, [그림 7.14](d)의 dst2로 영역 분할한다. 필터링하지 않은 src, hsv 영상에서 디폴트 차이 diff = (2, 2, 2)에 의한 채우기로 영역 분할한 결과는 매우 많은 영역이 검출된다.

(a) src                (b) res

(c) hsv              (d) dst2

그림 7.14 ◆ BGR, HSV 원본 영상의 floodFillPostprocess() 영역 검출

③ #3: cv2.pyrMeanShiftFiltering()로 src를 sp = 5, sr = 20, maxLevel = 4로 피라미드 평균 이동 필터링하여 [그림 7.15](a)의 res에 저장한다. floodFillPostProcess()를 res에 적용하여 [그림 7.15](b)의 dst3으로 영역 분할한다.

④ #4: cv2.pyrMeanShiftFiltering()로 hsv를 sp = 5, sr = 20, maxLevel = 4, 최대반복 횟수 10, 오차 2의 종료 조건을 적용하여 피라미드 평균 이동 필터링하여 [그림 7.15](c)의 res2에 저장한다. floodFillPostProcess()를 res2에 적용하여 [그림 7.15](d)의 dst4로 영역 분할한다. 피라미드 필터를 적용한 결과의 영역 분할 결과는 좀 더 큰 영역으로 분할한다.

(a) res

(b) dst3

(c) res2

(d) dst4

그림 7.15 ◆ cv2.pyrMeanShiftFiltering() 영역 검출

# K-Means 클러스터링 분할 **07**

K-Means 클러스터링 알고리즘은 데이터를 K-개의 클러스터로 군집하는 간단하고 효율적인 방법이다. K-Means 클러스터링 알고리즘은 반복적으로 클러스터의 중심을 계산한다.

◆ K-Means 클러스터링 알고리즘 ◆

**단계 1**  클러스터 개수 $K$를 고정하고, t = 0으로 초기화한다. $K$개의 클러스터 $C_i^0$, $i = 1, ..., K$의 평균 $m_i^0$, $i = 1, ..., K$을 임의로 선택한다.

**단계 2**  클러스터링하려는 데이터 $x_j$, $j = 1, ..., M$ 각각에 $K$개의 클러스터 평균과의 최소거리가 되는 클러스터 $C_p^t$로 $x_j$을 분류한다.

$$p = argmin_i |x_i - m_i^t|, i = 1, ..., K$$

**단계 3** 각 클러스터 $C_i^t$, $i = 1, ..., K$에 속한 데이터를 이용하여 새로운 클러스터 평균 $m_i^{t+1}$, $i = 1, ..., K$를 계산한다.

$$m_i^{t+1} = \frac{1}{|C_i^t|} \sum_{x_j \in C_i^t} x_j, \;\; i = 1, ..., K$$

**단계 4** t = t + 1로 증가시키고,

만약 t > MAX_ITER 또는 $err = \sum_{i=1}^{K} |m_i^{t+1} - m_i^{t+1}| < EPS$ 이면

중지하고, 그렇지 않으면 단계 2, 단계 3을 반복한다.

```
cv2.kmeans(data, K, bestLabels, criteria, attempts, flags[, centers ])
         -> retval, bestLabels, centers
```

**1** data는 클러스터링을 위한 데이터이다. 각 샘플 데이터는 data의 행에 저장된다. K는 클러스터의 개수이고, bestLabels는 각 샘플의 클러스터 번호를 labels에 저장한다.

**2** criteria는 종료조건으로 최대 반복회수와 각 클러스터의 중심이 오차 이내로 움직이면 종료한다. cv2.TERM_CRITERIA_MAX_ITER 또는 cv2.TERM_CRITERIA_COUNT와 오차 cv2.TERM_CRITERIA_EPS로 설정한다.

**3** attempts는 알고리즘을 시도하는 횟수로, 서로 다른 시도 횟수 중 최적의 레이블링 결과를 bestLabels에 저장하여 반환한다. centers는 클러스터의 중심을 각 행에 저장하여 반환한다.

**4** flags는 K 개의 클러스터 중심을 초기화는 방법을 명시한다. cv2.KMEANS_RANDOM_CENTERS이면 난수를 사용하여 임의로 설정한다. cv2.KMEANS_PP_CENTERS이면, Arthur and Vassilvitskii에 의해 제안 방법을 사용한다. cv2.KMEANS_USE_INITIAL_LABELS이면, 처음 시도에서는 사용자가 제공한 레이블을 사용하고, 다음 시도부터는 난수를 이용하여 임의로 설정한다.

**5** 클러스터링 밀집도(compactness)를 계산하여 retval에 반환한다.

$$\sum_i \|data[i] - centers(label(i))\|^2$$

예제 7.14 | cv2.kmeans() 컬러 클러스터링 영역 검출

```
01 # 0714.py
02 import cv2
03 import numpy as np
04 #1
05 src = cv2.imread('./data/hand.jpg')
06 ##src = cv2.imread('./data/flower.jpg')
07 hsv = cv2.cvtColor(src, cv2.COLOR_BGR2HSV)
08
09 data = src.reshape((-1,3)).astype(np.float32)
10 ##data = hsv.reshape((-1,3)).astype(np.float32)
11
12 #2
13 K = 2
14 term_crit = (cv2.TERM_CRITERIA_EPS+cv2.TERM_CRITERIA_MAX_ITER,
15              10, 1.0)
16 ret, labels, centers = cv2.kmeans(data, K, None, term_crit, 5,
17                              cv2.KMEANS_RANDOM_CENTERS)
18 print('centers.shape=', centers.shape)
19 print('labels.shape=', labels.shape)
20 print('ret=', ret)
21
22 #3
23 centers = np.uint8(centers)
24 res = centers[labels.flatten()]
25 dst = res.reshape(src.shape)
26
27 ##labels2 = np.uint8(labels.reshape(src.shape[:2]))
28 ##print('labels2.max()=', labels2.max())
29 ##dst = np.zeros(src.shape, dtype = src.dtype)
30 ##for i in range(K):                    # 분할영역 표시
31 ##    r = np.random.randint(256)
32 ##    g = np.random.randint(256)
33 ##    b = np.random.randint(256)
34 ##    dst[labels2 == i] = [b, g, r]
35
36 cv2.imshow('dst', dst)
37 cv2.waitKey()
38 cv2.destroyAllWindows()
```

**프로그램 설명**

① #1: 컬러 입력 영상 src를 HSV 컬러 영상 hsv로 변환한다. 입력 영상 src 또는 hsv의 각 화소의 컬러가 data의 행에 배치되도록 모양을 변환한다. data.shape = (230400, 3)이다.

② #2: cv2.kmeans()로 'hand.jpg'는 K = 2, 'SegmentTest.jpg'는 K = 5로 클러스터링 한다.

③ #3: centers를 np.uint8 자료형으로 변환하고, res = centers[labels.flatten()]로 res에 레이블에 대한 클러스터 중심으로 변환한 res를 생성한다. res.shape = (230400, 3)이다. res를 src와 같은 영상 모양으로 변환한다. 주석처리 부분은 labels2의 각 클러스터 번호에 난수로 생성한 컬러를 지정하여 dst 영상을 생성한다.

④ [그림 7.16]은 K = 2로 클러스터링 결과이다. [그림 7.16](a)와 [그림 7.16](b)는 'hand.jpg' 영상을 BGR과 HSV 컬러로 각각 클러스터링한 결과이고, [그림 7.16](c)와 [그림 7.16](d)는 'flower.jpg' 영상을 BGR과 HSV 컬러로 각각 클러스터링한 결과이다.

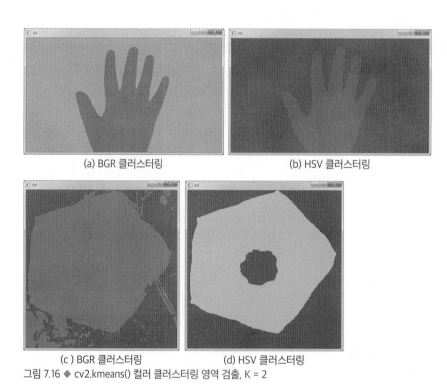

(a) BGR 클러스터링　　　　　　(b) HSV 클러스터링

(c) BGR 클러스터링　　　　　　(d) HSV 클러스터링

그림 7.16 ◆ cv2.kmeans() 컬러 클러스터링 영역 검출, K = 2

# 08 연결 요소 검출

cv2.threshold(), cv2.inRange()등으로 생성한 이진 영상에서 4-이웃 또는 8-이웃 연결성을 고려하여 연결 요소를 라벨링하여 BLOB Binary Large OBject 영역을 검출한다.

```
cv2.connectedComponents(image[, labels[, connectivity[, ltype]]])
                         -> retval, labels
```

**1** image는 8비트 1-채널 입력 영상이다. labels는 연결 요소 정보를 갖는 입력 영상과 같은 크기의 출력 레이블이다.

**2** connectivity는 화소의 이웃 연결성으로 4 또는 8이다. ltype은 출력 labels의 자료형으로 cv2.CV_32S 또는 cv2.CV_16U이다.

```
cv2.connectedComponentsWithStats(image[, labels[, stats[, centroids[,
                                 connectivity[, ltype]]]]])
                                 -> retval, labels, stats, centroids
```

**1** image는 8비트 1-채널 입력 영상이다. labels는 연결 요소 정보를 갖는 입력 영상과 같은 크기의 출력 레이블이다.

**2** stats는 각 레이블에 대해 5열에 바운딩 사각형의 (left, top, width, height, area) 통계정보를 갖는다. 0행은 배경 레이블 정보이다.

**3** centroids는 각 레이블의 중심좌표이다.

**4** connectivity는 화소의 이웃 연결성으로 4 또는 8이다. ltype은 출력 labels의 자료형으로 cv2.CV_32S 또는 cv2.CV_16U이다.

---

**예제 7.15** | 레이블링 1(임계값 이진 영상): cv2.connectedComponents()

```python
01 # 0715.py
02 import cv2
03 import numpy as np
04
05 #1
06 src = cv2.imread('./data/circles.jpg')
07 gray = cv2.cvtColor(src,cv2.COLOR_BGR2GRAY)
08 ret, res = cv2.threshold(gray, 128, 255, cv2.THRESH_BINARY_INV)
09
10 #2
11
12 ret, labels = cv2.connectedComponents(res)
13 print('ret=', ret)
```

```
14
15  #3
16  dst = np.zeros(src.shape, dtype = src.dtype)
17  for i in range(1, ret):          # 분할영역 표시
18      r = np.random.randint(256)
19      g = np.random.randint(256)
20      b = np.random.randint(256)
21      dst[labels == i] = [b, g, r]
22
23  cv2.imshow('res',  res)
24  cv2.imshow('dst', dst)
25  cv2.waitKey()
26  cv2.destroyAllWindows()
```

**프로그램 설명**

① #1: 컬러 입력 영상 src를 그레이스케일 영상 gray로 변환한다. 입력 영상에서 원이 검은색, 배경이 흰색이어서 cv2.THRESH_BINARY_INV로 임계값 128을 적용하여 [그림 7.17](a)의 이진 영상을 생성한다.

② #2: cv2.connectedComponents()로 이진 영상 res를 레이블링하여 레이블 개수는 배경을 포함하여 ret = 4이고, 레이블정보 labels를 생성한다. 검출된 물체인 원의 개수 ret − 1이다.

③ #3: labels에서 배경 레이블(0)은 제외하고, 1에서부터 ret − 1까지의 레이블 영역을 난수로 생성한 같은 컬러로 지정하여 [그림 7.17](b)의 dst 영상을 생성한다.

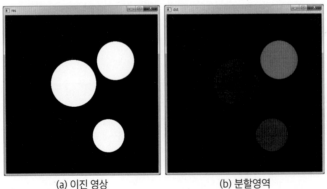

(a) 이진 영상          (b) 분할영역
그림 7.17 ◆ cv2.connectedComponents() 레이블링 1(임계값 이진 영상)

**예제 7.16  cv2.connectedComponentsWithStats() 레이블링**

```
01  # 0716.py
02  import cv2
03  import numpy as np
```

```
04
05  #1
06  src = cv2.imread('./data/circles.jpg')
07  gray = cv2.cvtColor(src,cv2.COLOR_BGR2GRAY)
08  ret, res = cv2.threshold(gray, 128, 255, cv2.THRESH_BINARY_INV)
09
10  #2
11  ret, labels, stats, centroids = cv2.connectedComponentsWithStats(res)
12  print('ret =', ret)
13  print('stats =', stats)
14  print('centroids =', centroids)
15
16  #3
17  dst    = np.zeros(src.shape, dtype = src.dtype)
18  for i in range(1, int(ret)):          # 분할영역 표시
19      r = np.random.randint(256)
20      g = np.random.randint(256)
21      b = np.random.randint(256)
22      dst[labels == i] = [b, g, r]
23
24  #4
25  for i in range(1, int(ret)):
26      x, y, width, height, area = stats[i]
27      cv2.rectangle(dst, (x, y), (x + width, y + height), (0, 0, 255), 2)
28
29      cx, cy = centroids[i]
30      cv2.circle(dst, (int(cx), int(cy)), 5, (255, 0, 0), -1)
31
32  cv2.imshow('src', src)
33  cv2.imshow('dst', dst)
34  cv2.waitKey()
35  cv2.destroyAllWindows()
```

**실행 결과**

```
ret = 4
stats = [[   0     0   512   512 222719]
         [ 308    86   125   125  12281]
         [ 153   145   152   152  18152]
         [ 292   338   107   107   8992]]
centroids = [[ 247.77339607 258.80937863]
             [ 370.        148.        ]
             [ 228.5         220.50534376]
             [ 345.00077847 390.99477313]]
```

**프로그램 설명**

① **#1**: 컬러 입력 영상 src를 그레이스케일 영상 gray로 변환한다. cv2.THRESH_BINARY_INV
로 임계값 128을 적용하여 [그림 7.17](a)의 이진 영상 res를 생성한다.

② **#2**: cv2.connectedComponentsWithStats()로 이진 영상 res를 레이블링하여 레이블
개수 ret, 레이블 정보 labels, 통계정보 stats, 중심점 centroids를 계산한다. ret = 4이다.

③ **#3**: labels에서 배경 레이블(0)은 제외하고, 1에서부터 ret − 1까지의 레이블 영역을 난수로
생성한 같은 컬러로 채운다.

④ **#4**: 레이블 i의 통계정보 stats[i]를 이용하여 바운딩 빨간색으로 사각형을 그리고, 중심점
centroids[i]를 이용하여 파란색으로 원을 그린다. [그림 7.18]은 실행 결과이다.

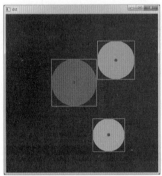

그림 7.18 ◆ cv2.connectedComponentsWithStats() 레이블링

**CHAPTER 08**

# 영상 특징 검출

영상으로부터 계산할 수 있는 영상 특징 feature은 매우 다양하다. 이미 설명한 에지 edges, 직선 lines, 원 circles을 포함한 코너점 corner points, 사각형 rectangle 등의 구조적인 특징이 있다. 영상의 밝기/컬러의 평균 averages, 분산 variances, 히스토그램 histograms, 분포 distributions, 그래디언트 gradients의 크기 및 방향 등의 화소값 관련된 특징이 있다. 이러한 영상 특징은 화소 주변 이웃으로부터 계산하는 지역 특징 local features과 영상 전체에서 계산하는 전역 특징 global features이 있다.

특징 검출기 feature detector는 영상으로부터 관심 영역의 위치 location를 검출하는 알고리즘이다. 특징 디스크립터 feature descriptors는 영상 매칭 matching을 위한 정보를 표현한 특징 벡터이다.

이장에서는 코너점 검출에 의한 특징점 검출, 영상 모멘트 moments, 물체의 윤곽선 관련 특징, 적분 영상 등 간단한 특징 검출 및 디스크립터에 대하여 설명한다. HOG Histogram of Oriented Gradients, SIFT Scale Invariant Feature Transform 등은 9장에서 설명한다.

# 01 코너점 검출

영상에서 코너점은 매우 중요한 특징점이다. [표 8.1]은 코너점 검출 함수이다. 코너점은 단일 채널의 입력 영상의 미분 연산자에 의해 에지 방향을 이용하여 검출한다.

[표 8.1] 코너점 검출 함수

| 함수 | 코너점 검출 방법 |
|---|---|
| cv2.preCornerDetect(src, ksize) -> dst | 지역 극값 |
| cv2.cornerEigenValsAndVecs(src, blockSize, ksize) -> dst | $\lambda_1, \lambda_2$ 모두 큰 값 |
| cv2.cornerMinEigenVal(src, blockSize) -> dst | 임계값 보다 큰값 |
| cv2.cornerHarris(src, blockSize, ksize, k) -> dst | 지역 극값 |
| cv2.cornerSubPix(image, corners, winSize, zeroZone, criteria) -> corners | 부화소 코너점 반환 |
| cv2.goodFeaturesToTrack( image, maxCorners, qualityLevel, minDistance) -> cornersows() | 강한 코너점 반환 |

`cv2.preCornerDetect(src, ksize) -> dst`

**1** 영상 src에서 코너점 검출을 위한 특징맵 dst를 Sobel 미분 연산자를 이용하여 계산한다. ksize는 Sobel 연산자의 마스크 크기이다.

**2** 코너점은 dst에서 지역 극값 local maxima/minima에서 검출된다.

$$dst(x,y) = I_x^2\, I_{yy} + I_y^2 I_{xx} - 2I_x I_y I_{xy}$$

$$여기서,\ I_x = \frac{\partial I(x,y)}{\partial x},\quad I_y = \frac{\partial I(x,y)}{\partial y},\quad I_{xx} = \frac{\partial^2 I(x,y)}{\partial^2 x},$$

$$I_{yy} = \frac{\partial^2 I(x,y)}{\partial^2 y},\ I_{xy} = \frac{\partial^2 I(x,y)}{\partial x\, \partial y}$$

`cv2.cornerEigenValsAndVecs(src, blockSize, ksize) -> dst`

**1** 입력 영상 src에서 각 화소의 고유값과 고유 벡터를 6-채널 dst에 계산한다.

**2** 영상의 모든 화소에 대하여, $blockSize \times blockSize$의 이웃에 있는 미분 값을 이용하여 $2 \times 2$ 크기의 그래디언트를 이용한 공분산 행렬 $M$을 계산하고, $M$의 고유값 $\lambda_1, \lambda_2$, 고유 벡터 $(x_1, y_1), (x_2, y_2)$을 계산하여 dst에 저장한다. 고유값 $\lambda_1, \lambda_2$이 모두 작은 곳은 평평한 flat 영역에 있는 점이며, 고유값 $\lambda_1, \lambda_2$ 중에서 하나는 크고 하나는 작으면 에지 edge이며, 두 고유값 $\lambda_1, \lambda_2$이 모두 큰 곳이 코너점이다.

$$M = \begin{bmatrix} \displaystyle\sum_{Nbd(x,y)} I_x^{\,2} & \displaystyle\sum_{Nbd(x,y)} I_x I_y \\[2em] \displaystyle\sum_{Nbd(x,y)} I_x I_y & \displaystyle\sum_{Nbd(x,y)} I_y^{\,2} \end{bmatrix}$$

$$여기서,\ I_x = \frac{\partial I(x,y)}{\partial x},\ I_y = \frac{\partial I(x,y)}{\partial y}$$

`cv2.cornerMinEigenVal(src, blockSize) -> dst`

**1** 입력 영상 src에서 각 화소의 최소 고유값을 dst에 계산한다.

**2** 공분산 행렬 $M$으로부터 계산한 최소 고유값 $\min(\lambda_1, \lambda_2)$을 출력 행렬 dst에 저장한다. dst에서 임계값 보다 큰 화소가 코너점이다.

```
cv2.cornerHarris(src, blockSize, ksize, k) -> dst
```

**1** 입력 영상 src에서 각 화소의 Harris 반응값 Harris detector responses을 dst에 계산한다.

**2** k는 Harris 코너 검출 상수로 0.01에서 0.06사이의 값을 주로 사용한다. Harris 코너 검출 반응값의 행렬 dst에서 지역 극대값 local maxima이 코너점이 된다.

$$dst(x,y) = \det(M(x,y)) - k \times trace(M(x,y))^2$$

```
cv2.cornerSubPix(image, corners, winSize, zeroZone, criteria) -> corners
```

**1** 입력 영상 image에서 검출된 코너점 corners를 입력하여 코너점의 위치를 부화소 수준으로 다시 계산하여 반환한다.

**2** winSize은 탐색영역의 크기를 정의하며, 예를 들어 winSize = (3, 3)이면, 탐색영역은 (3 × 2 + 1) × (3 × 2 + 1) 크기이다. zeroZone을 설정하면 winSize 영역 내에서 해당 영역을 마스크 처리하여 탐색영역에서 계산하지 않는다. zeroZone = (-1, -1)이면 zeroZone이 설정되지 않는다. criteria는 최대 반복회수와 오차를 사용한 종료 조건이다.

```
cv2.goodFeaturesToTrack(image, maxCorners, qualityLevel, minDistance[,
                corners[, mask[, blockSize[, useHarrisDetector[,
                k ]]]]]) -> corners
```

**1** 영상 image에서 추적하기 좋은 강한 코너점을 검출한다.

**2** maxCorners는 최대 코너점 개수이고, qualityLevel는 최소 코너점의 질 quality을 결정하는 값이다. minDistance는 코너점들 사이의 최소 거리이다. mask는 코너점이 검출될 영역을 지정하며, mask = None이면 영상 전체에서

코너점을 계산한다. blockSize는 블록의 크기이고, useHarrisDetector = False 이면 cv2.cornerMinEigenVal()를 사용하고, useHarrisDetector = True이면 cv2.cornerHarris()를 사용한다. k는 해리스 코너점 검출에 사용되는 상수이다.

---

**예제 8.1** | cv2.preCornerDetect() 코너점 검출

```python
01  # 0801.py
02  import cv2
03  import numpy as np
04
05  #1
06  def findLocalMaxima(src):
07      kernel= cv2.getStructuringElement(shape = cv2.MORPH_RECT,
08                                        ksize = (11, 11))
09      # local max if kernel = None, 3x3
10      dilate = cv2.dilate(src, kernel)
11      localMax = (src == dilate)
12
13      # local min if kernel = None, 3x3
14      erode = cv2.erode(src, kernel)
15      localMax2 = src > erode
16      localMax &= localMax2
17      points = np.argwhere(localMax == True)
18      points[:,[0, 1]] = points[:,[1, 0]]   # switch x, y
19      return points
20
21  #2
22  src = cv2.imread('./data/CornerTest.jpg')
23  gray = cv2.cvtColor(src, cv2.COLOR_BGR2GRAY)
24  res = cv2.preCornerDetect(gray, ksize = 3)
25  ret, res2 = cv2.threshold(np.abs(res), 0.1, 0, cv2.THRESH_TOZERO)
26  corners = findLocalMaxima(res2)
27  print('corners.shape=', corners.shape)
28
29  #3
30  dst = src.copy()
31  for x, y in corners:
32      cv2.circle(dst, (x, y), 5, (0, 0, 255), 2)
33
34  cv2.imshow('dst', dst)
35  cv2.waitKey()
36  cv2.destroyAllWindows()
```

### 프로그램 설명

① **#1:** findLocalMaxima()는 src에서 팽창과 침식의 모폴로지 연산으로 지역 극대값의 좌표를 points 배열에 검출하여 반환한다. cv2.dilate()로 src에서 rectKernel의 이웃에서 최대값을 dilate에 계산한다. 커널을 None을 사용하면 3×3 사각형 이웃이다. src == dilate로 src에서 지역 최대값의 위치를 localMax 배열에 계산한다. cv2.erode()로 src에서 rectKernel의 이웃에서 최소값을 erode에 계산한다.

localMax2 = src > erode로 최소값보다 큰 위치를 localMax2에 계산한다. localMax &= localMax2로 localMax와 localMax2를 논리곱하여 지역 최대값 위치를 localMax 배열에 계산한다. points = np.argwhere()로 localMax 배열에서 True인 위치의 좌표를 points 배열에 찾는다. np.argwhere()는 행, 열 순서로 찾기 때문에, points[:,[0, 1]] = points[:, [1, 0]] 에 의해 좌표순서를 열(x), 행(y)로 변경하여 반환한다.

② **#2:** 그레이스케일 영상 gray에서 cv2.preCornerDetect()로 res를 계산한다. 극대값만을 찾기 위하여 np.abs(res)인 절대값 배열에서, cv2.threshold()로 임계값 thersh = 0.1 보다 작은 값은 0으로 변경하여 res2에 저장한다. 즉, res에서 임계값보다 작은 값을 제거한다. findLocalMaxima()로 res2에서 지역 극값의 좌표를 코너점으로 찾아 corners에 저장한다.

③ **#3:** src를 dst에 복사하고, 코너점 배열 corners의 각 코너점 좌표에 cv2.circle()로 dst에 반지름 5, 빨간색 원을 그린다. [그림 8.1]은 'CornerTest.jpg'에서 8개의 코너점을 검출한 결과이다.

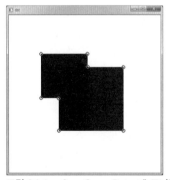

그림 8.1 ◆ cv2.preCornerDetect() 코너점 검출

---

**예제 8.2** | **코너점 검출: cornerEigenValsAndVecs()**

```
01 # 0802.py
02 import cv2
03 import numpy as np
04 #1
```

```
05  src = cv2.imread('./data/CornerTest.jpg')
06  gray = cv2.cvtColor(src, cv2.COLOR_BGR2GRAY)
07  res = cv2.cornerEigenValsAndVecs(gray, blockSize = 5, ksize = 3)
08  print('res.shape=', res.shape)
09  eigen = cv2.split(res)
10
11  #2
12  T = 0.2
13  ret, edge = cv2.threshold(eigen[0], T, 255, cv2.THRESH_BINARY)
14  edge = edge.astype(np.uint8)
15
16  #3
17  corners = np.argwhere(eigen[1] > T)
18  corners[:,[0, 1]] = corners[:,[1, 0]]       # switch x, y
19  print('len(corners) =', len(corners))
20
21  dst = src.copy()
22  for x, y in corners:
23      cv2.circle(dst, (x, y), 5, (0,0,255), 2)
24
25  cv2.imshow('edge', edge)
26  cv2.imshow('dst', dst)
27  cv2.waitKey()
28  cv2.destroyAllWindows()
```

### 프로그램 설명

1. #1: cv2.cornerEigenValsAndVecs()로 gray 영상에서 각 화소 이웃에 의한 $2 \times 2$ 공분산 행렬 M의 고유값과 고유 벡터를 res에 계산한다. res.shape = (512, 512, 6)이다. cv2. split()로 res를 채널 분리하여 eigen에 저장한다. eigen[0] = $\lambda_1$, eigen[1] = $\lambda_2$의 고유값이고, $\lambda_1$에 대한 고유 벡터는 eigen[2] = x1, eigen[3] = y1이고, $\lambda_2$에 대한 고유 벡터는 eigen[4] = x2, eigen[5] = y2에 저장된다.

2. #2: cv2.threshold()로 eigen[0]에서 임계값 T = 0.2로 [그림 8.2](a)의 이진 영상 edge를 검출한다.

3. #3: 작은 고유값 eigen[1]이 T보다 크면, 큰 고유값 eigen[0]은 T보다 크므로 np.argwhere()로 eigen[1] > T인 좌표를 코너점 배열 corners에 검출하고, corners[:, [0, 1]] = corners[:, [1, 0]]에 의해 좌표순서를 열 x, 행 y로 변경하여 반환한다. corners의 각 코너점 좌표에 cv2.circle()로 dst에 반지름 5인 빨간색 원을 [그림 8.2](b)와 같이 표시한다.

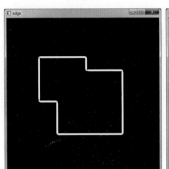 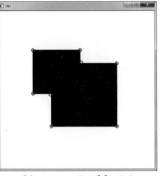

(a) edge, eigen[0] > 0.2   (b) corners, eigen[1] > 0.2

그림 8.2 ◆ cornerEigenValsAndVecs() 코너점 검출

### 예제 8.3 | 코너점 검출 1: cv2.cornerMinEigenVal()

```python
01 # 0803.py
02 import cv2
03 import numpy as np
04
05 #1
06 src = cv2.imread('./data/CornerTest.jpg')
07 gray = cv2.cvtColor(src, cv2.COLOR_BGR2GRAY)
08 eigen = cv2.cornerMinEigenVal(gray, blockSize = 5)
09 print('eigen.shape=', eigen.shape)
10
11 #2
12 T = 0.2
13 corners  = np.argwhere(eigen > T)
14 corners[:,[0, 1]] = corners[:,[1, 0]]      # switch x, y
15 print('len(corners ) =', len(corners))
16 dst = src.copy()
17 for x, y in corners :
18     cv2.circle(dst, (x, y), 3, (0, 0, 255), 2)
19
20 cv2.imshow('dst', dst)
21 cv2.waitKey()
22 cv2.destroyAllWindows()
```

**프로그램 설명**

① #1: cv2.cornerMinEigenVal()로 gray 영상에서 각 화소 이웃에 의한 2×2 공분산 행렬 M의 작은 고유값 $\lambda_2$를 eigen.shape = (512, 512)인 eigen에 계산한다.

② #2: np.argwhere()로 eigen > T인 좌표를 코너점 배열 corners에 검출하고, corners[:, [0,

1]] = corners[:, [1, 0]]에 의해 좌표순서를 열 x, 행 y으로 변경하여 반환한다. corners의
각 코너점 좌표에 cv2.circle()로 dst에 반지름 5인 빨간색 원을 [그림 8.2](b)와 같이 표시한다.

**예제 8.4 │ 코너점 검출 2 : cv2.cornerHarris(), cv2.cornerSubPix()**

```python
# 0804.py
import cv2
import numpy as np

#1
def findLocalMaxima(src):
    kernel = cv2.getStructuringElement(shape = cv2.MORPH_RECT,
                                       ksize = (11, 11))
    dilate = cv2.dilate(src,kernel) # local max if kernel = None, 3x3
    localMax = (src == dilate)

    erode = cv2.erode(src,kernel)    # local min if kernel = None, 3x3
    localMax2 = src > erode
    localMax &= localMax2
    points = np.argwhere(localMax == True)
    points[:, [0, 1]] = points[:, [1, 0]]       # switch x, y
    return points
#2
src = cv2.imread('./data/CornerTest.jpg')
gray = cv2.cvtColor(src, cv2.COLOR_BGR2GRAY)
res = cv2.cornerHarris(gray, blockSize = 5, ksize = 3, k = 0.01)
ret, res = cv2.threshold(np.abs(res), 0.02, 0, cv2.THRESH_TOZERO)
res8 = cv2.normalize(res, None, 0, 255, cv2.NORM_MINMAX,
                     dtype = cv2.CV_8U)
cv2.imshow('res8', res8)

corners = findLocalMaxima(res)
print('corners=', corners)

#3
#corners = np.float32(corners).copy()
corners = corners.astype(np.float32, order = 'C')
term_crit = (cv2.TERM_CRITERIA_MAX_ITER +
             cv2.TERM_CRITERIA_EPS, 10, 0.01)
corners2 = cv2.cornerSubPix(gray, corners, (5, 5), (-1, -1),
                            term_crit)
print('corners2=', corners2)

dst = src.copy()
```

```
40  for x, y in np.int32(corners2):
41      cv2.circle(dst, (x, y), 3, (0, 0, 255), 2)
42  cv2.imshow('dst', dst)
43  cv2.waitKey()
44  cv2.destroyAllWindows()
```

**실행 결과**

```
corners= [[109 127]
          [264 127]
          [267 167]
          [386 170]
          [109 268]
          [167 271]
          [170 374]
          [386 374]]
corners2= [[ 107.55936432  125.55945587]
           [ 265.44076538  125.55923462]
           [ 265.55923462  168.44174194]
           [ 387.4407959   168.55888367]
           [ 107.55836487  269.44094849]
           [ 168.4414978   269.55926514]
           [ 168.55921936  375.4407959 ]
           [ 387.4407959   375.4407959 ]]
```

**프로그램 설명**

① #1: [예제 8.1]에서 설명한 findLocalMaxima()는 src에서 팽창과 침식의 모폴로지 연산으로 지역 극대값의 좌표를 points를 검출하여 반환한다.

② #2: cv2.cornerHarris()로 gray 영상에서 각 화소 이웃에 의한 2×2 공분산 행렬 M의 Harris 반응값을 res에 계산한다. res.shape = (512, 512)이다. cv2.threshold()로 np.abs(res)에서 임계값 thresh=0.02 보다 작은 값을 0으로 변경하여 res에 저장한다. Harris 반응값 res를 [0, 255] 범위로 정규화한 res8은 [그림 8.3](a)과 같다.

③ #3: findLocalMaxima()로 res에서 코너점을 찾아 corners에 저장한다. 이때의 코너점 corners는 정수 좌표이다. corners를 np.float32 자료형으로 변환한다. 이때 order = 'C'에 의해 C언어 스타일 메모리 구조를 지정하거나, 복사하지 않으면 cv2.cornerSubPix()에서 오류가 발생함에 주의한다. cv2.cornerSubPix()로 gray 영상에서 코너점 좌표 corners를 부화소 수준으로 계산하여 corners에 저장한다. 실행 결과를 보면 corners2의 좌표는 corners에서 약간 이동된 다른 것을 알 수 있다. corners2의 각 코너점 좌표에 cv2.circle()로 반지름 5인 빨간색 원을 [그림 8.3](b) 같이 표시한다.

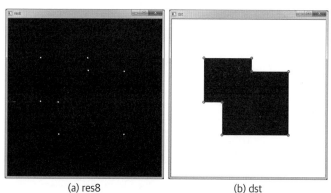

(a) res8                    (b) dst

그림 8.3 ◆ cv2.cornerHarris(), cv2.cornerSubPix() 코너점 검출 1

---

**예제 8.5** | **코너점 검출 2: cv2.cornerHarris(), cv2.cornerSubPix()**

```python
01 # 0805.py
02 import cv2
03 import numpy as np
04
05 #1
06 src = cv2.imread('./data/CornerTest.jpg')
07 gray = cv2.cvtColor(src, cv2.COLOR_BGR2GRAY)
08 res = cv2.cornerHarris(gray, blockSize = 5, ksize = 3, k = 0.01)
09
10 #2
11 res = cv2.dilate(res, None)    # 3x3 rect kernel
12 ret, res = cv2.threshold(res, 0.01 * res.max(), 255,
13                     cv2.THRESH_BINARY)
14 res8 = np.uint8(res)
15 cv2.imshow('res8', res8)
16
17 #3
18 ret, labels, stats, centroids = \
19     cv2.connectedComponentsWithStats(res8)
20 print('centroids.shape=', centroids.shape)
21 print('centroids=', centroids)
22 centroids = np.float32(centroids)
23
24 #4
25 term_crit=(cv2.TERM_CRITERIA_MAX_ITER +
26             cv2.TERM_CRITERIA_EPS, 10, 0.001)
27 corners = cv2.cornerSubPix(gray, centroids, (5, 5), (-1, -1),
28                     term_crit)
29 print('corners=', corners)
```

```
30
31  #5
32  corners = np.round(corners)
33  dst = src.copy()
34  for x, y in corners[1:]:
35      cv2.circle(dst, (int(x), int(y)), 5, (0, 0, 255), 2)
36
37  cv2.imshow('dst', dst)
38  cv2.waitKey()
39  cv2.destroyAllWindows()
```

**실행 결과**

```
centroids.shape= (9, 2)
centroids= [[ 255.53481922  255.53107522]
            [ 108.          126.        ]
            [ 265.          126.        ]
            [ 266.          168.        ]
            [ 387.          169.        ]
            [ 108.          269.        ]
            [ 168.          270.        ]
            [ 169.          375.        ]
            [ 387.          375.        ]]
corners= [[ 255.53482056  255.53108215]
          [ 107.55841064  125.55864716]
          [ 265.44165039  125.55834961]
          [ 265.55831909  168.44258118]
          [ 387.44168091  168.55795288]
          [ 107.55749512  269.44186401]
          [ 168.44239807  269.55838013]
          [ 168.55831909  375.44168091]
          [ 387.44168091  375.44168091]]
```

**프로그램 설명**

① **#1**: cv2.cornerHarris()로 gray 영상에서 각 화소 이웃에 의한 2×2 공분산 행렬 M의 Harris 반응값을 res에 계산한다. res.shape = (512, 512)이다.

② **#2**: cv2.dilate()로 res에 3×3 사각형 커널을 사용하여 팽창연산으로 지역 최대값을 res에 계산한다. cv2.threshold()로 res에서 임계값 thresh = 0.01 * res.max()보다 크면 255인 이진 영상을 res에 저장한다. Harris 반응값 res를 np.uint8 자료형으로 변경한 res8은 [그림 8.4](a)와 같다.

③ **#3**: cv2.connectedComponentsWithStats()로 이진 영상 res8를 레이블링하여 레이블 개수 ret, 레이블정보 labels, 통계정보 stats, 중심점 centroids를 계산한다. 배경을 포함하기 때문에 ret = 9이다. centroids의 자료형을 np.float32로 변경한다. [그림 8.4](a)의

반응값이 임계값보다 큰 영역의 중심인 centroids가 코너점이다. 이때는 order = 'C'를 지정하지 않아도 cv2.cornerSubPix()에서 오류가 발생하지 않는다.

④ #4: cv2.cornerSubPix()로 gray 영상에서 centroids를 부화소 수준으로 계산하여 corners에 저장한다. corners[0]은 배경의 중심점이다. 물체의 코너점인 corners[1:]의 각 좌표에 cv2.circle()로 반지름 5인 빨간색 원을 [그림 8.4](b)와 같이 표시한다.

⑤ [예제 8.4]와 [예제 8.5]는 cv2.cornerHarris()와 cv2.cornerSubPix()를 같이 사용하였지만, Harris 반응값에서 초기 코너점을 찾는 방법이 다르기 때문에 검출된 코너점이 약간 차이가 난다.

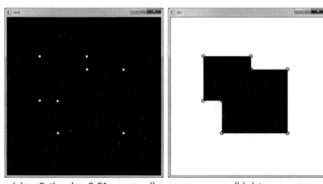

(a) res8, thresh = 0.01 * res.max()　　　　(b) dst

그림 8.4 ◆ cv2.cornerHarris(), cv2.cornerSubPix() 코너점 검출 2

---

**예제 8.6　cv2.goodFeaturesToTrack() 코너점 검출**

```
01 # 0806.py
02 import cv2
03 import numpy as np
04
05 #1
06 src = cv2.imread('./data/CornerTest.jpg')
07 gray = cv2.cvtColor(src, cv2.COLOR_BGR2GRAY)
08
09 K = 5
10 ##K = 10
11 corners = cv2.goodFeaturesToTrack(gray, maxCorners = K,
12                         qualityLevel = 0.05, minDistance = 10)
13 print('corners.shape=', corners.shape)
14 print('corners=', corners)
15
16 #2
```

```
17  corners2 = cv2.goodFeaturesToTrack(gray, maxCorners = K,
18                          qualityLevel = 0.05, minDistance = 10,
19                          useHarrisDetector = True, k = 0.04)
20  print('corners2.shape=', corners2.shape)
21  print('corners2=', corners2)
22
23  #3
24  dst = src.copy()
25  corners = corners.reshape(-1, 2)
226 for x, y in corners:
27      cv2.circle(dst, (int(x), int(y)), 5, (0, 0, 255), -1)
28
29  corners2 = corners2.reshape(-1, 2)
30  for x, y in corners2:
31      cv2.circle(dst, (int(x), int(y)), 5, (255, 0, 0), 2)
32
33  cv2.imshow('dst', dst)
34  cv2.waitKey()
35  cv2.destroyAllWindows()
```

**실행 결과: K = 5**

```
corners.shape= (5, 1, 2)
corners= [[[ 387.  375.]]
         [[ 169.  375.]]
         [[ 265.  126.]]
         [[ 168.  270.]]
         [[ 266.  168.]]]
corners2.shape= (5, 1, 2)
corners2= [[[ 387.  375.]]
          [[ 169.  375.]]
          [[ 265.  126.]]
          [[ 387.  169.]]
          [[ 108.  269.]]]
```

**프로그램 설명**

① #1: cv2.goodFeaturesToTrack()로 gray에서 최대 코너점 maxCorners = K을 적용하여 코너점을 corners에 검출한다. K = 5인 경우, corners.shape = (5, 1, 2)로 5개의 코너점의 좌표가 (1, 2)에 저장된다.

② #2: cv2.goodFeaturesToTrack()로 gray에서 최대 코너점 maxCorners = K, useHarrisDetector = True를 적용하여 코너점을 corners2에 검출한다. K = 5인 경우, corners2.shape= (5, 1, 2)로 5개의 코너점의 좌표가 (1, 2)에 저장된다.

③ #3: corners의 각 좌표에 cv2.circle()로 반지름 5인 빨간색 채워진 원으로 dst에 표시한다. corners2의 각 좌표에 cv2.circle()로 반지름 5인 파란색, 두께 2인 원으로 dst에 표시한다.

④ [그림 8.5](a)는 maxCorners = 5의 결과이다. useHarrisDetector의 사용 여부에 따라 서로 다른 5개의 코너점을 검출한다. [그림 8.5](b)는 maxCorners = 10의 결과로 8개의 코너점 모두 검출되었다.

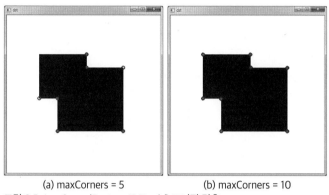

(a) maxCorners = 5        (b) maxCorners = 10

그림 8.5 ◆ cv2.goodFeaturesToTrack() 코너점 검출

## 체스보드 패턴 코너점 검출 **02**

카메라 캘리브레이션 등에서 자주 사용하는 체스보드 패턴의 내부 코너점을 순차적으로 검출하고 그리는 편리한 함수가 있다. cv2.findChessboardCorners(), cv2.findCirclesGrid()는 코너점을 검출하고, cv2.drawChessboardCorners()는 영상에 검출된 코너점을 그린다. 검출된 코너점에 cv2.cornerSubPix()를 추가로 사용하면 부화소 수준으로 더욱 정확한 좌표를 검출할 수 있다.

```
cv2.findChessboardCorners(image, patternSize[, corners[, flags ]])
                       -> retval, corners
```

**1** image에서 체스보드 패턴의 내부 코너점을 순차적으로 검출한다. 시작점은 왼쪽-위 left-top 또는 오른쪽-아래 right-bottom에서 시작하여 행우선 순서로 검출하여 corners에 반환한다.

**2** image는 그레이스케일 또는 컬러 영상이고, patternSize는 패턴의 내부 코너점의 열과 행의 크기로 patternSize = (points_per_row, points_per_colum)이다.

flags는 0이거나

> cv2.CALIB_CB_ADAPTIVE_THRESH,
> cv2.CALIB_CB_NORMALIZE_IMAGE,
> cv2.CALIB_CB_FILTER_QUADS,
> cv2.CALIB_CB_FAST_CHECK

를 조합해 사용한다.

**3** 검출된 코너점은 corners 배열에 반환한다.

```
cv2.findCirclesGrid(image, patternSize[, centers[, flags[,
                blobDetector ]]]) -> retval, centers
```

**1** 원 형태의 격자에서 원의 중심점을 검출한다.

**2** patternSize는 패턴의 내부 코너점의 열과 행의 크기로 patternSize = (points_per_row, points_per_colum)이다.

**3** flags는

cv2.CALIB_CB_SYMMETRIC_GRID,
cv2.CALIB_CB_ASYMMETRIC_GRID,
cv2.ALIB_CB_CLUSTERING
중 하나이다.

**4** blobDetector는 사용할 blob 검출기이다.

```
cv2.drawChessboardCorners(image, patternSize, corners, patternWasFound)
                -> image
```

**1** cv2.findChessboardCorners()로 검출된 코너점 배열 corners를 8비트 컬러 영상 image에 표시한다.

**2** patternSize는 패턴의 크기, patternWasFound는 패턴이 발견되었는지 여부 이다.

**예제 8.7** | 체스보드 패턴 코너점 검출: cv2.findChessboardCorners()

```python
01 # 0807.py
02 import cv2
03 import numpy as np
04
05 #1
06 src = cv2.imread('./data/chessBoard.jpg')
07 gray = cv2.cvtColor(src, cv2.COLOR_BGR2GRAY)
08 patternSize = (6, 3)
09 found, corners = cv2.findChessboardCorners(src, patternSize)
10 print('corners.shape=', corners.shape)
11
12 #2
13 term_crit = (cv2.TERM_CRITERIA_EPS+cv2.TERM_CRITERIA_MAX_ITER,
14             10, 0.01)
15 corners2 = cv2.cornerSubPix(gray, corners, (5, 5), (-1, -1),
16                             term_crit)
17
18 #3
19 dst = src.copy()
20 cv2.drawChessboardCorners(dst, patternSize, corners2, found)
21
22 cv2.imshow('dst', dst)
23 cv2.waitKey()
24 cv2.destroyAllWindows()
```

**프로그램 설명**

① #1: src 영상은 7×4의 흰색과 검은색 사각형을 갖는다. 체스보드 패턴의 내부 코너점은 6×3이다. src 또는 gray에서 cv2.findChessboardCorners()로 patternSize = (6, 3)의 패턴 크기의 코너점을 corners에 검출한다. found=True이고, corners.shape = (18, 1, 2)으로 18개의 코너점의 좌표를 (1, 2)에 저장한다.

그림 8.6 ◆ cv2.findChessboardCorners() 체스보드 패턴 코너점 검출

② #2: cv2.cornerSubPix()로 corners를 부화소 수준으로 corners2에 계산한다.

③ #3: src를 dst에 복사하고, cv2.drawChessboardCorners()로 검출된 코너점 corners2를 dst에 그려 [그림 8.6]과 같이 표시한다.

---

**예제 8.8 | 원 패턴 중심점 검출: cv2.findCirclesGrid()**

```
01 # 0808.py
02 import cv2
03 import numpy as np
04
05 #1
06 src = cv2.imread('./data/circleGrid.jpg')
07 gray = cv2.cvtColor(src, cv2.COLOR_BGR2GRAY)
08 patternSize = (6, 4)
09 found, centers = cv2.findCirclesGrid(src, patternSize)
10 print('centers.shape=', centers.shape)
11
12 #2
13 term_crit = (cv2.TERM_CRITERIA_EPS + cv2.TERM_CRITERIA_MAX_ITER,
14             10, 0.01)
15 centers2 = cv2.cornerSubPix(gray, centers, (5, 5), (-1, -1),
16                            term_crit)
17
18 #3
19 dst = src.copy()
20 cv2.drawChessboardCorners(dst, patternSize, centers2, found)
21
22 cv2.imshow('dst', dst)
23 cv2.waitKey()
24 cv2.destroyAllWindows()
```

**프로그램 설명**

① #1: src 영상은 6×4의 검은색 원 패턴을 갖는다. src 또는 gray에서 cv2.findCirclesGrid()로 patternSize = (6, 4)의 원의 중심점을 centers에 검출한다. found = True이고, centers.shape = (24, 1, 2)으로 24개의 중심점의 좌표를 (1, 2)에 저장한다.

② #2: cv2.cornerSubPix()로 centers를 부화소 수준으로 centers2에 계산한다.

③ #3: src를 dst에 복사하고, cv2.drawChessboardCorners()로 검출된 centers2를 dst에 그려 [그림 8.7]과 같이 표시한다.

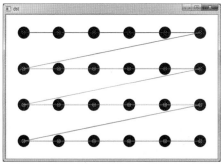

그림 8.7 ◆ cv2.findCirclesGrid() 원 패턴 중심점 검출

# 모멘트 Moments 03

영상 모멘트는 화소의 가중평균으로 물체 인식을 위해 사용할 수 있는 디스크립터이다. 영상 분할하고 관심 물체로의 영상 모멘트를 계산하면, 물체의 면적 area, 무게중심 centroid, 물체의 기울어진 방향 orientation 등을 계산할 수 있다. 대표적인 모멘트는 중심 모멘트 central moments와 Hu 모멘트가 있다.

```
cv2.moments(array[, binaryImage ]) -> retval
```

1 경계선 좌표 또는 영상의 3-차 모멘트까지 계산한다.

2 array는 1-채널의 영상 또는 경계선 좌표 배열이다. binaryImage = True이면, array가 영상일 때 0이 아닌 화소값을 1로 처리한다.

3 공간 모멘트, 중심 모멘트, 정규화 중심 모멘트를 계산하여 retval에 사전 dict 자료형으로 반환한다.

**a 공간 모멘트** spatial moments

$m_{ji}$는 공간 모멘트이다. j >= 0, i >= 0이고 i + j <= 3이다. 영상 모멘트는 영상 화소값과 좌표를 이용하여 계산하고, 경계선 모멘트는 경계선 위의 좌표만을 가지고 모멘트를 계산한다. $m_{00}$는 이진 영상에서는 면적이고, 그레이 스케일 영상에서는 밝기값의 합이다.

$$m_{ji} = \sum_{x,y} [array(x,y)\ x^j\ y^i\ ] : \text{영상 모멘트}$$

$$m_{ji} = \sum_{x,y} [\ x^j\ y^i\ ] : \text{경계선 모멘트}$$

**b** **중심 모멘트** central moments

$(x_c, y_c)$는 무게중심 mass center이다. 중심 모멘트에서 mu00 = m00, mu10 = 0, mu01 = 0이다.

$$mu_{ji} = \sum_{x,y} [array(x,y)\ (x-x_c)^j\ (y-y_c)^i\ ] : \text{영상 모멘트}$$

$$mu_{ji} = \sum_{x,y} [\ (x-x_c)^j\ (y-y_c)^i\ ] : \text{경계선 모멘트}$$

$$\text{여기서}\quad x_c = \frac{m_{10}}{m_{00}},\ y_c = \frac{m_{01}}{m_{00}}$$

**c** **정규 중심 모멘트** central normalized moments

정규 중심 모멘트에서 nu00 = 1, nu10 = 0, nu01 = 0이다.

$$nu_{ji} = \frac{\mu_{ji}}{m_{00}^{((i+j)/2\ +1)}}$$

```
cv2.HuMoments(m[, hu ]) -> hu
```

**1** 정규 중심 모멘트를 이용하여 Hu의 7 모멘트를 계산한다.

**2** m은 cv2.moments()로 계산한 모멘트이다.

**3** Hu 모멘트는 이동 translation, 스케일 scaling, 회전 rotation에 불변 invariant이다. 단, hu[6]은 영상 반사 reflection에 의해 부호가 변경된다.

**예제 8.9** | **영상 모멘트: cv2.moments()**

```python
01 # 0809.py
02 import cv2
03 import numpy as np
04
05 #1
06 src = cv2.imread('./data/momentTest.jpg')
07 gray = cv2.cvtColor(src, cv2.COLOR_BGR2GRAY)
08 ret, bImage = cv2.threshold(gray, 128, 255, cv2.THRESH_BINARY)
09
10 #2
11 ##M = cv2.moments(bImage)
12 M = cv2.moments(bImage, True)
13 for key, value in M.items():
14     print('{}={}'.format(key, value))
15
16 #3
17 cx = int(M['m10'] / M['m00'])
18 cy = int(M['m01'] / M['m00'])
19 dst = src.copy()
20 cv2.circle(dst, (cx, cy), 5, (0, 0, 255), 2)
21
22 cv2.imshow('dst', dst)
23 cv2.waitKey()
24 cv2.destroyAllWindows()
```

**실행 결과: K = 5**

```
m00=79262.0
m10=19719561.0
m01=19943644.0
m20=5515429769.0
m11=5090506179.0
m02=5490383844.0
m30=1678594806585.0
m21=1448966367859.0
m12=1427069177889.0
m03=1619623824694.0
mu20=609408144.1012974
mu11=128735034.94252014
mu02=472229671.77704334
mu30=3184447093.48999
mu21=-2863822758.3268433
mu12=-3664976429.7761536
mu03=509725524.1086426
nu20=0.09700144427924574
```

```
nu11=0.020491167437841
nu02=0.07516630789606452
nu30=0.001800410227810075
nu21=-0.0016191368967214139
nu12=-0.002072090022265142
nu03=0.00028818662079742156
```

**프로그램 설명**

① #1: 입력 영상 src를 그레이스케일로 gray로 변환하고, 이진 영상 bImage를 생성한다.

② #2: cv2.moments()로 이진 영상 bImage에서 영상 모멘트 M을 계산한다. cv2.moments(bImage)는 bImage의 물체 영역의 화소값 255로 계산하고, cv2.moments(bImage, True)는 1로 계산하여 모멘트 값이 다르다. for 문으로 M.items()의 key, value 값으로 모멘트를 출력한다.

③ #3: 물체의 중심좌표를 cx, cy에 계산하고, dst에 빨간색 원으로 표시한다.

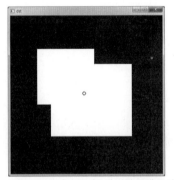

그림 8.8 ◆ 영상 모멘트에 의한 물체 중심

---

**예제 8.10** | cv2.moments() 경계선 모멘트

```
01  # 0810.py
02  import cv2
03  import numpy as np
04
05  #1
06  src = cv2.imread('./data/circles.jpg')
07  gray = cv2.cvtColor(src, cv2.COLOR_BGR2GRAY)
08  ret, bImage = cv2.threshold(gray, 128, 255, cv2.THRESH_BINARY_INV)
09
10  #2
11  mode = cv2.RETR_EXTERNAL
12  method = cv2.CHAIN_APPROX_SIMPLE
```

```
13 contours, hierarchy = cv2.findContours(bImage, mode, method)
14
15 dst = src.copy()
16 cv2.drawContours(dst, contours, -1, (255, 0, 0), 3) # 모든 윤곽선
17
18 #3
19 for cnt in contours:
20
21     M = cv2.moments(cnt, True)
22 ##     for key, value in M.items():
23 ##         print('{}={}'.format(key, value))
24
25     cx = int(M['m10'] / M['m00'])
26     cy = int(M['m01'] / M['m00'])
27     cv2.circle(dst, (cx, cy), 5, (0,0,255), 2)
28
29 cv2.imshow('dst', dst)
30 cv2.waitKey()
31 cv2.destroyAllWindows()
```

**프로그램 설명**

① #1: 입력 영상 src를 그레이스케일로 gray로 변환하고, cv2.THRESH_BINARY_INV로 물체가 흰색, 배경이 검은색인 이진 영상 bImage를 생성한다.

② #2: cv2.findContours()로 이진 영상 bImage에서 윤곽선(경계선)을 contours에 검출하고, dst에 파란색으로 윤곽선을 그린다.

③ #3: contours의 각 윤곽선 cnt의 모멘트를 M에 계산하고, 각 윤곽선의 중심좌표 (cx, cy)를 계산하고, dst에 빨간색 원으로 표시한다. [그림 8.9]는 실행 결과이다.

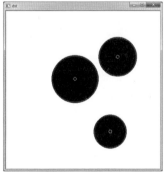

그림 8.9 ◆ 경계선 모멘트에 의한 물체 중심

**예제 8.11** | Hu의 불변 모멘트 invariant moment

```
01 # 0811.py
02 import cv2
03 import numpy as np
04
05 #1
06 src = cv2.imread('./data/momentTest.jpg')
07 gray = cv2.cvtColor(src, cv2.COLOR_BGR2GRAY)
08 ret, bImage = cv2.threshold(gray, 128, 255, cv2.THRESH_BINARY)
09
10 mode = cv2.RETR_EXTERNAL
11 method = cv2.CHAIN_APPROX_SIMPLE
12 contours, hierarchy = cv2.findContours(bImage, mode, method)
13
14 dst = src.copy()
15 cnt = contours[0]
16 cv2.drawContours(dst, [cnt], 0, (255, 0, 0), 3)
17
18 #2
19 M = cv2.moments(cnt)
20 hu = cv2.HuMoments(M)
21 print('hu.shape=', hu.shape)
22 print('hu=', hu)
23
24 #3
25 angle = 45.0
26 scale = 0.2
27 cx = M['m10'] / M['m00']
28 cy = M['m01'] / M['m00']
29 center = (cx, cy)
30 t = (20, 30)
31 A = cv2.getRotationMatrix2D( center, angle, scale )
32 A[:, 2] += t               # translation
33 print('A=', A)             # Affine 변환
34 cnt2 = cv2.transform(cnt, A)
35 cv2.drawContours(dst, [cnt2], 0, (0, 255, 0), 3)
36 cv2.imshow('dst', dst)
37
38 #4
39 M2 = cv2.moments(cnt2)
40 hu2 = cv2.HuMoments(M2)
41 print('hu2.shape=', hu2.shape)
42 print('hu2=', hu)
43
```

```
44 #5
45 ##diffSum = sum(abs(hu - hu2))
46 diffSum = np.sum(cv2.absdiff(hu, hu2))
47 print('diffSum=', diffSum)
48
49 cv2.waitKey()
50 cv2.destroyAllWindows()
```

**실행 결과**

```
hu.shape= (7, 1)
hu= [[  1.72272960e-01]
     [  2.17960438e-03]
     [  9.24428655e-05]
     [  1.90785217e-06]
     [  1.11977849e-12]
     [ -6.96325160e-09]
     [ -2.53121609e-11]]
A= [[  1.41421356e-01   1.41421356e-01   1.98030817e+02]
    [ -1.41421356e-01   1.41421356e-01   2.81234993e+02]]
hu2.shape= (7, 1)
hu2= [[  1.72272960e-01]
      [  2.17960438e-03]
      [  9.24428655e-05]
      [  1.90785217e-06]
      [  1.11977849e-12]
      [ -6.96325160e-09]
      [ -2.53121609e-11]]
diffSum= 0.000321570737808
```

**프로그램 설명**

① #1: 입력 영상 src를 그레이스케일 gray로 변환하고, 이진 영상 bImage를 구하고, cv2. findContours()로 bImage에서 윤곽선(경계선)을 contours에 검출하고, 첫 번째 윤곽선 contours[0]을 cnt에 저장하고 src를 복사한 dst에 파란색으로 윤곽선을 그린다.

② #2: cv2.moments()로 윤곽선 cnt의 경계선 모멘트 M을 계산하고, cv2.HuMoments()로 모멘트를 이용하여 Hu의 모멘트를 hu에 계산한다.

③ #3: cv2.getRotationMatrix2D()로 center를 중심으로 angle = 45도 회전하고, scale = 0.2로 축소하는 2×3 어파인 변환행렬 A를 계산하고, A[:, 2] += t로 어파인 변환행렬 A에 t만큼의 이동을 반영한다. cv2.transform()로 윤곽선 cnt에 어파인 행렬 A를 적용하여 변환 윤곽선 cnt2를 생성하고, dst에 초록색으로 [그림 8.10]과 같이 그린다.

④ #4: cv2.moments()로 윤곽선 cnt2의 경계선 모멘트를 M2에 계산하고, cv2. HuMoments()로 모멘트를 이용하여 Hu의 모멘트를 hu2에 계산한다.

⑤ #5: hu, hu2의 차이의 절대값 합계를 계산하면 diffSum은 매우 작은 값을 갖는다. 즉, Hu의 모멘트가 어파인 변환에 불변인 것을 의미한다. hu와 hu2가 정확히 같지 않은 것은 영상의 해상도의 문제이다.

그림 8.10 ◆ 경계선 어파인 변환(angle = 45.0, scale = 0.5, t = (20, 30))

# 04 모양 Shape 관련 특징 검출

연속된 좌표들로 주어지는 윤곽선 경계선에 의한 물체의 모양과 관련된 특징을 검출할 수 있다. [표 8.2]는 윤곽선으로부터 길이, 면적, 사각형, 삼각형, 원을 검출하는 함수이다. [표 8.3]은 직선 근사, 다각형 근사, 타원 근사, 다각형 내부 점 확인 관련 함수이다. [표 8.4]는 최소볼록 다각형인 볼록 껍질 convex hull 함수이다.

```
cv2.boxPoints(box[, points ]) -> points
```

cv2.minAreaRect()로 계산한 회전 사각형 box의 모서리 점을 계산한다.

```
cv2.fitLine(points, distType, param, reps, aeps[, line ]) -> line
```

1  points의 좌표를 최소 자승법(least square fit)으로 직선 근사시켜 반환한다.

2  직선 line은 (vx, vy, x0, y0)을 반환한다. (vx, vy)는 직선의 정규화된 방향 벡터이고, (x0, y0)는 직선 위의 한 좌표이다. param은 distTyp에서 사용되는

상수로 param = 0이면 최적의 값을 계산하여 사용한다. reps와 aeps는 반지름과 각도의 충분한 정확도이며 0.01을 사용한다.

**3** distType은 직선 근사를 위해 사용하는 거리 계산 방법으로 CV_DIST_L2일 때 최소 자승법에 의한 직선 근사가 가장 빠르게 계산한다.

```
cv2.approxPolyDP(curve, epsilon, closed[, approxCurve ]) -> approxCurve
```

**1** curve을 epsilon에 주어진 정확도로 근사시킨다.

**2** epsilon은 다각형의 직선과의 허용 거리이다. epsilon이 크면 approxCurve에 저장되는 좌표점의 개수가 적어진다. closed = True이면 curve는 닫힌 곡선 <sup>다각형</sup>이다.

```
cv2.pointPolygonTest(contour, pt, measureDist) -> retval
```

**1** 좌표 pt가 contour 안에 있는지를 검사한다. measureDist = False이면, 내부에 있으면 1, 외부에 있으면 -1, 다각형 위에 있으면 0을 반환한다.

**2** measureDist = True이면 pt에서 contour의 가장 가까운 다각형의 에지까지의 부호를 갖는 거리를 반환한다.

```
cv2.convexHull(points[, hull[, clockwise[, returnPoints ]]]) -> hull
```

**1** points의 볼록 껍질을 반환한다.

**2** clockwise = True이면, hull의 좌표순서가 시계방향이다.

**3** returnPoints = False이면 볼록 껍질의 points 첨자를 반환한다.

```
cv2.convexityDefects(contour, hull[, defects ]) -> defects
```

**1** cv2.convexHull(points, returnPoints = False)로 계산한 볼록 껍질을 이용하여, 볼록 결함을 계산한다.

**2** 각 블록결함 defects[i, 0]은 [start_index, end_index, farthest_index, fixpt_depth]로 표현된다. start_index와 end_index는 볼록 결함의 시작과 끝의 contour 첨자이다. farthest_index는 가장 멀리 떨어진 contour 첨자이고, 가장 멀리 떨어진 좌표의 거리는 fixpt_depth / 256.0으로 계산한다.

[표 8.2] 길이, 면적, 사각형, 삼각형, 원 검출 함수

| 함수 | 비고 |
|---|---|
| cv2.arcLength(curve, closed) -> retval | 길이 |
| cv2.contourArea(contour[, oriented ]) -> retval | 내부 면적 |
| cv2.boundingRect(points) -> rect | 최소 사각형 |
| cv2.minAreaRect(points) -> box | 최소 면적 회전 박스 |
| cv2.boxPoints(box[, points ]) -> points | 박스의 꼭지점 |
| cv2.minEnclosingTriangle(points[, triangle ])<br>-> retval, triangle | 최소 삼각형 |
| cv2.minEnclosingCircle(points) -> center, radius | 최소 원 |

[표 8.3] 직선 근사, 다각형 근사, 타원 근사, 다각형 내부 점 함수

| 함수 | 비고 |
|---|---|
| cv2.fitLine(points, distType, param, reps, aeps[, line ])<br>-> line | 직선 근사 |
| cv2.fitEllipse(points) -> ellipse | 타원 근사 |
| cv2.approxPolyDP(curve, epsilon, closed[, approxCurve ])<br>-> approxCurve | 다각형 근사 |
| cv2.pointPolygonTest(contour, pt, measureDist)<br>-> retval | 다각형 내부 확인 |

[표 8.4] 볼록 껍질 convex hull 함수

| 함수 | 비고 |
|---|---|
| cv2.convexHull(points[, hull[, clockwise[, returnPoints ]]])<br>-> hull | 볼록 껍질 |
| cv2.isContourConvex(contour) -> retval | 볼록 확인 |
| cv2.convexityDefects(contour, hull[, defects ])<br>-> defects | 볼록 결함 |

| 예제 8.12 | 길이, 면적, 바운딩 사각형, 최소 면적 사각형, 최소 면적 원 |
|---|---|

```
01  # 0812.py
02  import cv2
03  import numpy as np
04
05  #1
06  src = cv2.imread('./data/banana.jpg')
07  gray = cv2.cvtColor(src, cv2.COLOR_BGR2GRAY)
08  ret, bImage = cv2.threshold(gray, 220, 255, cv2.THRESH_BINARY_INV)
09  ##bImage = cv2.erode(bImage, None)
10  bImage = cv2.dilate(bImage, None)
11  ##cv2.imshow('src', src)
12  cv2.imshow('bImage', bImage)
13
14  #2
15  mode = cv2.RETR_EXTERNAL
16  method = cv2.CHAIN_APPROX_SIMPLE
17  contours, hierarchy = cv2.findContours(bImage, mode, method)
18  print('len(contours)=', len(contours))
19
20  maxLength = 0
21  k = 0
22  for i, cnt in enumerate(contours):
23      perimeter = cv2.arcLength(cnt, closed = True)
24      if perimeter> maxLength:
25          maxLength = perimeter
26          k = i
27  print('maxLength=', maxLength)
28  cnt = contours[k]
29  dst2 = src.copy()
30  cv2.drawContours(dst2, [cnt], 0, (255, 0, 0), 3)
31  ##cv2.imshow('dst2', dst2)
32
33  #3
34  area = cv2.contourArea(cnt)
35  print('area=', area)
36  x, y, width, height = cv2.boundingRect(cnt)
37  dst3 = dst2.copy()
38  cv2.rectangle(dst3, (x, y), (x + width, y + height), (0, 0, 255), 2)
39  cv2.imshow('dst3', dst3)
40
41  #4
42  rect = cv2.minAreaRect(cnt)
43  box = cv2.boxPoints(rect)
44  box = np.int32(box)
```

```
45  print('box=', box)
46  dst4 = dst2.copy()
47  cv2.drawContours(dst4,[box], 0, (0, 0, 255), 2)
48  cv2.imshow('dst4', dst4)
49
50  #5
51  (x, y), radius = cv2.minEnclosingCircle(cnt)
52  dst5 = dst2.copy()
53  cv2.circle(dst5,(int(x), int(y)), int(radius), (0, 0, 255), 2)
54  cv2.imshow('dst5', dst5)
55
56  cv2.waitKey()
57  cv2.destroyAllWindows()
```

**실행 결과**

```
len(contours)= 1
maxLength= 936.0630499124527
area= 24663.0
box= [[275 391]
     [ 48 147]
     [159  44]
     [386 288]]
```

**프로그램 설명**

① #1: 입력 영상 src를 그레이스케일로 gray로 변환하고, cv2.THRESH_BINARY_INV로 이진 영상 bImage를 구한 뒤에 cv2.dilate()로 흰색 바나나 내부의 검은색 점을 채워 [그림 8.11] (a)의 bImage를 생성한다.

② #2: cv2.findContours()로 bImage에서 윤곽선을 contours에 검출하고, cv2.arcLength() 로 윤곽선의 길이를 계산한 뒤에 길이가 가장 큰 윤곽선을 cnt에 계산하여 src를 복사한 dst2에 [그림 8.11](b)의 파란색 윤곽선으로 표시한다.

③ #3: cv2.contourArea()로 cnt의 내부 면적을 area에 계산한다. cv2.boundingRect()로 cnt의 바운딩 사각형을 x, y, width, height에 계산하여 dst2를 복사한 dst3에 [그림 8.11] (b)의 빨간색 사각형으로 표시한다.

④ #4: cv2.minAreaRect()로 cnt의 최소 면적 사각형을 rect에 찾고, cv2.boxPoints()로 좌표를 box에 계산하여 dst2를 복사한 dst4에 [그림 8.11](c)의 빨간색 사각형으로 표시 한다.

⑤ #5: cv2.minEnclosingCircle()로 최소 면적 원을 (x, y), radius에 찾고, dst2를 복사한 dst5에 [그림 8.11](d)의 빨간색 원으로 표시한다.

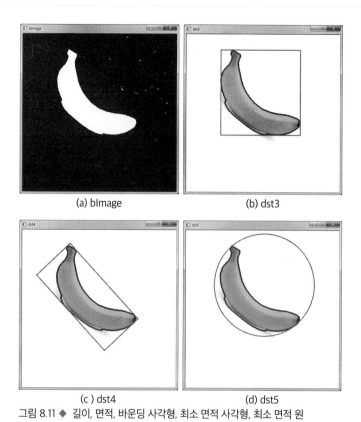

(a) bImage    (b) dst3

(c) dst4    (d) dst5

그림 8.11 ◆ 길이, 면적, 바운딩 사각형, 최소 면적 사각형, 최소 면적 원

---

**예제 8.13 | 직선, 다각형, 타원 근사 및 내부 점 확인**

```
01 # 0813.py
02 import cv2
03 import numpy as np
04
05 #1
06 src = cv2.imread('./data/banana.jpg')
07 gray = cv2.cvtColor(src, cv2.COLOR_BGR2GRAY)
08 ret, bImage = cv2.threshold(gray, 220, 255, cv2.THRESH_BINARY_INV)
09 ##bImage = cv2.erode(bImage, None)
10 bImage = cv2.dilate(bImage, None)
11 ##cv2.imshow('src', src)
12 ##cv2.imshow('bImage', bImage)
13
14 mode = cv2.RETR_EXTERNAL
15 method = cv2.CHAIN_APPROX_SIMPLE
16 contours, hierarchy = cv2.findContours(bImage, mode, method)
```

```
17
18  dst = src.copy()
19  ##cv2.drawContours(dst, contours, -1, (255, 0, 0), 3)
20  cnt = contours[0]
21  cv2.drawContours(dst, [cnt], 0, (255, 0, 0), 3)
22
23  #2
24  dst2 = dst.copy()
25  rows,cols = dst2.shape[:2]
26  [vx,vy,x,y] = cv2.fitLine(cnt, cv2.DIST_L2, 0, 0.01, 0.01)
27  y1 =  int((-x * vy / vx) + y)
28  y2 = int(((cols - x) * vy / vx) + y)
29  cv2.line(dst2, (0, y1), (cols - 1, y2), (0, 0, 255), 2)
30  cv2.imshow('dst2', dst2)
31
32  #3
33  ellipse = cv2.fitEllipse(cnt)
34  dst3 = dst.copy()
35  cv2.ellipse(dst3, ellipse,(0, 0, 255), 2)
36  cv2.imshow('dst3', dst3)
37
38  #4
39  poly = cv2.approxPolyDP(cnt, epsilon = 20, closed = True)
40  dst4 = dst.copy()
41  cv2.drawContours(dst4, [poly], 0, (0, 0, 255), 2)
42  cv2.imshow('dst4', dst4)
43
44  #5
45  dst5 = dst.copy()
46  for y in range(rows):
47      for x in range(cols):
48          if cv2.pointPolygonTest(cnt, (x, y), False) > 0:
49              dst5[y, x] = (0, 255, 0)
50  cv2.imshow('dst5', dst5)
51
52  cv2.waitKey()
53  cv2.destroyAllWindows()
```

**프로그램 설명**

① #1: 입력 영상 src를 그레이스케일로 gray로 변환하고, 이진 영상 bImage를 생성한다. cv2. findContours()로 bImage에서 윤곽선을 contours에 검출하고 contours[0]를 cnt에 저장하여 src를 복사한 dst에 [그림 8.12]의 파란색 윤곽선으로 표시한다.

② #2: cv2.fitLine()로 cnt를 직선 [vx, vy, x, y]로 근사한다. x1 = 0, x2 = col − 1에서의 y-좌표 y1, y2를 계산하여 dst를 복사한 dst2에 [그림 8.12](a)의 빨간색 직선을 그린다.

③ #3: cv2.fitEllipse()로 cnt를 타원 ellipse로 근사하고, dst를 복사한 dst3에 [그림 8.12](b)의
빨간색 타원을 그린다.

④ #4: cv2.approxPolyDP()로 cnt를 epsilon = 20, closed = True를 적용하여 다각형 poly로
근사하고, dst를 복사한 dst4에 [그림 8.12](c)의 빨간색 다각형을 그린다.

⑤ #5: cv2.pointPolygonTest()로 (x, y)가 cnt의 내부 점일 때 dst5[y, x]를 초록색으로 변경
하면 [그림 8.12](d)와 같이 바나나의 내부 화소가 변경된다.

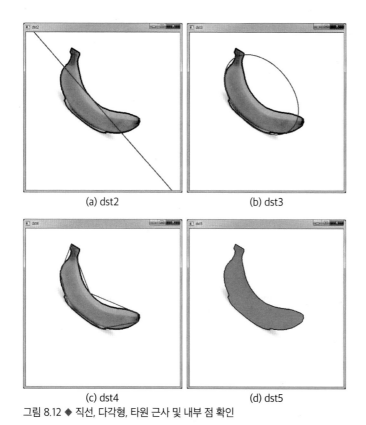

(a) dst2           (b) dst3

(c) dst4           (d) dst5

그림 8.12 ◆ 직선, 다각형, 타원 근사 및 내부 점 확인

**예제 8.14    cv2.convexHull() 볼록 껍질**

```
01 # 0814.py
02 import cv2
03 import numpy as np
04
05 #1
06 src = cv2.imread('./data/hand.jpg')
```

```
07 hsv = cv2.cvtColor(src, cv2.COLOR_BGR2HSV)
08 lowerb = (0, 40, 0)
09 upperb = (20, 180, 255)
10 bImage = cv2.inRange(hsv, lowerb, upperb)
11
12 mode = cv2.RETR_EXTERNAL
13 method = cv2.CHAIN_APPROX_SIMPLE
14 contours, hierarchy = cv2.findContours(bImage, mode, method)
15
16 dst = src.copy()
17 ##cv2.drawContours(dst, contours, -1, (255, 0, 0), 3)
18 cnt = contours[0]
19 cv2.drawContours(dst, [cnt], 0, (255, 0, 0), 2)
20
21 #2
22 dst2 = dst.copy()
23 rows, cols = dst2.shape[:2]
24 hull = cv2.convexHull(cnt)
25 cv2.drawContours(dst2, [hull], 0, (0, 0, 255), 2)
26 cv2.imshow('dst2', dst2)
27
28 cv2.waitKey()
29 cv2.destroyAllWindows()
```

**프로그램 설명**

① #1: HSV 영상 hsv에서 cv2.inRange()로 손 영역을 검출한 이진 영상 bImage를 생성한다. cv2.findContours()로 bImage에서 윤곽선을 contours에 검출하고 contours[0]를 cnt에 저장하고, src를 복사한 dst에 파란색 윤곽선으로 표시한다.

② #2: cv2.convexHull()로 cnt에서 볼록 껍질 hull을 계산한다. dst를 복사한 dst2에 [그림 8.13]의 빨간색 직선으로 볼록 껍질을 그린다.

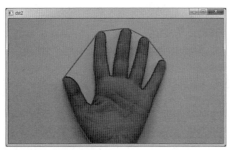

그림 8.13 ◆ 볼록 껍질

| 예제 8.15 | cv2.convexityDefects() 볼록 결함 |
|---|---|

```python
01 # 0815.py
02 import cv2
03 import numpy as np
04
05 #1
06 src = cv2.imread('./data/hand.jpg')
07 hsv = cv2.cvtColor(src, cv2.COLOR_BGR2HSV)
08 lowerb = (0, 40, 0)
09 upperb = (20, 180, 255)
10 bImage = cv2.inRange(hsv, lowerb, upperb)
11
12 mode   = cv2.RETR_EXTERNAL
13 method = cv2.CHAIN_APPROX_SIMPLE
14 contours, hierarchy = cv2.findContours(bImage, mode, method)
15
16 dst = src.copy()
17 ##cv2.drawContours(dst, contours, -1, (255, 0, 0), 3)
18 cnt = contours[0]
19 cv2.drawContours(dst, [cnt], 0, (255, 0, 0), 2)
20
21 #2
22 dst2 = dst.copy()
23 rows,cols = dst2.shape[:2]
24 hull = cv2.convexHull(cnt, returnPoints = False)
25 hull_points = cnt[hull[:,0]]
26 cv2.drawContours(dst2, [hull_points], 0, (255, 0, 255), 6)
27
28 #3
29 T = 5    # T = 10
30 defects = cv2.convexityDefects(cnt, hull)
31 print('defects.shape=', defects.shape)
32 for i in range(defects.shape[0]):
33     s,e,f,d = defects[i, 0]
34     dist = d / 256
35     start = tuple(cnt[s][0])
36     end = tuple(cnt[e][0])
37     far = tuple(cnt[f][0])
38     if dist > T:
39         cv2.line(dst2, start, end, [255, 255, 0], 2)
40         cv2.line(dst2, start, far, [0, 255, 0], 1)
41         cv2.line(dst2, end, far ,[0, 255, 0], 1)
42
43         cv2.circle(dst2,start, 5, [0, 255, 255], -1)
44         cv2.circle(dst2,end, 5, [0, 128, 255], -1)
```

```
45          cv2.circle(dst2,far, 5, [0, 0, 255], -1)
46 cv2.imshow('dst2', dst2)
47
48 cv2.waitKey()
49 cv2.destroyAllWindows()
```

**프로그램 설명**

① #1: HSV 영상 hsv에서 cv2.inRange()로 손 영역을 검출한 이진 영상 bImage를 생성한다. cv2.findContours()로 bImage에서 윤곽선을 contours에 검출하고 contours[0]를 cnt에 저장하고, src를 복사한 dst에 파란색 윤곽선으로 표시한다.

② #2: cv2.convexHull()로 cnt에서 returnPoints = False를 적용하여 볼록 껍질 hull을 계산한다. hull은 cnt의 첨자를 이용하여 hull_points = cnt[hull[:,0]]로 hull_points 좌표에 볼록 껍질의 좌표를 hull_points에 계산하고, dst2에 (255, 0, 255)색상과 두께 6으로 그린다.

③ #3: cv2.convexityDefects()로 cnt에서 계산한 hull을 이용하여 볼록 결함 defects를 계산한다. defects.shape = (24, 1, 4)이다. for 문에서 각 볼록 결함에 대해 s, e, f, d = defects[i, 0]로 저장한다. s, e, f는 cnt의 첨자이다. dist = d / 256로 거리를 계산하고, s, e, f 첨자를 이용하여 start, end, far 좌표를 계산한다. dist > T이면 직선과 원으로 dst2에 표시한다. [그림 8.14](a)는 T = 5, [그림 8.14](b)는 T = 10일 때의 결과이다. T가 작을수록 더 많은 볼록 결함이 발견된다.

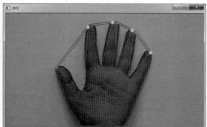

(a) T = 5          (b) T = 10

그림 8.14 ◆ cv2.convexityDefects() 볼록 결함

# 05 모양 매칭

cv2.matchShapes()는 Hu의 이동, 스케일, 회전에 불변인 모멘트를 사용하여, 물체의 윤곽선 모양 shape을 매칭 한다.

```
cv2.matchShapes(contour1, contour2, method, parameter) -> retval
```

**1** contour1과 contour2를 Hu의 불변인 모멘트를 이용한 method 방식으로 매칭한다.

**2** parameter는 0.0이다. contour1과 contour2는 윤곽선이거나 그레이스케일 영상이다.

**3** method는 매칭 방법으로

    CV_CONTOURS_MATCH_I1,

    CV_CONTOURS_MATCH_I2,

    CV_CONTOURS_MATCH_I3

이다. 다음 수식에서 A = contour1, B = contour2이다.

    **a** CV_CONTOURS_MATCH_I1

$$I_1(A, B) = \sum_{i=0}^{6} \mid \frac{1}{m_i^A} - \frac{1}{m_i^B} \mid$$

    **b** CV_CONTOURS_MATCH_I2

$$I_1(A, B) = \sum_{i=0}^{6} \mid m_i^A - m_i^B \mid$$

    **c** CV_CONTOURS_MATCH_I3

$$I_1(A, B) = \max \left( \frac{\mid m_i^A - m_i^B \mid}{\mid m_i^A \mid} \right)$$

$$\text{여기서}, m_i^A = sign(hu(i)^A) \times \log(hu(i)^A)$$

$$m_i^B = sign(hu(i)^B) \times \log(hu(i)^B)$$

**4** 반환 값 retval이 0에 가까울수록 매칭이 잘된 것이다. 물체의 모양에 따라, 특히 X, Y축으로 같은 스케일 값에 의한 확대 축소가 아닌 경우 매칭이 잘 이루어지지 않는다.

**예제 8.16** | cv2.matchShapes() 모양 매칭

```python
01  # 0816.py
02  import cv2
03  import numpy as np
04
05  #1
06  ref_src  = cv2.imread('./data/refShapes.jpg')
07  ref_gray = cv2.cvtColor(ref_src, cv2.COLOR_BGR2GRAY)
08  ret, ref_bin = cv2.threshold(ref_gray, 0, 255,
09                               cv2.THRESH_BINARY_INV + cv2.THRESH_
10  OTSU)
11
12  test_src  = cv2.imread('./data/testShapes1.jpg')
13  ##test_src  = cv2.imread('./data/testShapes2.jpg')
14  ##test_src  = cv2.imread('./data/testShapes3.jpg')
15  test_gray = cv2.cvtColor(test_src, cv2.COLOR_BGR2GRAY)
16  ret, test_bin = cv2.threshold(test_gray, 0, 255,
17                               cv2.THRESH_BINARY_INV+cv2.THRESH_OTSU)
18  mode   = cv2.RETR_EXTERNAL
19  method = cv2.CHAIN_APPROX_SIMPLE
20  ref_contours, _  = cv2.findContours(ref_bin, mode, method)
21  test_contours, _ = cv2.findContours(test_bin, mode, method)
22
23  #2
24  ref_dst = ref_src.copy()
25  colors = ((0, 0, 255), (0, 255, 0), (255, 0, 0))
26  for i, cnt in enumerate(ref_contours):
27      cv2.drawContours(ref_dst, [cnt], 0, colors[i], 2)
28
29  #3: shape matching
30  test_dst = test_src.copy()
31  method = cv2.CONTOURS_MATCH_I1
32  for i, cnt1 in enumerate(test_contours):
33      matches = []
34      for cnt2 in ref_contours:
35          ret = cv2.matchShapes(cnt1, cnt2, method, 0)
36          matches.append(ret)
37      k = np.argmin(matches)
38      cv2.drawContours(test_dst, [cnt1], 0, colors[k], 2)
39
40  cv2.imshow('ref_dst', ref_dst)
41  cv2.imshow('test_dst', test_dst)
42
43  cv2.waitKey()
44  cv2.destroyAllWindows()
```

**프로그램 설명**

① #1: 원, 삼각형, 직사각형 물체가 있는 'refShapes.jpg' 참조 영상을 ref_src에 읽고, 이진
영상을 ref_bin에 생성하고 윤곽선을 ref_contours에 검출한다. 'testShapes1.jpg' 테스트
영상을 test_src에 읽고, 이진 영상을 test_bin에 생성하고 윤곽선을 test_contours에
검출한다.

② #2: 3가지 기준모양을 구별하여 표시하기 위해 colors에 컬러를 생성한다. ref_src를 복사한
ref_dst에 참조 영상의 윤곽선 ref_contours를 colors 컬러로 [그림 8.15](a)와 같이 표시
한다.

③ #3: test_contours의 각 윤곽선 cnt1에 대하여 cv2.matchShapes()로 ref_contours의
각 윤곽선 cnt2의 모양 매칭 결과를 matches 배열에 계산하고, 최소값 첨자 k를 찾는다.
test_contours의 각 윤곽선 cnt1을 colors[k] 색상으로 test_src를 복사한 test_dst에
[그림 8.15](b)와 같이 표시한다. [그림 8.15](c)는 'testShapes2.jpg'의 결과이다. [그림
8.15](d)는 'testShapes3.jpg'의 결과이다. [그림 8.15](b)와 [그림 8.15](c)는 모양 매칭의
결과가 정확하다. 그러나, [그림 8.15](d)는 사각형과 원에서 오류가 있다. 매칭에 실패한
이유는 가로와 세로의 스케일링 비율이 같지 않기 때문이다.

(a) 'refShapes.jpg'

(b) 'testShapes1.jpg'

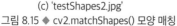

(c) 'testShapes2.jpg'

(d) 'testShapes3.jpg'

그림 8.15 ◆ cv2.matchShapes() 모양 매칭

# 06 적분 영상

적분 integral 영상을 사용하면 사각 영역의 합계, 평균, 표준편차 등을 빠르게 계산할 수 있다. [그림 8.16](a)와 같이 적분 영상 sum을 이용한 사각형의 4개 모서리 점을 이용하여 A 영역의 면적을 빠르게 계산할 수 있다. [그림 8.16](b)와 같이 적분 영상 tilted서 45도 기울어진 사각형의 4개의 모서리 점을 이용하여 B 영역의 면적을 빠르게 계산할 수 있다. [그림 8.16](a)에서 면적을 계산할 때 (x1, x2)와 (y1, y2)의 직선 위에 있는 값은 포함되지 않는다. 유사하게 [그림 8.16](b)에서 면적을 계산할 때는 (a, c)와 (a, d)의 직선 위에 있는 값은 포함되지 않는다.

$$sum(X, Y) = \sum_{y \leq Y} \sum_{x \leq X} src(x, y)$$

$$sqsum(X, Y) = \sum_{y \leq Y} \sum_{x \leq X} src(x, y)^2$$

$$tilted(X, Y) = \sum_{y < Y} \sum_{abs(x-X) \leq y} src(x, y)$$

$$Area(A) = \sum_{y1 \leq y \leq y2} \sum_{x1 \leq x \leq x2} src(x, y)$$

$$= sum(x2, y2) + sum(x1, y1) - sum(x1, y2) - sum(x2, y1)$$

$$Area(B) = a + d - b - c$$

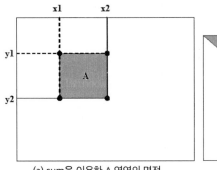

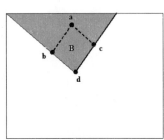

(a) sum을 이용한 A 영역의 면적　　　(b) tilted에서 B 영역의 면적

그림 8.16 ◆ 적분 영상 계산

```
cv2.integral(src[, sum[, sdepth ]]) -> sum
cv2.integral2(src[, sum[, sqsum[, sdepth[, sqdepth ]]]]) -> sum, sqsum
cv2.integral3(src[, sum[, sqsum[, tilted[, sdepth[, sqdepth ]]]]])
            -> sum, sqsum, tilted
```

**1** src는 W × H 크기의

cv2.CV_8U, cv2.CV_32F, cv2.CV_64F의 영상이다.

**2** 적분 영상 sum은 현 위치 (x, y)까지의 합계를 저장한다.

**3** sqsum은 현 위치까지의 제곱합계를 저장한다.

**4** tilted는 45도 대각선 방향으로의 합계를 저장한다.

**5** sum, sqsum, tilted 크기는 모두 (W + 1) × (H + 1)이다.

**6** sum, tilted는

cv2.CV_32S, cv2.CV_32F, cv2.CV_64F의 영상이고,
sqsum은 cv2.CV_64F의 영상이다.

**7** sdepth는 반환 적분 영상의 자료형으로

cv2.CV_32S, cv2.CV_32F, cv2.CV_64F이다.

---

**예제 8.17** | **cv2.integral() 적분 영상 1**

```
01 # 0817.py
02 import cv2
03 import numpy as np
04
05 #1
06 A = np.arange(1, 17).reshape(4, 4).astype(np.uint8)
07 print('A=', A)
08
09 #2
10 sumA, sqsumA, tiltedA = cv2.integral3(A)
11 print('sumA=', sumA)
12 print('sqsumA=', np.uint32(sqsumA))
13 print('tiltedA=', tiltedA)
```

**실행 결과**

```
A= [[ 1  2  3  4]
    [ 5  6  7  8]
    [ 9 10 11 12]
    [13 14 15 16]]
sumA= [[ 0  0  0  0   0]
       [ 0  1  3  6  10]
       [ 0  6 14 24  36]
       [ 0 15 33 54  78]
       [ 0 28 60 96 136]]
sqsumA= [[ 0   0   0    0    0]
         [ 0   1   5   14   30]
         [ 0  26  66  124  204]
         [ 0 107 247  426  650]
         [ 0 276 612 1016 1496]]
tiltedA= [[ 0  0  0  0  0]
          [ 0  1  2  3  4]
          [ 1  8 12 16 15]
          [ 8 26 38 42 36]
          [26 60 80 84 70]]
```

**프로그램 설명**

① #1: 1에서 16까지 초기화된 np.uint8 자료형의 4×4 배열 A를 생성하고 출력한다.

② #2: cv2.integral3()로 배열 A에서 적분 영상 sumA, sqsumA, tiltedA를 계산한다. np.uint32(sqsumA)으로 자료형을 정수로 변경하여 출력한다. sumA(2, 2), sqsumA(2, 2), tiltedA(2, 2)는 다음과 같다.

$$sumA(2,\ 2)\ = 1+2+5+6$$
$$= 14$$

$$sqsumA(2,2) = 1^2 + 2^2 + 5^2 + 6^2$$
$$= 66$$

$$titledA(2,2) = 1 + 2 + 3 + 6$$
$$= 12$$

**예제 8.18 | cv2.integral() 적분 영상 2**

```
01 # 0818.py
02 import cv2
03 import numpy as np
```

```
04
05  #1
06  gray = cv2.imread('./data/lena.jpg', cv2.IMREAD_GRAYSCALE)
07
08  #2
09  gray_sum = cv2.integral(gray)
10  dst = cv2.normalize(gray_sum, None, 0, 255,
11                      cv2.NORM_MINMAX, dtype = cv2.CV_8U)
12  cv2.imshow('dst', dst)
13  cv2.waitKey()
14  cv2.destroyAllWindows()
```

**프로그램 설명**

① #1: 'lena.jpg'를 그레이스케일로 gray에 읽는다.

② #2: cv2.integral()로 gray에서 적분 영상 gray_sum을 계산한다. cv2.normalize()로 [0, 255]로 [그림 8.17]과 같이 정규화한다. 최소값은 왼쪽 위고, 오른쪽 아래로 갈수록 값이 누적되어 최대값은 오른쪽 아래이다.

그림 8.17 ◆ 'lena.jpg'의 적분 영상

# Haar-like 특징 07

Viola와 Jones에 의한 "Rapid object detection using a boosted cascade of simple features" 논문에서 얼굴 인식을 위해 4종류의 Haar-like 특징을 사용하였다. 이러한 Haar-like 특징은 integral에 의한 적분 영상에 의해 어떤 크기의 사각형에 대하여도, 상수 시간 내에 빠르게 특징을 계산할 수 있다. [그림 8.18]은 5종류의 Haar-like 특징이다. 흰색 사각 영역의 합계에서 검은색 사각 영역의 합계를 뺄셈하여 특징을 계산한다.

[그림 8.18](a)와 [그림 8.18](b)은 에지 특징이고, [그림 8.18](c)와 [그림 8.18](d)는 직선 특징이며, [그림 8.18](e)는 4-사각형 특징이다.

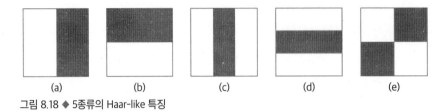

| (a) | (b) | (c) | (d) | (e) |

그림 8.18 ◆ 5종류의 Haar-like 특징

**예제 8.19 | Haar-like 특징 1**

```
01  # 0819.py
02  import cv2
03  import numpy as np
04  #1
05  def rectSum(sumImage, rect):
06      x, y, w, h = rect
07      a = sumImage[y, x]
08      b = sumImage[y, x + w]
09      c = sumImage[y + h, x]
10      d = sumImage[y + h, x + w]
11      return a + d - b - c
12
13  #2
14  def compute_Haar_feature1(sumImage, rect):
15      x, y, w, h = rect
16  ##    print(x, y, w, h)
17      s1 = rectSum(sumImage, (x, y, w, h))
18      s2 = rectSum(sumImage, (x + w, y, w, h))
19  ##    print('s1=', s1)
20  ##    print('s2=', s2)
21      return s1-s2
22  def compute_Haar_feature2(sumImage, rect):
23      x, y, w, h = rect
24      s1 = rectSum(sumImage, (x, y, w, h))
25      s2 = rectSum(sumImage, (x, y + h, w, h))
26      return s2 - s1
27  def compute_Haar_feature3(sumImage, rect):
28      x, y, w, h = rect
29      s1 = rectSum(sumImage, (x, y, w, h))
30      s2 = rectSum(sumImage, (x + w, y, w, h))
```

```
31        s3 = rectSum(sumImage, (x + 2 * w, y, w, h))
32        return s1 - 2 + s3
33  def compute_Haar_feature4(sumImage, rect):
34        x, y, w, h = rect
35        s1 = rectSum(sumImage, (x, y, w, h))
36        s2 = rectSum(sumImage, (x, y + h, w, h))
37
38        s3 = rectSum(sumImage, (x, y + 2 * h, w, h))
39        return s1 - s2 + s3
40  def compute_Haar_feature5(sumImage, rect):
41        x, y, w, h = rect
42        s1 = rectSum(sumImage, (x, y, w, h))
43        s2 = rectSum(sumImage, (x + w, y, w, h))
44        s3 = rectSum(sumImage, (x, y + h, w, h))
45        s4 = rectSum(sumImage, (x + w, y + h, w, h))
46        return s1 + s4 - s2 - s3
47
48  #3
49  A = np.arange(1, 6 * 6 + 1). reshape(6, 6). astype(np.uint8)
50  print('A=', A)
51
52  h, w = A.shape
53  sumA = cv2.integral(A)
54  print('sumA=', sumA)
55
56  #4
57  f1 = compute_Haar_feature1(sumA, (0, 0, w // 2, h))        # 3, 6
58  print('f1=', f1)
59
60  #5
61  f2 = compute_Haar_feature2(sumA, (0, 0, w, h // 2))        # 6, 3
62  print('f2=', f2)
63
64  #6
65  f3 = compute_Haar_feature3(sumA, (0, 0, w // 3, h))        # 2, 6
66  print('f3=', f3)
67
68  #7
69  f4 = compute_Haar_feature4(sumA, (0, 0, w, h // 3))        # 6, 2
70  print('f4=', f4)
71
72  #8
73  f5 = compute_Haar_feature5(sumA, (0, 0, w // 2, h // 2))   # 3, 3
74  print('f5=', f5)
```

## 실행 결과

```
A= [[  1  2  3  4  5  6]
    [  7  8  9 10 11 12]
    [13 14 15 16 17 18]
    [19 20 21 22 23 24]
    [25 26 27 28 29 30]
    [31 32 33 34 35 36]]
sumA= [[  0   0   0   0   0   0   0]
       [  0   1   3   6  10  15  21]
       [  0   8  18  30  44  60  78]
       [  0  21  45  72 102 135 171]
       [  0  40  84 132 184 240 300]
       [  0  65 135 210 290 375 465]
       [  0  96 198 306 420 540 666]]
f1= -54
f2= 324
f3= 222
f4= 222
f5= 0
```

## 프로그램 설명

① #1: rectSum()은 적분 영상 sumImage에서 사각형 rect의 합계를 [그림 8.16](a)와 같이 계산한다.

② #2: 적분 영상 sumImage을 이용하여 [그림 8.18]의 각 특징을 계산한다.

③ #3: 1에서 36까지 초기화된 6×6 배열 A를 생성하고, cv2.integral()로 적분을 sumA에 계산한다. sumA.shape = (7, 7)이다. A의 크기를 h, w에 저장한다.

④ #4: compute_Haar_feature1()로 [그림 8.18](a)의 특징을 f1에 계산한다. f1 = -54이다. 다음과 같이 확인할 수 있다.

```
>>> s1 = sum(A[:, :3].flatten())
>>> s1
306
>>> s2 = sum(A[:, 3:].flatten())
>>> s2
360
>>> s1 - s2
-54
```

⑤ #5: compute_Haar_feature2()로 [그림 8.18](b)의 특징을 f2에 계산한다. f2 = 324이다. 다음과 같이 확인할 수 있다.

```
>>> s1 = sum(A[:3, :].flatten())
>>> s2 = sum(A[3:, :].flatten())
>>> s2 - s1
324
```

⑥ #6: compute_Haar_feature3()로 [그림 8.18](c)의 특징을 f3에 계산한다. f3 = 222이다.
다음과 같이 확인할 수 있다.

```
>>> s1 = sum(A[:, :2].flatten())
>>> s2 = sum(A[:, 2:4].flatten())
>>> s3 = sum(A[:, 4:].flatten())
>>> s1 - s2 + s3
222
```

⑦ #7: compute_Haar_feature4()로 [그림 8.18](d)의 특징을 f4에 계산한다. f4 = 222이다.
다음과 같이 확인할 수 있다.

```
>>> s1 = sum(A[:2, :].flatten())
>>> s2 = sum(A[2:4, :].flatten())
>>> s3 = sum(A[4:, :].flatten())
>>> s1 - s2 + s3
222
```

⑧ #8: compute_Haar_feature5()로 [그림 8.18](e)의 특징을 f5에 계산한다. f5 = 0이다.
다음과 같이 확인할 수 있다.

```
>>> s1 = sum(A[:3, :3].flatten())
>>> s2 = sum(A[:3, 3:].flatten())
>>> s3 = sum(A[3:, :3].flatten())
>>> s4 = sum(A[3:, 3:].flatten())
>>> s1 - s2 - s3 + s4
0
```

| 예제 8.20 | Haar-like 특징 2: 가능한 모든 특징 |

```
01  # 0820.py
02  import cv2
03  import numpy as np
04
05  #1
06  def rectSum(sumImage, rect):
07      x, y, w, h = rect
```

```
08      a = sumImage[y, x]
09      b = sumImage[y, x + w]
10      c = sumImage[y + h, x]
11      d = sumImage[y + h, x + w]
12      return a + d - b - c
13  def compute_Haar_feature1(sumImage):
14      rows, cols = sumImage.shape
15      rows -= 1
16      cols -= 1
17      f1 = []
18      for y in range(0, rows):
19          for x in range(0, cols):
20              for h in range(1, rows - y + 1):
21                  for w in range(1, (cols - x) // 2 + 1):
22                      s1 = rectSum(sumImage, (x, y, w, h))
23                      s2 = rectSum(sumImage, (x + w, y, w, h))
24                      f1.append([1, x, y, w, h, s1-s2])
25      return f1
26  def compute_Haar_feature2(sumImage):
27      rows, cols = sumImage.shape
28      rows -= 1
29      cols -= 1
30      f2 = []
31      for y in range(0, rows):
32          for x in range(0, cols):
33              for h in range(1, (rows - y) // 2 + 1):
34                  for w in range(1, cols - x + 1):
35                      s1 = rectSum(sumImage, (x, y, w, h))
36                      s2 = rectSum(sumImage, (x, y + h, w, h))
37                      f2.append([2, x, y, w, h, s2 - s1])
38      return f2
39  def compute_Haar_feature3(sumImage):
40      rows, cols = sumImage.shape
41      rows -= 1
42      cols -= 1
43      f3 = []
44      for y in range(0, rows):
45          for x in range(0, cols):
46              for h in range(1, rows - y + 1):
47                  for w in range(1, (cols - x) // 3 + 1):
48                      s1 = rectSum(sumImage, (x, y, w, h))
49                      s2 = rectSum(sumImage, (x + w, y, w, h))
50                      s3 = rectSum(sumImage, (x + 2 * w, y, w, h))
51                      f3.append([3, x, y, w, h, s1 - s2 + s3])
52      return f3
```

```python
53 def compute_Haar_feature4(sumImage):
54     rows, cols = sumImage.shape
55     rows -= 1
56     cols -= 1
57     f4 = []
58     for y in range(0, rows):
59         for x in range(0, cols):
60             for h in range(1, (rows - y) // 3 + 1):
61                 for w in range(1, cols - x + 1):
62                     s1 = rectSum(sumImage, (x, y, w, h))
63                     s2 = rectSum(sumImage, (x, y + h, w, h))
64                     s3 = rectSum(sumImage, (x, y + 2 * h, w, h))
65                     f4.append([4, x, y, w, h, s1 - s2 + s3])
66     return f4
67 def compute_Haar_feature5(sumImage):
68     rows, cols = sumImage.shape
69     rows -= 1
70     cols -= 1
71     f5 = []
72     for y in range(0, rows):
73         for x in range(0, cols):
74             for h in range(1, (rows - y) // 2 + 1):
75                 for w in range(1, (cols - x) // 2 + 1):
76                     s1 = rectSum(sumImage, (x, y, w, h))
77                     s2 = rectSum(sumImage, (x + w, y, w, h))
78                     s3 = rectSum(sumImage, (x, y + h, w, h))
79                     s4 = rectSum(sumImage, (x + w, y + h, w, h))
80                     f5.append([5, x, y, w, h, s1 - s2 - s3 + s4])
81     return f5
82
83 #2
84 gray = cv2.imread('./data/lenaFace24.jpg',
85                   cv2.IMREAD_GRAYSCALE)        # 24 x 24
86 gray_sum = cv2.integral(gray)
87 f1 = compute_Haar_feature1(gray_sum)
88 n1 = len(f1)
89 print('len(f1)=', n1)
90 for i, a in enumerate(f1[:2]):
91     print('f1[{}]={}'.format(i, a))
92 #3
93 f2 = compute_Haar_feature2(gray_sum)
94 n2 = len(f2)
95 print('len(f2)=', n2)
96 for i, a in enumerate(f2[:2]):
97     print('f2[{}]={}'.format(i, a))
```

```
98
99   #4
100  f3 = compute_Haar_feature3(gray_sum)
101  n3 = len(f3)
102  print('len(f3)=', n3)
103  for i, a in enumerate(f3[:2]):
104      print('f3[{}]={}'.format(i, a))
105
106  #5
107  f4 = compute_Haar_feature4(gray_sum)
108  n4 = len(f4)
109  print('len(f4)=', n4)
110  for i, a in enumerate(f4[:2]):
111      print('f4[{}]={}'.format(i, a))
112  #6
113  f5 = compute_Haar_feature5(gray_sum)
114  n5 = len(f5)
115  print('len(f5)=', n5)
116  for i, a in enumerate(f5[:2]):
117      print('f5[{}]={}'.format(i, a))
118
119  print('total features =', n1 + n2 + n3 + n4 + n5)
```

**실행 결과**

```
len(f1)= 43200
f1[0]=[1, 0, 0, 1, 1, -11]
f1[1]=[1, 0, 0, 2, 1, 6]
len(f2)= 43200
f2[0]=[2, 0, 0, 1, 1, 25]
f2[1]=[2, 0, 0, 2, 1, 6]
len(f3)= 27600
f3[0]=[3, 0, 0, 1, 1, 138]
f3[1]=[3, 0, 0, 2, 1, 324]
len(f4)= 27600
f4[0]=[4, 0, 0, 1, 1, 170]
f4[1]=[4, 0, 0, 2, 1, 373]
len(f5)= 20736
f5[0]=[5, 0, 0, 1, 1, -44]
f5[1]=[5, 0, 0, 2, 1, 25]
total features = 162336
```

**프로그램 설명**

① #1: 적분 영상 sumImage을 이용하여 [그림 8.18]의 5가지 형태의 다양한 크기에서 모든 가능한 특징을 계산하여, [특징번호, x, y, w, h, 특징값]의 항목을 갖는 리스트로 계산하여 반환한다.

② **#2**: 24×24 영상 'lenaFace24.jpg'를 gray에 입력하고, cv2.integral()로 적분 영상 gray_sum을 계산한다. compute_Haar_feature1()로 [그림 8.18](a) 형태의 모든 가능한 에지 특징을 f1에 계산한다. f1은 len(f1) = 43200개의 특징을 갖고 있다. 첫 특징 f1[0] = [1, 0, 0, 1, 1, -11]에서 1은 [그림 8.18](a) 형태 특징 x = 0, y = 0, w = 1, h = 1의 특징 -11을 표현한다.

③ **#3**: compute_Haar_feature2()로 [그림 8.18](b) 형태의 모든 가능한 에지 특징을 f2에 계산한다. f2는 len(f2) = 43200개의 특징을 갖고 있다. 첫 특징 f2[0] = [2, 0, 0, 1, 1, 25]에서 2는 [그림 8.18](b) 형태 특징 x = 0, y = 0, w = 1, h = 1의 특징 25를 표현한다.

④ **#4**: compute_Haar_feature3()로 [그림 8.18](c) 형태의 모든 가능한 직선특징을 f3에 계산한다. f3는 len(f3) = 27600개의 특징을 갖고 있다. 첫 특징 f3[0] = [3, 0, 0, 1, 1, 138]에서 3은 [그림 8.18](c) 형태 특징 x = 0, y = 0, w = 1, h = 1의 특징 138을 표현한다.

⑤ **#5**: compute_Haar_feature4()로 [그림 8.18](d) 형태의 모든 가능한 직선특징을 f4에 계산한다. f4는 len(f3) = 27600개의 특징을 갖고 있다. 첫 특징 f4[0] = [4, 0, 0, 1, 1, 170]에서 4는 [그림 8.18](d) 형태 특징 x = 0, y = 0, w = 1, h = 1의 특징 170을 표현한다.

⑥ **#6**: compute_Haar_feature5()로 [그림 8.18](e) 형태의 모든 가능한 특징을 f5에 계산한다. f5는 len(f5) = 20736개의 특징을 갖고 있다. 첫 특징 f5[0] = [5, 0, 0, 1, 1, -44]에서 5는 [그림 8.18](e) 형태 특징 x = 0, y = 0, w = 1, h = 1의 특징 -44를 표현한다.

⑦ 24×24 영상에서 가능한 전체 특징은 total features = 162336개이다. 화소의 개수 24×24 = 576보다 훨씬 많은 특징이 계산된다. 이러한 특징이 모두 유효하고 물체 인식을 위해 중요한 특징은 아니다. Viola와 Jones는 얼굴 검출을 위해 Adaboost와 캐스케이드 분류기를 이용하여 약 6,000개의 특징을 찾아서 얼굴 영역을 검출한다.

# CHAPTER 09

## 특징 검출·디스크립터·매칭

특징 검출기 feature detector는 영상에서 관심 있는 특징점 에지, 코너점, 영역 등을 검출하고, 디스크립터 descriptor는 검출된 특징점 주위의 밝기, 색상, 그래디언트 방향 등의 매칭 정보를 계산한다. OpenCV는 다양한 특징 검출기, 디스크립터, 매칭 방법을 구현하여 제공한다.

[그림 9.1]은 특징 검출, 디스크립터, 매칭 과정의 흐름을 보여준다. 입력 영상으로부터 특징을 검출하면 KeyPoint 클래스 객체의 리스트로 반환한다.

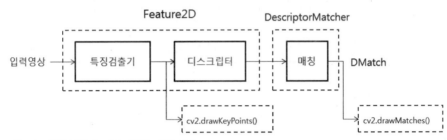

그림 9.1 ◆ 특징 검출기 · 디스크립터 · 매칭 과정

[표 9.1]은 KeyPoint 클래스의 멤버를 설명한다. cv2.drawKeypoints()를 사용하면 영상에 특징점을 표시할 수 있다.

[표 9.1] KeyPoint 클래스

| 클래스 멤버 | 설명 |
|---|---|
| class_id | 클래스가 속한 물체의 클래스 번호 |
| octave | 특징점이 추출된 옥타브(피라미드 계층) |
| pt | 특징점 좌표 |
| response | 특징점 반응 세기<br>(MSER, SimpleBlobDetector, GFTTDetector에서 반응값은 0) |
| size | 의미있는 특징점 이웃의 지름 diameter |
| angle | 특징점 방향각, [0, 360], 영상 좌표계, 시계방향 |
| convert() | 특징점을 좌표 배열로 변환하거나, 반대로 좌표 배열을 특징점으로 변환, cv2.KeyPoint_convert() |
| overlap() | 특징점 쌍을 겹침, cv2.KeyPoint_overlap() |

영상의 특징점과 디스크립터를 정보를 이용하여, 두 영상 사이의 대응 또는 하나의 영상과 여러 영상의 대응되는 매칭을 계산한다. 매칭을 위한 추상 기반클래스인

DescriptorMatcher 클래스에서 상속받은 BFMatcher, FlannBasedMatcher 등의
매칭 방법을 제공하고, 특징점 매칭 결과는 DMatch 자료구조로 반환한다. cv2.
drawMatches()를 사용하면 매칭되는 특징점을 영상에 직선으로 표시할 수 있다.

[그림 9.2]는 주요 특징 검출기와 디스크립터 클래스 구조이다. FastFeatureDetector,
MSER, SimpleBlobDetector, GFTTDetector 등의 특징 검출기가 있다. BRISK, ORB,
KAZE, AKAZE, SIFT 등은 특징점 검출기와 디스크립터 추출기를 모두 가지고 있다.
각 특징점 검출기는 정적 메서드 create()로 객체를 생성하고, 특징은 Feature2D.
detect() 메서드로 검출한다. 디스크립터는 Feature2D.compute() 메서드로 계산한다.
특징 검출과 디스크립터 계산이 가능한 클래스에서는 Feature2D.detectAndCompute()로
특징 검출과 디스크립터 계산을 동시에 할 수 있다.

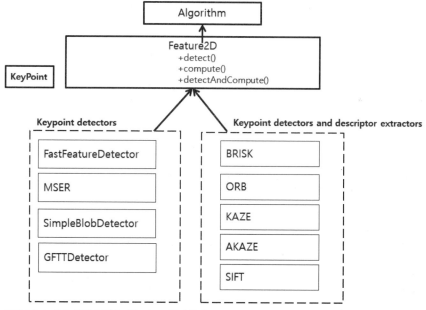

그림 9.2 ◆ 주요 특징점 검출기와 디스크립터 클래스 구조

# FastFeatureDetector 특징 검출 **01**

FastFeatureDetector는 Rosten의 FAST Features from Accelerated Segment Test 알고리즘을
구현하여 빠르게 특징점 key point을 검출한다.

cv2.FastFeatureDetector.create( ) 또는 cv2.FastFeatureDetector_create( )로 FastFeatureDetector 객체를 생성하고, cv2.Feature2D.detect( ) 메서드로 특징점을 검출한다.

```
cv2.FastFeatureDetector_create([, threshold[, nonmaxSuppression[,
                              type]]]) -> retval
cv2.FastFeatureDetector.create(...) -> <FastFeatureDetector object>
```

**1** FastFeatureDetector 객체를 생성한다. cv2.FastFeatureDetector_create( )는 cv2.FastFeatureDetector.create( )의 함수이다.

**2** threshold는 중앙의 화소와 이웃 화소와의 차이의 임계값이다. 기본값은 threshold = 10이다. nonmaxSupression = True가 기본값으로 3×3 윈도우를 사용하여 최대값이 아닌 값을 억제하여 특징점의 개수를 줄인다.

**3** type은 이웃을 결정하는 패턴 크기이다. 다음의 0, 1, 2중 하나다. 기본값은 cv2.FAST_FEATURE_DETECTOR_TYPE_9_16 = 2이다.

```
cv2.Feature2D.detect(image[, mask ]) -> keypoints
```

**1** 하나의 영상 또는 리스트인 image에서 특징점 리스트 keypoints를 검출한다.

**2** cv2.FastFeatureDetector_create( ) 또는 cv2.FastFeatureDetector.create( )로 생성한 FastFeatureDetector 객체를 사용하여 호출한다.

```
drawKeypoints(image, keypoints, outImage[, color[,
            flags]]) -> outImage
```

**1** image에서 검출한 특징점 keypoints를 color 색상으로 컬러 영상 outImage에 표시한다.

**2** flags가 cv2.DRAW_MATCHES_FLAGS_DEFAULT이면 outImg가 새로 생성된다. cv2.DRAW_MATCHES_FLAGS_DRAW_OVER_OUTIMG는 출력 영상이 새로 생성되지 않으며 매칭이 그려진다. cv2.DRAW_MATCHES_FLAGS_DRAW_

RICH_KEYPOINTS는 매칭이 없는 특징점을 표시하지 않는다. cv2.DRAW_
MATCHES_FLAGS_NOT_DRAW_SINGLE_POINTS는 크기와 방향을 갖는 특징점
주위에 원을 표시한다.

| 예제 9.1 | FastFeatureDetector 특징 검출 1 |
| --- | --- |

```python
01 # 0901.py
02 import cv2
03 import numpy as np
04
05 src = cv2.imread('./data/chessBoard.jpg')
06 gray= cv2.cvtColor(src,cv2.COLOR_BGR2GRAY)
07
08 #1
09 ##fastF = cv2.FastFeatureDetector_create()
10 ##fastF =cv2.FastFeatureDetector.create()
11 fastF = cv2.FastFeatureDetector.create(threshold = 30)    # 100
12 kp = fastF.detect(gray)
13 dst = cv2.drawKeypoints(gray, kp, None, color = (0, 0, 255))
14 print('len(kp)=', len(kp))
15 cv2.imshow('dst', dst)
16
17 #2
18 fastF.setNonmaxSuppression(False)
19 kp2 = fastF.detect(gray)
20 dst2 = cv2.drawKeypoints(src, kp2, None, color = (0, 0, 255))
21 print('len(kp2)=', len(kp2))
22 cv2.imshow('dst2', dst2)
23
24 #3
25 dst3 = src.copy()
26 points = cv2.KeyPoint_convert(kp)
27 points = np.int32(points)
28
29 for cx, cy in points:
30     cv2.circle(dst3, (cx, cy), 3, color = (255, 0, 0), thickness = 1)
31 cv2.imshow('dst3', dst3)
32 cv2.waitKey()
33 cv2.destroyAllWindows()
```

**프로그램 설명**

① #1: 임계값 threshold = 30인 cv2.FastFeatureDetector 클래스 객체 fastF를 생성한다.
fastF.detect()로 gray에서 특징점 kp를 검출하고, cv2.drawKeypoints()로 특징점 kp를
dst에 [그림 9.3](a)와 같이 빨간색 원으로 표시한다. 특징점의 개수는 len(kp) = 98개이다.

② **#2**: fastF.setNonmaxSuppression(False)로 지역 극값 억제를 하지 않고 fastF.detect()로 gray에서 특징점 kp2를 검출하면 특징점의 개수는 len(kp2) = 867개로 특징점의 개수가 증가한다. cv2.drawKeypoints()로 특징점 kp2를 dst2에 [그림 9.3](b)와 같이 빨간색 원으로 표시한다.

③ **#3**: cv2.KeyPoint_convert()로 특징점 kp를 좌표 리스트 points에 변환하여, cv2.circle()로 src를 복사한 dst3에 [그림 9.3](c)와 같이 파란색 원으로 표시한다.

④ [그림 9.3](d)는 임계값 threshold = 100, 지역 극값을 억제하여 검출한 특징점 kp를 검출한 결과이다. 특징점의 개수는 len(kp) = 8개이다.

(a) threshold = 30, len(kp) = 98

(b) threshold = 30, len(kp2) = 897

(c) points = cv2.KeyPoint_convert(kp)

(d) threshold = 100, len(kp) = 8

그림 9.3 ◆ FastFeatureDetector 특징 검출

---

**예제 9.2** | FastFeatureDetector 특징 검출 2: 특징 정렬, 필터링

```
01 # 0902.py
02 import cv2
03 import numpy as np
04
05 src = cv2.imread('./data/chessBoard.jpg')
```

```
06 gray= cv2.cvtColor(src,cv2.COLOR_BGR2GRAY)
07
08 #1
09 fastF = cv2.FastFeatureDetector_create()
10 kp = fastF.detect(gray)
11 dst = cv2.drawKeypoints(gray, kp, None, color = (255, 0, 0))
12 print('len(kp)=', len(kp))
13
14 #2
15 kp = sorted(kp, key = lambda f: f.response, reverse = True)
16 cv2.drawKeypoints(gray, kp[:10], dst, color = (0, 0, 255),
17                   flags = cv2.DRAW_MATCHES_FLAGS_DRAW_OVER_OUTIMG)
18 cv2.imshow('dst', dst)
19
20 #3
21 kp2 = list(filter(lambda f: f.response > 50, kp))
22 print('len(kp2)=', len(kp2))
23 ##for f in kp2:
24 ##     print(f.response)
25
26 dst2 = cv2.drawKeypoints(gray, kp2, None, color = (0, 0, 255))
27 cv2.imshow('dst2', dst2)
28
29 #4
30 def distance(f1, f2):
31     x1, y1 = f1.pt
32     x2, y2 = f2.pt
33     return np.sqrt((x2 - x1) ** 2 + (y2 - y1) ** 2)
34
35 def filteringByDistance(kp, distE = 0.5):
36     size = len(kp)
37     mask = np.arange(1, size + 1).astype(np.bool8)    # all True
38     for i, f1 in enumerate(kp):
39         if not mask[i]:
40             continue
41         else: # True
42             for j, f2 in enumerate(kp):
43                 if i == j:
44                     continue
45                 if distance(f1, f2) < distE:
46                     mask[j] = False
47     np_kp = np.array(kp)
48     return list(np_kp[mask])
49
50 kp3 = filteringByDistance(kp2, 30)
```

```
51  print('len(kp3)=', len(kp3))
52  dst3 = cv2.drawKeypoints(gray, kp3, None, color = (0, 0, 255))
53  cv2.imshow('dst3', dst3)
54  cv2.waitKey()
55  cv2.destroyAllWindows()
```

**실행 결과**

```
len(kp)= 167
len(kp2)= 91
len(kp3)= 38
```

**프로그램 설명**

① #1: cv2.FastFeatureDetector 객체 fastF를 생성한다. 기본 임계값은 threshold = 10이다. fastF.detect()로 gray에서 특징점 kp를 검출하고, cv2.drawKeypoints()로 특징점 kp를 dst에 파란색 원으로 표시한다. 특징점의 개수는 len(kp) = 167개이다. 많은 특징점이 유사한 위치에서 검출되는 것을 확인할 수 있다. 특징점의 반응값, 거리 등을 이용하여 삭제할 수 있다.

② #2: sorted()로 특징점 kp를 반응값 기준으로 내림차순으로 정렬한다.
cv2.drawKeypoints()로 반응값 기준으로 내림차순으로 정렬한 특징점에서 반응값이 큰 10개 kp[:10]을 모든 특징점을 파란색 원으로 표시한 dst에 [그림 9.4](a)와 같이 빨간색 원을 추가하여 표시한다.

(a) len(kp) = 167

(b) len(kp2) = 91

(c) len(kp3) = 38

그림 9.4 ◆ FastFeatureDetector 특징 검출, 정렬, 필터링

③ #3: OpenCV_Python은 KeyPointsFilter를 사용할 수 없기 때문에 직접 특징점 필터링을 작성하였다. filter()로 반응값이 50보다 작은 특징은 제거하여 kp2를 생성한다. 특징점의 개수는 len(kp2) = 91개이다. cv2.drawKeypoints()로 특징점 kp2를 dst2에 [그림 9.4](b)와 같이 빨간색 원으로 표시한다.

④ #4: filteringByDistance() 함수는 반응값 기준으로 내림차순 정렬된 특징점 kp에서 거리 오차 distE 보다 작은 특징점은 삭제한다. kp3 = filteringByDistance()로 kp2에서 거리오차 distE = 30보다 작은 특징점을 삭제하여 특징점의 개수는 len(kp2) = 38개이다. drawKeypoints()로 특징점 kp3을 dst3에 [그림 9.4](c)와 같이 빨간색 원으로 표시한다.

# MSER 특징 검출 02

MSER Maximally Stable Extremal Regions은 그레이스케일 영상 또는 컬러영상에서 주변보다 더 밝거나 더 어두운 영역으로 임계값의 범위에서 안정적인 영역을 특징으로 검출한다. cv2.MSER_create()로 MSER 객체를 생성하고, cv2.Feature2D.detect() 메서드로 영역 중심점을 검출하고, cv2.MSER.detectRegions() 메서드로 특징영역을 검출한다.

```
cv2.MSER_create([, _delta[, _min_area[, _max_area[, _max_variation[,
                _min_diversity[, _max_evolution[, _area_threshold[,
                _min_margin[, _edge_blur_size]]]]]]]]]) -> retval
cv2.MSER.create(...) -> retval
```

**1** MSER 객체를 생성한다. cv2.MSER_create()는 cv2.MSER.create()의 함수이다.

**2** _delta는 안정적인 그레이 레벨의 단계의 간격이다. _delta가 크면 더욱 적은 개수의 영역이 검출된다.

**3** _min_area, _max_area는 검출된 영역을 면적으로 필터링한다. _max_variation은 유사 크기 제한영역이다.

**4** _min_diversity, _max_evolution, _area_threshold, _min_margin, _edge_blur_size는 컬러 영상에 대한 값이다.

**5** 기본값은 다음과 같다.

_delta = 5,             _min_area = 60,       _max_area = 14400,
_max_variation = 0.25, _min_diversity = .2,  _max_evolution = 200,
_area_threshold = 1.01, _min_margin = 0.003, _edge_blur_size = 5

```
cv2.MSER.detectRegions(image) -> msers, bboxes
```

**1** 입력 영상은 8비트 1, 3, 4채널 영상이다.

**2** msers에 특징영역의 좌표를 검출한다. cv2.fitEllipse()로 타원으로 근사시켜 보일 수 있다. bboxes에 각 특징영역의 바운딩 사각형을 반환한다.

| 예제 9.3 | MSER 특징 검출 |
|---|---|

```
01  # 0903.py
02  import cv2
03  import numpy as np
04
05  src = cv2.imread('./data/chessBoard.jpg')
06  gray= cv2.cvtColor(src,cv2.COLOR_BGR2GRAY)
07
08  #1
09  mserF = cv2.MSER_create(10)          # cv2.MSER.create(10)
10  kp = mserF.detect(gray)
11  print('len(kp)=', len(kp))
12  dst = cv2.drawKeypoints(gray, kp, None, color = (0, 0, 255))
13  cv2.imshow('dst', dst)
14
15  #2
16  dst2 = dst.copy()
17  regions, bboxes = mserF.detectRegions(gray)
18  hulls = [cv2.convexHull(p.reshape(-1, 1, 2)) for p in regions]
19  cv2.polylines(dst2, hulls, True, (0, 255, 0))
20  cv2.imshow('dst2',  dst2)
21
22  #3
23  dst3 = dst.copy()
24  for i, pts in enumerate(regions):
25      box = cv2.fitEllipse(pts)
26      cv2.ellipse(dst3, box, (255, 0, 0), 1)
27      x, y, w, h = bboxes[i]
28      cv2.rectangle(dst3, (x, y), (x + w, y + h), (0, 255, 0))
29  cv2.imshow('dst3',  dst3)
30  cv2.waitKey()
31  cv2.destroyAllWindows()
```

**프로그램 설명**

① #1: 안정적인 그레이 레벨의 단계의 간격인 _delta = 10으로 cv2.MSER 객체 mserF를

생성한다. mserF.detect()로 gray에서 영역의 중심점인 특징점 kp를 검출하고, cv2.drawKeypoints()로 특징점 kp를 dst에 빨간색 원으로 표시한다. 특징점이 유사 지점에서 중복으로 검출되어 len(kp) = 202개이다. [예제 9.2]의 filteringByDistance() 함수를 사용하면 가까운 거리의 중복 검출되는 특징점을 제거할 수 있다.

② #2: mserF.detectRegions()로 gray에서 특징영역의 좌표를 regions에 검출한다. len(regions) = 202개이다. cv2.convexHull()로 regions[i]의 영역을 볼록다각형 hulls[i]에 계산한다. cv2.polylines()로 dst2에 hulls를 [그림 9.5][a]와 같이 초록색 다각형으로 표시한다.

③ #3: cv2.fitEllipse()로 regions의 각 영역 좌표 pts를 타원 근사한 box를 dst3에 파란색 타원으로 표시하고, bboxes[i]를 초록색 사각형으로 dst3에 표시한다. [그림 9.5][b]는 dst3을 표시한 결과이다.

(a)                       (b)

그림 9.5 ◆ MSER 특징 검출

# SimpleBlobDetector 특징 검출 03

SimpleBlobDetector는 원 circle으로 BLOB Binary Large OBjects를 검출한다. cv2. SimpleBlobDetector_create()로 GFTTDetector 객체를 생성하고, cv2.Feature2D. detect() 메서드로 검출한 특징점의 size가 원의 지름이다.

```
cv2.SimpleBlobDetector_Params()
```

1 SimpleBlobDetector의 parameters 객체를 생성한다.

**2** 임계값 범위 minThreshold, maxThreshold에서 간격 thresholdStep을 적용해서 이진 영상을 생성하고, cv2.findContours()로 윤곽선을 검출하고, 중심점을 계산한다.

**3** 중심점 사이의 최소간격 minDistBetweenBlobs에 의해 인접한 중심점을 그룹으로 분류하고 중심점을 다시 계산하여 특징점을 계산하고 그룹의 반지름을 특징의 크기로 반환한다.

**4** 검출된 특징점을 필터링하기 위한 방법을 제공한다. blobColor는 이진 영상의 밝기를 비교한다. blobColor = 0이면 검은색 BLOB를 검출하고, blobColor = 255이면 흰색 BLOB를 검출한다. minArea, maxArea는 면적 크기로 필터링하며, minCircularity, maxCircularity는 원형정도 circularity = (4 * pi * Area) / (perimeter * perimeter)로 필터링한다. minConvexity, maxConvexity는 볼록 다각형 면적 비율 convexity = (area / area of blob convex hull)을 필터링한다.

```
cv2.SimpleBlobDetector_create([, parameters]) -> retval
cv2.SimpleBlobDetector.create(...) -> retval
```

**1** SimpleBlobDetector 객체를 생성한다. cv2.SimpleBlobDetector_create()는 cv2.SimpleBlobDetector.create(...)의 함수이다.

**2** parameters는 cv2.SimpleBlobDetector_Params 객체이다.

---

**예제 9.4** SimpleBlobDetector 특징 검출

```python
01  # 0904.py
02  import cv2
03  import numpy as np
04
05  src = cv2.imread('./data/chessBoard.jpg')
06  gray= cv2.cvtColor(src,cv2.COLOR_BGR2GRAY)
07
08
09  #1
10  params = cv2.SimpleBlobDetector_Params()
11  params.blobColor = 0
12  params.thresholdStep = 5
```

```
13  params.minThreshold = 20
14  params.maxThreshold = 100
15  params.minDistBetweenBlobs = 5
16  params.filterByArea = True
17  params.minArea = 25
18  params.maxArea = 5000
19  params.filterByConvexity = True
20  params.minConvexity = 0.89
21
22  #2
23  ##blobF = cv2.SimpleBlobDetector.create(params)
24  ##blobF = cv2.SimpleBlobDetector_create(params)
25  blobF = cv2.SimpleBlobDetector_create()
26  kp = blobF.detect(gray)
27  print('len(kp)=', len(kp))
28  dst = cv2.drawKeypoints(gray, kp, None, color = (0, 0, 255))
29
30  #3
31  for f in kp:
32      r = int(f.size/2)
33      cx, cy = f.pt
34      cv2.circle(dst, (round(cx),round(cy)), r, (0, 0, 255), 2)
35
36  cv2.imshow('dst', dst)
37  cv2.waitKey()
38  cv2.destroyAllWindows()
```

**프로그램 설명**

① #1: cv2.SimpleBlobDetector_Params()로 params 객체를 생성하고, 속성을 설정한다.

② #2: cv2.SimpleBlobDetector 객체 blobF를 생성한다. blobF.detect()로 gray에서 특징점 kp를 검출한다.

blobF.detect(src)로 컬러 영상 src에서도 특징점을 검출할 수 있다. len(kp) = 14개의 검은색 영역을 모두 검출한다. cv2.drawKeypoints()로 특징점 kp를 dst에 빨간색 원으로 표시한다.

③ #3: 특징점 kp의 각 특징점 f에서 반지름을 r = round(f.size / 2)로 계산하고, cx, cy = f.pt로 중심점을 계산하여 cv2.circle()로 dst에 [그림 9.6]과 같이 파란색 원으로 표시한다.

그림 9.6 ◆ SimpleBlobDetector 특징 검출

# 04 GFTTDetector 특징 검출

GFTTDetector는 내부에서 cv2.goodFeaturesToTrack()을 사용하여 특징을 검출한다. cv2.GFTTDetector_create()로 GFTTDetector 객체를 생성하고, cv2.Feature2D. detect() 메서드로 특징점을 검출한다.

```
cv2.GFTTDetector_create([, maxCorners[, qualityLevel[,
                    minDistance[, blockSize[,
                    useHarrisDetector[, k]]]]]]) -> retval
cv2.GFTTDetector.create(...) -> retval
```

1 GFTTDetector 객체를 생성한다. cv2.GFTTDetector_create()는 cv2. GFTTDetector.create(...)의 함수이다.

2 maxCorners는 최대 코너점 개수이고, qualityLevel은 cv2.cornerHarris() 또는 cv2.cornerMinEigenVal()로 계산한 코너점 측정값 중에서 최대값 maxQuality 에 곱해져, 코너점 측정값이 qualityLevel * maxQuality보다 작은 모든 코너점을 제거한다. minDistance는 코너점 사이의 최소거리이며, blockSize는 코너점 계산을 위한 블록의 크기로, 검출되는 특징점의 크기로 설정된다. useHarrisDetector = True이면 cv2.cornerHarris()로 코너점을 계산하고, useHarrisDetector = False 이면 cv2.cornerMinEigenVal()를 사용한다.

| 예제 9.5 | GFTTDetector 특징 검출 |

```
01 # 0905.py
02 import cv2
03 import numpy as np
04
05 src = cv2.imread('./data/chessBoard.jpg')
06 gray= cv2.cvtColor(src,cv2.COLOR_BGR2GRAY)
07
08 #1
09 ##goodF = cv2.GFTTDetector.create()
10 goodF = cv2.GFTTDetector_create()
11 kp = goodF.detect(gray)
12 print('len(kp)=', len(kp))
13 dst = cv2.drawKeypoints(gray, kp, None, color = (0, 0, 255))
```

```
01 cv2.imshow('dst', dst)
02
03 #2
04 goodF2 = cv2.GFTTDetector_create(maxCorners = 50,
05                                  qualityLevel = 0.1,
06                                  minDistance = 10,
07                                  useHarrisDetector = True)
08 kp2 = goodF2.detect(gray)
09 print('len(kp2)=', len(kp2))
10 dst2 = cv2.drawKeypoints(gray, kp2, None, color = (0, 0, 255))
11 cv2.imshow('dst2', dst2)
12 cv2.waitKey()
13 cv2.destroyAllWindows()
```

**프로그램 설명**

1. #1: cv2.GFTTDetector 객체 goodF를 생성한다. goodF.detect()로 gray에서 특징점 kp를 검출한다. len(kp) = 114개의 코너점을 검출한다. cv2.drawKeypoints()로 특징점 kp를 dst에 빨간색 원으로 [그림 9.7](a)와 같이 표시한다.

2. #2: maxCorners = 50, qualityLevel = 0.1, minDistance = 10, useHarrisDetector = True인 cv2.GFTTDetector 객체 goodF2를 생성한다. goodF2.detect()로 gray에서 특징점 kp2를 검출한다. len(kp2) = 38개의 검은색 사각형의 코너점을 검출한다. cv2.drawKeypoints()로 특징점 kp2를 dst2에 빨간색 원으로 [그림 9.7](b)와 같이 표시한다.

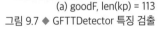

(a) goodF, len(kp) = 113          (b) goodF2, len(kp2) = 38

그림 9.7 ◆ GFTTDetector 특징 검출

# 05 ORB 특징 검출 및 디스크립터

ORB는 Ethan Rublee의 논문 "ORB: an efficient alternative to SIFT or SURF"를 구현한다. ORB <sup>Oriented BRief</sup>는 특징점 검출을 위해 FastFeatureDetector <sup>FAST</sup> 특징 검출기를 사용하고, 디스크립터는 BRIEF <sup>Binary Robust Independent Elementary Features</sup>를 사용한다. 회전을 고려하지 않은 기존의 FastFeatureDetector와 BRIEF에 특징점의 방향과 회전을 추가하여 고려한다.

## 01 ORB 특징점 검출

기존 FAST는 중앙의 화소와 이웃 화소와의 차이의 임계값, threshold 하나만 인수로 가진다. 코너점의 정도를 판단하는 수단이 없어 FAST에 의한 특징점을 정렬할 수단이 없다. ORB는 다중 스케일 피라미드의 각 단계에서 Harris 코너 반응값을 사용하여 필터된 특징점을 계산한다.

특징점의 방향을 패치에서 밝기의 모멘트를 사용하여 로 단순하게 계산한다. 코너점 O의 밝기가 모멘트 계산에 의한 밝기의 중심 으로부터 떨어져, O에서 C로의 벡터의 방향을 특징점의 방향으로 계산한다. ORB는 특징점을 검출하기 위하여 이웃을 결정하는 반지름이 9인 FAST-9를 사용한다.

## 02 ORB 디스크립터

ORB는 특징점의 방향에 따라 BRIEF를 조정하여 디스크립터를 계산한다. 패치 $p$에서, $n$개의 $(x, y)$ 위치 쌍에서, 위치 $(x_i, y_i), i = 1, ..., n$에서, $n$개의 이진 테스트에 의한 이진 비트열을 생성하기 위한 2×n 행렬 $S = (x_i, y_i)^T, i = 1, ..., n$을 정의한다. 패치의 회전각도 $\theta$에 대응하는 회전행렬 $R_\theta$를 사용하여, $S$의 회전 조정 버전 $S_\theta = R_\theta S$을 계산한다. 회전각도 $\theta$에 의한 특징 집합 $S$의 $n$-차원의 이진 비트 스트링 $g_n(p, \theta)$을 계산한다.

$$g_n(p, \theta) = f_n(p) | (x_i, y_i) \in S_\theta$$

$$\text{여기서, } f_n(p) = \sum_{1 \le i \le n} 2^{i-1} \tau(p; x_i, y_i)$$

$$\tau(p; x, y) = \begin{cases} 1 & \text{if } p(x) < p(y) \\ 0 & o.w \end{cases}$$

회전각도 $\theta$는 특징점 검출에서 계산한 값이다. 논문에서는 회전각도 $\theta$을 12도 간격으로 미리 계산된 BRIEF 패턴에서 참조표를 구성해 놓고 사용한다.

300k 개의 특징점 집합에서, 31×31의 패치의 각 이진 테스트를 5×5 윈도우 쌍으로 할 때, $N = (31-5)^2$개의 가능한 윈도우가 가능하고, 가능한 모든 가능한 $N$개에서 2개를 뽑는 이진 테스트 조합에서, 겹치는 영역을 제거하면 $M = 205590$개의 테스트가 가능하고, 이들 각 테스트에 대하여 가우시안 평균이 0.5 근처인 상관관계가 없는 $n = 256$개의 테스트 집합을 Greedy 탐색으로 사용하여 찾는다.

## OpenCV의 ORB  03

cv2.ORB_create()로 ORB 객체를 생성하고, Feature2D 클래스의 detect()로 특징을 검출하고, 디스크립터는 compute()로 계산한다. detectAndCompute()를 사용하면 특징점 검출과 디스크립터 계산을 동시에 할 수 있다.

```
cv2.ORB_create([, nfeatures[, scaleFactor[, nlevels[,
               edgeThreshold[, firstLevel[,
               WTA_K[, scoreType[, patchSize[, fastThreshold]]]]]]]]])
               -> retval
cv2.ORB.create(...) -> retval
```

1 ORB 객체를 생성한다. cv2.ORB_create()는 cv2.ORB.create()의 함수이다.

2 nfeatures는 최대 특징점의 개수이지만, 검출되는 특징점의 개수는 약간 넘을 수도 있다. WTA_K는 디스크립터에서 임의 좌표 쌍의 개수이다. WTA_K = 2이면,

임의로 2개 좌표를 생성하여, 밝기값을 비교하여, 최대 밝기값을 갖는 좌표의 첨자 0 또는 1이 반응 값이 된다. scoreType = 0은 HARRIS_SCORE, 1은 FAST_SCORE로 반응값을 계산한다. patchSize는 디스크립터의 패치 크기이다.

**3** 기본값은 다음과 같다.

| | |
|---|---|
| nfeatures = 500, | scaleFactor = 1.2, |
| nlevels = 8, | edgeThreshold = 31, |
| firstLevel = 0, | WTA_K = 2, |
| scoreType = 0, | patchSize = 31,     fastThreshold = 20 |

---

**예제 9.6  ORB 특징 검출 및 디스크립터**

```python
01 # 0906.py
02 import cv2
03 import numpy as np
04 #1
05 def distance(f1, f2):
06     x1, y1 = f1.pt
07     x2, y2 = f2.pt
08     return np.sqrt((x2 - x1) ** 2 + (y2 - y1) ** 2)
09
10 def filteringByDistance(kp, distE=0.5):
11     size = len(kp)
12     mask = np.arange(1,size + 1).astype(np.bool8)     # all True
13     for i, f1 in enumerate(kp):
14         if not mask[i]:
15             continue
16         else: # True
17             for j, f2 in enumerate(kp):
18                 if i == j:
19                     continue
20                 if distance(f1, f2) < distE:
21                     mask[j] = False
22     np_kp = np.array(kp)
23     return list(np_kp[mask])
24
25 #2
26 src = cv2.imread('./data/cornerTest.jpg')
27 ##src = cv2.imread('./data/chessBoard.jpg')
```

```
28 gray= cv2.cvtColor(src,cv2.COLOR_BGR2GRAY)
29 gray = cv2.GaussianBlur(gray, (5, 5), 0.0)
30
31 ##orbF = cv2.ORB_create()                      # HARRIS_SCORE
32 orbF = cv2.ORB_create(scoreType = 1)      # FAST_SCORE
33 kp = orbF.detect(gray)
34 print('len(kp)=', len(kp))
35 dst = cv2.drawKeypoints(gray, kp, None, color = (0, 0, 255))
36 cv2.imshow('dst', dst)
37
38 #3
39 kp = sorted(kp, key = lambda f: f.response, reverse = True)
40 filtered_kp = list(filter(lambda f: f.response > 50, kp))
41 filtered_kp = filteringByDistance(kp, 10)
42 print('len(filtered_kp)=', len(filtered_kp))
43
44 kp, des = orbF.compute(gray, filtered_kp)
45 print('des.shape=', des.shape)
46 print('des=', des)
47
48 #4
49 dst2 = cv2.drawKeypoints(gray, filtered_kp, None, color = (0, 0, 255))
50 for f in filtered_kp:
51     x, y = f.pt
52     size = f.size
53     rect = ((x, y), (size, size), f.angle)
54     box = cv2.boxPoints(rect).astype(np.int32)
55     cv2.polylines(dst2, [box], True, (0, 255, 0), 2)
56     cv2.circle(dst2, (round(x), round(y)), round(f.size / 2),
57             (255, 0, 0), 2)
58 cv2.imshow('dst2', dst2)
59 cv2.waitKey()
60 cv2.destroyAllWindows()
```

**실행 결과: 'cornerTest.jpg', FAST_SCORE**

```
len(kp)= 63
len(filtered_kp)= 8
des.shape= (8, 32)
des= [[ 72  48  56  96  33  77  81  16 105 168  52   8 159  23  64  50 132 213
   221   8 136  96 240   0 195 249  33  48  66 128  67  35] ... ]
```

**프로그램 설명**

① #1: filteringByDistance()는 [예제 9.2]에서 작성한 특징점 kp에서 거리 오차 distE 보다
작은 특징점을 삭제하는 함수이다.

② **#2**: 입력 영상 src의 그레이스케일 영상 gray에 가우시안 블러링을 수행한다. 가우시안 블러링 수행 여부에 따라 결과가 약간 다들 수 있다. cv2.ORB_create(scoreType = 1)로 FAST_SCORE를 사용하여 orbF 객체를 생성한다. nfeatures로 orbF 객체를 생성한다. orbF.detect()로 gray에서 len(kp) = 63개의 특징점을 kp에 검출한다. cv2.drawKeypoints()로 특징점 kp를 dst에 빨간색 원으로 [그림 9.8](a)와 같이 표시한다.

③ **#3**: sorted()로 kp를 반응값 기준으로 내림차순 정렬하고, 반응값이 50보다 작은 특징점을 제거하고, distE = 10 이내의 특징점을 제거하여 len(filtered_kp) = 8인 filtered_kp를 생성한다. orbF.compute()로 gray에서 특징점 filtered_kp를 이용하여 ORB 디스크립터 des를 계산한다. des.dtype = uint8이고, des.shape = (8, 32)이다. 즉, 디스크립터는 8개의 특징점 각각에 대하여 32바이트 [256비트]이다.

④ **#4**: cv2.drawKeypoints()로 특징점 filtered_kp를 dst2에 빨간색 원으로 [그림 9.8](b)와 같이 표시한다. for 문으로 filtered_kp의 각 특징점 f에 대해, 좌표는 x, y, 크기는 size에 읽고, rect = ((x, y), (size, size), f.angle)로 회전 사각형을 정의하고, cv2.boxPoints()로 rect의 모서리 좌표를 box에 읽고, cv2.polylines()로 dst2에 초록색으로 그린다. cv2.circle()로 dst2에 파란색 원으로 [그림 9.8](b)와 같이 표시한다.

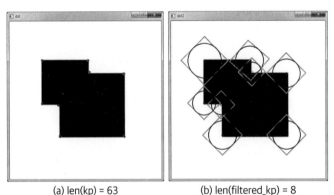

(a) len(kp) = 63    (b) len(filtered_kp) = 8

그림 9.8 ◆ ORB 특징 검출('cornerTest.jpg', FAST_SCORE)

---

**예제 9.7** │ **다른 특징 검출기의 ORB 디스크립터**

```
01  # 0907.py
02  import cv2
03  import numpy as np
04
05  #1
06  def distance(f1, f2):
07      x1, y1 = f1.pt
08      x2, y2 = f2.pt
09      return np.sqrt((x2 - x1) ** 2 + (y2 - y1) ** 2)
```

```
10
11  def filteringByDistance(kp, distE = 0.5):
12      size = len(kp)
13      mask = np.arange(1, size + 1).astype(np.bool8)    # all True
14      for i, f1 in enumerate(kp):
15          if not mask[i]:
16              continue
17          else:               # True
18              for j, f2 in enumerate(kp):
19                  if i == j:
20                      continue
21                  if distance(f1, f2) < distE:
22                      mask[j] = False
23      np_kp = np.array(kp)
24      return list(np_kp[mask])
25
26  #2
27  src = cv2.imread('./data/chessBoard.jpg')
28  gray= cv2.cvtColor(src,cv2.COLOR_BGR2GRAY)
29  gray = cv2.GaussianBlur(gray, (5, 5), 0.0)
30
31  fastF = cv2.FastFeatureDetector_create(threshold = 30)
32  mserF = cv2.MSER_create(10)
33  blobF = cv2.SimpleBlobDetector_create()
34  goodF = cv2.GFTTDetector_create(maxCorners = 20, minDistance = 10)
35
36  kp= fastF.detect(gray)
37  ##kp= mserF.detect(gray)
38  ##kp= blobF.detect(gray)
39  ##kp= goodF.detect(gray)
40  print('len(kp)=', len(kp))
41
42  filtered_kp = filteringByDistance(kp, 10)
43  print('len(filtered_kp)=', len(filtered_kp))
44  dst = cv2.drawKeypoints(gray, filtered_kp, None, color = (0, 0, 255))
45  cv2.imshow('dst', dst)
46
47  #3
48  orbF = cv2.ORB_create()
49  filtered_kp, des = orbF.compute(gray, filtered_kp)
50  print('des.shape=', des.shape)
51  print('des=', des)
52
53  dst2 = cv2.drawKeypoints(gray, filtered_kp, None, color = (0, 0, 255))
```

```
54  for f in filtered_kp:
55      x, y = f.pt
56      size = f.size
57      rect = ((x, y), (size, size), f.angle)
58      box = cv2.boxPoints(rect).astype(np.int32)
59      cv2.polylines(dst2, [box], True, (0, 255, 0), 2)
60      cv2.circle(dst2, (round(x), round(y)), round(f.size / 2),
61              (255, 0, 0), 2)
62  cv2.imshow('dst2', dst2)
63  cv2.waitKey()
64  cv2.destroyAllWindows()
```

**실행 결과: kp= fastF.detect(gray)**

len(kp)= 90
len(filtered_kp)= 38
des.shape= (38, 32)
des= [[ 14 156 176 …] …]

**실행 결과: kp= mserF.detect(gray)**

len(kp)= 221
len(filtered_kp)= 19
des.shape= (19, 32)
des= [[ 9 21 97 … ] …]

**실행 결과: kp= blobF.detect(gray)**

len(kp)= 14
len(filtered_kp)= 14
des.shape= (14, 32)
des= [[ 42 193 32 … ]…]

**실행 결과: kp= goodF.detect(gray)**

len(kp)= 20
len(filtered_kp)= 20
des.shape= (20, 32)
des= [[ 66 184 180 … ]…]

**프로그램 설명**

① #1: filteringByDistance()는 [예제 9.2]에서 작성한 특징점 kp에서 거리 오차 distE보다 작은 특징점은 삭제하는 함수이다.

② #2: 입력 영상 src의 그레이스케일 영상 gray에 가우시안 블러링을 수행한다. FastFeatureDetector 객체 fastF, MSER 객체 mserF, SimpleBlobDetector 객체 blobF, GFTTDetector 객체 goodF를 생성한다. 특징점 객체 fastF, mserF, blobF, goodF 중 하나로 특징점 kp를 생성한다. filteringByDistance()로 kp을 거리가 10보다 작은 특징점을 제거하여 filtered_kp를 생성한다. 반응값이 0이 특징값이 있기 때문에 여기서는 반응값

으로 정렬하지 않았다. 따라서 특징값의 순서에 따라 먼저 나오는 특징 값을 기준으로 거리가 가까운 주위의 특징을 삭제한다. cv2.drawKeypoints()로 특징점 kp를 dst에 빨간색 원으로 표시한다.

③ #3: orbF.compute()로 gray에서 특징점 filtered_kp를 이용하여 ORB 디스크립터 des를 계산한다. des.shape = (len(filtered_kp), 32)이다. 즉, 디스크립터는 len(filtered_kp)개의 특징점 각각에 대하여 32바이트 $^{256비트}$이다. cv2.drawKeypoints()로 특징점 filtered_kp를 dst2에 빨간색 원으로 표시한다. for 문으로 filtered_kp의 각 특징점 f에 대해, 특징의 크기와 각도를 이용하여 회전 사각형과 원을 dst2에 초록색으로 표시한다.

④ [그림 9.9](a)는 fastF, [그림 9.9](b)는 mserF, [그림 9.9](c)는 blobF, [그림 9.9](d)는 goodF로 실행 결과이다.

(a) kp = fastF.detect(gray)
des.shape = (37, 32)

(b) kp = mserF.detect(gray)
des.shape = (19, 32)

(c ) kp = blobF.detect(gray)
des.shape = (14, 32)

(d) kp = goodF.detect(gray)
des.shape = (20, 32)

그림 9.9 ◆ 다른 특징 검출기의 ORB 디스크립터

# 06 BRISK 특징 검출 및 디스크립터

BRISK는 Stefan Leutenegger의 논문 "BRISK <sup>Binary Robust Invariant Scalable Keypoints</sup>"를 구현한다. BRISK는 FAST 또는 AGAST <sup>Adaptive and generic corner detection based on the accelerated segment test</sup>를 사용하여 스케일 공간에서 피라미드 기반으로 특징점을 검출하고, 디스크립터는 특징점 근처에서 동심원 기반의 샘플링 패턴을 이용하여 이진 디스크립터를 계산한다.

## 01 BRISK 특징점 검출

BRISK는 영상에서뿐만 아니라, 스케일 공간에서 FAST 특징값을 가지고 최대값을 탐색하는 단계를 추가한다. 스케일 공간 피라미드는 [그림 9.10]과 같이 $n$개의 옥타브 $c_i$, $i = 0, \dots, n-1$와 $n$개의 인트라-옥타브 $d_i$, $i = 0, \dots, n-1$로 구성한다. 일반적으로 $n = 4$를 사용한다. $c_i$는 가로세로 1/2씩 줄어드는 피라미드 다운 샘플링으로 구성한다. $c_0$는 원본 영상이다. 인트라-옥타브 $d_i$는 $c_i$와 $c_{i+1}$사이에 위치한다. $d_0$는 원본 영상 $c_0$를 1.5로 스케일 다운 샘플링하여 계산한다. 스케일 $t$는 $t(c_i) = 2^i$, $t(d_i) = 2^i \times 1.5$이다.

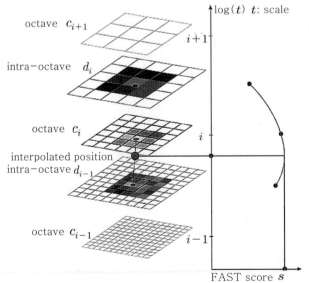

그림 9.10 ◆ BRISK의 스케일 공간 관심점 검출 [참고: Stefan Leutenegger 논문]
(옥타브 $c_i$, 인트라-옥타브 $d_i$, 스케일 $t$)

ⓐ cv2.FAST_FEATURE_DETECTOR_TYPE_9_16 특징 검출기를 각 옥타브 $c_i$와 인트라 옥타브 $d_i$에 같은 임계값 $T$를 적용하여 관심 영역을 검출한다.

ⓑ 같은 계층에서 8개의 이웃과 아래위 계층의 대응하는 측정값 패치에서도 FAST 측정값 $s$가 최대인 특징점을 검출한다. 3-계층에서 최대값을 검출하기 위하여 스케일 축을 보간하고, 특징값의 위치도 부화소로 최소 자승법을 사용하여 보간 계산한다. 특징점은 부화소로 위치를 계산하며 피라미드에서 보간한 실수 스케일 값이다.

## BRISK 디스크립터 02

BRISK는 [그림 9.11]과 같이 특징점 근처에서 동심원 기반의 샘플링 패턴을 이용하여 이진 디스크립터를 계산한다.

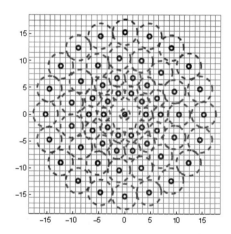

그림 9.10 ◆ BRISK 샘플링 패턴 [참고: Stefan Leutenegger 논문]
(N = 60, t = 1 스케일)

$N(N-1)/2$ 개의 전체 샘플링 패턴에서의 위치쌍 $(p_i, p_j)$의 집합 $A$를 임계값 $\delta_{\max} = 9.75t$ 에 의해 가까운 거리의 집합 $S$와 임계값 $\delta_{\min} = 13.67t$ 에 의해 먼 거리의 쌍의 집합 $L$로 구분한다. 여기서, $t$는 특징점 $k$의 스케일이다.

$$A = \{(p_i, p_j) \in R^2 \times R^2 \mid (i < N) \wedge (j < i) \wedge i, j \in N\}$$

$$S = \{(p_i, p_j) \in A \mid \|p_i - p_j\| < \delta_{max}\} \subseteq A$$

$$L = \{(p_i, p_j) \in A \mid \|p_i - p_j\| > \delta_{min}\} \subseteq A$$

먼 거리의 쌍의 집합 $L$에 속한 샘플링 위치 쌍 $(p_i, p_j)$에서 스무드된 화소값 $I(p_i, \sigma_i)$, $I(p_j, \sigma_j)$을 이용하여 그래디언트 $g$와 특징점 $k$의 방향을 계산한다.

$$g = (g_x, g_y)^T = \frac{1}{L} \sum_{(p_i, p_j) \in L} g(p_i, p_j)$$

$$\text{여기서, } g(p_i, p_j) = (p_j - p_i) \frac{I(p_j, \sigma_j) - I(p_i, \sigma_i)}{\|p_j - p_i\|^2.}$$

특징점 $k$의 방향을 $\alpha = \arctan2(g_x, g_y)$로 회전 정규화하고, 비트 벡터 디스크립터 $d_k$를 $S$에 속한 위치 쌍의 밝기값 $I(p_i, \sigma_i)$, $I(p_j, \sigma_j)$을 비교하여 계산한다. BRIEF-64는 64바이트에 패킹되어 있는 512비트 길이의 이진 비트 벡터 디스크립터이다.

$$b = \begin{cases} 1 & \text{if} \quad I(p_j^\alpha, \sigma_j) < I(p_i^\alpha, \sigma_i) \\ 0 & o.w. \end{cases}$$

$$\forall (p_i^\alpha, p_j^\alpha) \in S$$

## 03  OpenCV의 BRISK

cv2.BRISK_create()로 BRISK 객체를 생성하고, Feature2D 클래스의 detect()로 특징을 검출하고, 디스크립터는 compute()로 계산한다. detectAndCompute()를 사용하면 특징점 검출과 디스크립터 계산을 동시에 할 수 있다.

```
cv2.BRISK_create([, thresh[, octaves[, patternScale]]]) -> retval
cv2.BRISK_create(radiusList, numberList[, dMax[, dMin[, indexChange]]])
            -> retval
cv2.BRISK.create(...) -> retval
```

1 BRISK 객체를 생성한다. cv2.BRISK_create()는 cv2.BRISK.create()의 함수
이다.

2 thresh은 AGAST 특징 검출 임계치, 특징 검출 옥타브 octaves, 특징점 주위
샘플링 patternScale이다. thresh = 30, octaves = 3, patternScale = 1.0이 기본
값이다.

3 radiusList, numberList, dMax, dMin, indexChange를 적용하여 사용자
패턴을 사용할 수 있다. radiusList는 특징점 주위의 샘플링 원의 반지름 크기,
numberList는 샘플링 원에서 샘플의 개수, dMax, dMin은 가까운 거리 위치쌍과,
먼 거리 위치쌍의 임계값이고, indexChange 이진 디스크립터 비트들의 첨자 변경
벡터이다.

---

**예제 9.8 | BRISK 특징 검출 및 디스크립터**

```python
01 # 0908.py
02 import cv2
03 import numpy as np
04
05 #1
06 def distance(f1, f2):
07     x1, y1 = f1.pt
08     x2, y2 = f2.pt
09     return np.sqrt((x2 - x1) ** 2 + (y2 - y1) ** 2)
10
11 def filteringByDistance(kp, distE = 0.5):
12     size = len(kp)
13     mask = np.arange(1, size + 1).astype(np.bool8)      # all True
14     for i, f1 in enumerate(kp):
15         if not mask[i]:
16             continue
17         else: # True
18             for j, f2 in enumerate(kp):
19                 if i == j:
20                     continue
21                 if distance(f1, f2) < distE:
22                     mask[j] = False
23     np_kp = np.array(kp)
24     return list(np_kp[mask])
25
```

```
26  #2
27  src = cv2.imread('./data/cornerTest.jpg')
28  gray= cv2.cvtColor(src,cv2.COLOR_BGR2GRAY)
29  gray = cv2.GaussianBlur(gray, (5, 5), 0.0)
30
31  briskF = cv2.BRISK_create()
32  kp = briskF.detect(gray)
33  print('len(kp)=', len(kp))
34  dst = cv2.drawKeypoints(gray, kp, None, color = (0, 0, 255))
35  cv2.imshow('dst', dst)
36
37  #3
38  kp = sorted(kp, key = lambda f: f.response, reverse = True)
39  filtered_kp = list(filter(lambda f: f.response > 50, kp))
40  filtered_kp = filteringByDistance(kp, 10)
41  print('len(filtered_kp)=', len(filtered_kp))
42
43  kp, des = briskF.compute(gray, filtered_kp)
44  print('des.shape=', des.shape)
45  print('des=', des)
46
47  #4
48  dst2 = cv2.drawKeypoints(gray, filtered_kp, None, color = (0, 0, 255))
49  for f in filtered_kp:
50      x, y = f.pt
51      size = f.size
52      rect = ((x, y), (size, size), f.angle)
53      box = cv2.boxPoints(rect).astype(np.int32)
54      cv2.polylines(dst2, [box], True, (0, 255, 0), 2)
55      cv2.circle(dst2, (round(x), round(y)), round(f.size / 2),
56                  (255, 0, 0), 2)
57  cv2.imshow('dst2', dst2)
58  cv2.waitKey()
59  cv2.destroyAllWindows()
```

---

**실행 결과**

len(kp)= 27
len(filtered_kp)= 8
des.shape= (8, 64)
des= [[254 191 247 ... ] ... ]

---

**프로그램 설명**

① #1: filteringByDistance()는 [예제 9.2]에서 작성한 특징점 kp에서 거리 오차 distE 보다
   작은 특징점은 삭제하는 함수이다.

② #2: 입력 영상 src의 그레이스케일 영상 gray에 가우시안 블러링을 수행한다. 가우시안 블러링 수행 여부에 따라 결과가 약간 다를 수 있다. cv2.BRISK_create()로 BRISK 객체 briskF를 생성한다. briskF.detect()로 gray에서 len(kp) = 27개의 특징점을 kp에 검출한다. cv2.drawKeypoints()로 특징점 kp를 dst에 빨간색 원으로 [그림 9.12](a)와 같이 표시한다.

③ #3: sorted()로 kp를 반응값 기준으로 내림차순 정렬하고, 반응값이 50보다 작은 특징점을 제거하고, distE = 10 이내의 특징점을 제거하여 len(filtered_kp) = 8인 filtered_kp를 생성한다.

briskF.compute()로 gray에서 특징점 filtered_kp를 이용하여 BRISK 디스크립터 des를 계산한다. des.dtype = uint8이고, des.shape = (8, 64)이다. 즉, 디스크립터는 8개의 특징점 각각에 대하여 64바이트 [512] 비트이다.

④ #4: cv2.drawKeypoints()로 특징점 filtered_kp를 dst2에 빨간색 원으로 표시한다. for 문으로 filtered_kp의 각 특징점 f에 대해, 특징의 크기와 각도를 이용하여 회전 사각형과 원을 dst2에 초록색으로 [그림 9.12](b)와 같이 표시한다.

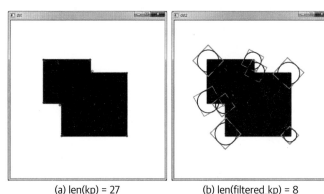

(a) len(kp) = 27            (b) len(filtered_kp) = 8
그림 9.12 ◆ BRISK 특징 검출 및 디스크립터, des.shape = (8, 64)

**예제 9.9 | 다른 특징 검출기의 BRISK 디스크립터**

```
01 # 0909.py
02 import cv2
03 import numpy as np
04
05 #1
06 def distance(f1, f2):
07     x1, y1 = f1.pt
08     x2, y2 = f2.pt
09     return np.sqrt((x2 - x1) ** 2 + (y2 - y1) ** 2)
10
```

```
11
12  #2
13  src = cv2.imread('./data/chessBoard.jpg')
14  gray= cv2.cvtColor(src,cv2.COLOR_BGR2GRAY)
15  gray = cv2.GaussianBlur(gray, (5, 5), 0.0)
16
17  fastF = cv2.FastFeatureDetector_create(threshold = 30)
18  mserF = cv2.MSER_create(10)
19  blobF = cv2.SimpleBlobDetector_create()
20  goodF = cv2.GFTTDetector_create(maxCorners = 20, minDistance = 10)
21
22  kp= fastF.detect(gray)
23  ##kp= mserF.detect(gray)
24  ##kp= blobF.detect(gray)
25  ##kp= goodF.detect(gray)
26  print('len(kp)=', len(kp))
27
28  filtered_kp = filteringByDistance(kp, 10)
29  print('len(filtered_kp)=', len(filtered_kp))
30  dst = cv2.drawKeypoints(gray, filtered_kp, None, color=(0, 0, 255))
31  cv2.imshow('dst', dst)
32
33  #3
34  briskF = cv2.BRISK_create()
35  filtered_kp, des = briskF.compute(gray, filtered_kp)
36  print('des.shape=', des.shape)
37  print('des=', des)
38
39  dst2 = cv2.drawKeypoints(gray, filtered_kp, None, color = (0, 0, 255))
40  for f in filtered_kp:
41      x, y = f.pt
42      size = f.size
43      rect = ((x, y), (size, size), f.angle)
44      box = cv2.boxPoints(rect).astype(np.int32)
45      cv2.polylines(dst2, [box], True, (0, 255, 0), 2)
46      cv2.circle(dst2, (round(x), round(y)), round(f.size / 2),
47                 (255, 0, 0), 2)
48  cv2.imshow('dst2', dst2)
49  cv2.waitKey()
50  cv2.destroyAllWindows()
```

실행 결과: kp= fastF.detect(gray)

```
len(kp)= 90
len(filtered_kp)= 38
des.shape= (38, 64)
des= [[252 255 239 … ]  … ]
```

**프로그램 설명**

① 특징점 객체 fastF, mserF, blobF, goodF중 하나로 특징점 kp를 검출하고, 특징점을 필터링하는 부분은 [예제 9.7]과 같다.

② #3: cv2.BRISK_create()로 briskF 객체를 생성하고, briskF.compute()로 gray에서 특징점 filtered_kp를 이용하여 BRISK 디스크립터 des를 계산한다. des.shape = (len(filtered_kp), 64)이다. 즉, 디스크립터는 len(filtered_kp)개의 특징점 각각에 대하여 64 바이트 512비트 이다.

③ 특징점을 표시한 결과는 [그림 9.9]와 같다.

# KAZE·AKAZE 특징 검출 및 디스크립터 **07**

KAZE는 Pablo 등에 의해 ECCV 2012에 발표된 "KAZE features"를 구현한다. 기존의 스케일 공간 특징점 검출방법의 가우시안 피라미드에 의한 방법은 가우시안 블러링 작업이 잡음 제거뿐만 아니라, 물체 세부사항 detail 역시 약화시켜, 특징점의 위치를 찾는 데 어려움이 있다.

KAZE는 AOS Additive Operator Splitting 기법으로 구성한 비선형 스케일 공간에서 비선형 확산 필터링 nonlinear diffusion filtering으로 특징점을 검출하고 디스크립터를 계산한다. 지역 적응형 블러링 방법을 사용하여 잡음은 제거하고, 물체 경계와 같은 세부사항은 유지 하여 특징점 검출의 정확도를 높인 방법으로 논문에서는 특징점 및 디스크립터 성능은 우수하며 계산 속도는 SIFT와는 비슷하고, SURF에 비해서는 느린 것으로 발표되었다.

AKAZE는 Pablo 등에 의해 BMVC 2013에 발표된 "Fast Explicit Diffusion for Accelerated Features in Nonlinear Scale Spaces"를 구현한다. AKAZE Accelerated KAZE는 FED Fast Explicit Diffusion로 비선형공간에서 피라미드를 구축하는 방법을 사용 하여 속도를 개선하였다.

OpenCV는 특징 검출과 디스크립터를 계산할 수 있는 KAZE 클래스와 속도가 빠른 AKAZE 클래스가 모두 구현되어 있다. 디스크립터는 특징점을 중심으로 스케일 s에 따른 $24s \times 24s$ 사각 영역을 $4 \times 4$로 구분하고, 각 영역에서 스케일 공간에서의 미분을 이용 하여, 가로 방향의 일차 미분의 합계, 세로 방향의 일차 미분의 합계, 각 방향의 미분의 절대값 합계의 4개의 값을 사용하여, 디스크립터 벡터의 크기가 64인 벡터로 정규화된 디스크립터를 계산한다.

# 01 OpenCV의 KAZE

cv2.KAZE_create()로 KAZE 객체를 생성하고, Feature2D 클래스의 detect()로 특징을 검출하고, 디스크립터는 compute()로 계산한다. detectAndCompute()를 사용하면 특징점 검출과 디스크립터 계산을 동시에 할 수 있다.

```
cv2.KAZE_create([, extended[, upright[, threshold[,
                nOctaves[, nOctaveLayers[, diffusivity]]]]]]) -> retval
cv2.KAZE.create(...) -> retval
```

1 KAZE 객체를 생성한다. cv2.KAZE_create()은 cv2.KAZE.create()의 함수이다.

2 extended = True이면 디스크립터 벡터를 128 크기로 계산한다. upright = True이면 디스크립터 계산에서 방향 orientation을 고려하지 않아서 회전 불변이지 않다. 즉, 회전된 물체를 매칭할 수 없다. threshold는 특징 검출을 위한 헤시안 Hessian 임계값이다. nOctaves는 영상의 최대 옥타브 개수, nOctaveLayers는 옥타브 단계 내의 부분 레벨수이다. diffusivity는 확산 타입으로,

DIFF_PM_G1 = 0,      DIFF_PM_G2 = 1,
DIFF_WEICKERT = 2,   DIFF_CHARBONNIER = 3

등이 있다. KAZE 디스크립터 자료형은 32비트 실수이다.

3 기본값은 다음과 같다.

extended = False,   upright = False,      threshold = 0.001,
nOctaves = 4,       nOctaveLayers = 4,  diffusivity = DIFF_PM_G2

# 02 OpenCV의 AKAZE

AKAZE는 계산 속도를 높이기 위하여 MLDB Modified-Local Difference Binary 이진 디스크립터를 포함하고 방향을 계산하지 않는 직각 upright 디스크립터를 제공한다.

cv2.AKAZE_create()로 AKAZE 객체를 생성하고, Feature2D 클래스의 detect()로 특징을 검출하고, 디스크립터는 compute()로 계산한다. detectAndCompute()를 사용하면 특징점 검출과 디스크립터 계산을 동시에 할 수 있다.

```
cv2.AKAZE_create([, descriptor_type[, descriptor_size[,
                descriptor_channels[, threshold[, nOctaves[,
                nOctaveLayers[, diffusivity]]]]]]]) -> retval
cv2.AKAZE.create(...) -> retval
```

**1** AKAZE 객체를 생성한다. cv2.AKAZE_create()은 cv2.AKAZE.create()의 함수이다.

**2** descriptor_type은 2, 3, 4, 5중 하나이다.

2 # DESCRIPTOR_KAZE_UPRIGHT, not invariant to rotation

3 # DESCRIPTOR_KAZE

4 # DESCRIPTOR_MLDB_UPRIGHT, not invariant to rotation

5 # DESCRIPTOR_MLDB

DESCRIPTOR_KAZE_UPRIGHT, DESCRIPTOR_KAZE로 계산한 디스크립터는 실수형(CV_32F)이고, DESCRIPTOR_MLDB_UPRIGHT와 DESCRIPTOR_MLDB로 계산한 디스크립터는 이진 디스크립터이며 CV_8U이다. DESCRIPTOR_MLDB_UPRIGHT와 DESCRIPTOR_MLDB는 매칭에서 FlannBasedMatcher를 사용할 수 없다.

**3** 기본값은 다음과 같다.

descriptor_type = DESCRIPTOR_MLDB,　　descriptor_size = 0,

descriptor_channels = 3,　threshold = 0.001,　nOctaves = 4,

nOctaveLayers = 4,　　　diffusivity = DIFF_PM_G2

| 예제 9.10 | KAZE/AKAZE 특징 검출 및 디스크립터 |
| --- | --- |

```
01 # 0910.py
02 import cv2
03 import numpy as np
04
05 #1
```

```
06 def distance(f1, f2):
07     x1, y1 = f1.pt
08     x2, y2 = f2.pt
09     return np.sqrt((x2 - x1) ** 2 + (y2 - y1) ** 2)
10
11 def filteringByDistance(kp, distE = 0.5):
12     size = len(kp)
13     mask = np.arange(1,size + 1).astype(np.bool8)    # all True
14     for i, f1 in enumerate(kp):
15         if not mask[i]:
16             continue
17         else: # True
18             for j, f2 in enumerate(kp):
19                 if i == j:
20                     continue
21                 if distance(f1, f2) < distE:
22                     mask[j] = False
23     np_kp = np.array(kp)
24     return list(np_kp[mask])
25
26 #2
27 src = cv2.imread('./data/cornerTest.jpg')
28 gray= cv2.cvtColor(src,cv2.COLOR_BGR2GRAY)
29 gray = cv2.GaussianBlur(gray, (5, 5), 0.0)
30
31 kazeF = cv2.KAZE_create()
32 akazeF = cv2.AKAZE_create()
33 kp = kazeF.detect(gray)
34 ##kp = akazeF.detect(gray)
35 print('len(kp)=', len(kp))
36 dst = cv2.drawKeypoints(gray, kp, None, color = (0, 0, 255))
37 cv2.imshow('dst', dst)
38
39 #3
40 kp = sorted(kp, key = lambda f: f.response, reverse = True)
41 ##filtered_kp = list(filter(lambda f: f.response > 0.01, kp))
42 filtered_kp = filteringByDistance(kp, 10)
43 print('len(filtered_kp)=', len(filtered_kp))
44
45 kp, des = kazeF.compute(gray, filtered_kp)
46 ##kp, des =akazeF.compute(gray, filtered_kp)
47 print('des.shape=', des.shape)
48 print('des.dtype=', des.dtype)
49 print('des=', des)
50
```

```
51  #4
52  dst2 = cv2.drawKeypoints(gray, filtered_kp, None, color=(0, 0, 255))
53  for f in filtered_kp:
54      x, y = f.pt
55      size = f.size
56      rect = ((x, y), (size, size), f.angle)
57      box = cv2.boxPoints(rect).astype(np.int32)
58      cv2.polylines(dst2, [box], True, (0, 255, 0), 2)
59      cv2.circle(dst2, (round(x), round(y)), round(f.size/2),
60              (255, 0, 0), 2)
61  cv2.imshow('dst2', dst2)
62  cv2.waitKey()
63  cv2.destroyAllWindows()
```

**실행 결과: kp= kazeF.detect(gray)**

```
len(kp)= 24
len(filtered_kp)= 8
des.shape= (8, 64)
des.dtype= float32
des= [[ 7.85725098e-03 -1.29692222e-03 ...] ...]
```

**실행 결과: kp= akazeF.detect(gray)**

```
len(kp)= 32
len(filtered_kp)= 8
des.shape= (8, 61)
des.dtype= uint8
des= [[ 33 125 118 ... ] ...]
```

**프로그램 설명**

① #1: filteringByDistance()는 [예제 9.2]에서 작성한 특징점 kp에서 거리 오차 distE 보다 작은 특징점은 삭제하는 함수이다.

② #2: cv2.KAZE_create()로 KAZE 객체 kazeF를 생성한다. cv2.AKAZE_create()로 AKAZE 객체 akazeF를 생성한다. kazeF.detect()로 gray에서 len(kp) = 24개의 특징점을 kp에 검출한다. akazeF.detect()를 사용하면 len(kp) = 32개의 특징점을 kp에 검출한다. cv2.drawKeypoints()로 특징점 kp를 dst에 빨간색 원으로 표시한다.

③ #3: sorted()로 kp를 반응값 기준으로 내림차순 정렬하고, distE = 10 이내의 특징점을 제거하여 len(filtered_kp)= 8개를 filtered_kp에 검출한다. kazeF.compute()로 gray에서 특징점 filtered_kp를 이용하여 KAZE 디스크립터 des를 계산한다. des.dtype = float32이고, des.shape = (8, 64)이다. akazeF.compute()를 사용하여 디스크립터 des를 계산하면, des.dtype = 'uint8'이고, des.shape = (8, 64)이다.

④ #4: cv2.drawKeypoints()로 특징점 filtered_kp를 dst2에 빨간색 원으로 표시한다. for 문으로 filtered_kp의 각 특징점 f에 대해, 특징의 크기와 각도를 이용하여 회전 사각형과 원을 dst2에 초록색으로 그린다.

⑤ [그림 9.13]은 KAZE를 사용하여 특징점을 표시한 결과이다. AKAZE를 사용한 특징점 표시 결과도 유사하다.

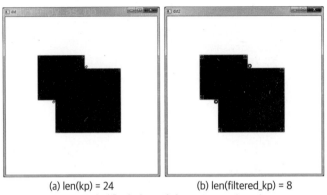

| (a) len(kp) = 24 | (b) len(filtered_kp) = 8 |

그림 9.13 ◆ KAZE 특징 검출 및 디스크립터 des.shape = (8, 64)

# 08 SIFT 특징 검출 및 디스크립터

SIFT는 D.Lowe의 논문 "Distinctive Image Features from Scale-Invariant Keypoints"를 구현한다. 스케일에 불변인 특징변환 SIFT Scale Invariant Feature Transform로 특징점을 검출하고 디스크립터를 계산한다.

## 01 SIFT 특징점 검출

### 01 DoG로 특징 후보점 계산

스케일과 방향에 불변인 후보점을 검출하기 위하여 DoG Difference of Gaussian를 사용하여 특징점을 검출한다. 지역 영상 그래디언트를 이용하여 특징점의 방향을 계산한다. [그림 9.14]는 스케일 공간에서 가우시안 옥타브와 DoG의 관계를 나타낸다.

스무딩 영상 $L(x, y, \sigma)$는 가우시안 커널 $G(x,y,\sigma)$와 영상 $I(x,y)$의 회선 convolution으로 계산된다.

$$D(x,y,\sigma) = (G(x,y,k\sigma) - G(x,y,\sigma))*I(x,y)$$
$$= L(x,y,k\sigma) - L(x,y,\sigma)$$

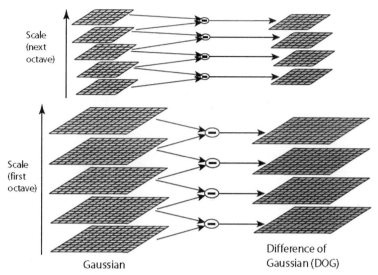

그림 9.14 ◆ 스케일 공간에서 가우시안 옥타브와 DoG [참고:D.Lowe 논문]

각 옥타브의 영상에서 서로 다른 스케일 $k$의 집합으로 스무딩된 영상을 생성한다. DoG 영상은 인접한 가우시안 영상의 차이로 계산한다. 옥타브가 증가하면, 영상을 피라미드 다운 샘플링을 수행한다. 논문에서는 스케일 공간 각 옥타브를 $k = 2^{1/s}$가 되도록 정수 $s$개로 나누고, 각 옥타브에 $s + 3$개의 블러링 영상을 생성한다. $D(x, y, \sigma)$에서의 지역 극값 local maxima, minima을 현재의 스케일에서는 8개의 이웃점과, 위아래 스케일에서 각각 9개의 이웃을 합하여 총 26개의 이웃을 조사하여 검출하여 후보점으로 한다.

## 02 후보점 제거

저대비 low contrast 또는 약한 에지 반응값을 갖는 후보점을 걸러낸다. $D(x, y, \sigma)$을 2차 항까지 테일러 확장 Taylor expansion하고, 미분을 계산하여 지역 극값 $\hat{x}$을 3×3 선형 방정식 으로 계산하여 영상의 화소값의 범위가 [0, 1]로 정규화되었을 때, $\|D(\hat{x})\| < 0.03$인 모든 특징 후보점은 안정적이지 않은 저대비 값으로 판단하여 제거한다.

$$D(\hat{x}) = D + \frac{1}{2} \frac{\partial D^T}{\partial x} \hat{x}$$

$$\text{여기서, } \hat{x} = -\frac{\partial^2 D^{-1}}{\partial x^2} \frac{\partial D}{\partial x}$$

특징점 후보점의 위치와 스케일에서, 2×2 헤시안 $^{Hessian}$ 행렬을 계산한다. 미분값은 인접한 좌표의 차이를 이용하여 계산한다.

$$H = \begin{bmatrix} D_{xx} & D_{xy} \\ D_{xy} & D_{yy} \end{bmatrix}$$

$\dfrac{Tr(H)^2}{Det(H)} < \dfrac{(r+1)^2}{r}$ 을 검사하여 특징점을 제거한다. 논문에서는 가장 큰 고유값과 가장 작은 고유값의 비율인 $r$을 $r = 10$을 사용한다.

### 03 특징점의 방향

특징점의 스케일을 이용하여 가우시안 스무딩 영상 $L(x, y)$을 선택하여, 영상 그래디언트의 크기와 방향을 계산한다.

$$m(x,y) = \sqrt{g_x^2 + g_y^2}$$

$$\theta(x, y) = \tan^{-1}\left(\frac{g_y}{g_x}\right)$$

여기서, $g_x = L(x+1, y) - L(x-1, y)$, $g_y = L(x, y+1) - L(x, y-1)$이다. 특징점 주위의 일정 윈도우 영역 내의 그래디언트 방향을 계산하여, 히스토그램을 사용하여, 전체적인 특징점의 방향을 결정한다.

## 02 SIFT 디스크립터

특징점 주위의 영역에서 영상 그래디언트와 크기와 방향을 계산하고, 가우시안 함수로 가중 필터링, 4×4 영역으로 나누어 방향에 따라 크기를 히스토그램으로 계산한다. SIFT는 그래디언트의 크기와 방향을 디스크립터로 사용한다. [그림 9.15]는 8×8 영역으로부터 계산한 2×2 SIFT 디스크립터이다. 논문에서는 16×16 영역으로부터 계산한 4×4 SIFT

디스크립터를 제시한다. 방향 히스토그램 빈의 크기가 8-방향일 때, 4×4 SIFT 디스크립터는
4 × 4 × 8 = 128의 특징 벡터 요소를 갖는다.

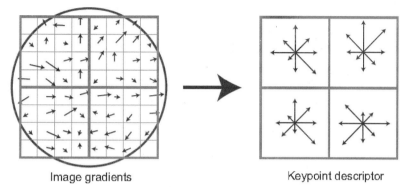

Image gradients        Keypoint descriptor

그림 9.15 ◆ 8×8 영역으로부터 계산한 2×2 SIFT 디스크립터[참고:D.Lowe 논문]

## OpenCV의 SIFT    03

cv2.SIFT_create()로 SIFT 객체를 생성하고, Feature2D 클래스의 detect()로 특징을
검출하고, 디스크립터는 compute()로 계산한다. detectAndCompute()를 사용하면
특징 검출과 디스크립터 계산을 동시에 할 수 있다.

```
cv2.SIFT_create([, nfeatures[, nOctaveLayers[, contrastThreshold[,
              edgeThreshold[, sigma]]]]]) -> retval
cv2.SIFT.create(...)-> retval
```

**1** SIFT 객체를 생성한다.

**2** nfeatures는 보유할 최적특징의 개수이다. 특징은 스코어 local contrast에
따라 정렬된다. nOctaveLayers는 각 옥타브 octave 계층수이다. 옥타브의 개수는
영상의 해상도에 따라 자동으로 계산된다. contrastThreshold는 저대비 영역에서
약한 특징을 걸러내기 위한 임계값으로, contrastThreshold 값을 크게 하면, 보다
적은 특징이 검출된다. edgeThreshold는 에지 특징을 걸러내기 위한 임계값으로,
edgeThreshold 값을 크게 하면 할수록, 더 많은 에지가 보유된다. sigma는 옥타브
0의 입력 영상에 적용될 가우시안 함수의 표준편차이다.

**3** 초기값은 다음과 같다.

nfeatures = 0,    nOctaveLayers = 3,    contrastThreshold = 0.04,
edgeThreshold = 10,    sigma = 1.6

| 예제 9.11 | SIFT 특징 검출 및 디스크립터 |
|---|---|

```python
01  # 0911.py
02  import cv2
03  import numpy as np
04
05  #1
06  def distance(f1, f2):
07      x1, y1 = f1.pt
08      x2, y2 = f2.pt
09      return np.sqrt((x2 - x1) ** 2 + (y2 - y1) ** 2)
10
11  def filteringByDistance(kp, distE = 0.5):
12      size = len(kp)
13      mask = np.arange(1, size + 1). astype(np.bool8)    # all True
14      for i, f1 in enumerate(kp):
15          if not mask[i]:
16              continue
17          else: # True
18              for j, f2 in enumerate(kp):
19                  if i == j:
20                      continue
21                  if distance(f1, f2) < distE:
22                      mask[j] = False
23      np_kp = np.array(kp)
24      return list(np_kp[mask])
25
26  #2
27  src = cv2.imread('./data/cornerTest.jpg')
28  gray= cv2.cvtColor(src,cv2.COLOR_BGR2GRAY)
29
30  ##siftF = cv2.SIFT_create()
31  siftF = cv2.SIFT_create(edgeThreshold = 80)
32  kp = siftF.detect(gray)
33  print('len(kp)=', len(kp))
34
35  #3
36  kp = sorted(kp, key=lambda f: f.response, reverse = True)
37  ##filtered_kp = list(filter(lambda f: f.response > 0.01, kp))
38  filtered_kp = filteringByDistance(kp, 10)
```

```
39 print('len(filtered_kp)=', len(filtered_kp))
40
41 kp, des = siftF.compute(gray, filtered_kp)
42 print('des.shape=', des.shape)
43 print('des.dtype=', des.dtype)
44 print('des=', des)
45
46 #4
47 dst = cv2.drawKeypoints(src, filtered_kp, None, color = (0, 0, 255))
48 for f in filtered_kp:
49     x, y = f.pt
50     size = f.size
51     rect = ((x, y), (size, size), f.angle)
52     box = cv2.boxPoints(rect).astype(np.int32)
53     cv2.polylines(dst, [box], True, (0, 255, 0), 2)
54     cv2.circle(dst, (round(x), round(y)), round(f.size / 2),
55             (255, 0, 0), 2)
56 cv2.imshow('dst', dst)
57 cv2.waitKey()
58 cv2.destroyAllWindows()
```

### 실행 결과: siftF = cv2.SIFT_create()

```
len(kp)= 22
len(filtered_kp)= 10
des.shape= (10, 128)
des.dtype= float32
des= [[ 0.  0.  0. ... ] ...]
```

### 실행 결과: siftF = cv2.SIFT_create(edgeThreshold = 80)

```
len(kp)= 26
len(filtered_kp)= 14
des.shape= (14, 128)
des.dtype= float32
des= [[ 0.  0.  0. ... ] ...]
```

### 프로그램 설명

① #1: filteringByDistance()는 [예제 9.2]에서 작성한 특징점 kp에서 거리 오차 distE 보다 작은 특징점은 삭제하는 함수이다.

② #2: cv2.SIFT_create()로 SIFT 객체 siftF를 생성한다. siftF.detect()로 gray에서 len(kp) = 22개의 특징점을 kp에 검출한다.

③ #3: sorted()로 kp를 반응값 기준으로 내림차순 정렬하고, distE = 10 이내의 특징점을 제거하여 len(filtered_kp)개의 특징점 filtered_kp을 검출한다. siftF.compute()로 gray에서 특징점 filtered_kp를 이용하여 SIFT 디스크립터 des를 계산한다. des.dtype = 'float32'이고, des.shape = (8, 128)이다.

④ #4: cv2.drawKeypoints()로 특징점 filtered_kp를 dst에 빨간색 원으로 표시한다. for 문으로 filtered_kp의 각 특징점 f에 대해, 특징의 크기와 각도를 이용하여 회전 사각형과 원을 dst에 초록색으로 그린다.

⑤ [그림 9.16]은 SIFT 특징 검출 결과이다. [그림 9.16](a)는 cv2.SIFT_create()로 생성한 siftF 객체로 검출한 len(filtered_kp) = 10개의 특징점 filtered_kp을 표시한 결과이다. 디스크립터는 des.dtype = float32이고 des.shape = (10, 128)이다. [그림 9.16](b)는 cv2.SIFT_create(edgeThreshold = 80)로 생성한 siftF 객체로 len(filtered_kp) = 14개의 특징점 filtered_kp을 표시한 결과이다. edgeThreshold 값을 크게 하면 더 많은 에지를 보유한다. 디스크립터는 des.dtype = float32이고 des.shape = (14, 128)이다.

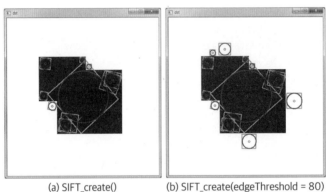

(a) SIFT_create()    (b) SIFT_create(edgeThreshold = 80)

그림 9.16 ◆ SIFT 특징 검출 및 디스크립터

# 09 디스크립터를 이용한 특징 매칭

영상의 특징점과 디스크립터를 이용하여, 두 영상 또는 하나의 영상과 여러 영상의 대응되는 매칭을 계산한다. [그림 9.17]은 특징 매칭을 위한 클래스 구조이다. DMatch는 특징점 매칭 결과를 저장하는 구조체 자료구조이다. DescriptorMatcher는 매칭을 위한 추상 기반클래스 abstract base class이다.

BFMatcher Brute-force descriptor matcher는 디스크립터를 일일이 하나씩 모두 검사하여 가장 가까운 디스크립터를 찾는 방법을 구현한다. FlannBasedMatcher는 Flann Fast library for Approximate Nearest Neighbors으로 특징점 개수가 많을 때 효율적인 방법이다.

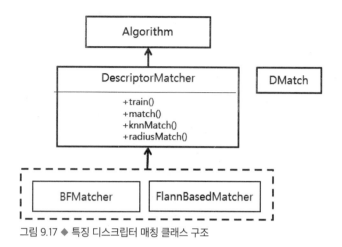

그림 9.17 ◆ 특징 디스크립터 매칭 클래스 구조

[그림 9.18]은 특징점 매칭 과정이다. 입력 영상 img1, img2 각각에 대해 앞서 설명한 cv2.Feature2D.detectAndCompute()로 특징점 kp1, kp2 그리고 디스크립터 des1, des2를 계산하고, cv2.BFMatcher() 또는 cv2 FlannBasedMatcher()의 match(), knnMatch(), radiusMatch() 메서드로 매칭을 수행하여 결과를 DMatch 객체를 반환한다. 매칭 결과는 cv2.drawMatches()로 영상에 표시할 수 있다. cv2.Feature2D.detect()로 특징 검출하고, cv2.Feature2D.compute()로 디스크립터를 계산할 수 있다.

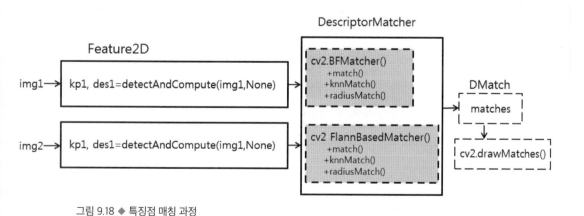

그림 9.18 ◆ 특징점 매칭 과정

# 01 매칭 그리기

cv2.drawMatches()와 cv2.drawMatchesKnn()는 두 영상 img1과 img2 사이의 특징점 keypoints1, keypoints2의 매칭 결과 matches1to2를 이용하여 출력 영상 outImg에 직선을 연결하여 표시한다. cv2.drawMatches()는 각각의 매칭이 하나씩일 때, cv2.drawMatchesKnn()는 knnMatch() 매칭일 때 사용한다.

```
cv2.drawMatches(img1, keypoints1, img2, keypoints2, matches1to2, outImg
                [, matchColor[, singlePointColor[, matchesMask[, flags]]]])
                -> outImg
cv2.drawMatchesKnn(img1, keypoints1, img2, keypoints2, matches1to2, outImg
                [, matchColor[, singlePointColor[, matchesMask[, flags]]]])
                -> outImg
```

1 matches1to2는 img1의 특징점 백터 keypoints1에서 img2의 특징점 벡터 keypoints2로의 매칭 리스트이다. 리스트의 요소는 DMatch 객체이다.

2 cv2.drawMatches()에서 matches1to2는 DMatch 객체의 1-차원 리스트 이고 keypoints1[i]는 keypoints2[matches[i]]에 매칭한다.

3 cv2.drawMatchesKnn()는 매칭 결과가 k개인 knnMatch() 매칭을 표시 하기 위한 함수이다. matches1to2는 리스트의 리스트인 2-차원 리스트이고 keypoints1[i]는 keypoints2[matches[i][0]], ..., keypoints2[matches[i][k]]에 매칭한다. 즉, matches[i] 리스트의 각 요소가 모두 매칭 정보이다.

4 matchColor는 매칭을 표시할 색상이다. singlePointColor는 매칭되지 않는 특징을 표시할 원의 색상이다. 컬러가 (-1, -1, -1)이면 색상을 랜덤하게 생성한다.

5 matchesMask는 매칭 마스크 배열이다. matchesMask = None이면, 모든 매칭을 표시한다.

6 flags는 0, 1, 2, 4중 하나이다. cv2.DrawMatchesFlags_DEFAULT = 0은 출력행렬 outImg를 새로 생성하고, 두 개의 입력 영상, 매칭, 매칭이 없는 특징점을 모두 표시한다. 1은 출력 영상을 새로 생성하지 않고, 매칭이 그려진다. 2는 매칭이 없는 특징점을 표시하지 않는다. 4는 크기와 방향을 갖는 특징점 주위에 원을 표시 한다. 출력 영상 outImg는 flags 비트 값 설정에 의존한다.

## DescriptorMatcher 02

DescriptorMatcher는 디스크립터 매칭을 위한 추상 기반클래스이다. 디스크립터 매칭 객체 matcher는 cv2.DescriptorMatcher_create()로 생성하거나 cv2.BFMatcher_create() 또는 FlannBasedMatcher_create()로 생성할 수 있다.

```
cv2.DescriptorMatcher_create(descriptorMatcherType) -> retval
cv2.DescriptorMatcher.create(...) -> retval
```

① [표 9.2]의 descriptorMatcherType의 문자열로 디스크립터 매칭기 matcher 객체를 생성한다.

② cv2.BFMatcher_create() 또는 FlannBasedMatcher_create()로 생성할 수 있다.

[표 9.2] descriptorMatcherType

| Matcher | descriptorMatcherType | normType |
|---|---|---|
| BFMatcher | 'BruteForce' | NORM_L2 |
| | 'BruteForce-L1' | NORM_L1 |
| | 'BruteForce-Hamming' | NORM_HAMMING |
| | 'BruteForce-Hamming(2)' | NORM_HAMMING2 |
| FlannBasedMatcher | 'FlannBased' | |

```
cv2.DescriptorMatcher.match(queryDescriptors, trainDescriptors[, mask])
                            -> matches
```

① queryDescriptors의 각 디스크립터에 대해 trainDescriptors에서 하나의 매칭을 matches에 저장한다.

② matches의 크기는 매칭이 없을 수 있기 때문에 queryDescriptors의 크기보다 작을 수 있다. mask 행렬에서 mask[i,j] ≠ 0이면 queryDescriptors[i]와 trainDescriptors[j] 사이의 매칭이 가능하다

```
cv2.DescriptorMatcher.knnMatch(queryDescriptors, trainDescriptors, k
                               [, mask[, compactResult]]) -> matches
```

**1** queryDescriptors의 각 디스크립터에 대해 trainDescriptors의 k개의 매칭을 matches에 저장한다.

**2** compactResult는 mask≠None일 때, compactResult = False이면, matches의 크기가 queryDescriptors의 행의 크기와 같다. compactResult = True이면, mask에서 제외되는 매칭은 matches 벡터에 포함하지 않는다.

```
cv2.DescriptorMatcher.radiusMatch(queryDescriptors, trainDescriptors,
                                  maxDistance
                                  [, mask[, compactResult]]) -> matches
```

**1** queryDescriptors의 각 디스크립터에 대해, 최대거리 maxDistance 보다 같거나 작은 trainDescriptors의 매칭을 matches에 저장한다.

**2** 여기서 거리는 디스크립터 벡터 간 거리이다.

## 03 BFMatcher

BFMatcher는 BruteForce 방법으로 디스크립터를 하나씩 모두 검사하여 가장 가까운 디스크립터를 찾는다. cv2.BFMatcher_create()로 BruteForce 매칭 객체를 생성한다. DescriptorMatcher의 match(), knnMatch(), radiusMatch() 메서드로 매칭을 수행한다.

```
cv2.BFMatcher_create([, normType[, crossCheck]]) -> retval
cv2.BFMatcher.create(...) -> retval
```

**1** BFMatcher 객체를 생성한다. cv2.DescriptorMatcher.create()로 'BruteForce', 'BruteForce-L1', 'BruteForce-Hamming', 'BruteForce-Hamming(2)' 등으로 매칭 객체를 생성한 것과 같다.

**2** normType은 디스크립터 사이의 거리를 계산하는 방법이다. cv2.NORM_ HAMMING은 ORB, BRISK, BRIEF 등의 이진 디스크립터 매칭에 사용한다.

cv2.NORM_HAMMING2는 ORB에서 WTA_K가 3 또는 4일 때 사용한다. SIFT로
계산한 디스크립터는 cv2.NORM_L1, cv2.NORM_L2를 사용한다.

③ crossCheck = False이면 첫 번째 디스크립터 벡터의 각 특징점 디스크립터에
대하여, 두 번째 디스크립터 벡터를 찾는다. crossCheck = True이면, 역방향을 찾은
결과가 일치할 때만 매칭 쌍을 반환한다. crossCheck = True일 때, 매칭 오류인
아웃라이어의 개수가 가장 적다.

④ 기본값은 normType = cv2.NORM_L2, crossCheck = False이다.

# FlannBasedMatcher 04

FlannBasedMatcher는 Flann <sup>Fast library for Approximate Nearest Neighbors</sup>으로 매칭한다.
하나 이상의 매칭 점을 찾거나, 매칭 특징점 개수가 많을 때 효율적이다. FlannBasedMa
tcher_create()로 FlannBasedMatcher 매칭 객체를 생성한다. DescriptorMatcher의
match(), knnMatch(), radiusMatch() 메서드로 매칭을 수행한다.

```
cv2.FlannBasedMatcher_create() -> retval
cv2.FlannBasedMatcher.create() -> retval
```

① FlannBasedMatcher 객체를 생성한다. cv2.DescriptorMatcher_create
('FlannBased')로 매칭 객체를 생성한 것과 같다.

② 디스크립터의 자료형이 실수로 구현되어 있으므로 ORB, BRISK 등으로 계산한
이진 디스크립터는 32비트 실수로 변환하여 사용할 수 있다. 이때는 cv2.NORM_
HAMMING 매칭이 아니라 cv2.NORM_L2 매칭이다.

| 예제 9.12 | 이진 디스크립터 <sup>ORB, BRISK</sup>를 사용한 매칭과 투영 변환 |

```
01 # 0912.py
02 import cv2
03 import numpy as np
04 #1
05 src1 = cv2.imread('./data/book1.jpg')    # 'cup1.jpg'
```

```
06  src2 = cv2.imread('./data/book2.jpg')   # 'cup2.jpg'
07  img1= cv2.cvtColor(src1,cv2.COLOR_BGR2GRAY)
08  img2= cv2.cvtColor(src2,cv2.COLOR_BGR2GRAY)
09
10  #2-1
11  orbF   = cv2.ORB_create(nfeatures = 1000)
12  kp1, des1 = orbF.detectAndCompute(img1, None)
13  kp2, des2 = orbF.detectAndCompute(img2, None)
14
15  #2-2
16  ##briskF = cv2.BRISK_create()
17  ##kp1, des1 = briskF.detectAndCompute(img1, None)
18  ##kp2, des2 = briskF.detectAndCompute(img2, None)
19
20  #3-1
21  bf = cv2.BFMatcher_create(cv2.NORM_HAMMING, crossCheck = True)
22  matches = bf.match(des1, des2)
23
24  #3-2
25  ##flan = cv2.FlannBasedMatcher_create()
26  ##matches = flan.match(np.float32(des1), np.float32(des2))
27
28  #4
29  matches = sorted(matches, key = lambda m: m.distance)
30  print('len(matches)=', len(matches))
31  for i, m in enumerate(matches[:3]):
32      print('matches[{}]=(queryIdx:{}, trainIdx:{},
33           distance:{})'.format(i, m. queryIdx,
34                               m.trainIdx, m.distance))
35
36  minDist = matches[0].distance
37  good_matches = list(filter(
38                      lambda m: m.distance < 5 * minDist, matches))
39  print('len(good_matches)=', len(good_matches))
40  if len(good_matches) < 5:
41      print('sorry, too small good matches')
42      exit()
43
44  dst = cv2.drawMatches(img1, kp1, img2, kp2, good_matches,
45                      None, flags = 2)
46  cv2.imshow('dst', dst)
47
48  #5
49  src1_pts = np.float32([ kp1[m.queryIdx].pt for m in good_matches])
50  src2_pts = np.float32([ kp2[m.trainIdx].pt for m in good_matches])
```

```
51
52  #cv2.LMEDS
53  H, mask = cv2.findHomography(src1_pts, src2_pts, cv2.RANSAC, 3.0)
54  mask_matches = mask.ravel().tolist() # list(mask.flatten())
55
56  #6
57  h, w = img1.shape
58  pts = np.float32([[0, 0], [0, h - 1], [w - 1, h - 1],
59                    [w-1, 0]]).reshape(-1,1,2)
60  pts2 = cv2.perspectiveTransform(pts, H)
61  src2 = cv2.polylines(src2,[np.int32(pts2)], True, (255, 0, 0), 2)
62
63  draw_params=dict(matchColor = (0, 255, 0), singlePointColor = None,
64                   matchesMask = mask_matches, flags = 2)
65  dst2 = cv2.drawMatches(src1, kp1, src2, kp2, good_matches,
66                         None, **draw_params)
67  cv2.imshow('dst2', dst2)
68  cv2.waitKey()
69  cv2.destroyAllWindows()
```

### 실행 결과: ORB, bf = cv2.BFMatcher_create(...)

```
len(matches)= 340
matches[0]=(queryIdx:310, trainIdx:215, distance:10.0)
matches[1]=(queryIdx:413, trainIdx:328, distance:12.0)
matches[2]=(queryIdx:355, trainIdx:127, distance:15.0)
len(good_matches)= 182
```

### 실행 결과: ORB, flan = cv2.FlannBasedMatcher_create()

```
len(matches)= 909
matches[0]=(queryIdx:413, trainIdx:328, distance:39.71146011352539)
matches[1]=(queryIdx:355, trainIdx:127, distance:83.49251556396484)
matches[2]=(queryIdx:428, trainIdx:391, distance:114.95216369628906)
len(good_matches)= 17
```

### 프로그램 설명

① ORB 또는 BRISK로 특징점 검출과 디스크립터를 계산하고, BFMatcher 또는 FlannBased Matcher로 매칭객체를 생성한다. DescriptorMatcher.match() 메서드로 매칭을 계산한다.

② #2-1: ORB 객체 orbF를 생성하고, orbF.detectAndCompute()로 img1, img2의 각각의 특징점 kp1, kp2를 검출하고, 디스크립터 des1, des2를 계산한다([그림 9.19]). img1, kp1, des1은 질의 query 영상, 특징점, 디스크립터이고, img2, kp2, des2는 학습 train 영상, 특징점, 디스크립터로 사용한다. 특징 매칭은 질의 query 영상의 각 특징점에 대해 매칭하는 학습 train 영상의 특징점을 디스크립터를 사용하여 찾는다.

③ #2-2: BRISK 객체 briskF를 생성하고, briskF.detectAndCompute()로 img1, img2의 각각의 특징점 kp1, kp2를 검출하고, 디스크립터 des1, des2를 계산한다([그림 9.20]).

④ #3-1: BFMatcher_create()에서 cv2.NORM_HAMMING로 이진 디스크립터의 비트가 일치하지 않는 개수를 거리로 사용하고, crossCheck = True로 des1에서 des2로 매칭을 찾고, des2의 매칭에서 des1으로 매칭을 확인하는 매칭 객체 bf를 생성한다. bf.match()로 des1에서 des2로의 매칭 matches를 계산한다. bf.match()는 매칭을 하나씩만 검출하기 때문에 matches는 각 항목이 DMatch 객체인 리스트이다.

⑤ #3-2: FlannBasedMatcher 객체 flan을 생성하고, flan.match()로 des1에서 des2로의 매칭 matches를 계산한다. FlannBasedMatcher는 32비트 실수 디스크립터를 입력받기 때문에 np.float32(des1), np.float32(des2)로 변경하여 flan.match()로 cv2.NORM_L2 거리에 의해 매칭한다.

⑥ #3-3: matches를 매칭 거리가 작은 값이 먼저 나오는 오름차순으로 정렬한다. 예를 들어 matches[0] = < DMatch 0704D3C8>이고, matches[0].queryIdx = 310, matches[0].trainIdx = 215, matches[0].distance = 10.0, matches[0].imgIdx = 0이다. 이것은 특징점 kp1[314]와 kp2[215]가 거리 matches[0].distance = 10.0로 매칭하는 것을 의미한다. matches[0].imgIdx = 0은 학습(train) 영상의 인덱스이다. 학습영상이 img2 하나만 사용하므로 0이다. 학습영상을 영상의 리스트로 사용할 수 있다. for문으로 3개의 matches 정보를 출력한다. 거리는 작을수록 매칭이 잘된 매칭이다. matches의 거리가 작은 값이 먼저 나오는 오름차순으로 정렬된 것을 확인할 수 있다.

⑦ #4: 그러므로 matches[0].distance가 minDist이다. filter()를 사용하여 minDist의 5배 (임의로 설정)보다 작은 거리의 매칭을 필터링하여 good_matches에 저장한다. len(good_matches) < 5이면 프로그램을 종료한다. 투영 변환을 위해서는 최소 4점이면 되지만, 정확히 4점일 경우 대부분의 경우 투영 변환이 틀어진다. 매칭점이 많을수록 투영 변환 계산이 보다 정확하다. cv2.drawMatches()로 (img1,kp1)에서 (img2,kp2)로의 매칭 good_matches를 dst에 [그림 9.19](a) 같이 표시한다. flags = 2이므로 매칭이 없는 특징점은 원으로 표시하지 않는다.

⑧ #5: good_matche의 질의 인덱스(queryIdx)와 kp1을 이용하여 img1의 특징점 좌표를 src1_pts 배열에 저장하고, 학습 인덱스(trainIdx)와 kp2를 이용하여 img2의 특징점 좌표를 src2_pts 배열에 저장한다. cv2.findHomography()로 src1_pts에서 src2_pts로의 투영 변환 H을 cv2.RANSAC 방법으로 최대허용오차 ransacReprojThreshold = 3을 적용하여 계산한다. mask에서 1에 대응하는 매칭점은 인라이어(inlier)이고, 0에 대응하는 매칭점은 아웃라이어 outlier이다. mask.ravel().tolist()로 mask를 1차원 리스트 mask_matches로 변환한다.

⑨ #6: img1의 가로(w), 세로(h) 크기를 이용하여 영상의 모서리 좌표[0, 0], [0, h-1], [w-1, h-1], [w-1, 0]을 (4, 1, 2)의 배열 pts에 저장한다. cv2.perspectiveTransform()로 pts에 투영 변환 H을 적용하여 pts2로 변환한다. 즉, 매칭점 사이의 투영 변환 H을 계산하여, img1의 네 모서리 좌표를 투영 변환하여 src2(또는 img2)의 좌표 pts2로 변환한다. cv2.polylines()로 pts2를 파란색 사변형으로 src2에 표시한다.

draw_params 사전에 matchColor을 초록색으로, singlePointColor = None로 매칭되지 않는 점의 색은 지정하지 않고, 매칭 마스크를 mask_matches로 지정하여, 투영 변환에서 good_matches의 인라이어 매칭점만 cv2.drawMatches()로 dst2에 [그림 9.19](b) 같이 표시한다. [그림 9.19](c)는 #3-2의 FlannBasedMatcher를 사용한 결과이다.

⑩ [그림 9.19]는 ORB 특징 매칭 결과이고, [그림 9.20]은 BRISK 특징 매칭 결과이다.

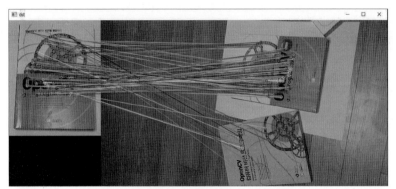

(a) BFMatcher, good_matches

(b) BFMatcher, good_matches with mask_matches

(c) FlannBasedMatcher, good_matches with mask_matches

그림 9.19 ◆ ORB 특징 매칭과 투영 변환

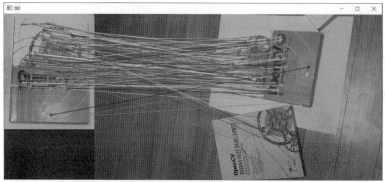

(a) BFMatcher, good_matches

(b) BFMatcher, good_matches with mask_matches

(c) FlannBasedMatcher, good_matches with mask_matches

그림 9.20 ◆ BRISK 특징 매칭과 투영 변환

| 예제 9.13 | SIFT를 사용한 매칭과 투영 변환1: knnMatch() |
| --- | --- |

```
01  # 0913.py
02  import cv2
03  import numpy as np
```

```
04
05 #1
06 src1 = cv2.imread('./data/book1.jpg')
07 src2 = cv2.imread('./data/book2.jpg')
08 img1= cv2.cvtColor(src1,cv2.COLOR_BGR2GRAY)
09 img2= cv2.cvtColor(src2,cv2.COLOR_BGR2GRAY)
10
11 #2
12 siftF = cv2.SIFT_create()
13 kp1, des1 = siftF.detectAndCompute(img1, None)
14 kp2, des2 = siftF.detectAndCompute(img2, None)
15
16 #3-1
17 bf = cv2.BFMatcher()
18 matches = bf.knnMatch(des1,des2, k = 2)
19 #3-2
20 ##flan = cv2.FlannBasedMatcher_create()
21 ##matches = flan.knnMatch(des1,des2, k = 2)
22
23 #3-3
24 print('len(matches)=', len(matches))
25 for i, m in enumerate(matches[:3]):
26     for j, n in enumerate(m):
27         print('matches[{}][{}]=(queryIdx:{}, trainIdx:{}, \
28             distance:{})'.format(
29             i, j, n. queryIdx, n.trainIdx, n.distance))
30 dst = cv2.drawMatchesKnn(img1, kp1, img2, kp2, matches, None,flags = 0)
31 ##cv2.imshow('dst', dst)
32
33 #4: find good matches
34 nndrRatio = 0.45
35 good_matches = [f1 for f1, f2 in matches
36                     if f1.distance < nndrRatio * f2.distance]
37
38 ##good_matches = []
39 ##for f1, f2 in matches: # k = 2
40 ##     if f1.distance < nndrRatio*f2.distance:
41 ##         good_matches.append(f1)
42
43 print('len(good_matches)=', len(good_matches))
44 if len(good_matches) < 5:
45     print('sorry, too small good matches')
46     exit()
47
```

```
48  #5
49  src1_pts = np.float32([ kp1[m.queryIdx].pt for m in good_matches])
50  src2_pts = np.float32([ kp2[m.trainIdx].pt for m in good_matches])
51
52  ##                                              cv2.LMEDS
53  H, mask = cv2.findHomography(src1_pts, src2_pts, cv2.RANSAC, 2.0)
54  mask_matches = mask.ravel().tolist()     # list(mask.flatten())
55
56  #6
57  h,w = img1.shape
58  pts = np.float32([ [0, 0], [0, h - 1], [w - 1, h - 1],
59                     [w - 1,0] ]).reshape(-1, 1, 2)
60  pts2 = cv2.perspectiveTransform(pts, H)
61  src2 = cv2.polylines(src2, [np.int32(pts2)], True, (255, 0, 0), 2)
62
63  draw_params = dict(matchColor = (0, 255, 0),
64                     singlePointColor = None,
65                     matchesMask = mask_matches, flags = 2)
66  dst2 = cv2.drawMatches(src1, kp1, src2, kp2, good_matches,
67                     None, **draw_params)
68  cv2.imshow('dst2', dst2)
69  cv2.waitKey()
70  cv2.destroyAllWindows()
```

**실행 결과: SIFT, bf = cv2.BFMatcher_create(...)**

```
len(kp1)= 597
len(kp2)= 881
len(matches)= 597
matches[0][0]=(queryIdx:0, trainIdx:198, distance:305.919921875)
matches[0][1]=(queryIdx:0, trainIdx:541, distance:317.4192810058594)
matches[1][0]=(queryIdx:1, trainIdx:542, distance:297.1666259765625)
matches[1][1]=(queryIdx:1, trainIdx:467, distance:302.2664489746094)
matches[2][0]=(queryIdx:2, trainIdx:403, distance:383.2544860839844)
matches[2][1]=(queryIdx:2, trainIdx:196, distance:404.38470458984375)
len(good_matches)= 136
```

**실행 결과: SIFT, flan = cv2.FlannBasedMatcher_create()**

```
len(kp1)= 597
len(kp2)= 881
len(matches)= 597
matches[0][0]=(queryIdx:0, trainIdx:198, distance:305.919921875)
matches[0][1]=(queryIdx:0, trainIdx:541, distance:317.4192810058594)
matches[1][0]=(queryIdx:1, trainIdx:542, distance:297.1666259765625)
matches[1][1]=(queryIdx:1, trainIdx:467, distance:302.2664489746094)
matches[2][0]=(queryIdx:2, trainIdx:307, distance:411.65277099609375)
matches[2][1]=(queryIdx:2, trainIdx:501, distance:434.0161437988281)
len(good_matches)= 142
```

## 프로그램 설명

① SIFT로 특징점 검출과 디스크립터를 계산하고, BFMatcher 또는 FlannBasedMatcher로 매칭 객체를 생성한다. knnMatch()로 매칭을 계산한다.

② #2: SIFT 객체 siftF를 생성하고, siftF.detectAndCompute()로 img1, img2의 각각의 특징점 kp1, kp2를 검출하고, 디스크립터 des1, des2를 계산한다. img1, kp1, des1은 질의 query 영상, 특징점, 디스크립터이고, img2, kp2, des2는 학습 train 영상, 특징점, 디스크립터로 사용한다. 특징 매칭은 질의 query 영상의 각 특징점에 대해 매칭하는 학습 train 영상의 특징점을 디스크립터를 사용하여 찾는 것이 목적이다. len(kp1) = 597, len(kp2) = 881개의 특징점을 검출한다.

③ #3-1: cv2.BFMatcher()로 매칭 객체 bf를 생성한다. bf.knnMatch(des1, des2, k = 2)로 des1에서 des2로의 k = 2개의 매칭 matches를 계산한다. SIFT는 len(matches) = 597개의 매칭을 검출한다.

④ #3-2: FlannBasedMatcher 객체 flan을 생성하고, flan.knnMatch()로 des1에서 des2로의 k = 2개의 매칭 matches를 계산한다. SIFT는 len(matches) = 597개의 매칭을 검출한다.

⑤ #3-3: knnMatch()에서 k = 2 매칭은 각 특징점에 대해 가장 가까운 이웃 2개를 매칭점으로 검출한다. 예를 들어 kp1[0]에 대한 매칭은 matches[0][0], matches[0][1]의 2개이다. 각각의 매칭에 대해 matches[0][0].distance <= matches[0][1].distance, ..., matches[i][0].distance <= matches[i][1].distance이다. cv2.drawMatchesKnn()으로 matches를 dst에 그린다.

⑥ #4: NNDR(Nearest neighbor distance ratio)을 사용하여 matches에서 좋은 매칭 good matches을 찾는다. $d_1$은 가장 가까운 이웃까지의 거리이고, $d_2$는 두 번째로 가까운 이웃까지의 거리이다. $NNDR = d_1/d_2$ 이 작으면 좋은 매칭으로 판단한다. matches에서 nndrRatio < 0.45 이면 good_matches에 첫 번째 매칭 m을 저장한다. nndrRatio가 작을수록 좋은 매칭의 개수가 적게 검출된다.

그림 9.21 ◆ (a) SIFT, BFMatcher

⑦ #5, #6: 투영 변환을 계산하고, img1의 네모서리 좌표를 투영 변환 시켜 src2에 사변형을
그리고, 매칭 마스크를 사용하여 good_matches에서 인라이어 매칭만을 표시하는 과정은
[예제 9.12]와 같다.

⑧ [그림 9.21]은 BFMatcher 객체 bf 객체를 생성하여, bf.knnMatch()로 k = 2를 적용하여
매칭한 결과이다. [그림 9.21](a)는 SIFT 특징, BFMatcher에 의한 결과이고, [그림 9.21](b)는
SIFT 특징, FlannBasedMatcher에 의한 결과이다.

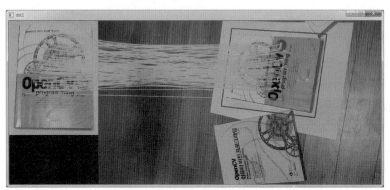

그림 9.21 ◆ (b) SIFT, FlannBasedMatcher

그림 9.21 ◆ SIFT 특징 매칭 knnMatch과 투영 변환

**예제 9.14 | SIFT 특징 매칭: radiusMatch()**

```python
01 # 0914.py
02 import cv2
03 import numpy as np
-04
05 #1
06 src1 = cv2.imread('./data/book1.jpg')
07 src2 = cv2.imread('./data/book2.jpg')
08 img1= cv2.cvtColor(src1,cv2.COLOR_BGR2GRAY)
09 img2= cv2.cvtColor(src2,cv2.COLOR_BGR2GRAY)
10
11 #2
12 siftF = cv2.SIFT_create()
13 kp1, des1 = siftF.detectAndCompute(img1, None)
14 kp2, des2 = siftF.detectAndCompute(img2, None)
15 print('len(kp1)=', len(kp1))
16 print('len(kp2)=', len(kp2))
17
18 #3
19 ##bf = cv2.BFMatcher()
```

```
20 ##matches = bf.radiusMatch(des1,des2, maxDistance = 50)
21 flan = cv2.FlannBasedMatcher_create()
22 matches = flan.radiusMatch(des1,des2, maxDistance = 50) # 200
23 #print('# of matches =', len(np.nonzero(
24                             np.array(matches, dtype = object))[0]))
25 #4
26 def draw_key2image(kp, img):
27     x, y = kp.pt
28     size = kp.size
29     rect = ((x, y), (size, size), kp.angle)
30     box = cv2.boxPoints(rect).astype(np.int32)
31     cv2.polylines(img, [box], True, (0, 255, 0), 2)
32     cv2.circle(img, (round(x), round(y)), round(size/2),
33             (255, 0, 0), 2)
34 ##    return img
35
36 for i, radius_match in enumerate(matches):
37     if len(radius_match) != 0:
38         print('i=', i)
39         print('len(matches[{}])={}'.format(i, len(matches[i])))
40 ##                                  len(radius_match)
41         src1c = src1.copy()
42         draw_key2image(kp1[radius_match[0]. queryIdx], src1c)
43         src2c = src2.copy()
44         for m in radius_match:
45             draw_key2image(kp2[m.trainIdx], src2c)
46         dst = cv2.drawMatches(src1c, kp1, src2c, kp2, radius_match,
47                             None,flags = 2)
48         cv2.imshow('dst', dst)
49         cv2.waitKey()
50 cv2.waitKey()
51 cv2.destroyAllWindows()
```

## 프로그램 설명

① SIFT로 특징점 검출과 디스크립터를 계산하고, BFMatcher 또는 FlannBasedMatcher로 매칭객체를 생성한다. radiusMatch()로 매칭을 계산한다.

② #2: SIFT 객체 siftF를 생성하고, siftF.detectAndCompute()로 img1, img2의 각각의 특징점 kp1, kp2를 검출하고, 디스크립터 des1, des2를 계산한다. maxDistance = 50이면 len(kp1) = 597, len(kp2) = 881개의 특징점을 검출한다.

③ #3: BFMatcher 객체 bf를 생성하고 bf.radiusMatch()로 매칭을 계산하거나, FlannBasedMatcher 객체 flan을 생성하고 flan.radiusMatch()로 매칭을 계산한다. des1에서 des2로의 최대 허용 오차 maxDistance를 적용하여 매칭을 matches에 계산한다. kp1의 각 특징점에 대해 매칭점의 개수가 다를 수 있고, 없을 수도 있다.

④ #4: draw_key2image(kp, img) 함수는 특징점 kp를 img 영상에 초록색 바운딩 박스와 파란색 원으로 그린다. 매칭점 matches의 각 매칭 리스트 radius_match에 대해, len(radius_match) != 0이면(매칭이 존재하면) draw_key2image()로 특징점 kp1[radius_match[0].queryIdx]를 src1c에 그리고, radius_match의 각 매칭 m에 대해 draw_key2image()로 특징 kp2[m.trainIdx]를 src2c에 그린다. cv2.drawMatches()로 radius_match를 dst에 표시하고, dst 영상을 화면에 보여주고 cv2.waitKey()로 멈춘다.

⑤ [그림 9.22]는 SIFT로 특징을 검출하고, FlannBasedMatcher.radiusMatch(des1, des2, maxDistance)로 매칭을 검출한 결과의 일부이다. [그림 9.22](a)는 maxDistance = 50일 때, # of matches = 8의 결과 중 하나이다. [그림 9.22](b)는 maxDistance = 200일 때, # of matches = 248의 결과 중 하나이다. maxDistance가 커지면, 전체 매칭 개수도 커지고, 하나의 매칭점에 대한 매칭도 하나 이상일 수 있다.

(a) len(matches[124]) = 1, maxDistance = 50, # of matches = 8

(b) len(matches[22]) = 2, maxDistance = 200, # of matches = 248

그림 9.22 ◆ SIFT 특징 매칭(radiusMatch)

**예제 9.15** | SIFT 특징 매칭(radiusMatch)과 투영 변환 2

```
01 # 0915.py
02 import cv2
03 import numpy as np
-04
05 #1
06 src1 = cv2.imread('./data/book1.jpg')
07 src2 = cv2.imread('./data/book2.jpg')
08 img1= cv2.cvtColor(src1,cv2.COLOR_BGR2GRAY)
09 img2= cv2.cvtColor(src2,cv2.COLOR_BGR2GRAY)
10
11 #2
12 siftF = cv2.SIFT_create()
13 kp1, des1 = siftF.detectAndCompute(img1, None)
14 kp2, des2 = siftF.detectAndCompute(img2, None)
15 print('len(kp1)={}, len(kp2)={}'.format(len(kp1), len(kp2)))
16
17 #3
18 distT = 200              # 500
19 ##bf = cv2.BFMatcher()
20 ##matches = bf.radiusMatch(des1, des2, maxDistance = distT)
21 flan = cv2.FlannBasedMatcher_create()
22 matches = flan.radiusMatch(des1, des2, maxDistance = distT)
23 print('len(matches)=', len(matches))
24
25 #4
26 good_matches = []
27 for i, radius_match in enumerate(matches):
28 #4-1
29 ##    if len(radius_match) != 0:
30 ##        sort_match = sorted(radius_match, key = lambda m:
31 m.distance)
32 ##        good_matches.append(sort_match[0])
33 #4-2
34     if len(radius_match) != 0:
35         for m in radius_match:
36             if m.distance<100: # filter by distance
37                 good_matches.append(m)
38 print('len(good_matches)=', len(good_matches))
39 ##dst2 = cv2.drawMatches(img1, kp1, img2, kp2,
40                          good_matches, None, flags = 2)
41 ####cv2.imshow('dst2', dst2)
42
43 #5
44 src1_pts = np.float32([ kp1[m.queryIdx].pt for m in good_matches])
```

```
45  src2_pts = np.float32([ kp2[m.trainIdx].pt for m in good_matches])
46
47  ##                                              cv2.LMEDS
48  H, mask = cv2.findHomography(src1_pts, src2_pts, cv2.RANSAC, 3.0)
49  mask_matches = mask.ravel().tolist()          # list(mask.flatten())
50
51  #6
52  h,w = img1.shape
53  pts = np.float32([ [0, 0], [0, h - 1], [w - 1, h - 1],
54                     [w - 1, 0] ]).reshape(-1, 1, 2)
55  pts2 = cv2.perspectiveTransform(pts, H)
56  src2 = cv2.polylines(src2,[np.int32(pts2)],True,(255, 0, 0), 2)
57
58  draw_params=dict(matchColor = (0, 255, 0), singlePointColor = None,
59                   matchesMask = mask_matches,  flags = 2)
60  dst3 = cv2.drawMatches(src1, kp1, src2, kp2, good_matches,
61                         None, **draw_params)
62  cv2.imshow('dst3', dst3)
63
64  cv2.waitKey()
65  cv2.destroyAllWindows()
```

### 프로그램 설명

① SIFT로 특징점 검출과 디스크립터를 계산하고, BFMatcher 또는 FlannBasedMatcher로 매칭 객체를 생성한다. radiusMatch()로 매칭을 계산하고, 투영 변환을 계산한다.

② #2: SIFT 객체 siftF를 생성하고, siftF.detectAndCompute()로 img1, img2의 각각의 특징점 kp1, kp2를 검출하고, 디스크립터 des1, des2를 계산한다. len(kp1)= 597, len(kp2) = 881개의 특징점을 검출한다.

③ #3: BFMatcher 객체 bf를 생성하고 bf.radiusMatch()로 매칭을 계산하거나, FlannBasedMatcher 객체 flan를 생성하고 flan.radiusMatch()로 매칭을 계산한다. 허용 오차 임계값 distT = 200으로 초기화하고, des1에서 des2로의 최대 허용 오차 maxDistance = distT를 적용하여 매칭을 matches에 계산한다. kp1의 각 특징점에 대해 매칭점의 개수가 다를 수 있고 없을 수도 있다.

④ #4-1: 매칭점 matches의 각 매칭 리스트 radius_match에 대해, len(radius_match) != 0 이면 매칭이 존재하면 매칭 거리를 기준으로 sort_match에 오름차순 정렬하고, 매칭 거리가 가장 작은 sort_match[0]을 good_matches 리스트에 추가한다. good_matches의 최대값은 len(matches)이다. [그림 9.23](a)는 허용오차 임계값 distT에 따라 계산한 good_matches로 투영 변환을 계산하여 src2 영상에서 src1 영상을 찾은 결과이다.

⑤ #4-2: 매칭점 matches의 각 매칭 리스트 radius_match에 대해, len(radius_match) != 0 이면(매칭이 존재하면) radius_match에서 m.distance<100인 매칭을 good_matches

리스트에 추가한다. [그림 9.23](b)는 허용오차 임계값 distT에 따라 계산한 good_matches로 투영 변환을 계산하여 src2 영상에서 src1 영상을 찾은 결과이다.

⑥ [그림 9.23](a)는 #4-1의 각각의 특징에 대해 가장 작은 sort_match[0]을 추가하여 good_matches를 생성한 결과이다. [그림 9.23](b)는 #4-2의 m.distance<100의 매칭을 good_matches로 생성한 결과이다.

(a) #4-1: len(good_matches) = 248

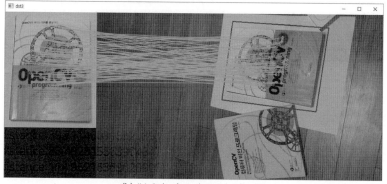

(b) #4-2: len(good_matches) = 88

그림 9.23◆ SIFT 특징 매칭(radiusMatch)과 투영 변환

# HOG 디스크립터 10

HOG Histogram of Oriented Gradients는 Dalal과 Triggs의 "Histograms of Oriented Gradients for Human Detection"의 논문에서 사람을 검출하기 위해 사용한 디스크립터로 물체 인식에 많이 사용한다. [그림 9.24]는 Dalal과 Triggs의 HOG를 사용한 사람 검출 과정이다.

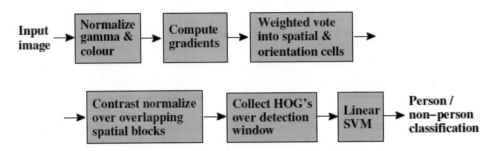

그림 9.24 ◆ Dalal과 Triggs의 HoG를 사용한 사람 검출 과정

HOGDescriptor 클래스 객체를 생성하고, compute() 메서드로 HoG 디스크립터를 계산하고, detect(). detectMultiScale() 메서드에서 선형 SVM ^Support Vector Machine 분류기를 사용하여 물체를 검출한다. setSVMDetector()는 SVM 분류기를 위한 계수를 설정한다. cv2.HOGDescriptor_getDefaultPeopleDetector()는 사람 검출을 위해 미리 $64 \times 128$ 윈도우 크기로 학습된 SVM 분류기 계수 ^coefficients를 반환한다.

```
cv2.HOGDescriptor(_winSize, _blockSize, _blockStride,
                  _cellSize, _nbins,
                  _derivAperture = 1, _winSigma = -1,
                  _histogramNormType = cv2.HOGDESCRIPTOR_L2HYS,
                  _L2HysThreshold = 0.2,
                  _gammaCorrection = True,
                  _nlevels = cv2.HOGDESCRIPTOR_DEFAULT_NLEVELS,
                  _signedGradient = False) -> <HOGDescriptor>
```

**1** HOGDescriptor 클래스 객체를 생성한다. cv2.HOGDescriptor()는 모두 기본값을 사용한다. 인수를 설정하려면 cv2.HOGDescriptor( _winSize, _blockSize, _blockStride, _cellSize, _nbins)는 적어도 설정해야한다.

**2** _winSize는 물체 검출 윈도우의 크기이다. 기본값은 (64, 128)이다.

**3** _blockSize는 화소 단위의 블록 크기이다. 기본값은 (16, 16)이다.

**4** _blockStride는 블록을 움직이는 간격이다. 기본값은 (8, 8) 화소이다.

**5** _cellSize는 셀 크기이다, 기본값은 (8, 8) 화소이다.

**6** _nbins는 히스토그램 빈의 크기이다. 기본값은 nbins = 9이다. signedGradient = False일 경우 그래디언트 범위 [0, 180]도를 9개 방향(0, 20, 40, 60, 80, 100, 120, 140, 160)을 사용한다.

**7** _derivAperture 는 미분 계산을 위한 윈도우 크기로 기본값은 1이면 3×3으로 계산한다. _winSigma는 가우시안 스무딩 파라미터로 기본값은 -1로 윈도우 크기에 따라 계산한다. blockSize = (16, 16)인 경우 기본값은 -1은 4.0과 같다.

**8** _histogramNormType는 L2-Hys(Lowe-style clipped L2 norm)으로 정규화한다. _L2HysThreshold는 L2-Hys 정규화 임계값으로 기본값은 0.2이다. L2HysThreshold 임계값을 적용하고, L2-놈으로 정규화한다.

**9** _gammaCorrection은 True이면 감마 보정을 수행한다.

**10** _nlevels는 최대 검출 깊이이다. cv2.HOGDESCRIPTOR_DEFAULT_NLEVELS = 64가 기본값이다.

**11** _signedGradient = False이면 그래디언트 범위가 [0, 180]이고, _signedGradient = True이면 그래디언트 범위가 [0, 360]으로, 기본값은 False이다.

```
cv2.HOGDescriptor.compute(img[, winStride[, padding[, locations]]])
                         -> descriptors
```

**1** 영상 img의 HOG 디스크립터를 계산한다.

**2** winStride는 윈도우를 움직이는 간격으로 block_stride의 배수가 되어야 한다.

**3** padding은 영상 패딩으로 기본값은 (0,0)이고, locations는 디스크립터를 계산할 위치로 []이다.

```
cv2.HOGDescriptor.setSVMDetector(svmdetector) -> None
cv2.HOGDescriptor.detect((img[, hitThreshold[, winStride[,
        padding[, searchLocations]]]])) -> foundLocations, weights
cv2.HOGDescriptor.detectMultiScale(img[, hitThreshold[, winStride[,
        padding[, scale[, finalThreshold[, useMeanshiftGrouping]]]]]])
        -> foundLocations, weights
```

**1** setSVMDetector()는 SVM 분류기을 위한 계수를 설정한다. svmdetector = cv2.HOGDescriptor_getDefaultPeopleDetector()를 사용하면 64×128 윈도우 크기로 학습된 SVM 분류기 계수로 설정한다.

**2** detect()는 입력 영상 img에서 크기변화 없이 물체를 검출한다.

**3** detectMultiScale()는 입력 영상 img의 서로 다른 크기의 물체를 검출한다.

**4** weights는 검출된 물체의 신뢰도 confidence이다. foundLocations은 검출된 물체의 사각형 x, y, width, height의 좌표의 배열이다.

| 예제 9.16 | HOG 디스크립터 계산 |
|---|---|

```
01  # 0916.py
02  import cv2
03  from   matplotlib import pyplot as plt
-04
05  src = cv2.imread('./data/people1.png')
06
07  #1: HOG in color image
08  hog1 = cv2.HOGDescriptor()
09  des1 = hog1.compute(src)
10  print("HOG feature size = ",  hog1.getDescriptorSize())
11  print('des1.shape=', des1.shape)
12  ##print('des1=', des1)
13
14  #2: HOG in color image
15  hog2 = cv2.HOGDescriptor(_winSize = (64, 128),
16                          _blockSize = (16,16),
17                          _blockStride = (8,8),
18                          _cellSize = (8,8),
19                          _nbins = 9,
20                          _derivAperture = 1,
21                          _winSigma = -1,
22                          _histogramNormType = 0,
23                          _L2HysThreshold = 0.2,
24                          _gammaCorrection = True,
25                          _nlevels = 64,
26                          _signedGradient = False)
27
28  des2 = hog2.compute(src)
29  print('des2.shape=', des2.shape)
30  ##print('des2=', des2)
```

```
31
32  #3:
33  hog3 = cv2.HOGDescriptor( _winSize = (64, 128),
34                            _blockSize = (16, 16),
35                            _blockStride = (8, 8),
36                            _cellSize = (8, 8),
37                            _nbins = 9)    # _gammaCorrection = False
38  des3 = hog3.compute(src)
39  print('des3.shape=', des3.shape)
40  ##print('des3=', des3)
41
42  #4 HOG in grayscale image
43  gray = cv2.cvtColor(src, cv2.COLOR_BGR2GRAY)
44  des4 = hog3.compute(gray)
45  print('des4.shape=', des4.shape)
46  ##print('des4=', des4)
47
48  #5
49  plt.title('HOGDescriptor')
50  plt.plot(des1[::36], color = 'b', linewidth = 4, label = 'des1')
51  plt.plot(des2[::36], color = 'g', linewidth = 4, label = 'des2')
52  plt.plot(des3[::36], color = 'r', linewidth = 2, label = 'des3')
53  plt.plot(des4[::36], color = 'y', linewidth = 1, label = 'des4')
54  plt.legend(loc = 'best')
55  plt.show()
```

### 실행 결과

```
HOG feature size = 3780
des1.shape= (3780, )
des2.shape= (3780, )
des3.shape= (3780, )
des4.shape= (3780, )
```

### 프로그램 설명

① src.shape = (128, 64, 3)의 컬러 영상 'people1.png'를 src에 로드하고, 그래디언트의 크기 magnitude와 방향 direction을 계산하여 HOG 디스크립터를 계산한다.

② #1은 cv2.HOGDescriptor()로 기본값으로 객체 hog1을 생성하고, hog1.compute()로 영상 src에서 HOG 디스크립터 des1를 계산한다. des1.shape = (3780, )이다. hog1.getDescriptorSize()는 디스크립터의 크기(3780)를 반환한다.

③ #2는 기본값을 설명하기 위하여 변수를 초기화하고 계산한다. hog2 객체를 생성하고, hog2.compute()로 영상 src에서 HOG 디스크립터 des2를 계산한다. des2.shape = (3780, )이다. des1과 des2는 결과가 같다.

④ #3은 _winSize = (64, 128), _blockSize = (16, 16), _blockStride = (8, 8), _cellSize = (8, 8), _nbins = 9를 설정하여 hog3 객체를 생성하고, HOG 디스크립터 des3를 계산한다. des3.shape = (3780, )이다. hog3.gammaCorrection = False이기 때문에 des3은 des1, dse2와 약간 다르다.

⑤ #4는 그레이스케일 영상 gray로 변경하여, hog3.compute(gray)로 HOG 디스크립터를 des4를 계산한다. des4.shape = (3780, )이고, 에지 그레디언트 계산에서 차이로 인하여, 디스크립터 값은 약간 다른 값을 갖는다.

⑥ #5는 matplotlib를 사용하여 des1, des2, des3, des4를 36개씩 건너뛰어 샘플링하여 [그림 9.26]의 그래프로 표시한다. des1, des2는 같고, des3, des4는 약간 다른 값을 갖는다.

⑦ (3780, )의 디스크립터를 계산하는 과정은 다음과 같다.
셀 크기 cellSize = (8, 8)는 [그림 9.25]의 검은색 사각형에서 그레디언트를 계산한다.
src 영상은 가로 64 // 8 = 8, 세로 128 // 8 = 16으로 (8×16) = 128개의 셀로 나누어진다.

⑧ _signedGradient = False, _nbins = 9에 의해 [0, 180]도 범위를 9개 빈(0, 20, 40, 60, 80, 100, 120, 140, 160)에 그래디언트의 크기 magnitude를 누적시켜 히스토그램을 계산한다 방향에 대한 정확한 빈이 없는 경우 크기를 비례하여 분배한다. 즉, 각 셀에서 9×1 벡터를 계산한다.

⑨ 다음은 빨간색 블록 크기 _blockSize = (16, 16) 화소에 의해 4개의 셀의 히스토그램을 묶어 36×1 벡터를 생성하고, _histogramNormType에 따라 정규화 한다.

⑩ _blockSize = (16, 16)의 블록을 전체 영상에서 _blockStride = (8, 8)로 움직이면 가로로 7번, 세로로 15번 이동하여 7×15 = 105개의 블록에서 각각 36×1 벡터를 계산한다. 그러므로 전체 디스크립터는 105×36 = 3780 크기의 벡터로 계산한다. 디스크립터가 블록 단위로 정규화되어 있어, cv2.norm(des1[:36]), cv2.norm(des2[:36]), cv2.norm(des3[:36]), cv2.norm(des1[36:72]), cv2.norm(des2[36:72]), cv2.norm(des3[36:72]) 등이 1에 가까운 값이다. 오차를 더하여 정규화 한다.

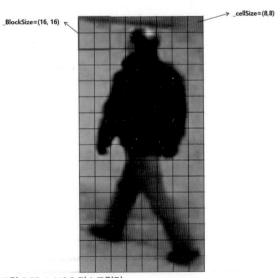

그림 9.25 ◆ HOG 디스크립터:
_blockSize = (16, 16), _cellSize = (8, 8)

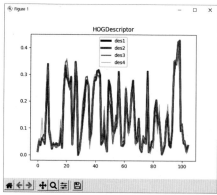

그림 9.26 ◆ HOG 디스크립터

## 예제 9.17 | HOG 특징을 이용한 사람 검출

```
01  # 0917.py
02  import cv2
03  from   matplotlib import pyplot as plt
-04
05  #1
06  src = cv2.imread('./data/people.png')
07  hog = cv2.HOGDescriptor()
08  hog.setSVMDetector(cv2.HOGDescriptor_getDefaultPeopleDetector())
09
10  #2
11  loc1, weights1 = hog.detect(src)
12  print('len(loc1)=', len(loc1))
13  dst1 = src.copy()
14  w, h = hog.winSize
15  for pt in loc1:
16      x, y = pt
17      cv2.rectangle(dst, (x, y), (x + w, y + h), (255, 0, 0), 2)
18  cv2.imshow('dst1', dst1)
19
20  #3
21  dst2 = src.copy()
22  loc2, weights2 = hog.detectMultiScale(src)
23  print('len(loc2)=', len(loc2))
24  for rect in loc2:
25      x, y, w, h = rect
26      cv2.rectangle(dst2, (x, y), (x + w, y + h), (0, 255, 0), 2)
27  cv2.imshow('dst2', dst2)
28
```

```
29  #4
30  dst3 = src.copy()
31  loc3, weights3 = hog.detectMultiScale(src, winStride = (1, 1),
32                                          padding = (8, 8))
33  print('len(loc3)=', len(loc3))
34  print('weights3=', weights3)
35  for i, rect in enumerate(loc3):
36      x, y, w, h = rect
37      if weights3[i] > 0.5:
38          cv2.rectangle(dst3, (x, y), (x + w, y + h), (0, 0, 255), 2)
39      else:
40          cv2.rectangle(dst3, (x, y), (x + w, y + h), (255, 0, 0), 2)
41
42  cv2.imshow('dst3', dst3)
43  cv2.waitKey()
44  cv2.destroyAllWindows()
```

## 프로그램 설명

① #1: cv2.HOGDescriptor()로 기본값의 hog 객체를 생성하고, hog.setSVMDetector(cv2. HOGDescriptor_getDefaultPeopleDetector())로 사람 검출을 위해 미리 학습된 계수로 SVM 분류기를 설정한다.

② #2: hog.detect(src)로 src 영상에서 사람을 검출하면 len(loc1) = 0으로 검출할 수 없다. hog.detect()는 HoG 디스크립터를 계산할 때의 크기와 정확히 같아야 검출할 수 있다.

③ #3: hog.detectMultiScale(src)로 src 영상에서 다중 스케일로 사람을 검출하면 len(loc2) = 3개의 영역이 검출되고, 검출된 영역을 사각형으로 표시하면 [그림 9.27](a)와 같다.

④ #4: hog.detectMultiScale(src, winStride = (1, 1), padding = (8, 8))로 src 영상에서 다중 스케일로 사람을 검출하면 len(loc3) = 6개의 영역이 검출되고, 검출된 영역을 사각형으로 표시하면 [그림 9.27](b)와 같다. 테두리 영역 패딩으로 [그림 9.27](a)에서 검출되지 않은 사람을 검출할 수 있다. 사람이 아닌 파란색 사각형은 신뢰도 0.37325611로 사람이 아님에도 검출되었다.

파란색 사각형 영역

(a) hog.detectMultiScale(src)    (b)hog.detectMultiScale(src, winStride = (1, 1), padding = (8, 8)

그림 9.27 ◆ HOG 특징을 이용한 사람 검출

# 영상 스티칭 11

여러 장의 영상의 겹친 부분을 이음매 없이 seamless 이어서 하나의 파노라마 영상으로 만드는 것을 영상 스티칭 stitching이라 한다. 특징점 검출과 디스크립터를 사용하여 매칭점을 검출하고 변환을 사용하여 스티칭할 수 있다. 여기서는 cv2.Stitcher 클래스를 사용하면 간단히 영상을 스티칭한다. 파이썬에서는 Stitcher 클래스의 제한된 메서드만을 사용할 수 있다.

```
cv2.createStitcher([, try_use_gpu]) -> retval
cv2.Stitcher.stitch(images[, pano]) -> retval, pano
```

1 cv2.createStitcher()는 Stitcher 객체를 생성하여 반환한다.

2 stitch() 메서드는 images를 스티칭한다. retval은 스티칭 상태를 반환하고, pano는 스티칭 결과 영상이다. 스티칭 상태는 다음 중 하나이다.

> cv2.STITCHER_OK = 0,
> cv2.STITCHER_ERR_NEED_MORE_IMGS = 1,
> cv2.STITCHER_ERR_HOMOGRAPHY_EST_FAIL = 2,
> cv2.STITCHER_ERR_CAMERA_PARAMS_ADJUST_FAIL = 3

| 예제 9.18 | 영상 스티칭 1 |
|---|---|

```python
01 # 0918.py
02 import cv2
03
04 src1 = cv2.imread('./data/stitch_image1.jpg')
05 src2 = cv2.imread('./data/stitch_image2.jpg')
06 src3 = cv2.imread('./data/stitch_image3.jpg')
07 src4 = cv2.imread('./data/stitch_image4.jpg')
08
09 stitcher = cv2.createStitcher()
10 status, dst = stitcher.stitch((src1, src2, src3, src4))
11 cv2.imwrite('./data/stitch_out.jpg', dst)
12 cv2.imshow('dst', dst)
13 cv2.waitKey()
14 cv2.destroyAllWindows()
```

**프로그램 설명**

① cv2.createStitcher()로 Stitcher 객체 stitcher를 생성한다.

② stitcher.stitch()로 4장의 입력 영상을 dst에 스티칭한다. [그림 9.28]은 스티칭 결과이다.

그림 9.28 ◆ 4개의 영상을 한 번에 스티칭

| 예제 9.19 | 영상 스티칭 2 |
| --- | --- |

```
01  # 0919.py
02  import cv2
03
04  src1 = cv2.imread('./data/stitch_image1.jpg')
05  src2 = cv2.imread('./data/stitch_image2.jpg')
06  src3 = cv2.imread('./data/stitch_image3.jpg')
07  src4 = cv2.imread('./data/stitch_image4.jpg')
08
09  stitcher = cv2.createStitcher()
10  status, dst2 = stitcher.stitch((src1, src2))
11  status, dst3 = stitcher.stitch((dst2, src3))
12  status, dst4 = stitcher.stitch((dst3, src4))
13
14  cv2.imshow('dst2', dst2)
15  cv2.imshow('dst3', dst3)
```

```
16  cv2.imshow('dst4', dst4)
17  cv2.waitKey()
18  cv2.destroyAllWindows()
```

**프로그램 설명**

① cv2.createStitcher()로 Stitcher 객체 stitcher를 생성한다.

② stitcher.stitch()로 2장의 입력 영상 (src1, src2)을 dst2에 스티칭하고, (dst2, src3)를 dst3에 스티칭하고, (dst3, src4)를 dst4에 차례로 스티칭 한다. [그림 9.29]는 4개의 영상을 차례로 스티칭한 결과이다. 4장의 영상을 한 번에 스티칭한 [그림 9.28]과 약간 다른 결과를 생성한다.

그림 9.29 ◆ 4개의 영상을 차례로 스티칭

**예제 9.20  비디오 스티칭**

```
01  # 0920.py
02  import cv2
03
04  #1
05  cap = cv2.VideoCapture('./data/stitch_videoInput.mp4')
06  t = 0
07  images = []
08  STEP = 20
```

```
09  while True:
10      t += 1
11      retval, frame = cap.read()
12      if not retval:
13          break
14      img = cv2.resize(frame, dsize = (640, 480))
15
16      if t % STEP == 0:
17          images.append(img)
18
19      cv2.imshow('img', img)
20      key = cv2.waitKey(25)
21      if key == 27:              # Esc
22          break
23
24  #2
25  print('len(images)=', len(images))
26  stitcher = cv2.createStitcher()
27  status, dst = stitcher.stitch(images)
28  if status == cv2.STITCHER_OK:
29      cv2.imwrite('./data/video_stitch_out.jpg', dst)
30      cv2.imshow('dst',dst)
31      cv2.waitKey()
32
33  if cap.isOpened():
34      cap.release()
35  cv2.destroyAllWindows()
```

**프로그램 설명**

① #1: 스마트 폰으로 녹화한 비디오 'stitch_videoInput.mp4' 파일에서 영상 프레임 frame을
   획득하고, (640, 480) 크기로 변경하고, STEP 간격마다 리스트 images에 추가한다.

② #2:cv2.createStitcher()로 Stitcher 객체 stitcher를 생성하고, stitcher.stitch()로
   리스트 images를 dst에 스티칭한다. STEP을 작게 할수록 len(images)은 큰 값을 갖고
   스티칭 시간은 증가한다. [그림 9.30]은 STEP = 20으로 len(images) = 11개의 영상을
   스티칭 결과이다.

그림 9.30 ◆ 비디오 프레임 스티칭

# CHAPTER 10

# 비디오 처리

비디오 영상에서 배경 차영상, 광류 optical flow 계산, 비디오에서 특징 매칭, MeanShift/CamShift, Kalman 필터 등의 움직임 검출 및 추적방법에 대하여 설명한다. OpenCV 파이썬에서는 비디오 스테빌라이저 stabilizer와 관련된 모듈 videostab를 사용할 수 없다.

# 01 평균 배경 차영상

비디오에서 영상 분할은 배경 background으로부터 전경 foreground의 물체를 분할하는 것이 중요한 문제이다. 배경 차영상 background subtraction은 가장 간단한 비디오 영상 분할 방법이다. 배경 영상과 현재 입력 프레임 영상 사이의 화소 차이를 계산하고, 임계값 이상의 화소 위치를 변화가 있는 화소로 판단한다. 배경 영상을 안정적으로 계산하는 것이 중요하다.

[표 10.1]의 cv2.accumulate(), cv2.accumulateSquare(), cv2.accumulateProduct(), cv2.accumulateWeighted() 등의 누적 영상 함수를 사용하여 배경 영상을 생성할 수 있다. 이동평균으로 배경 영상을 계산할 때 비디오의 처음 프레임 부분에 이동물체가 있으면, 이동물체가 배경에 계속 남아 있을 수 있기 때문에 일정 시간 동안은 cv2.accumulate()로 배경 영상을 계산한 다음에 이동평균을 계산한다. 차영상(입력 영상 - 배경 영상)의 절대값이 임계값 보다 큰 화소의 마스크 영상 maks(x, y) = 0을 설정하고, 차영상의 절대값이 임계값 보다 작으면 화소의 마스크 영상 maks(x, y) = 1로 설정하여 부드럽게 서서히 변하는 화소에서만 이동평균으로 갱신하는 방법을 사용할 수 있다.

[표 10.1] 누적 영상 함수

| 함수 | 비고 |
|---|---|
| cv2.accumulate(src, dst[, mask ]) -> dst | 영상 누적 |
| cv2.accumulateSquare(src, dst[, mask ]) -> dst | 제곱 영상의 영상 누적 |
| cv2.accumulateProduct(src1, src2, dst[, mask ]) -> dst | 곱셈 영상의 영상 누적 |
| cv2.accumulateWeighted(src, dst, alpha[, mask ]) -> dst | 이동평균 영상 |

1 입력 영상 src는 1-채널 또는 3-채널의 8-비트 또는 32-비트인 실수 영상이다. 누적 영상 dst는 src와 채널수는 같고, 32-비트 또는 64-비트인 실수 영상이다. 3-채널 영상일 때는 각각의 채널 별로 독립적으로 더해진다.

**2** cv2.accumulate()는 영상의 화소를 누적하고, cv2.accumulateSquare()는 영상의 화소를 제곱하여 누적한다. cv2.accumulate()와 cv2.accumulate Square()로 평균 영상과 분산 영상을 계산할 수 있다.

**3** cv2.accumulateWeighted()는 dst = (1 − alpha) × dst + alpha × src로 이동평균 moving average을 계산한다

| 예제 10.1 | 평균에 의한 배경 영상 |
|---|---|

```python
01 # 1001.py
02 import cv2
03 import numpy as np
04 #1
05 cap = cv2.VideoCapture('./data/vtest.avi')
06 if (not cap.isOpened()):
07     print('Error opening video')
08
09 height, width = (int(cap.get(cv2.CAP_PROP_FRAME_HEIGHT)),
10                 int(cap.get(cv2.CAP_PROP_FRAME_WIDTH)))
11
12 acc_gray = np.zeros(shape = (height, width), dtype = np.float32)
13 acc_bgr = np.zeros(shape =(height, width, 3), dtype = np.float32)
14 t = 0
15
16 #2
17 while True:
18     ret, frame = cap.read()
19     if not ret:
20         break
21     t += 1
22     print('t =', t)
23     gray = cv2.cvtColor(frame, cv2.COLOR_BGR2GRAY)
24 #2-1
25     cv2.accumulate(gray, acc_gray)
26     avg_gray = acc_gray / t
27     dst_gray = cv2.convertScaleAbs(avg_gray)
28 #2-2
29     cv2.accumulate(frame, acc_bgr)
30     avg_bgr = acc_bgr / t
31     dst_bgr= cv2.convertScaleAbs(avg_bgr)
32
33     cv2.imshow('frame', frame)
34     cv2.imshow('dst_gray', dst_gray)
```

```
35        cv2.imshow('dst_bgr', dst_bgr)
36        key = cv2.waitKey(20)
37        if key == 27:
38            break
39 #3
40 if cap.isOpened(): cap.release()
41 cv2.imwrite('./data/avg_gray.png', dst_gray)
42 cv2.imwrite('./data/avg_bgr.png', dst_bgr)
43 cv2.destroyAllWindows()
```

**프로그램 설명**

① #1: 비디오 파일 'vtest.avi'은 OpenCV의 '/sources/samples/data' 폴더에서 복사한 파일이다. 비디오 객체 cap을 생성하고, 프레임 크기 height, width에 읽는다. 그레이스케일 영상과 컬러 프레임을 누적하기 위한 acc_gray, acc_bgr을 0으로 초기화하여 생성한다.

② #2: 비디오 프레임을 획득하고, 컬러 영상 frame, 그레이스케일 영상 gray에 대한 누적 영상을 이용하여 평균 영상을 계산하여 윈도우에 표시한다. cv2.accumulate()로 gray를 acc_gray에 누적하고, 프레임 수 t로 나누어 평균 영상 avg_gray을 계산하고, cv2.convertScaleAbs()로 8비트 영상 dst_gray로 변환한다. cv2.accumulate()로 BGR 컬러 영상 frame를 acc_bgr에 누적하고, 프레임 수 t로 나누어 평균 영상 avg_bgr을 계산하고, cv2.convertScaleAbs()로 8비트 영상 dst_bgr로 변환한다.

③ #3: 비디오 객체 cap을 해제하고, cv2.imwrite()로 최종 평균 영상을 dst_gray, dst_bgr를 'avg_gray.png'와 'avg_bgr.png' 파일에 저장한다.

④ 약간의 사람 그림자가 비치지만, 비디오의 모든 프레임을 평균으로도 그럴듯한 배경 영상을 계산할 수 있다. 더 오랫동안 더 많은 비디오 프레임으로부터 평균 영상을 계산하면 더 정확하게 배경 영상을 계산할 수 있다.

(a) 그레이 평균 영상, dst_gray

(b) 컬러 영상, dst_bgr

그림 10.1 ◆ 평균에 의한 배경 영상

**예제 10.2** | 배경 차영상 이동물체 검출

```python
01  # 1002.py
02  import cv2
03  import numpy as np
04
05  #1
06  cap = cv2.VideoCapture('./data/vtest.avi')
07  if (not cap.isOpened()):
08      print('Error opening video')
09
10  height, width = (int(cap.get(cv2.CAP_PROP_FRAME_HEIGHT)),
11                  int(cap.get(cv2.CAP_PROP_FRAME_WIDTH)))
12
13  TH = 40                        # binary threshold
14  AREA_TH = 80                   # area    threshold
15  bkg_gray= cv2.imread('./data/avg_gray.png', cv2.IMREAD_GRAYSCALE)
16  bkg_bgr = cv2.imread('./data/avg_bgr.png')
17
18  mode = cv2.RETR_EXTERNAL
19  method = cv2.CHAIN_APPROX_SIMPLE
20
21  #2
22  t = 0
23  while True:
24      ret, frame = cap.read()
25      if not ret:
26          break
27      t += 1
28      print('t =', t)
29      gray = cv2.cvtColor(frame, cv2.COLOR_BGR2GRAY)
30
31  #2-1
32      diff_gray = cv2.absdiff(gray, bkg_gray)
33  ##    ret, bImage= cv2.threshold(diff_gray, TH, 255,
34  ##                               cv2.THRESH_BINARY)
35
36  #2-2
37      diff_bgr = cv2.absdiff(frame, bkg_bgr)
38      db, dg, dr = cv2.split(diff_bgr)
39      ret, bb = cv2.threshold(db, TH, 255, cv2.THRESH_BINARY)
40      ret, bg = cv2.threshold(dg, TH, 255, cv2.THRESH_BINARY)
41      ret, br = cv2.threshold(dr, TH, 255, cv2.THRESH_BINARY)
42
43      bImage = cv2.bitwise_or(bb, bg)
44      bImage = cv2.bitwise_or(br, bImage)
```

```
45
46    bImage = cv2.erode(bImage,None, 5)
47    bImage = cv2.dilate(bImage,None, 5)
48    bImage = cv2.erode(bImage,None, 7)
49
50 #2-3
51    image, contours, hierarchy =
52         cv2.findContours(bImage, mode, method)
53    cv2.drawContours(frame, contours, -1, (255, 0, 0), 1)
54    for i, cnt in enumerate(contours):
55        area = cv2.contourArea(cnt)
56        if area > AREA_TH:
57            x, y, width, height = cv2.boundingRect(cnt)
58            cv2.rectangle(frame, (x, y), (x + width, y + height),
59                         (0, 0, 255), 2)
60
61    cv2.imshow('frame', frame)
62    cv2.imshow('bImage', bImage)
63    cv2.imshow('diff_gray', diff_gray)
64    cv2.imshow('diff_bgr', diff_bgr)
65    key = cv2.waitKey(25)
66    if key == 27:
67        break
68 #3
69 if cap.isOpened():
70    cap.release()
71 cv2.destroyAllWindows()
```

### 프로그램 설명

① #1: 비디오 파일 'vtest.avi'에 대한 객체 cap을 생성하고, 프레임 크기 height, width에 읽고, 이진 영상 임계값 TH = 40, 면적 임계값 AREA_TH = 80으로 설정한다. [예제 10.1]에서 생성한 평균 영상 'avg_gray.png', 'avg_bgr.png'을 bkg_gray, bkg_bgr에 읽는다.

② #2: 비디오 프레임을 획득하고, 컬러 영상 frame, 그레이스케일 영상 gray의 배경 영상으로부터의 절대값 차영상을 diff_gray와 diff_bgr을 계산하고 임계값 AREA_TH에 의한 이진 영상을 계산하고, 윤곽선을 계산하여, 면적 AREA_TH보다 큰 윤곽선의 바운딩 사각형으로 이동물체(사람)를 검출한다.

③ #2-1: cv2.absdiff()로 gray와 bkg_gray의 그레이 배경 차영상을 diff_gray에 계산한다. [그림 10.2](a)는 t = 1에서 diff_gray로 배경은 어둡고, 이동물체(사람) 영역은 밝다. cv2.threshold()로 diff_gray에서 임계값 TH로 이진 영상 bImage를 계산하고, 모폴로지 연산으로 잡음을 제거하여 물체와 배경을 분할하는 이진 영상을 생성할 수 있다.

④ #2-2: cv2.absdiff()로 frame과 bkg_bgr의 컬러 배경 차영상을 diff_bgr에 계산한다.

[그림 10.2](b)는 t = 1에서 컬러 차영상 diff_bgr로 이동물체(사람) 영역은 주위보다 밝다. cv2.split()로 3-채널 diff_bgr를 db, dg, dr에 분리하고 임계값 TH로 채널별로 이진 영상 bb, bg, br을 생성한다. bb, bg, br을 화소별로 비트-OR 연산을 수행하여 이진 영상 bImage를 생성한다. bImage에 대해 침식, 팽창, 침식으로 잡음을 제거하여 물체와 배경을 분할하는 이진 영상 bImage를 생성한다. [그림 10.2](c)는 t=1에서 컬러 차영상으로 계산한 이진 영상 bImage이다.

5 #2-3: cv2.findContours()로 bImage에서 윤곽선 contours를 검출하고, cv2.drawContours()로 파란색으로 표시하고, for 문에서 cv2.contourArea()로 각 윤곽선 cnt의 면적이 AREA_TH보다 큰 윤곽선의 바운딩 사각형을 frame에 빨간색으로 표시한다. [그림 10.2](d)는 t = 1에서 바운딩 사각형이 표시된 frame 영상이다.

6 예제의 실험결과 컬러 차영상 분할이 그레이 차영상 분할에 비해 성능이 우수하다. 바운딩 사각형에서 사람이 겹치거나 가까우면 큰 사각형 하나로 검출하고, 동일한 물체(사람)를 여러 개의 사각형으로 중복 검출하면 후처리 작업이 필요하다.

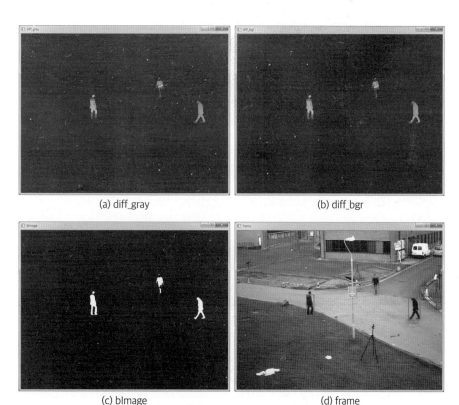

(a) diff_gray

(b) diff_bgr

(c) bImage

(d) frame

그림 10.2 ◆ 컬러 배경 차영상 이동물체 검출, t = 1

**예제 10.3** 이동평균 moving average 배경 차영상

```
01  # 1003.py
02  import cv2
03  import numpy as np
04
05  #1
06  cap = cv2.VideoCapture('./data/vtest.avi')
07  if (not cap.isOpened()):
08      print('Error opening video')
09
10  height, width = (int(cap.get(cv2.CAP_PROP_FRAME_HEIGHT)),
11                   int(cap.get(cv2.CAP_PROP_FRAME_WIDTH)))
12
13  TH = 40          # binary threshold
14  AREA_TH = 80     # area    threshold
15  acc_bgr = np.zeros(shape = (height, width, 3), dtype = np.float32)
16
17  mode = cv2.RETR_EXTERNAL
18  method = cv2.CHAIN_APPROX_SIMPLE
19
20  #2
21  t = 0
22  while True:
23      ret, frame = cap.read()
24      if not ret:
25          break
26      t += 1
27      print('t =', t)
28      blur = cv2.GaussianBlur(frame, (5, 5), 0.0)
29  #2-1
30      if t < 50:
31          cv2.accumulate(blur, acc_bgr)
32          continue
33      elif t == 50:
34          bkg_bgr = acc_bgr / t
35  #2-2: t >= 50
36  ##      diff_bgr = cv2.absdiff(np.float32(blur),
37                                 bkg_bgr).astype(np.uint8)
38      diff_bgr = np.uint8(cv2.absdiff(np.float32(blur), bkg_bgr))
39      db,dg,dr = cv2.split(diff_bgr)
40      ret, bb = cv2.threshold(db, TH, 255, cv2.THRESH_BINARY)
41      ret, bg = cv2.threshold(dg, TH, 255, cv2.THRESH_BINARY)
42      ret, br = cv2.threshold(dr, TH, 255, cv2.THRESH_BINARY)
43      bImage = cv2.bitwise_or(bb, bg)
44      bImage = cv2.bitwise_or(br, bImage)
```

```
45      bImage = cv2.erode(bImage,None, 5)
46      bImage = cv2.dilate(bImage,None,5)
47      bImage = cv2.erode(bImage,None, 7)
48      cv2.imshow('bImage', bImage)
49      msk = bImage.copy()
50      contours, hierarchy = cv2.findContours(bImage, mode, method)
51      cv2.drawContours(frame, contours, -1, (255, 0, 0), 1)
52      for i, cnt in enumerate(contours):
53          area = cv2.contourArea(cnt)
54          if area > AREA_TH:
55              x, y, width, height = cv2.boundingRect(cnt)
56              cv2.rectangle(frame, (x, y), (x + width, y + height),
57                          (0, 0, 255), 2)
58              cv2.rectangle(msk, (x, y), (x + width, y + height),
59                          255, -1)
60 #2-3
61      msk = cv2.bitwise_not(msk)
62      cv2.accumulateWeighted(blur, bkg_bgr, alpha = 0.1, mask = msk)
63
64      cv2.imshow('frame', frame)
65      cv2.imshow('bkg_bgr', np.uint8(bkg_bgr))
66      cv2.imshow('diff_bgr', diff_bgr)
67      key = cv2.waitKey(25)
68      if key == 27:
69          break
70 #3
71 if cap.isOpened():
72      cap.release()
73 cv2.destroyAllWindows()
```

---

### 프로그램 설명

① #1: 비디오 파일 'vtest.avi'에 대한 객체 cap을 생성하고, 프레임 크기 height, width에 읽고, 이진 영상 임계값 TH = 40, 면적 임계값 AREA_TH = 80으로 설정한다. 누적을 위한 3-차원 배열 acc_bgr를 0으로 초기화하여 생성한다.

② #2: 비디오 프레임을 획득하고, 컬러 영상 frame을 가우시안 블러링하고, t < 50일 때까지는 입력 영상을 누적하고, t = 50에서 평균 영상으로 배경 영상을 계산하고, t >= 50에서는 컬러 배경 차영상으로 이동물체 사람를 검출하고, 이동평균을 사용하여 배경 영상을 갱신한다.

③ #2-1: t < 50이면 cv2.accumulate()로 입력 영상의 가우시안 블러링 blur를 acc_bgr에 누적하고, continue로 다음 프레임을 획득한다. t = 50에서 acc_bgr / t에 의해 평균 영상을 계산하여 배경 영상을 bkg_bgr에 저장한다.

④ #2-2: t >= 50 이면, 컬러 배경 차영상을 계산하고, 윤곽선을 계산하고, 면적이 AREA_TH 보다 큰 윤곽선의 바운딩 사각형으로 이동물체(사람)를 검출한다. 이진 영상을 반전시켜

마스크로 사용하여 이동물체(사람)가 없는 영역에서만 가중평균을 사용하여 배경 영상을 갱신한다. bkg_bgr.dtype = np.float32이기 때문에 np.float32(blur)로 자료형 변환하고, cv2.absdiff()로 계산한 배경 차영상의 자료형을 np.uint8으로 변환한다. cv2.findContours()가 입력 영상을 변경할 수 있기 때문에 모폴로지 연산 후의 이진 영상 bImage을 msk에 복사한다. cv2.rectangle()로 검출한 이동물체의 바운딩 사각형을 frame에 그리고, msk에 255로 채워서 이동물체 주위도 배경 영상을 갱신하지 않도록 한다.

⑤ #2-3: cv2.bitwise_not()로 msk를 이동물체 영역은 0, 배경은 255로 반전한다. cv2.accumulateWeighted()로 이동평균을 0.1 × blur + bkg_bgr로 계산하여 마스크 msk에서 255인 배경 영역에서만 갱신한다. np.uint8(bkg_bgr)로 변경해서 'bkg_bgr' 윈도우에 표시한다. alpha가 1에 가까우면 현재 영상 blur의 가중치가 높아지고, alpha가 0에 가까우면 기존의 배경 영상 bkg_bgr의 가중치가 높게 갱신된다.

⑥ t < 50에 이동물체가 많기 때문에 배경 영상에 잡음이 많이 있어 t = 50에서는 2개의 오검출이 있고, 초기에는 많은 오검출 영역이 있으며 t가 증가할수록 오검출이 줄어든다.

(a) bkg_bgr

(b) bImage

(c) bkg_bgr

(d) frame

그림 10.3 ◆ 이동평균 컬러 배경 차영상 이동물체 검출: t = 50

## BackgroundSubtractor로 배경과 전경 분할 **02**

영상 화소를 가우시안 혼합 모델 mixture of Gaussian 또는 K-NN K-Nearest Neigbours 등의
통계적 방법으로 화소를 모델링하여 배경으로부터 전경 화소를 분할한다.

[그림 10.4]는 BackgroundSubtractor, BackgroundSubtractorMOG2, Background
SubtractorKNN의 클리스 구조이다. BackgroundSubtractorMOG2는 가우시안 혼합
모델로 영상의 각 화소를 모델링한다. BackgroundSubtractorKNN은 K-NN으로 모델링
한다. cv2.createBackgroundSubtractorMOG2() 또는 cv2.createBackground
SubtractorKNN()으로 객체를 생성하고, BackgroundSubtractor.apply() 메서드로
분할한다.

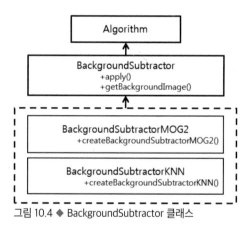

그림 10.4 ◆ BackgroundSubtractor 클래스

```
cv2.BackgroundSubtractor.apply(image[, fgmask[, learningRate ]])
                          -> fgmask
cv2.BackgroundSubtractor.getBackgroundImage([, backgroundImage])
                                     -> backgroundImage
```

1 apply()는 image를 모델에 적용하여 8비트 전경 마스크 fgmask를 계산한다.
image는 입력 영상 프레임이다. learningRate는 배경 영상 모델 갱신 속도를 [0, 1]
범위로 설정한다. 기본값은 learningRate = -1로 자동으로 갱신하고, learningRate
= 0은 배경 모델을 갱신하지 않고, learningRate = 1은 마지막 프레임으로 갱신한다.

2 getBackgroundImage()는 배경 영상을 반환한다.

```
cv2.createBackgroundSubtractorMOG2([history[, varThreshold
                                    [, detectShadows]]]) -> retval
```

**1** BackgroundSubtractorMOG2 객체를 생성한다.

**2** history는 배경 모델을 검출에 영향을 주는 최근 프레임의 길이이다. var Threshold는 배경을 판단을 위한 Mahalanobis 거리 제곱의 임계치로 작은 값을 사용하면 많은 화소를 전경 foreground으로 검출한다. detectShadows = True이면 그림자를 검출한다.

**3** 기본값은 history = 500, varThreshold = 16, detectShadows = True이다.

```
cv2.createBackgroundSubtractorKNN([history[, dist2Threshold
                                   [, detectShadows]]]) -> retval
```

**1** BackgroundSubtractorKNN 객체를 생성한다.

**2** history는 배경 모델을 검출에 영향을 주는 최근 프레임의 길이이다. dist2Threshold는 화소 간 거리 제곱의 임계치로 작은 값을 사용하면 많은 화소를 전경으로 검출한다. detectShadows = True이면 그림자를 검출한다.

**3** 기본값은 history = 500, dist2Threshold = 400.0, detectShadows = True 이다.

---

**예제 10.4** | BackgroundSubtractor 배경과 전경 분할

```python
01  # 1004.py
02  import cv2
03  import numpy as np
04
05  cap = cv2.VideoCapture('./data/vtest.avi')
06  if (not cap.isOpened()):
07      print('Error opening video')
08
09  height, width = (int(cap.get(cv2.CAP_PROP_FRAME_HEIGHT)),
10                   int(cap.get(cv2.CAP_PROP_FRAME_WIDTH)))
11  #1
12  bgMog1 = cv2.createBackgroundSubtractorMOG2()
13  bgMog2 = cv2.createBackgroundSubtractorMOG2(varThreshold = 25,
14                                              detectShadows = False)
```

```
15  bgKnn1 = cv2.createBackgroundSubtractorKNN()
16  bgKnn2 = cv2.createBackgroundSubtractorKNN(dist2Threshold = 1000,
17                                              detectShadows = False)
18
19  #2
20  AREA_TH = 80           # area    threshold
21  def findObjectAndDraw(bImage, src):
22      res = src.copy()
23      bImage = cv2.erode(bImage,None, 5)
24      bImage = cv2.dilate(bImage,None,5)
25      bImage = cv2.erode(bImage,None, 7)
26      contours, _ = cv2.findContours(bImage,
27                      cv2.RETR_EXTERNAL, cv2.CHAIN_APPROX_SIMPLE)
28      cv2.drawContours(src, contours, -1, (255, 0, 0), 1)
29      for i, cnt in enumerate(contours):
30          area = cv2.contourArea(cnt)
31          if area > AREA_TH:
32              x, y, width, height = cv2.boundingRect(cnt)
33              cv2.rectangle(res, (x, y), (x + width, y + height),
34                          (0, 0, 255), 2)
35      return res
36
37  t = 0
38  while True:
39      ret, frame = cap.read()
40      if not ret:
41          break
42      t+=1
43      print('t =', t)
44      gray = cv2.cvtColor(frame, cv2.COLOR_BGR2GRAY)
45      blur = cv2.GaussianBlur(frame, (5, 5), 0.0)
46
47  #3
48      bImage1 = bgMog1.apply(blur)
49      bImage2 = bgMog2.apply(blur)
50      bImage3 = bgKnn1.apply(blur)
51      bImage4 = bgKnn2.apply(blur)
52      dst1 = findObjectAndDraw(bImage1, frame)
53      dst2 = findObjectAndDraw(bImage2, frame)
54      dst3 = findObjectAndDraw(bImage3, frame)
55      dst4 = findObjectAndDraw(bImage4, frame)
56
57  ##    if t == 50:
58      cv2.imshow('bImage1', bImage1)
59      cv2.imshow('bgMog1', dst1)
```

```
60      cv2.imshow('bImage2', bImage2)
61      cv2.imshow('bgMog2', dst2)
62      cv2.imshow('bImage3', bImage3)
63      cv2.imshow('bgKnn1', dst3)
64      cv2.imshow('bImage4', bImage4)
65      cv2.imshow('bgKnn2', dst4)
66      key = cv2.waitKey(25)              #0
67      if key == 27:
68          break
69 if cap.isOpened():
70      cap.release()
71 cv2.destroyAllWindows()
```

### 프로그램 설명

① #1: cv2.createBackgroundSubtractorMOG2()로 history = 500, varThreshold = 16, detectShadows = True를 적용하여 객체 bgMog1을 생성하고, varThreshold = 25, detectShadows = False를 적용하여 객체 bgMog2를 생성한다.
cv2.createBackgroundSubtractorKNN()로 history = 500, dist2Threshold = 400, detectShadows = True를 적용하여 객체 bgKnn1을 생성하고, dist2Threshold = 1000, detectShadows = False를 적용하여 객체 bgKnn2를 생성한다.

② #2: findObjectAndDraw() 함수는 이진 영상 bImage에 모폴로지 연산으로 잡음을 제거하고, 윤곽선을 검출하고, 면적이 AREA_TH보다 큰 물체를 검출하여 빨간색 바운딩 사각형을 src를 복사한 영상 res에 표시하고 반환한다.

③ #3: 입력 영상 frame을 가우시안 블러링한 blur에 대해, bgMog1.apply(), bgMog2.apply(), bgKnn1.apply(), bgKnn2.apply()를 각각 적용하여 배경으로부터 전경의 이동물체를 분할한 이진 영상 bImage1, bImage2, bImage3, bImage4를 생성하고, findObject AndDraw()로 각 이진 영상에서 물체를 검출하여 빨간색 바운딩 사각형으로 표시한 des1, des2, des3, des4 영상을 생성하여 윈도우에 표시한다.

( a) dst1, bgMog1          (b) dst2, bgMog2

그림 10.4 ◆ BackgroundSubtractor 이동물체 검출, t = 50

④ 비디오의 처음 부분에서는 오검출이 많이 발생한다. [그림 10.4](a)와 [그림 10.4](b)는 가우시안
혼합 모델로 검출한 결과이고, [그림 10.4](c)와 [그림 10.4](d)는 K-NN으로 검출한 결과이다.

(c) dst3, bgKnn1                    (d) dst4 bgKnn2

그림 10.4 ◆ BackgroundSubtractor 이동물체 검출, t = 50

## 광류 계산  03

광류 optical flow는 영상 화소 밝기의 움직임 motion을 벡터로 계산하는 방법이다.
광류는 [그림 10.5]와 같이 두 영상 프레임 prev와 curr의 각 화소에서 밝기의 속도 벡터 velx,
vely로 계산한다. 즉, 광류는 각 축 방향으로의 이동 벡터이며, 바늘 도표 needle diagram로
표시한다. 광류 계산은 블록 정합 block matching, Horn과 Schunck, Lucas와 Kanade
방법 등으로 계산할 수 있다.

여기서는 피라미드 구조로
Lucas와 Kanade 방법을
구현한 cv2.calcOptical
FlowPyrLK()와 Farneback
의 방법을 구현한 cv2.calc
OpticalFlowFarneback()
이 있다.

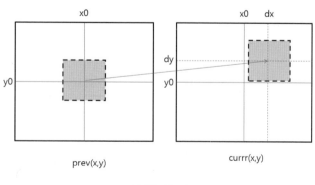

그림 10.5 ◆ 광류에 의한 움직임 검출

```
cv2.calcOpticalFlowPyrLK(prevImg, nextImg, prevPts,
                         nextPts[, status[, err[, winSize[,
                         maxLevel[, criteria[, flags[,
                         minEigThreshold]]]]]]]) -> nextPts, status, err
```

**1** Lucas와 Kanade 방법을 피라미드 구조로 적용하여, 주어진 특징점에서 부화소로 광류벡터를 계산한다.

**2** 시간 t의 영상 prevImg의 좌표 배열 prevPts의 각 좌표에 대한, 시간 t + dt의 영상 nextImg의 이동 벡터를 nextPts에 계산한다.

```
cv2.calcOpticalFlowFarneback(prev, next, flow, pyr_scale,
                             levels, winsize, iterations, poly_n,
                             poly_sigma, flags) -> flow
```

**1** Farneback의 논문 "Two-Frame Motion Estimation based on Polynomial Expansion"을 기반으로

$$prev(y,x) \approx next(y + flow(y,x)[1],\ x + flow(y,x)[0])$$

을 계산한다.

**2** 8-비트 1-채널 영상인 prev와 next의 두 프레임의 이웃을 2차 다항식으로 근사하는 방법으로 광류를 flow에 계산한다. flow는 cv2.CV_32FC2 자료형으로, prev 그리고 next와 같은 크기이다. pyr_scale은 두 입력 영상에 대한 피라미드 구축을 위한 1 이하의 스케일이다. pyr_scale = 0.5이면 가로세로 크기가 반씩 줄어드는 기본 피라미드를 생성한다. levels는 입력 영상을 포함하는 피라미드 계층의 개수로, levels = 1이면, 입력 영상 이외의 피라미드가 생성되지 않는다. winsize는 평균 필터를 적용할 윈도우 크기이다. winsize가 크면 잡음에 강인하고, 빠른 움직임도 검출할 수 있는 반면, 움직임이 블러링된다. iterations은 각 피라미드 계층에서 반복횟수이고, poly_n은 각 화소에서 다항식에 의한 근사값을 찾기의 이웃 크기이며, 값이 크면 근사곡면이 부드러워진다. 일반적으로 poly_n = 5 또는 poly_n = 7을 사용한다. poly_sigma는 다항식 근사에서 필요한 미분 계산에서 사용되는 가우시안 함수의 표준편차이며 poly_n = 5이면 poly_sigma = 1.1을 사용하고, poly_n = 7 이면 poly_sigma = 1.5를 사용한다. flags = cv2.OPTFLOW_USE_INITIAL_ FLOW이면 flow에 초기값을 설정하여 계산한다. flags = cv2.OPTFLOW_

FARNEBACK_GAUSSIAN이면 박스 필터 대신 winsize×winsize의 가우시안 함수를 사용한다.

③ cv2.calcOpticalFlowFarneback()은 모든 화소에 대해 광류를 계산하기 때문에 계산 속도가 느리다.

| 예제 10.5 | cv2.calcOpticalFlowPyrLK() 특징점 추적 |

```python
01 # 1005.py
02 import cv2
03 import numpy as np
04
05 #1
06 roi = None
07 drag_start = None
08 mouse_status = 0
09 tracking_start = False
10 def onMouse(event, x, y, flags, param = None):
11     global roi
12     global drag_start
13     global mouse_status
14     global tracking_start
15     if event == cv2.EVENT_LBUTTONDOWN:
16         drag_start = (x, y)
17         mouse_status = 1
18         tracking_start = False
19     elif event == cv2.EVENT_MOUSEMOVE:
20         if flags == cv2.EVENT_FLAG_LBUTTON:
21             xmin = min(x, drag_start[0])
22             ymin = min(y, drag_start[1])
23             xmax = max(x, drag_start[0])
24             ymax = max(y, drag_start[1])
25             roi = (xmin, ymin, xmax, ymax)
26             mouse_status = 2          # dragging
27     elif event == cv2.EVENT_LBUTTONUP:
28         mouse_status = 3             # complete
29
30 #2
31 cv2.namedWindow('tracking')
32 cv2.setMouseCallback('tracking', onMouse)
33
34 cap = cv2.VideoCapture('./data/checkBoard3x3.avi')
```

```
35  if (not cap.isOpened()):
36      print('Error opening video')
37
38  height, width = (int(cap.get(cv2.CAP_PROP_FRAME_HEIGHT)),
39                   int(cap.get(cv2.CAP_PROP_FRAME_WIDTH)))
40  roi_mask = np.zeros((height, width), dtype = np.uint8)
41
42  params = dict(maxCorners = 16, qualityLevel = 0.001,
43                minDistance = 10, blockSize = 5)
44  term_crit = (cv2.TERM_CRITERIA_MAX_ITER + cv2.TERM_CRITERIA_EPS,
45               10, 0.01)
46  params2 = dict(winSize = (5, 5), maxLevel = 3, criteria =  term_crit)
47
48  #3
49  t = 0
50  while True:
51      ret, frame = cap.read()
52      if not ret: break
53      t+=1
54      print('t=', t)
55      imgC = cv2.cvtColor(frame, cv2.COLOR_BGR2GRAY)
56      imgC = cv2.GaussianBlur(imgC, (5, 5), 0.5)
57  #3-1
58      if mouse_status == 2:
59          x1, y1, x2, y2 = roi
60          cv2.rectangle(frame, (x1, y1), (x2, y2), (0, 0, 255), 2)
61  #3-2
62      if mouse_status == 3:
63          print('initialize....')
64          mouse_status = 0
65          x1, y1, x2, y2 = roi
66          roi_mask[:,:] = 0
67          roi_mask[y1:y2, x1:x2] = 1
68          p1 = cv2.goodFeaturesToTrack(imgC, mask = roi_mask,
69                                       **params)
70          if len(p1) >= 4:
71              p1 = cv2.cornerSubPix(imgC, p1, (5, 5),(-1, -1),
72                                    term_crit)
73              rect = cv2.minAreaRect(p1)
74              box_pts = cv2.boxPoints(rect).reshape(-1, 1, 2)
75              tracking_start = True
76  #3-3
77      if tracking_start:
78          p2, st, err = cv2.calcOpticalFlowPyrLK(imgP, imgC, p1,
79                                                 None, **params2)
```

```
80          p1r, st, err = cv2.calcOpticalFlowPyrLK(imgC, imgP, p2,
81                                                  None, **params2)
82          d = abs(p1-p1r).reshape(-1, 2).max(-1)
83          stat = d < 1.0        # 1.0 is distance threshold
84          good_p2 = p2[stat == 1].copy()
85          good_p1 = p1[stat == 1].copy()
86          for x, y in good_p2.reshape(-1, 2):
87              cv2.circle(frame, (int(x), int(y)), 3, (0, 0, 255), -1)
88
89          if len(good_p2)<4:
90              continue
91          H, mask = cv2.findHomography(good_p1, good_p2, cv2.RANSAC, 3.0)
92          box_pts = cv2.perspectiveTransform(box_pts, H)
93          cv2.polylines(frame,[np.int32(box_pts)],True,(255,0, 0),2)
94          p1 = good_p2.reshape(-1,1,2)
95  #3-4
96      cv2.imshow('tracking',frame)
97      imgP = imgC.copy()
98      key = cv2.waitKey(25)
99      if key == 27:
100         break
101 if cap.isOpened():
102     cap.release();
103 cv2.destroyAllWindows()
```

### 프로그램 설명

1 #1: onMouse()는 마우스 이벤트에 의해 관심 영역 roi를 설정한다. drag_start는 마우스 클릭 위치, roi는 드래깅에 의한 관심 영역 지정, mouse_status는 마우스 상태, tracking_start는 특징 추적을 위해 전역변수로 설정한다. 마우스 왼쪽 버튼을 클릭하면 클릭 위치를 drag_start에 저장하고, roi = None, mouse_status = 1, tracking_start = False로 설정한다. 마우스 왼쪽 버튼을 누른 상태로 드래깅하면 현재 위치(x, y)와 drag_start로부터 최대, 최소값을 계산하여 (xmin, ymin, xmax, ymax)를 roi에 저장하고, 현재의 상태를 mouse_status = 2로 설정한다. 마우스 왼쪽 버튼을 떼면, mouse_status = 3으로 roi 설정을 완료한다.

2 #2: 'tracking' 윈도우를 생성하고, onMouse()를 마우스 이벤트 콜백 함수로 설정한다. 비디오 파일에 대한 객체 cap을 생성하고, roi 영역의 특징 검출을 위한 마스크 영상 roi_mask를 0으로 초기화하여 생성한다. 종료조건 term_crit, 특징점 검출을 위한 매개변수 params와 광류검출을 위한 매개변수 params2를 사전으로 생성한다.

3 #3: 마우스로 설정한 관심 영역에서 한 번 특징점을 검출하고, 특징점의 최소사각형을 검출하여 표시한다. 일단 특징점이 검출되면 특징점을 추적하여 이전 특징점과의 투영 변환을 계산하여 처음 계산한 특징점의 사각형을 추적한다.

④ #3-1: mouse_status = 2로 마우스가 드래깅 상태이면 frame에 빨간색 사각형을 표시한다.

⑤ #3-2: mouse_status = 3으로 마우스로 roi 설정을 완료하면, roi_mask에 roi 영역을 설정하고, cv2.goodFeaturesToTrack() 현재 프레임의 그레이스케일 영상 imgC의 roi 영역에서 특징점을 p1에 검출한다. len(p1) >= 4이면, 부화소로 특징점을 계산하고, 특징점의 최소사각형의 모서리를 box_pts에 계산하고, tracking_start = True로 설정하여 특징점 추적을 시작한다.

⑥ #3-3: tracking_start = True이면, cv2.calcOpticalFlowPyrLK()로 이전 프레임 imgP에서 현재 프레임 imgC로의 특징점 p1의 각 좌표에서 광류 벡터를 p2에 계산한다. 광류 벡터가 올바르게 검출되었는지 확인하기 위하여, imgC에서 현재 프레임 imgP로의 특징점 p2의 각 좌표에서 광류 벡터를 p1r에 계산한다. p1과 p1r 사이의 각 좌표의 거리를 X, Y 축에 대해 각각 계산하고, 모든 좌표에서 최대값을 배열 d에 계산하고, stat에 거리 1보다 작으면 True, 크면 False로 계산한다. p1, p2에서 stat가 True인 좌표를 good_p1, good_p2에 복사한다. for 문으로 good_p2의 각 좌표를 frame에 빨간색 원으로 표시한다. len(good_p2) >= 4이면 cv2.findHomography()로 good_p1에서 good_p2로의 투영 변환 H를 계산한다. cv2.perspectiveTransform()로 마우스로 설정한 관심 영역의 특징점의 최소사각형의 모서리 좌표 box_pts에 투영 변환 H를 적용하여 좌표변환하고, cv2.polylines()으로 frame으로 파란색으로 표시하고, 다음 프레임에서 추적을 위해 good_p2를 p1에 복사한다.

⑦ #3-4: 'tracking' 윈도우에 frame 영상을 표시하고, 다음 프레임에서 추적을 위해 imgC를 imgP에 복사한다.

⑧ [그림 10.6]은 cv2.calcOpticalFlowPyrLK()의 특징점 추적 결과이다. [그림 10.6](a)는 t = 94에서 마우스로 지정한 관심 영역이고, [그림 10.6](b)는 t = 95에서 관심 영역의 16개의 특징점을 검출한다. [그림 10.6](c)는 t = 500에서 10개의 좋은 특징점을 추적하고, [그림 10.6](d)는 t = 530에서 4개의 좋은 특징점을 추적하고 사각형을 표시한 결과이다.

(a) t = 94          (b) t = 95

(c) t = 500  (d) t = 530

그림 10.6 ◆ cv2.calcOpticalFlowPyrLK() 특징점 추적

**예제 10.6** | cv2.calcOpticalFlowFarneback() 광류 계산

```python
01 # 1006.py
02 import cv2
03 import numpy as np
04
05 #1
06 def drawFlow(img, flow, thresh = 2, stride = 8):
07     h, w = img.shape[:2]
08     mag, ang = cv2.cartToPolar(flow[...,0], flow[...,1])
09     flow2 = np.int32(flow)
10     for y in range(0,h,stride):
11         for x in range(0,w, stride):
12             dx, dy = flow2[y, x]
13             if mag[y,x] > thresh:
14                 cv2.circle(img, (x, y), 2, (0, 255, 0), -1)
15                 cv2.line(img, (x, y), (x + dx, y + dy),
16                         (255, 0, 0), 1)
17 #2
18 cap = cv2.VideoCapture('./data/vtest.avi')
19 if (not cap.isOpened()):
20     print('Error opening video')
21 height, width = (int(cap.get(cv2.CAP_PROP_FRAME_HEIGHT)),
22                 int(cap.get(cv2.CAP_PROP_FRAME_WIDTH)))
23 hsv = np.zeros((height, width, 3), dtype = np.uint8)
24
25 ret, frame = cap.read()
26 imgP = cv2.cvtColor(frame, cv2.COLOR_BGR2GRAY)
27
28 TH = 2
29 AREA_TH = 50
30 mode = cv2.RETR_EXTERNAL
```

```
31  method = cv2.CHAIN_APPROX_SIMPLE
32  params = dict(pyr_scale = 0.5, levels = 3, winsize = 15,
33              iterations = 3, poly_n = 5, poly_sigma = 1.2, flags = 0)
34  #3
35  t = 0
36  while True:
37      ret, frame = cap.read()
38      if not ret: break
39      t += 1
40      print('t=', t)
41      imgC = cv2.cvtColor(frame, cv2.COLOR_BGR2GRAY)
42      imgC = cv2.GaussianBlur(imgC, (5, 5), 0.5)
43  #3-1
44      flow = cv2.calcOpticalFlowFarneback(imgP, imgC,None, **params)
45      drawFlow(frame, flow, TH)
46  #3-2
47      mag, ang = cv2.cartToPolar(flow[...,0], flow[...,1])
48      ret, bImage = cv2.threshold(mag, TH, 255, cv2.THRESH_BINARY)
49      bImage = bImage.astype(np.uint8)
50      contours, hierarchy = cv2.findContours(bImage, mode, method)
51      for i, cnt in enumerate(contours):
52          area = cv2.contourArea(cnt)
53          if area > AREA_TH:
54              x, y, width, height = cv2.boundingRect(cnt)
55              cv2.rectangle(frame, (x, y), (x + width, y + height),
56                          (0, 0, 255), 2)
57  #3-3
58      cv2.imshow('frame', frame)
59      imgP = imgC.copy()
60      key = cv2.waitKey(25)
61      if key == 27:
62          break
63  if cap.isOpened():
64      cap.release();
65  cv2.destroyAllWindows()
```

### 프로그램 설명

1. #1: drawFlow() 함수는 img 영상에 광류 flow를 벡터로 표시한다. cv2.cartToPolar()로 flow로부터 벡터의 크기 mag와 각도 ang를 계산한다. 각도 ang는 라디안 [0, 2]로 계산한다. 광류 flow가 모든 화소에서 계산하기 때문에, 벡터로 표현하기 위하여 stride 간격에서 벡터 크기가 thresh보다 큰 벡터만을 표시한다.

2. #2: 비디오 파일 'vtest.avi'에 대한 객체 cap을 생성하고, cap.read()로 첫 프레임을 frame에 읽고, 그레이스케일로 imgP에 저장한다. 광류 검출을 위한 매개변수 params 사전을 생성한다.

③ #3: 모든 화소에서 광류를 flow에 계산하고, 벡터로 표시하고, 벡터의 크기를 이용하여 면적이 임계값 AREA_TH보다 큰 이동물체를 빨간색 사각형으로 표시한다.

④ #3-1: cv2.calcOpticalFlowFarneback()로 imgP에서 imgC로의 광류를 모든 화소에서 flow에 계산한다. drawFlow()로 frame에 광류 flow를 표시한다.

⑤ #3-2: cv2.cartToPolar()로 광류 flow의 크기는 mag, 각도는 라디안으로 ang에 계산한다. cv2.threshold()로 광류의 크기 mag에 임계값을 적용해서 이진 영상 bImage를 계산하고, cv2.findContours()로 윤곽선을 contours에 검출한다. 윤곽선의 면적이 AREA_TH보다 큰 이동물체를 검출하여 frame에 빨간색 사각형으로 표시한다.

⑥ #3-3: 'frame' 윈도우에 frame 영상을 표시하고, 다음 프레임에서 추적을 위해 imgC를 imgP에 복사한다.

⑦ [그림 10.7]은 cv2.calcOpticalFlowFarneback()로 광류 계산 결과이다. 광류를 이용한 이동물체를 검출할 경우, 움직임이 없는 경우와 물체가 겹치는 부분에서 분할의 어려움이 있으며, 사람의 경우 다리 부분은 다른 부분과 다른 벡터 방향을 갖는다.

(a) t = 1                (b) t = 50

그림 10.7 ◆ cv2.calcOpticalFlowFarneback() 광류 계산

# meanShift/CamShift 추적 04

meanShift와 CamShift는 물체의 히스토그램 역투영 histogram backprojection을 이용하여 이동물체를 추적 tracking한다. cv2.meanShift()는 물체의 크기변화 없이 주어진 윈도우 크기대로 물체의 중심점을 추적하며, cv2.CamShift()는 물체의 중심점, 크기, 회전 등을 함께 추적한다.

```
cv2.meanShift(probImage, window, criteria) -> retval, window
```

1 히스토그램 역투영으로 물체를 크기변화 없이 추적한다.

2 물체의 히스토그램 역투영 probImage와 초기 탐색 윈도우 window를 이용하여 물체의 중심 center을 반복적으로 탐색한다.

3 히스토그램 역투영 probImage는 cv2.calcBackProject()로 계산한다. criteria는 탐색종료 조건으로 최대 반복회수 cv2.TERM_CRITERIA_MAX_ITER 또는 cv2.TERM_CRITERIA_COUNT와 오차 cv2.TERM_CRITERIA_EPS로 설정한다.

4 window는 추적 결과 윈도우를 반환하고, retval은 탐색 반복횟수를 반환한다.

```
cv2.CamShift(probImage, window, criteria) -> box, window
```

1 물체의 히스토그램 역투영인 probImage와 초기 탐색 윈도우인 window를 이용하여 물체의 중심 center, 크기 size, 방향 orientation을 추적한다.

2 히스토그램 역투영 probImage는 cv2.calcBackProject()로 계산한다.

3 반환 값 box는 회전 가능한 박스이고, cv2.ellipse()로 표시하거나 cv2.BoxPoints()로 박스 모서리 점을 검출할 수 있다.

4 반환 값 window는 직사각형 추적 윈도우이다.

---

**예제 10.7** cv2.meanShift(), cv2.CamShift() 추적

```python
01  # 1007.py
02  import cv2
03  import numpy as np
04
05  #1
06  roi = None
07  drag_start = None
08  mouse_status = 0
09  tracking_start = False
```

```
10 def onMouse(event, x, y, flags, param = None):
11     global roi
12     global drag_start
13     global mouse_status
14     global tracking_start
15     if event == cv2.EVENT_LBUTTONDOWN:
16         drag_start = (x, y)
17         mouse_status = 1
18         tracking_start = False
19     elif event == cv2.EVENT_MOUSEMOVE:
20         if flags == cv2.EVENT_FLAG_LBUTTON:
21             xmin = min(x, drag_start[0])
22             ymin = min(y, drag_start[1])
23             xmax = max(x, drag_start[0])
24             ymax = max(y, drag_start[1])
25             roi = (xmin, ymin, xmax, ymax)
26             mouse_status = 2     # dragging
27     elif event == cv2.EVENT_LBUTTONUP:
28         mouse_status = 3          # complete
29
30 #2
31 cv2.namedWindow('tracking')
32 cv2.setMouseCallback('tracking', onMouse)
33
34 cap = cv2.VideoCapture('./data/ball.wmv')
35 if (not cap.isOpened()):
36     print('Error opening video')
37 height, width = (int(cap.get(cv2.CAP_PROP_FRAME_HEIGHT)),
38                  int(cap.get(cv2.CAP_PROP_FRAME_WIDTH)))
39 roi_mask   = np.zeros((height, width), dtype=np.uint8)
40 term_crit = (cv2.TERM_CRITERIA_MAX_ITER + cv2.TERM_CRITERIA_EPS,
41             10, 1)
42
43 #3
44 t = 0
45 while True:
46     ret, frame = cap.read()
47     if not ret: break
48     t += 1
49     print('t=', t)
50 #3-1
51     frame2 = frame.copy()        # CamShift
52     hsv = cv2.cvtColor(frame, cv2.COLOR_BGR2HSV)
53     mask = cv2.inRange(hsv, (0., 60., 32.), (180., 255., 255.))
54 ##   cv2.imshow('mask', mask)
```

```
55 #3-2
56    if mouse_status==2:
57        x1, y1, x2, y2 = roi
58        cv2.rectangle(frame, (x1, y1), (x2, y2), (255, 0, 0), 2)
59 #3-3
60    if mouse_status == 3:
61        print('initialize....')
62        mouse_status = 0
63        x1, y1, x2, y2 = roi
64        mask_roi = mask[y1:y2, x1:x2]
65        hsv_roi = hsv[y1:y2, x1:x2]
66
67        hist_roi = cv2.calcHist([hsv_roi], [0], mask_roi,
68                                [16], [0, 180])
69        cv2.normalize(hist_roi,hist_roi, 0, 255, cv2.NORM_MINMAX)
70        track_window1 = (x1, y1, x2 - x1, y2 - y1)     # meanShift
71        track_window2 = (x1, y1, x2 - x1, y2 - y1)     # CamShift
72        tracking_start = True
73 #3-4
74    if tracking_start:
75        backP = cv2.calcBackProject([hsv], [0], hist_roi, [0,180], 1)
76        backP &= mask
77        cv2.imshow('backP', backP)
78
79 #3-5: meanShift tracking
80        ret, track_window1 = cv2.meanShift(backP, track_window1,
81                                           term_crit)
82        x, y, w, h = track_window1
83        cv2.rectangle(frame, (x, y), (x + w, y + h), (0, 0, 255), 2)
84
85 #3-6: camShift tracking
86        track_box, track_window2 = cv2.CamShift(backP,
87                                                track_window2,
88                                                term_crit)
89        x, y, w, h = track_window2
90        cv2.rectangle(frame2, (x, y), (x + w, y + h), (0, 255, 0), 2)
91        cv2.ellipse(frame2, track_box, (0, 255, 255), 2)
92        pts = cv2.boxPoints(track_box)
93        pts = np.int0(pts)        # np.int32
94        dst = cv2.polylines(frame2,[pts],True, (0, 0, 255), 2)
95 ##       cv2.imshow('tracking', frame)
96 ##       cv2.imshow('CamShift tracking', frame2)
97 ##       cv2.waitKey(0)
98    cv2.imshow('tracking', frame)                     # meanShift
99    cv2.imshow('CamShift tracking', frame2)           # CamShift
```

```
100      key = cv2.waitKey(25)
101      if key == 27:
102          break
103 if cap.isOpened(): cap.release();
104 cv2.destroyAllWindows()
```

**프로그램 설명**

① #1: OpenCV의 파이썬 샘플 파일 camshift.py를 참조하여 다시 작성한다. onMouse()는 마우스 이벤트에 의해 관심 영역 roi를 설정한다. 마우스 왼쪽 버튼을 클릭하면 클릭 위치를 drag_start에 저장하고, roi = None, mouse_status = 1, tracking_start = False로 설정한다. 마우스 왼쪽 버튼을 누른 상태로 드래깅하면 현재 위치(x, y)와 drag_start로부터 최대, 최소값을 계산하여 (xmin, ymin, xmax, ymax)를 roi에 저장하고, 현재의 상태를 mouse_status = 2로 설정한다. 마우스 왼쪽 버튼을 떼면, mouse_status = 3으로 roi 설정을 완료한다.

② #2: 'tracking' 윈도우를 생성하고, onMouse()를 마우스 이벤트 콜백 함수로 설정한다. 비디오 파일 'ball.wmv'에 대한 객체 cap을 생성하고, roi영역의 특징 검출을 위한 마스크 영상 roi_mask를 0으로 초기화하여 생성하고, 종료조건 term_crit 설정한다.

③ #3: 마우스로 설정한 관심 영역에서 H-채널의 히스토그램을 계산하고 추적을 시작한다. 히스토그램을 역투영하여 관심 영역과 유사한 분포를 갖는 영역을 cv2.meanShift()와 cv2.CamShift()로 추적한다. 어둡고 흐릿한 영역을 제외한 mask를 생성한다.

④ #3-1: frame2는 CamShift 추적 결과 표시를 위한 복사 영상이다. frame을 HSV 영상으로 변환하여 hsv에 저장한다. H-채널의 최대값은 180이다. mask는 어둡고, 흐릿한 영역을 제외하기 위하여 cv2.inRange()로 H-채널은 [0, 180]로 모두 포함하고, S-채널은 [60, 255] 범위, V-채널은 [32, 255] 범위를 포함한 화소는 255, 그렇지 않은 영역은 0인 이진 영상이다. mask를 사용하지 않고 구현할 수 있으나, mask를 사용하는 것이 더욱 효과적이다.

⑤ #3-2: mouse_status = 2로 마우스가 드래깅 상태이면 frame에 파란색 사각형을 표시한다.

⑥ #3-3: mouse_status = 3으로 마우스로 roi 설정을 완료하면, mask_roi, hsv_roi에 mask, hsv의 roi 영역을 저장한다. cv2.calcHist()로 관심 영역 hsv_roi의 H-채널 히스토그램을 hist_roi에 계산한다. cv2.normalize()로 히스토그램의 빈도수를 [0, 255] 범위로 정규화한다. meanShift, CamShift 추적을 위해 관심 영역 roi를 track_window1, track_window2에 저장한다. tracking_start = True로 설정하여 추적을 시작한다.

⑦ #3-4: tracking_start가 참이면, 관심 영역의 H-채널 히스토그램 hist_roi를 현재 프레임의 HSV 영상의 H-채널에 역투영한 backP를 생성하고, mask와 비트 AND 연산을 수행하여, 역투영에서 어둡고, 흐릿한 영역을 제외한다. [그림 10.8](a)와 [그림 10.8](b)는 t = 38, t = 200에서 역투영 영상이다.

⑧ #3-5: cv2.meanShift()로 역투영 backP를 이용하여 마우스로 지정한 관심 영역의 물체를

track_window1에 추적한다. [그림 10.8](c)와 [그림 10.8](d)는 t = 38, t = 200에서 추적
윈도우를 빨간 사각형으로 표시한 결과이다.

⑨ #3-6: cv2.CamShift()로 역투영 backP를 이용하여 마우스로 지정한 관심 영역의 물체를
track_box, track_window2에 추적한다. track_window2를 이용하여 frame2에 초록색
사각형을 표시하고, track_box를 이용하여 노란색 타원, 빨간색 회전 사각형으로 표시한다.
[그림 10.8](e)와 [그림 10.8](f)는 t = 38, t = 200에서 관심 영역의 중심, 크기, 방향을 추적
한 결과이다.

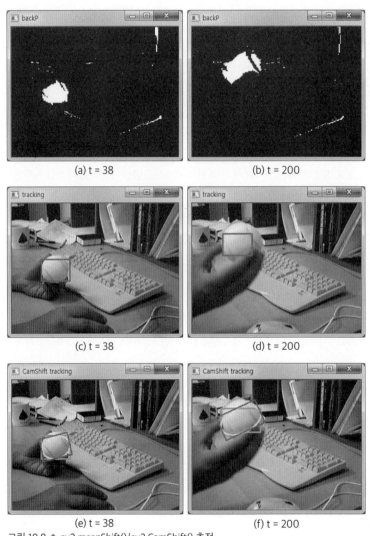

(a) t = 38　　　　　　　　　　　(b) t = 200

(c) t = 38　　　　　　　　　　　(d) t = 200

(e) t = 38　　　　　　　　　　　(f) t = 200

그림 10.8 ◆ cv2.meanShift()/cv2.CamShift() 추적

# Kalman Filter 물체 추적 05

칼만 필터 Kalman Filter는 부정확한 측정값 observation, measurement으로부터 오차를 최소로 하는 추정값 estimate을 반복적으로 추정하는 방법이다. 칼만 필터는 가우시안 잡음 Gaussian noise이 추가된 경우 최적의 추정량 optical estimator을 계산할 수 있다. 칼만 필터는 잡음으로부터 최적의 추정값을 찾는다는 의미에서 필터라는 이름이 붙었다.

OpenCV의 KalmanFilter 클래스는 http://en.wikipedia.org/wiki/Kalman_filter의 선형 칼만 필터를 구현한다. 칼만 필터에 관한 자세한 설명은 G. Welch and G. Bishop의 "An Introduction to the Kalman Filter"를 참고한다. 칼만 필터는 이동물체의 상태 모델과 측정 모델에 의해 표현된다. 칼만 필터의 상태 모델 state model과 측정 모델 measurement model은 다음과 같다.

상태 모델: $x_k = A x_{k-1} + B u_k + w_k$
측정 모델: $z_k = H x_k + v_k$

여기서, $k$는 이산시간 discrete-time 변수이며, $k$ = 0, 1, 2, ...이다. [표 10.2]는 칼만 필터의 변수를 설명한다.

[그림 10.9]는 칼만 필터링 과정을 설명한다. 초기 상태 $x_0$와 $P_0$초기화하고, 시간에 따른 모델의 추정값 상태 $x_k'$의 예측 predict과 측정값 $z_k$을 이용한 상태 정정 correct $x_k$을 반복적으로 수행하여 모델의 상태 벡터를 추정한다. 경우에 따라서 측정값에 의한 정정을 먼저 하고 상태를 예측할 수도 있다.

측정 잡음의 공분산 $R$이 아주 크면, 칼만 이득 $K$가 매우 작아져, 다음 단계의 추정값을 계산할 때 현재의 측정값이 무시된다. 즉 측정 잡음이 크면 현재의 측정값보단 이전의 추정값에 더 의존한다. [표 10.3]은 cv2.KalmanFilter 클래스의 속성이다. [표 10.2], [표 10.3] 그리고 [그림 10.9]와 함께 보면 이해에 도움이 된다.

[표 10.2] 칼만 필터 변수

| 변수 | 설명 |
|---|---|
| $x_k$ | $k$에서 시스템 상태 system state, $n \times 1$ |
| $x_{k-1}$ | $k$-1에서 시스템 상태 system state, $n \times 1$ |
| $u_k$ | 외부 컨트롤 external control, $d \times 1$ |
| $w_k$ | 프로세스 잡음, $p(w) \sim N(0, Q)$ |
| $z_k$ | 측정 벡터, $m \times 1$ |
| $v_k$ | 측정 잡음 measurement noise, $p(v) \sim N(0, R)$ |
| $A$ | 상태 변환 행렬 state transition matrix, $n \times n$ |
| $B$ | 외부 입력 행렬, $n \times d$ |
| $H$ | 관찰/측정 observation 모델, $m \times n$ |
| $Q$ | 프로세스 잡음 공분산 행렬 process noise covariance matrix, $n \times n$ |
| $R$ | 측정 잡음 공분산 행렬 measurement covariance matrix, $m \times m$ |

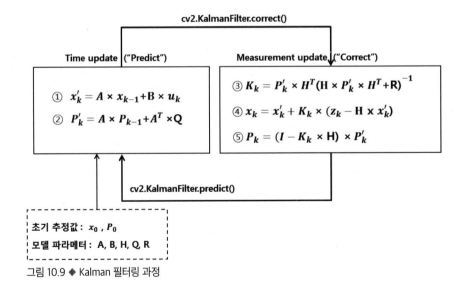

**cv2.KalmanFilter.correct()**

**Time update** ("Predict")

① $x'_k = A \times x_{k-1} + B \times u_k$

② $P'_k = A \times P_{k-1} + A^T \times Q$

**Measurement update** ("Correct")

③ $K_k = P'_k \times H^T (H \times P'_k \times H^T + R)^{-1}$

④ $x_k = x'_k + K_k \times (z_k - H \times x'_k)$

⑤ $P_k = (I - K_k \times H) \times P'_k$

**cv2.KalmanFilter.predict()**

초기 추정값 : $x_0$, $P_0$
모델 파라메터 : A, B, H, Q, R

그림 10.9 ◆ Kalman 필터링 과정

[표 10.3] cv2.KalmanFilter 클래스 속성

| 변수 | 설명 | 비고 |
|---|---|---|
| statePre | 예측상태 predicted state | ① $x'_k$ |
| statePost | 정정상태 corrected state | ④ $x_k$ |

[표 10.3] cv2.KalmanFilter 클래스 속성 계속

| 변수 | 설명 | 비고 |
|------|------|------|
| transitionMatrix | 상태 변환행렬 state transition matrix | $A$ |
| controlMatrix | 제어 행렬 control matrix, CP = 0이면 사용하지 않음 | $B$ |
| measurementMatrix | 측정 행렬 measurement matrix | $H$ |
| processNoiseCov | 제어 프로세스 잡음 공분산 행렬<br>control process noise covariance matrix | $Q$ |
| measurementNoiseCov | 측정 잡음 공분산 행렬<br>measurement noise covariance matrix | $R$ |
| errorCovPre | 사전 오차 추정 공분산 행렬<br>priori error estimate covariance matrix | ② $P_k'$ |
| gain | 칼만 이득 행렬 Kalman gain matrix | ③ $K_k$ |
| errorCovPost | 사후 오차 추정 공분산 행렬<br>posteriori error estimate covariance matrix | ⑤ $P_k$ |

```
cv2.KalmanFilter([dynamParams, measureParams[,controlParams[, type]]])
                -> <KalmanFilter object>
```

**1** 칼만 필터 클래스 객체를 생성한다.

**2** dynamParams는 상태 벡터 state vector의 차원 dimensionality이다.

**3** measureParams는 측정 벡터 measurement vector의 차원이다.

**4** controlParams는 외부 제어 벡터 control vector의 차원이다.

**5** type은 생성되는 행렬의 자료형으로 cv2.CV_32F 또는 cv2.CV_64F이다.

```
cv2.KalmanFilter.predict([control ]) -> retval
```

**1** 칼만 필터의 예측상태 predicted state statePre를 계산한다.

**2** control은 외부 컨트롤 $u_k$이다. statePre를 반환한다.

**3** retval은 예측상태 statePre $x'_k$을 반환한다.

```
cv2.KalmanFilter.correct(measurement) -> retval
```

① 관찰/측정 벡터 measurement를 사용하여 상태를 정정하고, statePost를 반환한다.

② retval은 정정상태 statePost $x_k$을 반환한다.

| 예제 10.8 | cv2.KalmanFilter 랜덤 상수 추정: off-line |
|---|---|

```
01  # 1008.py
02  import cv2
03  import numpy as np
04  import matplotlib.pyplot as plt
05
06  '''
07  ref: Greg Welch and Gary Bishop,
08        'An Introduction to the Kalman Filter', 2006.
09      Estimating a Random Constant: off-line with cv2.KalmanFilter
10  '''
11  #1
12  x = -0.37727        # the truth value
13
14  q = 1e-5            # process noise covariance
15  r = 0.01            # measurement noise covariance, 1, 0.0001
16
17  KF = cv2.KalmanFilter(1, 1, 0)                  # B = 0
18  KF.transitionMatrix    = np.ones((1, 1))        # A = 1
19  KF.measurementMatrix   = np.ones((1, 1))        # H = 1
20  KF.processNoiseCov     = q * np.eye(1)          # Q
21  KF.measurementNoiseCov = r * np.eye(1)          # R
22
23  #2 initial value
24  KF.errorCovPost = np.ones((1, 1))               # P0 = 1
25  KF.statePost    = np.zeros((1, 1))              # x0 = 0
26
27  N = 50
28  z = np.random.randn(N, 1) * np.sqrt(r) + x  # measurement
29  X = [KF.statePost[0, 0]]                     # initial value
30  P = [KF.errorCovPost[0, 0]]                  # initial errorCovPost
31
32  #3
33  for k in range(1, N):
34      predict = KF.predict()
```

```
35    estimate = KF.correct(z[k])
36    X.append(estimate[0, 0])                    # KF.statePost[0,0]
37    P.append(KF.errorCovPost[0, 0])
38 #4
39 plt.figure(1)
40 plt.xlabel('k')
41 plt.ylabel('X(k)')
42 plt.axis([0, N, x - 3 * np.sqrt(r), x + 3 * np.sqrt(r)])
43 plt.plot([0, N], [x, x], 'g-')      # the truth value line
44
45 plt.plot(X, 'b-')
46 plt.plot(z, 'rx')
47
48 #5
49 plt.figure(2)
50 plt.xlabel('k')
51 plt.ylabel('P(k)')
52 plt.axis([0, N, 0, 1.0])
53 plt.plot(P, 'b-')
54 plt.show()
```

### 프로그램 설명

① Greg Welch and Gary Bishop의 "An Introduction to the Kalman Filter"에서 랜덤 상수 추정 Estimating a Random Constant 예제를 cv2.KalmanFilter를 사용하여 구현한다. 오프라인 버전으로 $N$개의 측정값을 미리 난수를 이용하여 계산하고 칼만 필터링을 수행한다. 칼만 필터의 프로세스 모델과 측정 모델은 다음과 같다. 칼만 필터에서 외부 컨트롤은 없다.

상태 모델: $x_k = x_{k-1} + w_k$

측정 모델: $z_k = x_k + v_k$

랜덤 상수의 참값 x = -0.37727에 $N(0, r)$의 정규분포를 따르는 잡음을 추가하여 50개의 측정값을 $z_k$를 생성한다. 칼만 필터에서 q = 1e-5, r을 0.01, 1.0, 0.0001 각각에 대하여 실험하여, 랜덤 상수 x의 추정값을 반복적으로 계산한다. 사후오차 공분산 posteriori error covariance을 그래프로 표시한다.

② #1: 참값 x = -0.37727, 프로세스 잡음과 측정 잡음 공분산 행렬에서 사용할 분산 q = 1e-5, r = 0.01을 초기화한다. cv2.KalmanFilter(1, 1, 0)로 상태 벡터 차원 1, 측정 벡터 차원 1, 외부 컨트롤을 사용하지 않는 칼만 필터 객체 KF를 생성한다.

       1×1 상태 변환 행렬 A를 KF.transitionMatrix에 초기화한다.

       1×1 측정 행렬 H를 KF.measurementMatrix에 초기화한다.

       1×1 프로세스 잡음 공분산 행렬 Q를 KF.processNoiseCov에 초기화한다.

       1×1 측정 행렬 R을 KF.measurementNoiseCov에 초기화한다.

③ **#2**: 칼만 필터의 초기값 P0, x0를 설정한다. KF.errorCovPost에 1×1 단위 행렬로 초기화
한다. 즉, $P_0 = [1]$로 초기화한다. KF.statePost에 1×1의 벡터로 초기화한다. 즉,
$x_0 = [0]$로 초기화한다. 참값 x에 정규분포 잡음 $N(0, r)$을 추가하여 N = 50개의 측정값을
N×1 배열 z에 생성한다. X = [KF.statePost[0, 0]]로 $X[0] = x_0 = [0]$로 초기화한다.
배열 X는 [그림 10.9]에서 $x_k$을 표현한다. P = [KF.errorCovPost[0, 0]]로
$P[0] = P_0 = [1]$로 초기화한다. 배열 P는 [그림 10.9]에서 $P_k$을 표현한다.

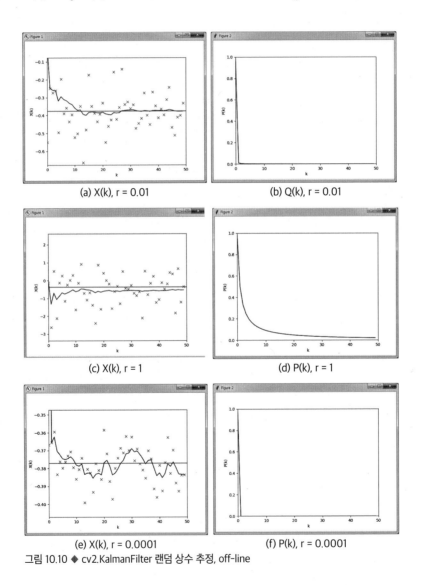

(a) X(k), r = 0.01                (b) Q(k), r = 0.01

(c) X(k), r = 1                    (d) P(k), r = 1

(e) X(k), r = 0.0001            (f) P(k), r = 0.0001

그림 10.10 ◆ cv2.KalmanFilter 랜덤 상수 추정, off-line

④ #3: for 문으로 1에서 N-1까지 KF.predict()로 predict를 계산한다. predict는 [그림 10.9]에서 $x'_k$을 표현한다. KF.correct(z[k])로 estimate를 계산한다. estimate는 [그림 10.9]에서 $x_k$을 표현한다. 그래프로 표시하기 위하여 estimate[0,0]을 X에 추가하고, KF.errorCovPost[0,0]를 P에 추가한다.

⑤ #4: matplotlib.pyplot를 사용하여 figure1에 측정 데이터 z를 빨간색 'x' 표시로 표시하고, 추정값 배열 X를 파란색 선으로 표시한다. plt.axis()로 X-축 범위는 [0, N], Y-축 범위는 [x - 3 * np.sqrt(r), x + 3 * np.sqrt(r)]로 설정한다.

⑥ #5: figure2에 측정 데이터 z를 빨간색 'x' 표시로 표시하고, 추정값 배열 X를 파란색 선으로 표시한다. plt.axis()로 X-축 범위는 [0, N], Y-축 범위는 [0, 1]로 설정하여 배열 P를 파란색 선으로 표시한다.

⑦ [그림 10.10](a)와 [그림 10.10](b)는 r = 0.01, [그림 10.10](c)와 [그림 10.10](d)는 r = 1, [그림 10.10](e)와 [그림 10.10](f)는 r = 0.0001로 실험한 결과이다. 측정 잡음의 공분산 R이 아주 크면, 칼만 이득 K가 매우 작아져, 현재의 측정값보단 이전의 추정값에 더 의존한다. 측정 잡음의 공분산 R이 아주 작으면, 칼만 이득 K가 매우 커져, 현재의 측정값에 더 의존한다.

**예제 10.9 cv2.KalmanFilter 랜덤 상수 추정: on-line**

```
01 # 1009.py
02 import cv2
03 import numpy as np
04 import matplotlib.pyplot as plt
05 import matplotlib.animation as animation
06
07 '''
08 ref: Greg Welch and Gary Bishop,
09        'An Introduction to the Kalman Filter', 2006.
10     Estimating a Random Constant : on-line with cv2.KalmanFilter
11 '''
12 #1
13 x = -0.37727     # the truth value
14
15 q = 1e-5         # process noise covariance
16 r = 0.01         # measurement noise covariance, 1, 0.0001
17
18 KF = cv2.KalmanFilter(1, 1, 0)              # B = 0
19 KF.transitionMatrix    = np.ones((1, 1))    # A = 1
20 KF.measurementMatrix   = np.ones((1, 1))    # H = 1
21 KF.processNoiseCov     = q * np.eye(1)      # Q
22 KF.measurementNoiseCov = r * np.eye(1)      # R
23
```

```
24  #2 initial value
25  KF.errorCovPost       = np.ones((1, 1))        # P0 = 1
26  KF.statePost = np.zeros((1, 1))  # x0 = 0
27
28  N = 50
29  X = [KF.statePost[0, 0]]         # initial value
30  P = [KF.errorCovPost[0, 0]]          # initial errorCovPost
31
32  #3
33  fig = plt.figure('Kalman Filter')
34  #fig.canvas.manager.set_window_title('Test')
35  ax = plt.axes(xlim = (0, N),
36                ylim = (x - 3 * np.sqrt(r), x + 3 * np.sqrt(r)))
37  ax.grid()
38  line1, = ax.plot([], [], 'b-', lw = 2)
39  line2, = ax.plot([], [], 'rx')
40  line3, = ax.plot([0, N], [x, x], 'g-')      # the truth value line
41  xrange = np.arange(N)
42  Z = [] # for displaying measurements
43
44  #4
45  def init():
46      for k in range(N):
47          predict = KF.predict()
48          z = np.random.randn(1, 1) * np.sqrt(r) + x    # measurement
49          estimate = KF.correct(z[0])
50          X.append(estimate[0, 0])
51          Z.append(z[0][0])
52      line1.set_data(xrange, X)
53      line2.set_data(xrange, Z)
54  ##    line2.set_data([N-1], z)
55      return line1,line2
56
57  #5
58  def animate(k):
59      global X, Z
60
61      predict = KF.predict()
62      z = np.random.randn(1, 1) * np.sqrt(r) + x     # measurement
63      estimate = KF.correct(z[0])
64
65      X = X[1:N]
66      X.append(estimate[0,0])
67
68      Z = Z[1:N]
69      Z.append(z[0][0])
```

```
70     line1.set_data(xrange, X)
71     line2.set_data(xrange, Z)
72 ##    line2.set_data([N-1], z)
73     return line1,line2
74 #6
75 ani = animation.FuncAnimation(fig, animate,init_func = init,
76                               interval = 25, blit = True)
77 plt.show()
```

**프로그램 설명**

① [예제 10.8]의 Greg Welch and Gary Bishop의 랜덤상수 추정 예제를 온라인 버전으로 구현한다. 측정값을 하나씩 계산하여 칼만 필터링을 수행하며, matplotlib 애니메이션을 사용하여 표시한다. #1과 #2의 칼만 필터 초기화는 [예제 10.8]과 같다. 그러나, 측정값은 온라인으로 발생시키기 위하여 미리 생성하지 않는다.

② #3: matplotlib로 Figure 객체 fig를 생성하고, Axes 객체를 X, Y-축 범위를 설정하여 ax를 생성한다. ax.grid()로 그리드를 표시하고, Line2D 객체 line1, line2를 공백 리스트로 생성한다. line1은 칼만 필터 추정값을 'b-'로 파란색 두께 2의 직선으로 표시하기 위한 직선이다. line2는 칼만 필터 추정값을 빨간색 'x' 마커로 측정값을 표시하기 위한 직선이다. line1, line2를 초기에 공백 리스트로 생성하고, 애니메이션에서 line1.set_data(xrange, X), line2.set_data(xrange, Z)로 데이터를 변경한다. line3은 X-축 범위 [0, N], Y-축 범위 [x, x]에 초록색 실선으로 참값을 표시한다. xrange에 X-축의 범위를 생성하고, Z는 온라인으로 생성되는 측정값을 저장하기 위한 리스트이다.

③ #4: init()는 애니메이션 초기화 함수이다. N번 KF.predict()로 예측하고, z에 측정값 하나를 생성하여 KF.correct()로 정정하는 칼만 필터를 적용한다. 애니메이션을 위해 리스트 X에 추정값 estimate[0,0]을 추가하고, 측정값 z를 리스트 Z에 추가한다. line1.set_data(xrange, X), line2.set_data(xrange, Z)로 데이터를 변경하여 추정값과 측정값 표시한다.

④ #5: animate()는 애니메이션에 의해 반복적으로 호출되는 함수이다. KF.predict()로 예측하고, z에 측정값 하나를 생성하여 KF.correct()로 정정하는 칼만 필터를 적용한다. 애니메이션을 위해 리스트 X = X[1:N], Z = Z[1:N]로 X, Y의 X[0], Y[0]을 삭제하고, X.append(estimate[0, 0]), Z.append(z[0][0])로 X, Y를 갱신하고, line1.set_data(xrange, X), line2.set_data(xrange, Z)로 데이터를 변경하여 추정값과 측정값 표시한다. 이때, del X[0] 또는 X.pop() 등으로 명시적으로 제거하면 오류가 발생한다. 만약 line2.set_data([N-1], z)를 사용하면, 새로 생성한 측정값 z 하나만 N-1 위치에 표시한다.

⑤ #6: animation.FuncAnimation()로 fig에서 초기화 함수를 init()로 지정하고, 호출 함수를 animate(), 프레임 호출 인터벌을 interval = 25밀리초로 설정한다.

⑥ [그림 10.11]은 cv2.KalmanFilter 랜덤 상수 추정의 온라인 버전의 분산 r = 0.01의 실행 결과이다. 새로운 측정값은 N-1 위치에서 생성되어 추가되어 칼만 필터링 되며, 측정값과 추정값의 그래프가 오른쪽에서 왼쪽으로 움직인다.

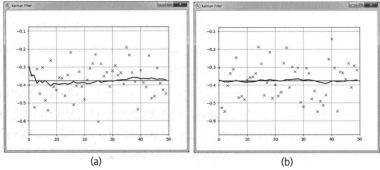

(a)            (b)

그림 10.11 ◆ cv2.KalmanFilter 랜덤 상수 추정: on-line

**예제 10.10 | cv2.KalmanFilter 마우스 위치 추적**

```python
01 # 1010.py
02 import cv2
03 import numpy as np
04 '''
05 ref:
06 http://www.morethantechnical.com/2011/06/17/simple-kalman-filter-
07 for-tracking-using-opencv-2-2-w-code/
08 '''
09 #1
10 def onMouse(event, x, y, flags, param):
11     if event == cv2.EVENT_LBUTTONDBLCLK:
12         param[0][:,:] = 0                # clear image
13     param[1][0] = x                      # mouse point z
14     param[1][1] = y
15
16 #2
17 frame = np.zeros((512, 512, 3), np.uint8)
18 z = np.zeros((2,1), np.float32)          # measurement
19
20 cv2.namedWindow('Kalman Fliter')
21 cv2.setMouseCallback('Kalman Fliter', onMouse, [frame, z])
22
23 #3
24 q = 1e-5   #  process noise covariance
25 r = 0.01   #  measurement noise covariance, r = 1
26 KF = cv2.KalmanFilter(4, 2, 0)
27 KF.transitionMatrix = np.array([[1, 0, 1, 0],
28                                 [0, 1, 0, 1],
29                                 [0, 0, 1, 0],
30                                 [0, 0, 0, 1]], np.float32)   # A
```

```
31  KF.measurementMatrix = np.array([[1, 0, 0, 0],
32                                   [0, 1, 0, 0]], np.float32)   # H
33  KF.processNoiseCov      = q * np.eye(4, dtype = np.float32)   # Q
34  KF.measurementNoiseCov = r * np.eye(2, dtype = np.float32)    # R
35
36  #4 initial value
37  KF.errorCovPost = np.eye(4, dtype = np.float32)              # P0 = I
38  KF.statePost    = np.zeros((4, 1), dtype = np.float32)  # x0 = 0
39
40  last_z = z.copy()
41  last_estimate = KF.statePost.copy()
42
43  #5
44  while True:
45      predict  = KF.predict()
46      estimate = KF.correct(z)
47
48      x1, y1 = np.int0(last_z.flatten())
49      x2, y2 = np.int0(z.flatten())
50      cv2.line(frame, (x1, y1), (x2, y2), (0, 0, 255), 2 )
51
52      x1, y1, _, _ = np.int0(last_estimate.flatten())
53      x2, y2, _, _ = np.int0(estimate.flatten())
54      cv2.line(frame, (x1, y1), (x2, y2), (255, 0, 0), 2 )
55      cv2.imshow('Kalman Fliter', frame)
56
57      last_z = z.copy()
58      last_estimate = estimate.copy()
59
60      key = cv2.waitKey(30)
61      if key == 27: break
62  cv2.destroyAllWindows()
```

### 프로그램 설명

① 마우스의 움직임을 칼만 필터링하려 한다. 2차원 좌표계에서 마우스의 움직임은 상태 벡터는 $X(k) = [x(k)\ y(k)\ v_x(k)\ v_y(k)]^T$로 표현할 수 있다. $x(k)$, $y(k)$는 마우스의 위치, $v_x(k)$, $v_y(k)$는 속도이다. 외부 컨트롤은 없이 시간 간격 $dt = 1$로 하면 다음과 같은 상태 모델과 측정 모델을 정의할 수 있다. $q$, $r$은 프로세스 잡음과 측정 잡음 공분산 행렬에서 사용할 분산이다.

상태 모델:　$X(k) = A\,X(k-1) + w(k-1)$

$$\begin{bmatrix} x(k) \\ y(k) \\ v_x(k) \\ v_y(k) \end{bmatrix} = \begin{bmatrix} 1 & 0 & dt & 0 \\ 0 & 1 & 0 & dt \\ 0 & 0 & 1 & 0 \\ 0 & 0 & 0 & 1 \end{bmatrix} \begin{bmatrix} x(k-1) \\ y(k-1) \\ v_x(k-1) \\ v_y(k-1) \end{bmatrix} + w(k-1)$$

$$= \begin{bmatrix} 1 & 0 & 1 & 0 \\ 0 & 1 & 0 & 1 \\ 0 & 0 & 1 & 0 \\ 0 & 0 & 0 & 1 \end{bmatrix} \begin{bmatrix} x(k-1) \\ y(k-1) \\ v_x(k-1) \\ v_y(k-1) \end{bmatrix} + w(k-1)$$

$$w(k-1) \sim N(0,Q),\ \ Q = \begin{bmatrix} q & 0 & 0 & 0 \\ 0 & q & 0 & 0 \\ 0 & 0 & q & 0 \\ 0 & 0 & 0 & q \end{bmatrix}$$

측정 모델:　$Z(k) = H\,X(k) + v(k)$

$$\begin{bmatrix} z_x(k) \\ z_y(k) \end{bmatrix} = \begin{bmatrix} 1 & 0 & 0 & 0 \\ 0 & 1 & 0 & 0 \end{bmatrix} \begin{bmatrix} x(k) \\ y(k) \\ v_x(k) \\ v_y(k) \end{bmatrix} + v(k-1)$$

$$v(k) \sim N(0,R),\ \ R = \begin{bmatrix} r & 0 \\ 0 & r \end{bmatrix}$$

② **#1**: onMouse() 함수는 마우스 이벤트 핸들러 함수이다. param[0]은 영상 frame을 전달 받고, param[1]은 마우스 좌표를 저장할 z 배열을 전달받는다. 마우스 왼쪽 버튼을 더블 클릭하면 param[0][:, :] = 0으로 frame 영상을 초기화한다.

③ **#2**: 화면표시를 위해 컬러 영상 frame을 생성한다. 측정값으로 사용할 마우스 위치를 위한 2×1 배열 z를 생성한다. 'Kalman Fliter' 윈도우를 생성하고, 마우스 이벤트 핸들러로 onMouse() 함수로 지정하고, [frame, z]를 파라미터로 전달한다.

④ **#3**: 프로세스 잡음과 측정 잡음 공분산 행렬에서 사용할 q = 1e-5, r = 0.01을 초기화한다. cv2.KalmanFilter(4, 2, 0)로 상태 벡터 차원 4, 측정 벡터 차원 2, 외부 컨트롤을 사용하지

않는 칼만 필터 객체 KF를 생성한다.

4×4 상태변환 행렬 A를 KF.transitionMatrix에 초기화한다.

2×4 측정 행렬 H를 KF.measurementMatrix에 초기화한다.

4×4 프로세스 잡음 공분산 행렬 Q를 KF.processNoiseCov에 초기화한다.

2×2 측정 행렬 R을 KF.measurementNoiseCov에 초기화한다.

np.array(), np.eye(), np.eye() 등으로 초기화할 때, 자료형 dtype을 일치하도록 주의한다. 여기서는 np.float32를 사용한다.

⑤ #4: 칼만 필터의 초기값 P0, x0를 설정한다. KF.errorCovPost에 4×4 단위 행렬로 초기화한다. 즉, $P_0 = I$로 초기화한다. KF.statePost에 4×1의 $[0, 0, 0, 0]^T$ 벡터로 초기화한다. 즉, $x_0 = [0, 0]^T$로 초기화한다. frame에 직선으로 표시하기 위하여, 이전의 측정값과 추정값을 last_z, last_estimate에 복사한다.

⑥ #5: while 문으로 무한 반복하며, KF.predict()로 predict에 프로세스 상태를 예측 계산하고, 마우스의 현재 위치 저장한 배열 z를 이용하여 KF.correct(z)로 estimate에 정정 계산하여 추정한다. 이전 측정값 마우스 위치 last_z의 좌표를 x1, y1에 정수로 변환하고, 현재 마우스 위치 z의 좌표를 x2, y2에 정수로 변환하여 frame에 빨간색 직선으로 표시한다. 이전 추정값 last_estimate의 좌표를 x1, y1에 정수로 변환하고, 현재의 칼만 필터 추정값 estimate의 좌표를 x2, y2에 정수로 변환하여 frame에 파란색 직선으로 표시한다. estimate가 4×1 벡터이다. estimate[0], estimate[1]에 (x, y) 좌표가 저장되어 있다. estimate[2], estimate[3]에 속도가 저장되어 있다. 다음번 직선 그리기를 위해 last_z = z.copy(), last_estimate = estimate.copy()로 복사한다.

⑦ [그림 10.12](a)는 r = 0.1, [그림 10.12](b)는 r = 1로 마우스 위치 추적한 결과이다. 측정 잡음 공분산 r = 0.1이 작을 때, 마우스의 현재 위치에 가깝게 움직인다.

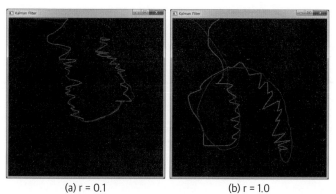

(a) r = 0.1          (b) r = 1.0

그림 10.12 ◆ cv2.KalmanFilter 마우스 위치 추적

**예제 10.11** | cv2.meanShift + cv2.KalmanFilter 물체 추적

```python
01 # 1011.py
02 import cv2
03 import numpy as np
04
05 #1
06 roi = None
07 drag_start = None
08 mouse_status = 0
09 tracking_start = False
10 def onMouse(event, x, y, flags, param = None):
11     global roi
12     global drag_start
13     global mouse_status
14     global tracking_start
15     if event == cv2.EVENT_LBUTTONDOWN:
16         drag_start = (x, y)
17         mouse_status = 1
18         tracking_start = False
19     elif event == cv2.EVENT_MOUSEMOVE:
20         if flags == cv2.EVENT_FLAG_LBUTTON:
21             xmin = min(x, drag_start[0])
22             ymin = min(y, drag_start[1])
23             xmax = max(x, drag_start[0])
24             ymax = max(y, drag_start[1])
25             roi = (xmin, ymin, xmax, ymax)
26             mouse_status = 2                 # dragging
27     elif event == cv2.EVENT_LBUTTONUP:
28         mouse_status = 3                 # complete
29
30 #2
31 cv2.namedWindow('tracking')
32 cv2.setMouseCallback('tracking', onMouse)
33
34 cap = cv2.VideoCapture('./data/ball.wmv')
35 if (not cap.isOpened()):
36     print('Error opening video')
37 height, width = (int(cap.get(cv2.CAP_PROP_FRAME_HEIGHT)),
38                  int(cap.get(cv2.CAP_PROP_FRAME_WIDTH)))
39 roi_mask   = np.zeros((height, width), dtype=np.uint8)
40 term_crit = (cv2.TERM_CRITERIA_MAX_ITER + cv2.TERM_CRITERIA_EPS,
41              10, 1)
42
43 #3: Kalman Filter setup
44 q = 1e-5        # process noise covariance
```

```python
45 r = 0.01          # measurement noise covariance, r = 1
46 dt = 1
47 KF = cv2.KalmanFilter(4,2,0)
48 KF.transitionMatrix = np.array([[1, 0, dt, 0],
49                                 [0, 1, 0, dt],
50                                 [0, 0, 1, 0],
51                                 [0, 0, 0, 1]], np.float32)    # A
52 KF.measurementMatrix = np.array([[1, 0, 0, 0],
53                                  [0, 1, 0, 0]], np.float32)  # H
54 #4
55 t = 0
56 while True:
57     ret, frame = cap.read()
58     if not ret: break
59     t += 1
60     print('t=', t)
61     frame2 = frame.copy()         # camShift
62     hsv = cv2.cvtColor(frame, cv2.COLOR_BGR2HSV)
63     mask = cv2.inRange(hsv,(0, 60, 32), (180, 255, 255))
64
65     if mouse_status == 2:
66         x1, y1, x2, y2 = roi
67         cv2.rectangle(frame, (x1, y1), (x2, y2), (255, 0, 0), 2)
68     if mouse_status == 3:
69         print('initialize....')
70         mouse_status = 0
71         x1, y1, x2, y2 = roi
72         mask_roi = mask[y1:y2, x1:x2]
73         hsv_roi  = hsv[y1:y2, x1:x2]
74
75         hist_roi = cv2.calcHist([hsv_roi], [0], mask_roi, [16],
76                                 [0, 180])
77         cv2.normalize(hist_roi, hist_roi, 0, 255, cv2.NORM_MINMAX)
78         H1 = hist_roi.copy()
79         cv2.normalize(H1, H1, 0.0, 1.0, cv2.NORM_MINMAX)
80         track_window = (x1, y1, x2 - x1, y2 - y1)        # meanShift
81
82 #4-1: Kalman filter initialize
83         KF.processNoiseCov = q * np.eye(4, dtype = np.float32)        # Q
84         KF.measurementNoiseCov = r * np.eye(2, dtype = np.float32) # R
85         KF.errorCovPost = np.eye(4, dtype = np.float32)          # P0 = I
86
87         x, y, w, h = track_window
88         KF.statePost = np.array([[x], [y], [0.], [0.]],
89                                 dtype = np.float32)
```

```
90          tracking_start = True
91
92      if tracking_start:
93  #4-2
94          predict  = KF.predict()
95
96  #4-3: meanShift tracking
97          backP = cv2.calcBackProject([hsv], [0], hist_roi, [0,180], 1)
98          backP &= mask
99
100         ret, track_window = cv2.meanShift(backP, track_window,
101                                           term_crit)
102         x, y, w, h = track_window
103         cv2.rectangle(frame, (x, y), (x + w, y + h), (0, 0, 255), 2)
104
105 #4-4: Kalman correct
106         z = np.array([[x], [y]], dtype = np.float32)    # measurement
107         estimate = KF.correct(z)
108         estimate = np.int0(estimate)
109
110 #4-5
111         x2, y2 = estimate[0][0], estimate[1][0]
112         cv2.rectangle(frame, (x2, y2), (x2 + w, y2 + h), (255, 0, 0), 2)
113 ##         track_window = x2, y2, w, h
114
115     cv2.imshow('tracking', frame)
116     key = cv2.waitKey(25)
117     if key == 27:
118         break
119 if cap.isOpened():
120     cap.release()
121 cv2.destroyAllWindows()
```

## 프로그램 설명

① 상태 모델과 측정 모델은 2차원 좌표계에서 마우스의 움직임의 칼만 필터링과 같다. 측정 값이 cv2.meanShift()에 의한 track_window의 왼쪽 위 모서리 좌표(x, y)이다. track_window의 크기가 변하지 않기 때문에 중심점 (x + w / 2, y + h / 2)을 추적하는 것과 같다. [예제 10.7]의 cv2.meanShift() 추적을 사용하여 측정값 track_window의 모서리 좌표 (x, y)를 추적한다.

② #3: 프로세스 잡음과 측정잡음 공분산 행렬에서 사용할 q = 1e-5, r = 0.01을 초기화한다. cv2.KalmanFilter(4, 2, 0)로 상태 벡터 차원 4, 측정 벡터 차원 2, 외부 컨트롤을 사용하지 않는 칼만 필터 객체 KF를 생성한다.

4×4 상태 변환 행렬 A를 KF.transitionMatrix에 초기화한다.

2×4 측정 행렬 H를 KF.measurementMatrix에 초기화한다.

③ #4-1: 마우스로 추적 물체를 지정하면 공분산 행렬, 초기값을 초기화한다.

4×4 프로세스 잡음 공분산 행렬 Q를 KF.processNoiseCov에 초기화한다.

2×2 측정 행렬 R을 KF.measurementNoiseCov에 초기화한다.

칼만 필터의 초기값 P0, x0를 설정한다. KF.errorCovPost에 4×4 단위 행렬로 초기화한다. 즉, $P_0 = I$로 초기화한다. x, y, w, h = track_window로 추적 물체의 모서리 좌표 (x, y)를 이용하여, KF.statePost에 4×1의 $[x, y, 0, 0]^T$ 벡터로 초기화한다. 즉, $x_0 = [x, y]^T$로 초기화한다.

④ #4-2: tracking_start이 참이면, KF.predict()로 predict에 프로세스 상태를 예측 계산한다.

⑤ #4-3: 히스토그램 역투영 backP를 이용하여 cv2.meanShift()로 물체를 track_window로 추적하고, 빨간색 사각형으로 frame에 표시한다.

⑥ #4-4: 추적 윈도우 track_window의 모서리 좌표 (x, y)를 이용하여 측정 벡터 z를 생성하고, KF.correct(z)로 상태 벡터를 정정하여 estimate에 계산한다.

⑦ #4-5: estimate[0][0], estimate[1][0]을 (x2, y2) 좌표에 저장하여 파란색 사각형으로 표시한다. 칼만 필터 추정으로 track_window를 갱신할 수 있으나, 예제의 구현에서는 물체의 속도, 비선형 움직임 등을 고려하지 않아, 물체 추적에 실패할 수 있다.

⑧ [그림 10.13]은 r = 0.01로 물체 추적한 결과이다. cv2.meanShift()로 추적한 빨간색 사각형을 cv2.KalmanFilter()로 추정한 파란색 사각형이 따라 움직인다.

(a) t = 40

(b) t = 200

그림 10.13 ◆ cv2.meanShift() + cv2.KalmanFilter() 물체 추적

**예제 10.12** | cv2.CamShift + cv2.KalmanFilter 물체 추적

```
01  # 1012.py
02  import cv2
```

```python
03 import numpy as np
04
05 #1
06 roi  = None
07 drag_start = None
08 mouse_status = 0
09 tracking_start = False
10 def onMouse(event, x, y, flags, param = None):
11     global roi
12     global drag_start
13     global mouse_status
14     global tracking_start
15     if event == cv2.EVENT_LBUTTONDOWN:
16         drag_start = (x, y)
17         mouse_status = 1
18         tracking_start = False
19     elif event == cv2.EVENT_MOUSEMOVE:
20         if flags == cv2.EVENT_FLAG_LBUTTON:
21             xmin = min(x, drag_start[0])
22             ymin = min(y, drag_start[1])
23             xmax = max(x, drag_start[0])
24             ymax = max(y, drag_start[1])
25             roi = (xmin, ymin, xmax, ymax)
26             mouse_status = 2     # dragging
27     elif event == cv2.EVENT_LBUTTONUP:
28         mouse_status = 3         # complete
29
30 #2
31 cv2.namedWindow('tracking')
32 cv2.setMouseCallback('tracking', onMouse)
33
34 cap = cv2.VideoCapture('./data/ball.wmv')
35 if (not cap.isOpened()):
36     print('Error opening video')
37 height, width = (int(cap.get(cv2.CAP_PROP_FRAME_HEIGHT)),
38                  int(cap.get(cv2.CAP_PROP_FRAME_WIDTH)))
39 roi_mask  = np.zeros((height, width), dtype=np.uint8)
40 term_crit = (cv2.TERM_CRITERIA_MAX_ITER + cv2.TERM_CRITERIA_EPS, 10, 1)
41
42 #3: Kalman Filter setup
43 q = 1e-5             # process noise covariance
44 r = 0.01             # measurement noise covariance, r = 1
45 dt = 1
46 KF = cv2.KalmanFilter(4,2,0)
```

```
47  KF.transitionMatrix = np.array([[1, 0, dt, 0],
48                                   [0, 1, 0, dt],
49                                   [0, 0, 1, 0],
50                                   [0, 0, 0, 1]], np.float32)   # A
51  KF.measurementMatrix = np.array([[1, 0, 0, 0],
52                                    [0, 1, 0, 0]], np.float32)   # H
53  #4
54  t = 0
55  while True:
56      ret, frame = cap.read()
57      if not ret: break
58      t += 1
59      print('t=', t)
60      frame2 = frame.copy()              # camShift
61      hsv = cv2.cvtColor(frame, cv2.COLOR_BGR2HSV)
62      mask = cv2.inRange(hsv, (0, 60, 32), (180,255,255))
63
64      if mouse_status == 2:
65          x1, y1, x2, y2 = roi
66          cv2.rectangle(frame, (x1, y1), (x2, y2), (255, 0, 0), 2)
67      if mouse_status == 3:
68          print('initialize....')
69          mouse_status = 0
70          x1, y1, x2, y2 = roi
71          mask_roi = mask[y1:y2, x1:x2]
72          hsv_roi  = hsv[y1:y2, x1:x2]
73
74          hist_roi = cv2.calcHist([hsv_roi], [0], mask_roi, [16],
75                                  [0, 180])
76
77          cv2.normalize(hist_roi, hist_roi, 0, 255, cv2.NORM_MINMAX)
78          H1 = hist_roi.copy()
79          cv2.normalize(H1, H1, 0.0, 1.0, cv2.NORM_MINMAX)
80          track_window = (x1, y1, x2 - x1, y2 - y1)     # meanShift
81
82  #4-1: Kalman filter initialize
83          KF.processNoiseCov     = q * np.eye(4, dtype = np.float32) # Q
84          KF.measurementNoiseCov = r * np.eye(2, dtype = np.float32) # R
85          KF.errorCovPost   = np.eye(4, dtype = np.float32)        # P0 = I
86
87          x, y, w, h = track_window
88          cx = x + w / 2
89          cy = y + h / 2
90          KF.statePost = np.array([[cx], [cy], [0.], [0.]],
91                                  dtype = np.float32)
92          tracking_start = True
```

```
93
94       if tracking_start:
95  #4-2
96          predict  = KF.predict()
97
98  #4-3: CamShift tracking
99          backP = cv2.calcBackProject([hsv], [0], hist_roi, [0, 180], 1)
100         backP &= mask
101
102         track_box,track_window = cv2.CamShift(backP, track_window,
103                                                        term_crit)
104
105         cv2.ellipse(frame, track_box, (0, 0, 255), 2)
106         cx, cy = track_box[0]
107         cv2.circle(frame, (round(cx),round(cy)), 5, (0, 0, 255), -1)
108 ##       pts = cv2.boxPoints(track_box)
109 ##       pts = np.int0(pts)              # np.int32
110 ##       dst = cv2.polylines(frame, [pts], True, (0, 0, 255), 2)
111
112 #4-4: Kalman correct
113         z = np.array([[cx], [cy]], dtype = np.float32)   # measurement
114         estimate = KF.correct(z)
115         estimate = np.int0(estimate)
116 #4-5
117         cx2, cy2 = estimate[0][0], estimate[1][0]
118         track_box2 = (float(cx2), float(cy2)),
119                         track_box[1], track_box[2])
120         cv2.ellipse(frame, track_box2, (255, 0, 0), 2)
121         cv2.circle(frame, (cx2,cy2), 5, (255, 0, 0), -1)
122
123     cv2.imshow('tracking', frame)
124     key = cv2.waitKey(25)
125     if key == 27:
126         break
127 if cap.isOpened():
128     cap.release()
129 cv2.destroyAllWindows()
```

**프로그램 설명**

① [예제 10.11]과 대부분 같다. cv2.CamShift()를 사용하여 추적한 박스의 중심(cx, cy) 좌표를 측정값으로 사용하여 추적한다.

② #4-1: 마우스로 추적 물체를 지정하면 공분산 행렬, 초기값을 초기화한다.

$4 \times 4$ 프로세스 잡음 공분산 행렬 Q를 KF.processNoiseCov에 초기화한다.

$2 \times 2$ 측정 행렬 R을 KF.measurementNoiseCov에 초기화한다.

칼만 필터의 초기값 P0, x0를 설정한다. KF.errorCovPost에 4×4 단위 행렬로 초기화한다.
즉, $P_0 = I$로 초기화한다. track_window의 중심좌표 (cx, cy)로 KF.statePost에 4×1의
$[cx, cy, 0, 0]^T$ 벡터로 초기화한다. 즉, $x_0 = [cx, cy]^T$로 초기화한다.

③ #4-2: tracking_start이 참이면, KF.predict()로 predict에 프로세스 상태를 예측 계산한다.

④ #4-3: 히스토그램 역투영 backP를 이용하여 cv2.CamShift()로 물체를 track_box, track_
window로 추적하고, track_box를 빨간색 타원, 중심점을 frame에 표시한다.

⑤ #4-4: track_box의 중심좌표 (cx, cy)로 측정 벡터 z를 생성하고, KF.correct(z)로 상태
벡터를 정정하여 estimate에 계산한다.

⑥ #4-5: estimate[0][0], estimate[1][0]을 (cx2, cy2) 좌표에 저장하여 파란색 타원, 중심
점을 frame에 표시한다. 칼만 필터 추정으로 track_window를 갱신할 수 있으나, 예제의
구현에서는 물체의 속도, 비선형 움직임 등을 고려하지 않아, 물체 추적에 실패할 수 있다.

⑦ [그림 10.14]는 r = 0.01로 물체 추적 결과이다. cv2.CamShift()로 추적한 빨간색 타원을
cv2.KalmanFilter()로 추정한 파란색 타원이 따라 움직인다.

(a) t = 40  (b) t = 200

그림 10.13 ◆ cv2.meanShift() + cv2.KalmanFilter() 물체 추적

# 비디오에서 특징 매칭 **06**

9장의 영상 특징점과 디스크립터를 이용한 매칭을 비디오에서 구현한다. 참조 영상과
비디오 프레임으로부터 특징점을 검출하고 디스크립터를 계산하여 FlannBasedMatcher의
knnMatch() 매칭을 검출하고, 호모그래피 변환 H를 계산하고, 투영 변환으로 참조
영상의 위치를 검출한다.

**예제 10.13** 비디오에서 SIFT 특징을 사용한 FlannBasedMatcher

```python
01  # 1013.py
02  import cv2
03  import numpy as np
04
05  #1
06  src1 = cv2.imread('./data/book3.jpg')
07  img1= cv2.cvtColor(src1,cv2.COLOR_BGR2GRAY)
08
09  #F = cv2.ORB_create(scoreType=1)          # FAST_SCORE
10  F = cv2.SIFT_create()
11  kp1, des1 = F.detectAndCompute(img1, None)
12  flan = cv2.FlannBasedMatcher_create()
13
14  #2
15  cap = cv2.VideoCapture('./data/book3.mp4')
16  frame_size = (int(cap.get(cv2.CAP_PROP_FRAME_WIDTH)),
17                 int(cap.get(cv2.CAP_PROP_FRAME_HEIGHT)))
18  print("frame_size =", frame_size)
19
20  #3
21  nndrRatio = 0.75                          # 0.45
22  h, w = img1.shape
23  t = 0
24  while True:
25      retval, frame = cap.read()            # 프레임 획득
26      if not retval: break
27      t += 1
28      print('t=', t)
29  #3-1
30      src2 = frame.copy()
31      img2 = cv2.cvtColor(src2,cv2.COLOR_BGR2GRAY)
32      kp2, des2 = F.detectAndCompute(img2, None)
33      matches = flan.knnMatch(des1, des2, k = 2)
34
35  #3-2
36      good_matches = [f1 for f1, f2 in matches
37                          if f1.distance < nndrRatio * f2.distance]
38      dst = cv2.drawMatches(src1, kp1, src2, kp2, good_matches, None,
39              flags = cv2.DRAW_MATCHES_FLAGS_NOT_DRAW_SINGLE_POINTS)
40      if len(good_matches) < 5:
41          print('sorry, too small good matches')
42          cv2.imshow('dst', dst)
43          key = cv2.waitKey(50)
44          if key == 27: break
45          continue
```

```
46  #3-3
47      src1_pts = np.float32([ kp1[m.queryIdx].pt for m in good_matches])
48      src2_pts = np.float32([ kp2[m.trainIdx].pt for m in good_matches])
49      H, mask=cv2.findHomography(src1_pts,src2_pts, cv2.RANSAC, 2.0)
50      mask_matches = mask.ravel().tolist()        # list(mask.flatten())
51
52  #3-4
53      if H is None:
54          print('sorry, no H')
55          continue
56      pts = np.float32([[0, 0], [0, h - 1], [w - 1, h - 1],
57                      [w - 1, 0] ]). reshape(-1, 1, 2)
58      pts2 = cv2.perspectiveTransform(pts, H)
59      src2 = cv2.polylines(src2, [np.int32(pts2)], True, (255, 0, 0), 2)
60
61      draw_params = dict(matchColor = (0, 255, 0),
62                         singlePointColor = None,
63                         matchesMask = mask_matches, flags = 2)
64      dst = cv2.drawMatches(src1, kp1, src2, kp2, good_matches,
65                          None, **draw_params)
66      cv2.imshow('dst', dst)
67
68      key = cv2.waitKey(25)
69      if key == 27:                                # Esc
70          break
71  cap.release()
72  cv2.destroyAllWindows()
```

**프로그램 설명**

① [예제 9.13]을 이용하여, 비디오에서 SIFT 특징을 사용한 매칭과 투영 변환을 구현한다.

② #1: 'book3.jpg' 영상을 읽은 src1, 그레이스케일 영상 img1이 추적을 위한 참조 영상이다. SIFT 객체 F를 생성하고, 특징점 kp1, 디스크립터 des1을 계산한다. FlannBasedMatcher 객체 flan을 생성한다.

③ #2: VideoCapture 객체 cap을 생성한다.

④ #3: 좋은 특징점을 찾기 위한 비율을 nndrRatio = 0.75로 설정한다. 너무 작은 값으로 설정 하면 좋은 매칭점 good_matches의 개수가 적어서 호모그래피를 계산할 수 없다. 참조 영상의 크기를 h, w에 저장한다. while 문에서 비디오 프레임을 획득하여, 특징점과 디스크립터를 계산하여 참조 영상과 매칭을 수행하고, 호모그래피(H)를 계산하여, 참조 영상의 위치를 검출한다.

⑤ #3-1: frame을 src2에 복사하고, img2에 그레이스케일 영상으로 변환하고, F로 특징점 kp2, 디스크립터 des2을 계산한다. flan.knnMatch()로 각 kp1의 각 특징점에 대해 kp2에서 2개의 매칭점을 검출한다.

⑥ #3-2: nndrRatio를 사용하여 좋은 매칭점을 good_matches에 찾아낸다. nndrRatio가 0에 가까우면 좋은 매칭점의 개수가 줄어들고, nndrRatio가 1에 가까우면 좋은 매칭점의 개수가 늘어난다. cv2.drawMatches()로 good_matches를 dst에 표시한다. 매칭점의 개수가 5개보다 적으면, 호모그래피를 계산하지 않고 다음 프레임으로 이동한다.

⑦ #3-3: good_matches의 대응점 좌표 src1_pts, src2_pts를 사용하여 투영 변환 H를 계산하고, img1의 네모서리 좌표를 투영 변환 시켜 src2에 사변형을 그리고, 매칭 마스크를 사용하여 good_matches에서 인라이어 매칭만을 표시한다.

⑧ [그림 10.15](a)는 nndrRatio=0.75를 적용한 결과이고, [그림 10.15](b)는 nndrRatio = 0.45를 적용한 결과이다. nndrRatio = 0.45인 경우 len(good_matches) < 5인 경우가 일부 발생한다. 이것은 참조영상과 비디오가 서로 다른 카메라 조건으로 촬영했기 때문이다.

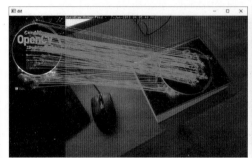 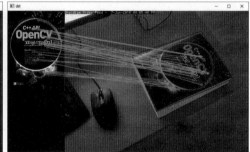

(a) t = 1, nndrRatio = 0.75          (b) t = 1, nndrRatio = 0.45

그림 10.15 ◆ 비디오에서 SIFT 특징 매칭과 투영 변환

# 07 OpenCV 추적기

opencv-contrib-python 버전은 다양한 물체 추적기 tracker를 제공한다. [표 10.4]는 추적기를 생성하는 함수이다. tracker.init()를 사용하여 영상과 바운딩 박스로 추적 물체를 설정한다. 연속된 비디오 프레임 시퀀스에서 tracker.update()으로 바운딩 박스를 갱신하는 방법으로 물체를 추적한다. cv2.TrackerGOTURN_create()는 Convolutional Neural Networks CNN를 사용한 추적기로 딥러닝 프레임워크 Caffe로 학습된 모델 파일 "goturn.prototxt"과 "goturn.caffemodel"이 현재 폴더에 있어야 한다. GOTURN은 훈련 데이터에 없는 새로운 물체를 추적할 수 있으며, 특정물체에 대한 훈련 데이터로 오프라인에서 모델을 다시 학습할 수 있다.

[표 10.4] 추적기 tracker 생성 함수

| 함수 | 비고 |
|---|---|
| tracker = cv2.TrackerCSRT_create() | Discriminative Correlation Filter with Channel and Spatial Reliability |
| tracker = cv2.TrackerKCF_create() | Kernelized Correlation Filters |
| tracker = cv2.TrackerMIL_create() | Multiple Instance Learning |
| tracker = cv2.TrackerGOTURN_create() | Generic Object Tracking Using Regression Networks, Convolutional Neural Networks |

## 예제 10.14 | OpenCV 추적기

```python
01 # 1014.py
02 # pip install opencv-contrib-python
03 '''
04 In case of  GOTURN,
05 you need the pretrained caffe model:
06     'goturn.prototxt', 'goturn.caffemodel' in
07 ref1: https://github.com/Mogball/goturn-files
08 ref2: https://github.com/Auron-X/GOTURN_Training_Toolkit
09 '''
10
11 import cv2
12 import numpy as np
13
14 #1
15 roi  = None
16 drag_start = None
17 mouse_status = 0
18 tracking_start = False
19 def onMouse(event, x, y, flags, param = None):
20     global roi
21     global drag_start
22     global mouse_status
23     global tracking_start
24     if event == cv2.EVENT_LBUTTONDOWN:
25         drag_start = (x, y)
26         mouse_status = 1
27         tracking_start = False
28     elif event == cv2.EVENT_MOUSEMOVE:
29         if flags == cv2.EVENT_FLAG_LBUTTON:
30             xmin = min(x, drag_start[0])
```

```
31              ymin = min(y, drag_start[1])
32              xmax = max(x, drag_start[0])
33              ymax = max(y, drag_start[1])
34              roi = (xmin, ymin, xmax, ymax)
35              mouse_status = 2          # dragging
36      elif event == cv2.EVENT_LBUTTONUP:
37          mouse_status = 3             # complete
38
39  #2
40  def createTracker(track_type=0):
41      if track_type == 0:
42          tracker = cv2.TrackerCSRT_create()
43      elif track_type == 1:
44          tracker = cv2.TrackerKCF_create()
45      elif track_type == 2:
46          tracker = cv2.TrackerMIL_create()
47      else:
48          tracker = cv2.TrackerGOTURN_create()
49      return tracker
50
51  #3
52  cv2.namedWindow('tracking')
53  cv2.setMouseCallback('tracking', onMouse)
54
55  cap = cv2.VideoCapture('./data/ball.wmv')
56  ##cap = cv2.VideoCapture(0)
57  if (not cap.isOpened()):
58      print('Error opening video')
59  height, width = (int(cap.get(cv2.CAP_PROP_FRAME_HEIGHT)),
60                   int(cap.get(cv2.CAP_PROP_FRAME_WIDTH)))
61  tracker = None
62
63  #4
64  while True:
65      ret, frame = cap.read()
66      if not ret: break
67
68      if mouse_status == 2:
69          x1, y1, x2, y2 = roi
70          cv2.rectangle(frame, (x1, y1), (x2, y2), (255, 0, 0), 2)
71      if mouse_status == 3:
72          print('initialize....')
73          mouse_status = 0
74          track_box = (roi[0], roi[1], roi[2] - roi[0], roi[3] - roi[1])
75          if tracker != None:
76              del tracker
```

```
77
78        tracker = createTracker()
79        tracker.init(frame, track_box)
80        tracking_start = True
81
82    if tracking_start:
83        ret, track_box = tracker.update(frame)
84        if ret:                # Tracking success
85            x, y , w, h =  track_box
86            p1 = (int(x), int(y))
87            p2 = (int(x + w), int(y + h))
88            cv2.rectangle(frame, p1, p2, (255,0,0), 2, 1)
89
90    cv2.imshow('tracking', frame)
91    key = cv2.waitKey(200)
92    if key == 27:
93        break
94 if cap.isOpened():
95    cap.release();
96 cv2.destroyAllWindows()
```

**프로그램 설명**

① OpenCV에 구현된 추적기를 사용하여 마우스로 설정한 바운딩 박스의 물체를 추적한다. GOTURN 추적기는 'goturn.prototxt', 'goturn.caffemodel' 파일이 현재 폴더에 있어야 한다.

② #1: onMouse() 함수는 왼쪽 마우스 버튼 드래깅으로 추적 물체의 바운딩 박스를 roi에 반환한다.

③ #2: createTracker() 함수는 추적기 객체를 tracker에 생성하여 반환한다.

④ #3: 'tracking' 윈도우에 마우스 이벤트 핸들러 onMouse() 함수를 지정하고, 비디오 객체 cap을 생성한다.

⑤ #4: 왼쪽 마우스 버튼의 드래깅이 완료되면 roi를 이용하여 track_box를 초기화하고, tracker가 이미 있으면 삭제한 뒤에, createTracker()로 추적기 tracker를 생성한다. tracker.init()로 frame에 바운딩 박스 track_box를 사용하여 추적기를 초기화한다. 추적기가 성공적으로 초기화되면, tracker.update(frame)로 바운딩박스 track_box를 갱신한다. 반환 값 ret가 True로 추적이 성공하면, frame에 (255, 0, 0)로 사각형을 표시한다. [그림 10.17]은 OpenCV 추적기의 실행 결과이다. 추적기는 추적 물체에 따라 추적에 실패하는 경우가 발생할 수 있다. 예를 들어, GOTURN 추적기의 미리 학습된 모델은 테니스공보다는 얼굴 face 영역을 잘 추적한다.

(a) cv2.TrackerCSRT_create()   (b) cv2.TrackerGOTURN_create()

그림 10.17 ◆ OpenCV 추적기

**CHAPTER** **11**

# 카메라 캘리브레이션

이장은 카메라 캘리브레이션 Camera Calibration에 대해 다룬다. 3D 기하 geometry 관련 지식을 필요로 하지만, 대부분은 대학의 선형대수 Linear Algebra 교재의 내용을 이해하면 크게 어렵지는 않다. 여기서는 OpenCV 함수를 이해하기 위해 필요한 관련 내용을 간단히 함께 설명한다. 카메라 캘리브레이션에 관련된 자세한 내용은 Hartley와 Zisserman의 "Multiple View Geometry in Computer Vision", Faugeras의 "The Geometry of multiple Images", Ezio Malis 등의 "Deeper understanding of the homography decomposition for vision-based control" 등을 참고한다.

이장은 대부분 "OpenCV 컴퓨터비전 프로그래밍, 김동근, 가메출판사, 2014"와 OpenCV 문서의 캘리브레이션 부분을 기반으로 파이썬 OpenCV로 변경하고 추가한 내용이다.

# 01 호모그래피 계산

컴퓨터비전에서 호모그래피 homography는 서로 다른 카메라 뷰 view의 영상에 있는 두 평면 plane 사이의 변환 또는 3차원 공간의 평면과 영상에 투영된 평면사이의 변환 행렬이다. 호모그래피는 파노라마 영상 생성, 영상 교정 rectification, 카메라 캘리브레이션 등에서 사용된다. 여기서는 OpenCV의 cv2.findHomography() 함수를 이용하여 호모그래피 계산하는 방법을 예제를 통하여 설명한다.

## 01 호모그래피 계산

대응점 $(x, y) \leftrightarrow (u, v)$ 사이의 호모그래피 변환행렬 $H$는 DLT Direct Linear Transform 알고리즘으로 계산할 수 있다. $s$는 임의의 스케일링 상수이다.

$$s \begin{bmatrix} u \\ v \\ 1 \end{bmatrix} = H \begin{bmatrix} x \\ y \\ 1 \end{bmatrix}$$

[수식 11.1]

$$\text{여기서, } H = \begin{bmatrix} h_1 & h_2 & h_3 \\ h_4 & h_5 & h_6 \\ h_7 & h_8 & h_9 \end{bmatrix}$$

스케일링 상수 $s = 1$이면, 아래의 [수식 11.2]와 같이 풀어 쓸 수 있다.

$$-h_1x - h_2y - h_3 + (h_7x + h_8y + h_9)u = 0 \quad \text{[수식 11.2]}$$
$$-h_4x - h_5y - h_6 + (h_7x + h_8y + h_9)v = 0$$

[수식 11.3]과 같이 행렬에 의한 연립방정식으로 표현된다.

$$A_1h = 0 \quad \text{[수식 11.3]}$$

$$A_1 = \begin{bmatrix} -x & -y & -1 & 0 & 0 & 0 & ux & uy & u \\ 0 & 0 & 0 & -x & -y & -1 & vx & vy & v \end{bmatrix}$$

$$h = [h_1\ h_2\ h_3\ h_4\ h_5\ h_6\ h_7\ h_8\ h_9]^T$$

[수식 11.3]은 동차 연립방정식 homogeneous linear equation system이다. 그러므로 4개의 대응점 $(x_i, y_i) \leftrightarrow (u_i, v_i)$, $i = 1, 2, 3, 4$이 있으면 계산될 수 있다. 이때 3개의 대응점이 동일 직선 위에 있지 않아야 한다. 각 대응점에 대하여 $2 \times 9$인 $A_i$행렬을 계산할 수 있으며, 4개의 대응점을 이용하여 얻은 $8 \times 9$ 행렬 $A$로부터 호모그래피 행렬 $H$를 계산할 수 있다. 대응점의 개수가 $N > 4$이면 행렬 $A$가 $2N \times 9$이며, $N$개의 대응점 모두를 사용하여 최소 자승 least squares 방법으로 호모그래피 $H$를 계산하거나, RANSAC RANdom SAmple Consensus 또는 Least-Median 방법을 사용하여 호모그래피 $H$를 계산한다.

$$Ah = 0 \quad \text{[수식 11.4]}$$

$$\text{여기서, } A = \begin{bmatrix} A_1 \\ A_2 \\ \cdot \\ \cdot \\ \cdot \\ A_N \end{bmatrix}$$

최소 자승 least squares 방법은 개의 대응점에 잘못된 아웃라이어 outlier가 없는 경우에, 즉 모든 데이터가 의미 있는 인라이어 inlier인 경우에는 최적의 방법이다. 그러나 대응점에 잘못된 데이터가 섞여 있으면 계산된 호모그래피 $H$에 영향을 미치게 되어 오류가 커지게 된다. Least-Median 방법은 임계값은 필요 없지만 인라이어가 50% 이상일 때만 올바르게 호모그래피 $H$를 계산할 수 있다. 영상의 크기 및 원점의 위치에 의존하기 때문에 정규화 normalization 과정이 필요하다. cv2.findHomography() 함수는 호모그래피 $H$를 계산한다.

## 02 OpenCV의 호모그래피 계산

cv2.findHomography() 함수는 $srcPoints(i) \rightarrow dstPoints(i)$의 호모그래피 행렬 $H$를 계산한다. 즉 $dstPoints(i) = H \times srcPoints(i)$인 호모그래피 행렬 $H$를 계산한다. $N = 4$인 경우도 호모그래피를 계산하며, $N \rangle 4$인 경우는 최소 자승오차, CV_RANSAC, CV_LMEDS에 의해 오차를 최소화하는 호모그래피를 계산한다.

```
cv2.findHomography(srcPoints, dstPoints[, method[,
                   ransacReprojThreshold[, mask[,
                   maxIters[, confidence]]]]]) -> retval, mask
```

**1** srcPoints와 dstPoints,는 서로 다른 평면위의 N개의 대응 좌표들의 행렬로 $2 \times N$, $N \times 2$, $3 \times N$ 또는 $N \times 3$의 1차원 행렬이다. $3 \times N$ 또는 $N \times 3$은 동차 좌표 homogeneous coordinates 표현이다. 즉, 내부에서 동차 좌표로 표현해 준다. $1 \times N$ 또는 $N \times 1$의 2채널 또는 3채널 행렬도 가능하다. srcPoints는 $p_i = (x_i, y_i)$ 행렬이고, dstPoints는 $q_i = (u_i, v_i)$ 행렬이다.

**2** method = 0이면 최소 자승 least squares 방법으로 호모그래피 $H$를 계산한다. cv2.CV_RANSAC, cv2.LMEDS, cv2.RHO 등의 방법이 있다.

**3** ransacReprojThreshold은 cv2.CV_RANSAC와 cv2.RHO에서만 사용하며, 잡음 oulier의 최대 허용 오류 maximum allowed reprojection error이다. 즉, 인라이어를 판단하기 위한 임계값이다.

**4** mask는 cv2.CV_RANSAC, cv2.CV_LMEDS에 의해 설정되는 출력 마스크 옵션이다.

| 예제 11.1 | 두 영상 사이의 호모그래피 $H$ |

```
01  # 1101.py
02  import cv2
03  import numpy as np
04  np.set_printoptions(precision = 2, suppress = True)
05
06  #1
07  img1 = cv2.imread('./data/image1.jpg')
```

```
08  img2 = cv2.imread('./data/image2.jpg')
09
10  def FindCornerPoints(src_img, patternSize):
11      found, corners = cv2.findChessboardCorners(src_img, patternSize)
12      if not found:
13          return found, corners
14      term_crit = (cv2.TERM_CRITERIA_EPS + cv2.TERM_CRITERIA_MAX_ITER,
15                   10, 0.01)
16
17      gray = cv2.cvtColor(src_img, cv2.COLOR_BGR2GRAY)
18      corners = cv2.cornerSubPix(gray, corners, (5, 5), (-1,-1),
19                                 term_crit)
20      return found, corners
21      #print('corners1.shape=', corners1.shape)
22
23  patternSize = (6, 3)
24  found1, corners1 = FindCornerPoints(img1, patternSize)
25  print('corners1.shape=', corners1.shape)
26
27  found2, corners2 = FindCornerPoints(img2, patternSize)
28  print('corners2.shape=', corners2.shape)
29
30  #2
31  method = 0 # cv2.RANSAC, cv2.LMEDS,
32  if method == 0:                      # least square method
33      H, mask = cv2.findHomography(corners1, corners2, method)
34  else:
35      H, mask = cv2.findHomography(corners1, corners2, method, 2.0)
36  mask_matches = list(mask.flatten())
37  print("H=\n", H)
38
39  #3: perspective projections using 4-corners
40  pts = cv2.perspectiveTransform(corners1, H)      # pts = corners1 * H
41
42  index = [0, 5, 17, 12]
43  p1 = corners1[index]
44  p2 = pts[index]
45
46  #4
47  cv2.drawChessboardCorners(img1, patternSize, corners1, found1)
48  img1 = cv2.polylines(img1, [np.int32(p1)], True, (255, 0, 0), 2)
49
50  #5
51  #cv2.drawChessboardCorners(img2, patternSize, corners2, found2)
52  #img2 = cv2.polylines(img2, [np.int32(corners2[index])],
53                       True, (0, 255, 255), 2)
```

```
54  img2 = cv2.polylines(img2, [np.int32(p2)], True,(0, 0, 255), 2)
55
56  cv2.imshow('img1',  img1)
57  cv2.imshow('img2',  img2)
58  cv2.waitKey()
59  cv2.destroyAllWindows()
```

**실행 결과: method = 0** least squares

```
corners1.shape= (18, 1, 2)
corners2.shape= (18, 1, 2)
H=
 [[  0.64  0.02 151.62]
  [ -0.11  0.9    64.45]
  [ -0.    0.     1.  ]]
```

**프로그램 설명**

① img1('image1.jpg')에서 img2('image2.jpg')로의 호모그래피 H를 patternSize = (6,3)인 캘리브레이션 패턴을 사용하여 계산한다.

② #1: FindCornerPoints() 함수에서 cv2.findChessboardCorners()로 패턴의 코너점을 찾고, 코너점이 있으면, cv2.cornerSubPix()로 부화소 수준의 코너점을 찾는다. cv2.findChessboardCorners()는 패턴의 방향에 따라 오른쪽-아래 right-bottom 또는 왼쪽-위 left-top를 시작으로 행우선 순서로 정렬한다. 여기서는 corners = corners[::-1]로 코너점의 순서를 역순으로 하여 왼쪽-위 left-top를 기준으로 정렬한다. img1, img2 각각 에서 코너점 찾아 corners1, corners2에 저장한다.

③ #2: cv2.findHomography()로 corners1에서 corners2로의 호모그래피, H를 method 방법으로 계산한다.

④ #3: 호모그래피 H를 이용하여, pts = corners1*H를 계산한다. H가 정확히 계산되었으면 pts는 corners2와 오차범위에서 같다. index = [0, 5, 17, 12]를 이용하여 corners1의 4-점을 p1에 저장하고, 대응하는 pts의 4-점을 p2에 저장한다.

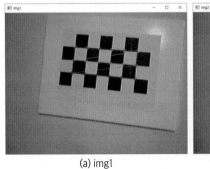

(a) img1                          (b) img2

그림 11.1◆ 두 영상 사이의 호모그래피 *H*와 투영 변환

⑤ #4: img1에 코너점 corners1을 표시하고, cv2.polylines()으로 p1의 사각형을 (255,0, 0) 색상으로 표시한다([그림 11.1](a)).

⑥ #5: img2에 cv2.polylines()으로 H에 의해 변환된 p2의 사각형을 (0, 0, 255) 색상으로 표시한다([그림 11.1](b)). p2는 corners2[index]와 오차범위에서 같다.

**예제 11.2  Z = 0 평면 세계 좌표와 영상의 코너점 사이의 호모그래피**

```
01 # 1102.py
02 import cv2
03 import numpy as np
04 np.set_printoptions(precision = 2, suppress = True)
05
06 #1
07 img1 = cv2.imread('./data/image1.jpg')
08 img2 = cv2.imread('./data/image2.jpg')
09
10 def FindCornerPoints(src_img, patternSize):
11     found, corners = cv2.findChessboardCorners(src_img, patternSize)
12     if not found:
13         return found, corners
14
15     term_crit = (cv2.TERM_CRITERIA_EPS+cv2.TERM_CRITERIA_MAX_ITER,
16                 10, 0.01)
17
18     gray = cv2.cvtColor(src_img, cv2.COLOR_BGR2GRAY)
19     corners = cv2.cornerSubPix(gray, corners, (5, 5), (-1, -1),
20             term_crit)
21 #   reverse order, in this example, to set origin to (left-upper)
22     corners = corners[::-1]
23     return found, corners
24     #print('corners1.shape=', corners1.shape)
25
26 patternSize = (6,3)
27 found1, corners1 = FindCornerPoints(img1, patternSize)
28 print('corners1.shape=', corners1.shape)
29
30 found2, corners2 = FindCornerPoints(img2, patternSize)
31 print('corners2.shape=', corners2.shape)
32
33 #2: set world(object) coordinates to Z = 0
34 xN, yN = patternSize          # (6, 3)
35 mW = np.zeros((xN * yN, 3))    # (18, 3)
36 # mW points on Z = 0
37 mW[:, :2]= np.mgrid[0:xN, 0:yN].T.reshape(-1, 2)
```

```
38  # (1, 1, 0): coord of the start corner point in the pattern
39  mW[:, :2] += 1
40  #mW *= 3.8                        # grid size
41
42  #3: calulate homography
43  method = cv2.LMEDS                # cv2.RANSAC
44  H1, mask = cv2.findHomography(mW, corners1, method, 2.0)
45  H2, mask = cv2.findHomography(mW, corners2, method, 2.0)
46  H, mask = cv2.findHomography(corners1, corners2, method, 2.0)
47  #mask_matches = list(mask.flatten())
48  print("H=\n", H)
49  print("H1=\n", H1)
50  print("H2=\n", H2)
51
52  #4: perspective projections
53  mW = mW[:, :2].reshape(-1, 1, 2) # mW.shape:(18, 3) -> (18, 1, 2)
54  pW = mW[[0, 5, 17, 12]]          # 4-corners
55
56  p1 = cv2.perspectiveTransform(pW, H1)
57  p2 = cv2.perspectiveTransform(pW, H2)
58  #print("p1=", p1)
59  #print("p2=", p2)
60
61  #5:
62  H3 = np.dot(H, H1)               # H3 == H2 with some errors
63  print("H3=\n", H3)
64
65  #pW = cv2.convertPointsFromHomogeneous(pW.T)
66  p3 = cv2.perspectiveTransform(pW, H3)
67  #print("p3=", p3) # p3 = H3 * pW = H * H1 * pW = p2 with some errors
68
69  #6: perspective projections using matrix multiplications
70  #6-1: p4 rows are p1's homogeneous coords
71  pW = pW.reshape(-1, 2)           # rows are points
72  pW = cv2.convertPointsToHomogeneous(pW)   # shape:(4, 2) -> (4, 3)
73  p4 = np.dot(pW, H1.T)
74  p4 = p4.reshape(-1, 3) / p4[:, :, 2]
75  #print("p4=", p4)                # shape = (4, 3): rows are points
76
77  #6-2: p5 columns are p1's homogeneous coords
78  pW = pW.reshape(-1, 3).T         # shape = (3, 4)
79  p5 = np.dot(H1, pW)
80  p5 = p5 / p5[2]
81  #print("p5=", p5)                # shape = (3, 4): columns are points
82
```

```
83  #7: display points
84  #7-1: start corner point in the pattern: (1, 1) in this example
85  x, y = corners1[0][0]              # p1[0][0]
86  cv2.circle(img1, (int(x), int(y)), 10, (255,255, 0), -1)
87
88  x, y = corners2[0][0]              # p2[0][0]
89  cv2.circle(img2, (int(x), int(y)), 10, (255,255, 0), -1)
90
91  #7-2: p1 = H1 * pW
92  cv2.drawChessboardCorners(img1, patternSize, corners1, found1)
93  img1 = cv2.polylines(img1, [np.int32(p1)], True, (255, 0, 0), 2)
94
95  #7-3: p2 = H2 * pW
96  cv2.drawChessboardCorners(img2, patternSize, corners2, found2)
97  img2 = cv2.polylines(img2, [np.int32(p2)], True, (0,0, 255), 4)
98
99  #7-4: p3 = H3 * pW
100 img2 = cv2.polylines(img2, [np.int32(p3)], True, (255, 255, 0), 1)
101
102 cv2.imshow('img1', img1)
103 cv2.imshow('img2', img2)
104 cv2.waitKey()
105 cv2.destroyAllWindows()
```

**실행 결과: method = cv2.LMEDS**

```
corners1.shape= (18, 1, 2)
corners1.shape= (18, 1, 2)
corners2.shape= (18, 1, 2)
H=
[[ 0.64  0.02 151.62]
 [-0.11  0.9   64.45]
 [-0.    0.    1.  ]]
H1=
[[ 38.62 -5.2  211.58]
 [  1.88 42.8   71.35]
 [ -0.01 -0.    1.  ]]
H2=
[[ 24.97 -2.62 312.21]
 [ -3.54 42.17 113.8 ]
 [ -0.03  0.    1.  ]]
H3=
[[ 23.05 -2.45 287.67]
 [ -3.25 38.84 104.86]
 [ -0.02  0.    0.92]]
```

**프로그램 설명**

① 체스보드 패턴 코너점과 영상 코너점 사이의 호모그래피를 계산한다. 체스보드 패턴을 세계 좌표 world coordinates의 XY 평면이라 가정(Z = 0)하고, 원점(0, 0)은 체스보드 패턴의 왼쪽-위 left-top 이다([그림 11.2]).

② #1: img1, img2 영상 각각 에서 코너점(corners1, corners2)을 검출한다. 코너점은 왼쪽-위 left-top를 기준으로 정렬한다.

③ #2: 3차원 세계 좌표 mW를 생성한다. 패턴의 왼쪽-위 left-top가 원점(0, 0)이므로, 패턴의 시작 코너점의 3차원 좌표는 (1, 1, 0)이다. 셀의 크기는 1×1이다. mW *= 3.8은 셀의 크기를 3.8×3.8로 변경한다.

④ #3: cv2.findHomography()로 mW에서 corners1로 호모그래피 H1, mW에서 corners2로 호모그래피 H2, corners1에서 corners2로 호모그래피 H를 method = cv2.LMEDS 방법으로 계산한다.

⑤ #4: cv2.perspectiveTransform()으로 호모그래피를 이용하여, mW의 4개([0, 5, 17, 12])의 특징점 pW를 투영 변환한다. p1은 img1 영상 위의 좌표이고, p2는 img2 영상 위의 좌표이다.

⑥ #5: 투영 변환 H, H1를 행렬 곱셈하여 연속적인 호모그래피 H3을 계산한다. pW를 호모그래피 H3를 이용하여 투영 변환하여 p3를 생성한다. 행렬곱셈 순서는 H×H1이다.

$$p3 = H \times H1 \times pW = H3 \times pW$$

⑦ #6: cv2.perspectiveTransform() 함수를 이해하기 위해, 호모그래피와 좌표 벡터의 행렬 곱셈으로 투영 변환을 계산한다.

#6-1은 pW를 2차원 벡터의 동차 좌표 (x, y, 1)로 생성하여, p4 = np.dot(pW, H1.T)로 행렬 곱셈한 다음 p4[:, :, 2]로 정규화한다. 좌표벡터 pW 뒤에서 호모그래피를 곱셈하기 위해서는 전치행렬 H1.T를 곱해야 한다. p4의 각행이 H1에 의한 투영 좌표이다. p4는 p1의 동차 좌표이다.

$$p4 = pW \times H1.T$$

#6-2는 일반적인 변환과 같이 좌표벡터 pW 앞에서 호모그래피를 곱셈한다. pW.shape = (3, 4)로 각행에 동차 좌표로 특징점이 있다. p5 = np.dot(H1, pW)로 행렬 곱셈한 다음 p5[:, :, 2]로 정규화한다. p5의 각 열이 H1에 의한 투영 좌표이다. p5는 p1의 동차 좌표 전치 행렬이다.

$$p5 = H1 \times pW$$

⑧ #7: 영상에 특징점과 투영 변환 좌표를 표시한다. #7-1은 패턴의 시작 특징점을 표시한다. #7-2는 pW를 H1 투영 변환한 p1을 img1 영상에 표시한다. #7-3은 pW를 H2 투영 변환한 p2를 img2 영상에 표시한다. #7-4는 pW를 H3 투영 변환한 p3을 img2 영상에 표시한다. p2, p3가 같이 표시되는 것을 확인 할 수 있다. [그림 11.2]는 세계 좌표 mW와 영상 좌표 corners1, corners2의 호모그래피 관계를 설명한다.

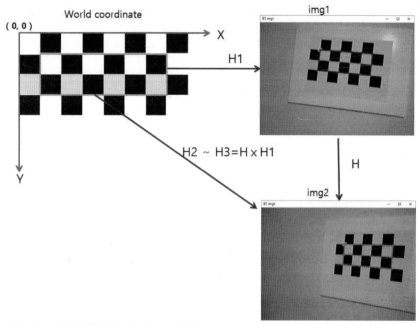

그림 11.2 ◆ 세계 좌표와 영상 좌표의 호모그래피

| 예제 11.3 | Z = 0 평면의 세계 좌표와 비디오 프레임 사이의 호모그래피 |

```python
01  # 1103.py
02  import cv2
03  import numpy as np
04  np.set_printoptions(precision = 2, suppress = True)
05
06  #1: open video
07  #cap = cv2.VideoCapture(0)
08  cap = cv2.VideoCapture('./data/chess1.wmv')
09  if (not cap.isOpened()):
10      print('Error opening video')
11      import sys
12      sys.exit()
```

```
13  height, width = (int(cap.get(cv2.CAP_PROP_FRAME_HEIGHT)),
14                      int(cap.get(cv2.CAP_PROP_FRAME_WIDTH)))
15
16  #2
17  patternSize = (6, 3)
18  def FindCornerPoints(src_img, patternSize):
19      found, corners = cv2.findChessboardCorners(src_img, patternSize)
20      if not found:
21          return found, corners
22
23      term_crit = (cv2.TERM_CRITERIA_EPS + cv2.TERM_CRITERIA_MAX_ITER,
24                   10, 0.01)
25
26      gray = cv2.cvtColor(src_img, cv2.COLOR_BGR2GRAY)
27      corners = cv2.cornerSubPix(gray, corners, (5,5), (-1,-1),
28                           term_crit)
29  #   reverse order, in this example, to set origin to (left-upper)
30      corners = corners[::-1]
31      return found, corners
32
33  #3: set world(object) coordinates to Z = 0
34  xN, yN = patternSize                     #(6, 3)
35  mW = np.zeros((xN * yN, 3), np.float32)   # (18, 3)
36  # mW points on Z = 0
37  mW[:, :2] = np.mgrid[0:xN, 0:yN].T.reshape(-1, 2)
38  # (1, 1, 0): coord of the start corner point in the pattern
39  mW[:, :2] += 1
40  #mW *= 3.8
41
42  # for perspective projections
43  mW = mW[:, :2].reshape(-1, 1, 2)     # mW.shape:(18, 3) -> (18, 1, 2)
44  pW = mW[[0, 5, 17, 12]]              # 4-corners
45
46  #4: find corners1 in 1st frame, H1: mW->corners1
47  #4-1: capture 1st frame
48  while True:
49      ret, frame1 = cap.read()
50      cv2.imshow('frame', frame1)
51      key = cv2.waitKey(20)
52      if key == 27:  break
53      if ret:
54          found, corners1 = FindCornerPoints(frame1, patternSize)
55          if found:
56              break
57  #print('corners1.shape=', corners1.shape)
```

```
58
59  #4-2
60  method = cv2.LMEDS             # cv2.RANSAC
61  H1, mask = cv2.findHomography(mW, corners1, method, 2.0)
62  #print("H1=\n", H1)
63
64  #5
65  while True:
66  #5-1
67      ret, frame = cap.read()
68      if not ret:
69          break
70      found, corners = FindCornerPoints(frame, patternSize)
71      if not found:
72          cv2.imshow('frame',frame)
73          key = cv2.waitKey(20)
74          if key == 27:  break
75          continue
76      H, mask = cv2.findHomography(corners1, corners, method, 2.0)
77
78  #5-2
79      H1 = np.dot(H, H1)
80      p2 = cv2.perspectiveTransform(pW, H1)
81
82  #5-3
83      cv2.polylines(frame, [np.int32(p2)], True, (255, 0, 0), 3)
84      #pt = np.int32(corners1[0].flatten())
85      #cv2.circle(frame, pt, 5, (255, 255, 0), 2)
86
87      corners1 = corners.copy()
88
89      cv2.imshow('frame', frame)
90      key = cv2.waitKey(20)
91      if key == 27:
92          break
93  #6
94  if cap.isOpened(): cap.release()
95  cv2.destroyAllWindows()
```

## 프로그램 설명

① [예제 11.2]의 세계 좌표와 영상 사이의 호모그래피를 비디오 프레임사이에 적용한다. Z = 0인
   평면에서의 세계 좌표 mW에서 비디오의 시작 프레임으로의 호모그래피 H1을 계산한다.
   연속적인 비디오 프레임 사이의 호모그래피 H를 계산한다. 세계 좌표 mW의 각 비디오
   프레임으로의 투영 변환을 계산한다.

② #1은 비디오를 개방한다. #2는 코너점 검출 함수를 정의한다.

③ #3은 3차원 세계 좌표 mW를 생성한다. 패턴의 왼쪽-위 left-top가 원점(0, 0)이다. 패턴의 시작 코너점의 3차원 좌표가 (1, 1, 0)이다. 셀의 크기는 1×1이다. mW *= 3.8은 셀의 크기를 3.8×3.8로 변경한다. cv2.perspectiveTransform()에 의한 투영 변환을 위해 mW.shape = (18, 1, 2)로 변경하고, mW의 4개([0, 5, 17, 12]) 특징점을 pW에 저장한다.

④ #4: 세계 좌표 mW와 비디오 'chess1.wmv'의 첫 프레임의 코너점 corners1 사이의 호모그래피 H1을 계산한다. #4-1은 비디오에서 처음 코너점이 검출될 때 까지 반복한다. #4-2는 mW에서 검출된 코너점 corners1으로의 호모그래피 H1을 계산한다.

⑤ #5: #5-1은 연속된 비디오 프레임 사이의 호모그래피 H를 계산하고, #5-2는 H1 = np.dot(H, H1)에 의한 합성 호모그래피 H1을 계산하고, cv2.perspectiveTransform()로 pW에 H1을 적용하여 투영 변환하여 p2에 저장한다. #5-3은 frame에 p2를 표시하고, 다음 프레임을 위해 corners1 = corners.copy()로 복사한다.

⑥ [그림 11.3]은 비디오에서 호모그래피 관계를 설명한다. 세계 좌표와 첫 프레임 사이의 투영 변환과 각 프레임 사이의 투영 변환에 의해 각 프레임에서의 세계 좌표의 투영 변환을 계산할 수 있다.

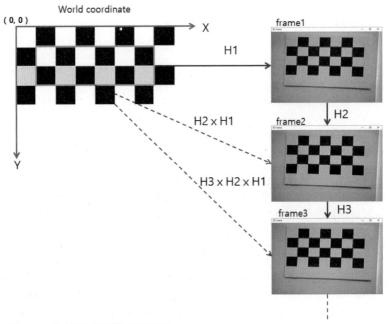

그림 11.3 ◆ 비디오 프레임에서 호모그래피

# 핀홀 카메라 모델 02

카메라 캘리브레이션 이해를 위해 핀홀 pinhole 카메라의 수학적 모델을 간단히 소개한다. [그림 11.4]는 카메라 좌표계와 세계 좌표계가 일치할 때의 투영이다. 카메라가 원점 C에 위치하고, Z 축을 향하고 있다. 이미지 평면 image plane의 원점과 투영중심인 주점 principal point이 일치하는 카메라 좌표계에서의 핀홀 카메라 모델이다. 3차원 좌표 $X' = (X_c, Y_c, Z_c)^T$가 초점거리 $f$인 뷰평면 view plane 또는 이미지 평면 image plane에 $x' = (x_{cam}, y_{cam})^T$로 투영된다.

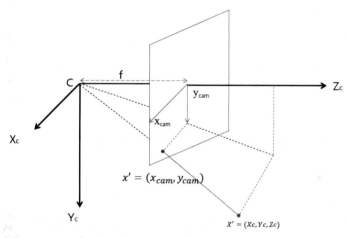

그림 11.4 ◆ 카메라 좌표계에서의 투영

[그림 11.5]는 카메라 좌표계와 세계(물체) 좌표계 사이의 변환이다. C는 카메라의 원점 이고, O는 세계 좌표의 원점이다. 카메라의 자세 pose는 회전행렬 R과 이동 벡터 t에 의해 결정된다.

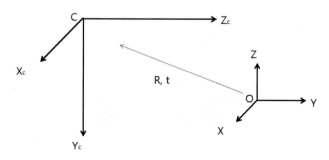

그림 11.5 ◆ 세계(물체) 좌표계와 카메라 좌표계 사이의 변환

카메라 캘리브레이션은 카메라 내부 파라미터 intrinsic parameters인 카메라 행렬 $K$, 외부 파라미터 extrinsic parameters인 카메라의 자세 회전행렬 R과 이동 벡터 t를 계산하는 과정이다. [수식 11.5]는 3차원 세계 좌표 world coordinate $X' = [X\ Y\ Z]^T$에서 2차원 영상 좌표 $x' = [u\ v]^T$로의 투영을 나타낸다. $P = A[R|t]$을 투영행렬 projection matrix이라 한다.

$$s \cdot x' = PX'$$
$$s \cdot x' = A[R|t]X' \qquad\qquad \text{[수식 11.5]}$$

$$s\begin{bmatrix} u \\ v \\ 1 \end{bmatrix} = \begin{bmatrix} f_x & 0 & c_x \\ 0 & f_y & c_y \\ 0 & 0 & 1 \end{bmatrix}\begin{bmatrix} r_{11} & r_{12} & r_{13} & t1 \\ r_{21} & r_{22} & r_{23} & t2 \\ r_{31} & r_{32} & r_{33} & t3 \end{bmatrix}\begin{bmatrix} X \\ Y \\ Z \\ 1 \end{bmatrix}$$

여기서, $f_x = f \times m_x$, $f_y = f \times m_y$이고, $c_x = m_x \times p_x$, $c_y = m_y \times p_y$이고, $m_x, m_y$는 단위 길이 당 화소 개수이다. $s$는 스케일 파라미터이다. 세계 좌표계에서 사용하는 단위의 초점거리는 $f$, 투영중심은 $(p_x, p_y)$이고, 화소 단위의 초점거리는 $(f_x, f_y)$, 투영중심은 $(c_x, c_y)$이다. 실제 카메라는 투영면에서 왜곡 distortion을 보정해야 한다. [수식 11.6]은 방사 왜곡계수 $(k_1, k_2, k_3)$과 탄젠트 왜곡계수 $(p_1, p_2)$에 의한 왜곡을 나타낸다.

$$r = (x - c_x)^2 + (y - c_y)^2 \qquad\qquad \text{[수식 11.6]}$$

$$x' = x(1 + k_1 r^2 + k_2 r^4 + k_3 r^6) + 2p_1 xy + p_2(r^2 + 2x^2)$$

$$y' = y(1 + k_1 r^2 + k_2 r^4 + k_3 r^6) + 2p_2 xy + p_1(r^2 + 2y^2)$$

Zhang은 마이크로소프트 기술보고서, "A Flexible New Technique for Camera Calibration"에서 일정한 규칙성이 있는 평면의 캘리브레이션 패턴을 세계 좌표계의 $Z = 0$인 평면으로 하여 설정하고, $[X\ Y\ 0]^T$인 평면과 영상위에 투영된 좌표 $[u\ v]^T$ 평면사이의 호모그래피 $H$를 계산하여 내부 파라미터 intrinsic parameters $A$와 외부 파라미터 $R, t$를 계산한다.

# 03 OpenCV의 카메라 캘리브레이션

여기서는 OpenCV의 카메라 캘리브레이션에 대하여 설명한다. 카메라 캘리브레이션을 위해서는 3차원 평면 패턴의 좌표 Z = 0와 대응하는 2차원 영상의 투영 좌표의 쌍이 필요하다.

OpenCV 함수에서 내부파라미터 $K$를 cameraMatrix, 회전 벡터를 rvecs, 이동 벡터를 tvecs라 한다. cv2.Rodrigues() 함수는 회전행렬을 회전 벡터로 변환하거나, 회전 벡터를 회전행렬로 변환한다. OpenCV 카메라 캘리브레이션 과정은 다음과 같다.

> 1 내부파라미터 $K$를 계산한다 미리 주어질 수 있음. 왜곡계수 distCoeffs를 0으로 초기화한다.
> 2 cv2.solvePnP() 함수를 사용하여 카메라 자세 $R, t$를 추정한다.
> 3 Levenberg-Marquardt 최적화 알고리즘으로 cv2.projectPoints()에 의한 재투영 오차 reprojection error를 최소화하여 파라미터를 계산한다.

여기서는 OpenCV의 카메라 캘리브레이션 관련 함수를 간단히 설명한다. 자세한 설명은 OpenCV 문서를 참고한다.

## 카메라 내부 파라미터 카메라 행렬: cameraMatrix $K$ 계산  01

```
cv2.initCameraMatrix2D(objectPoints, imagePoints, imageSize) -> retval
```

1 3차원 좌표 objectPoints와 대응하는 이차원 영상 좌표 imagePoints, 영상의 크기 imageSize를 입력받아 카메라 행렬 cameraMatrix의 초기값 $K$를 계산한다. objectPoints, imagePoints는 캘리브레이션 패턴의 코너점 좌표 벡터들의 벡터 vector of vectors of the calibration pattern points이다.

2 3차원 물체의 좌표가 $Z = 0$인 XY 평면에 있는 패턴에 대해서만 지원한다.

```
cv2.getOptimalNewCameraMatrix(cameraMatrix, distCoeffs, imageSize,
                              alpha) -> retval, validPixROI
```

1 카메라 행렬 cameraMatrix, 왜곡 distCoeffs 계수, 영상 크기 imageSize, 스케일 alpha을 입력받아, 최적화된 카메라 행렬을 retval에 반환한다. validPixROI는 유효한 사각 영역을 반환한다.

**2** alpha = 0이면, 왜곡 보정 undistorted 영상의 모든 화소가 유효하게 카메라 행렬을 계산한다. alpha = 1은 왜곡 영상의 모든 화소가 왜곡 보정 영상에 포함 하도록 카메라 행렬을 계산한다. cv2.undistort(), cv2.initUndistortRectifyMap(), cv2.remap()을 사용하면 왜곡 보정 할 수 있다.

## 02 카메라 외부 파라미터 자세, R rvecs, t tvecs 계산

```
cv2.solvePnP(objectPoints, imagePoints, cameraMatrix,
             distCoeffs[, rvec[, tvec[, useExtrinsicGuess[, flags]]]])
             -> retval, rvec, tvec
```

**1** 3D-2D의 특징점 대응관계로 카메라 자세 rvec, tvec를 계산한다. 대부분의 방법 flags이 4개 이상의 대응점이 필요하다.

**2** useExtrinsicGuess = True이면, rvec와 tvec의 입력이 있어야 한다.

**3** flags는 다양한 계산 방법을 지정한다. 디폴트인 flags = cv2.SOLVEPNP_ITERATIVE는 Levenberg-Marquardt 최적화를 수행한다.

## 03 카메라 내부와 외부 파라미터 계산

```
cv2.calibrateCamera(objectPoints, imagePoints, imageSize,
                    cameraMatrix, distCoeffs[, flags])
                    -> retval, cameraMatrix, distCoeffs, rvecs, tvecs
```

**1** 여러장의 캘리브레이션 패턴을 이용하여 내부파라미터인 카메라 행렬 cameraMatrix, 왜곡 distCoeffs과 외부 파라미터인 카메라의 자세 rvecs, tvecs를 한 번에 계산한다.

**2** 투영 오차 projection error는 retval에 반환한다.

**3** cameraMatrix, distCoeffs은 None일 수 있다. flags에 다양한 캘리브레이션 옵션을 설정할 수 있다. flags = cv2.CALIB_USE_INTRINSIC_GUESS는 cv2.initCameraMatrix2D() 등에 의해 계산한 초기 카메라 행렬 cameraMatrix을 이용하여 계산한다.

**4** 카메라 행렬이 알려져 있으면, cv2.calibrateCamera() 함수 대신 cv2.solvePnP() 함수를 사용하여 카메라 자세를 계산한다.

```
cv2.calibrateCameraRO(objectPoints, imagePoints, imageSize,
                    iFixedPoint, cameraMatrix, distCoeffs[, flags])
  -> retval, cameraMatrix, distCoeffs, rvecs, tvecs, newObjPoints
```

**1** cv2.calibrateCamera() 함수의 확장이다. Klaus H. Strobl의 "More Accurate Pinhole Camera Calibration with Imperfect Planar Target" 논문을 구현한다.

**2** iFixedPoint는 objectPoints[0]에서의 3차원 좌표의 인덱스이다. 인덱스의 범위는 [1, len(obj_points[0]) - 2]이다. 인덱스 범위를 벗어나면 cv2.calibrate Camera()와 같다.

**3** newObjPoints는 iFixedPoint에 따른 캘리브레이션 패턴의 갱신된 3차원 물체 좌표이다.

## 영상 사이의 호모그래피 분해 **04**

decomposeHomographyMat() 함수는 Ezio Malis 등의 "Deeper understanding of the homography decomposition for vision-based control"의 두 영상 사이의 호모그래피 분해를 구현한다.

```
cv2.decomposeHomographyMat(H, K)
      -> retval, rotations, translations, normals
```

**1** 두 영상의 평면 호모그래피 $H$부터 카메라의 상대적 자세 rotations, translations와 뷰 평면의 법선 벡터 normals를 계산한다. 카메라 행렬 $K$의 입력이 필요하다.

**2** rotations, translations, normals는 최대 4개 까지 결과를 반환한다. retval은 결과의 개수이다. cv2.filterHomographyDecompByVisibleRefpoints() 함수는 대응점을 사용한 가능 해를 찾는다.

**3** translations는 깊이에 의해 정규화된 이동 벡터만을 얻을 수 있다. 카메라에서 캘리브레이션 패턴 평면까지의 거리로 스케일 해야 한다.

```
cv2.filterHomographyDecompByVisibleRefpoints(
        rotations, normals, beforePoints, afterPoints)
        -> possibleSolutions
```

**1** cv2.decomposeHomographyMat() 함수의 결과 rotations, normals에서 대응점 beforePoints, afterPoints의 가시성을 이용하여 가능한 해를 찾는다.

**2** possibleSolutions는 cv2.decomposeHomographyMat() 결과의 정수 인덱스 배열이다.

## 05 캘리브레이션 관련 함수

```
cv2.convertPointsFromHomogeneous(src) -> dst
```

convertPointsFromHomogeneous() 함수는 동차 좌표 homogeneous를 유클리드 좌표로 변환한다.
즉, (x1, x2, ... x(n - 1), xn) -〉 (x1 / xn, x2 / xn, ..., x(n - 1) / xn)로 변경한다.

```
cv2.convertPointsToHomogeneous(src) -> dst
```

convertPointsToHomogeneous()는 유클리드 좌표 (x1, x2, ..., xn)를 동차 좌표 (x1, x2, ..., xn, 1)로 변환한다.

```
cv2.Rodrigues(src) -> dst, jacobian
```

Rodrigues() 함수는 회전 벡터를 회전행렬로 변환하거나 회전행렬을 회전 벡터로 변환한다.

```
cv2.projectPoints(objectPoints, rvec, tvec, cameraMatrix, distCoeffs)
                -> imagePoints, jacobian
```

projectPoints() 함수는 3차원 좌표 objectPoints를 캘리브레이션 정보 rvec, tvec, cameraMatrix, distCoeffs를 이용하여 영상 좌표 imagePoints로 투영한다.

```
cv2.calibrationMatrixValues(cameraMatrix, imageSize, apertureWidth,
                            apertureHeight)
            -> fovx, fovy, focalLength, principalPoint, aspectRatio
```

calibrationMatrixValues() 함수는 카메라 행렬로부터 관측 시야각 fovx, fovy, 초점
거리 focalLength, 주점 principalPoint, 종횡비 aspectRatio를 반환한다.

```
cv2.decomposeProjectionMatrix(projMatrix[, cameraMatrix[, rotMatrix[,
                              transVect]]])
            -> cameraMatrix, rotMatrix, transVect, rotMatrixX,
               rotMatrixY, rotMatrixZ, eulerAngles
```

decomposeProjectionMatrix() 함수는 3×4 투영행렬 projMatrix로부터 카메라
행렬 cameraMatrix, 회전행렬 rotMatrix, 이동 벡터 transVect로 분해한다.

```
cv2.composeRT(rvec1, tvec1, rvec2, tvec2)
            -> rvec3, tvec3, dr3dr1, dr3dt1, dr3dr2, dr3dt2,
               dt3dr1, dt3dt1, dt3dr2, dt3dt2
```

composeRT() 함수는 (rvec1, tvec1) 변환과 (rvec2, tvec2) 변환의 합성 변환을
반환한다.

$$rvec3 = rodrigues^{-1}(rodrigues(rvec2) \cdot rodrigues(rvec1))$$

$$tvec3 = rodrigues(rvec2) \cdot tvec1 + tvec2$$

```
cv2.undistort(src, cameraMatrix, distCoeffs) -> dst
```

undistort() 함수는 영상의 렌즈 왜곡을 보정한 영상을 반환한다.

```
cv2.undistortPoints(src, cameraMatrix, distCoeffs) -> ds
```

undistortPoints() 함수는 좌표에 대해 렌즈 왜곡을 보정한 좌표를 반환한다.

**예제 11.4** 카메라 캘리브레이션 1: calibrateCamera(), calibrateCameraRO()

```python
01 # 1104.py
02 '''
03 https://docs.opencv.org/master/d7/d53/tutorial_py_pose.html
04 '''
05 import cv2
06 import numpy as np
07 np.set_printoptions(precision = 2, suppress = True)
08
09 #1
10 img1 = cv2.imread('./data/image1.jpg')
11 img2 = cv2.imread('./data/image2.jpg')
12 imageSize= (img1.shape[1], img1.shape[0])        # (width, height)
13
14 def FindCornerPoints(src_img, patternSize):
15     found, corners = cv2.findChessboardCorners(src_img, patternSize)
16     if not found:
17         return found, corners
18
19     term_crit = (cv2.TERM_CRITERIA_EPS + cv2.TERM_CRITERIA_MAX_ITER,
20                 10, 0.01)
21     gray = cv2.cvtColor(src_img, cv2.COLOR_BGR2GRAY)
22     corners = cv2.cornerSubPix(gray, corners, (5, 5), (-1, -1),
23                             term_crit)
24 #   reverse order, in this example, to set origin to (left-upper)
25     corners = corners[::-1]
26     return found, corners
27
28 patternSize = (6, 3)
29 found1, corners1 = FindCornerPoints(img1, patternSize)
30 found2, corners2 = FindCornerPoints(img2, patternSize)
31
32 #2: set world(object) coordinates to Z = 0
33 xN, yN = patternSize                              # (6, 3)
34 mW = np.zeros((xN * yN, 3), np.float32)           # (18, 3)
35 # mW points on Z = 0
36 mW[:, :2] = np.mgrid[0:xN, 0:yN].T.reshape(-1, 2)
37 mW[:, :2] += 1
38
39 #3: 3D(obj_points) <--> 2D(img_points)
40 obj_points = [mW, mW]
41 img_points = [corners1, corners2]
42
43 #4: calibrate camera
44 #4-1
```

```
45  ##K = cv2.initCameraMatrix2D(obj_points, img_points, imageSize)
46  ###                                                (640, 480)
47  ##print("initial K=\n", K)
48
49  #4-2
50  errors, K, dists, rvecs, tvecs =
51           cv2.calibrateCamera(obj_points, img_points,
52                            imageSize, None, None)
53  #                     obj_points, img_points, imageSize, K, None)
54  print("calibrateCamera: errors=", errors)
55
56  #4-3
57  ##iFixedPoint= 1 # [1, len(obj_points[0])-2]
58  ##errors, K, dists, rvecs, tvecs, newObjPoints =
59  ##          cv2.calibrateCameraRO(obj_points, img_points, imageSize,
60  ##                            iFixedPoint, None, None)
61  ##print("calibrateCameraRO: errors=", errors)
62
63  #4-4
64  np.savez('./data/calib_1104.npz', K = K,
65          dists = dists, rvecs = rvecs, tvecs = tvecs)
66
67  print("calibrated K=\n", K)
68  print("dists=", dists)
69
70  #5: display, project, and re-projection errors
71  index = [0, 5, 17, 12]              # 4-corner index
72  axis3d = np.float32([[0, 0, 0], [3, 0, 0],
73                      [0, 3, 0], [0, 0, -3]]).reshape(-1, 3)
74  #                     -Z:  towards the camera
75
76  for i in range(2):
77  #5-1
78      print("tvec[{}]={}".format(i, tvecs[i].T))
79      # rvecs[i].shape = (3, 1)
80      print("rvec[{}]={}".format(i, rvecs[i].T))
81
82      R, _ = cv2.Rodrigues(rvecs[i])              # R.shape = (3, 3)
83      print("R[{}]=\n{}".format(i, R))
84
85  #5-2
86      if i == 0:
87          img = img1
88      else:
89          img = img2
90
```

```python
91  #5-3: display axis
92      axis_2d, _ = cv2.projectPoints(axis3d, rvecs[i], tvecs[i],
93                                     K, dists)
94      axis_2d    = np.int32(axis_2d).reshape(-1,2)
95      cv2.line(img, tuple(axis_2d[0]), tuple(axis_2d[1]), (255, 0, 0), 3)
96      cv2.line(img, tuple(axis_2d[0]), tuple(axis_2d[2]), (0, 255, 0), 3)
97      cv2.line(img, tuple(axis_2d[0]), tuple(axis_2d[3]), (0, 0, 255), 3)
98
99  #5-4: display pW on Z = 0
100     pW = mW[index]        # 4-corners' coord (x, y, 0)
101     p1, _ = cv2.projectPoints(pW, rvecs[i], tvecs[i], K, dists)
102     p1    = np.int32(p1)
103
104     cv2.drawContours(img, [p1], -1, (0, 255, 255), -1)
105     cv2.polylines(img, [p1], True, (0, 255, 0), 2)
106
107 #5-5: display pW on Z = -2
108     pW[:, 2] = -2         # 4-corners' coord (x, y, -2)
109     p2, _ = cv2.projectPoints(pW, rvecs[i], tvecs[i], K, dists)
110     p2    = np.int32(p2)
111     cv2.polylines(img,[p2], True, (0, 0, 255), 2)
112
113 #5-6: display edges between two rectangles
114     for j in range(4):
115         x1, y1 = p1[j][0]            # Z =  0
116         x2, y2 = p2[j][0]            # Z = -2
117         cv2.line(img, (x1, y1), (x2, y2), (255, 0, 0), 2)
118
119 #5-7: re-projection errors
120     pts, _ = cv2.projectPoints(mW, rvecs[i], tvecs[i],
121                                K, dists)        # 4-2
122     #pts, _ = cv2.projectPoints(newObjPoints, rvecs[i], tvecs[i],
123     #                           K, dists)        # 4-3
124     if i == 0:
125         errs = cv2.norm(corners1, np.float32(pts))
126     else:
127         errs = cv2.norm(corners2, np.float32(pts))
128     print("errs[{}]={}".format(i, errs))
129
130 cv2.imshow('img1',img1)
131 cv2.imshow('img2',img2)
132 cv2.waitKey()
133 cv2.destroyAllWindows()
```

**실행 결과: cv2.calibrateCamera()**

```
calibrateCamera: errors= 0.21014008343924387
calibrated K=
 [[931.62  0.    333.46]
  [  0.   933.83 326.74]
  [  0.    0.     1.  ]]
dists= [[ 0.01  4.64  0.05 -0.04 -27.83]]

tvec[0]=[[-2.71 -5.86 21.06]]
rvec[0]=[[-0.01  0.29  0.12]]
R[0]=
[[ 0.95 -0.12  0.29]
 [ 0.12  0.99  0.03]
 [-0.29  0.01  0.96]]
errs[0]=0.8414142845155614

tvec[1]=[[-0.47 -5.03 21.52]]
rvec[1]=[[ 0.05  0.63  0.1 ]]
R[1]=
[[ 0.8  -0.08  0.59]
 [ 0.11 0.99 -0.01]
 [-0.59 0.08  0.81]]
errs[1]=0.9390116056064757
```

**프로그램 설명**

① #1은 두 영상(image1, image2)에서 patternSize = (6, 3) 패턴의 코너점을 corners1, corners2에 검출한다.

② #2는 패턴의 Z = 0 평면에서 세계(물체) 좌표를 mW에 설정한다([그림 11.2]과 [그림 11.3] 참조).

③ #3은 3차원 물체 좌표 obj_points와 2차원 영상 좌표 img_points의 대응관계를 리스트로 생성한다.

④ #4는 카메라를 캘리브레이션한다. #4-1은 cv2.initCameraMatrix2D()로 초기 카메라 행렬을 K에 계산한다.

⑤ #4-2는 cv2.calibrateCamera()로 카메라 행렬 K, 회전 벡터 rvecs, 이동 벡터 tvecs, 왜곡계수 dists, 투영 오차 errors를 계산한다. #4-1에서 계산한 초기 카메라 행렬 K를 인수로 전달할 수 있다.

⑥ #4-3은 cv2.calibrateCameraRO로 카메라 행렬 K, 회전 rvecs, 이동 벡터 tvecs, 왜곡계수 dists, 투영 오차 errors를 계산한다. iFixedPoint는 [1, len(obj_points[0]) - 2]의 범위의 정수로 물체의 기준 좌표를 정한다. #4-1에서 계산한 초기 카메라 행렬 K를 인수로 전달할 수 있다. 물체 좌표 mW를 갱신하여 newObjPoints에 반환한다.

⑦ #4-4는 np.savez()로 'calib_1104.npz' 파일에 K, dists, rvecs, tvecs를 저장한다.

⑧ #5는 캘리브레이션 정보를 이용하여 두 영상에 3차원 축 axis3d을 표시하고, Z = 0 평면의 4개 코너점 pW = mW[index]과 Z = -2 평면의 pW[:, 2] = -2의 4개 코너점을 사각형과 에지로 연결한 6면체를 각각의 영상에 투영한다. axis3d의 [0, 0, 0]에서 [3, 0, 0]은 +X축이고, [0, 0, 0]에서 [0, 3, 0]은 +Y축이고, [0, 0, 0]에서 [0, 0, -3]은 -Z축이다. 즉, Z = 0 평면에서 카메라를 바라보는 바깥쪽 방향이 -Z축이고 평면 안쪽 방향이 +Z축이다.

⑨ #5-1은 각 영상에 대한 카메라의 자세 rvecs, tvecs를 출력한다. 3×1 벡터를 1행에 출력하기 위하여 tvecs[i]. T, rvecs[i].T와 같이 전치하여 출력한다. cv2.Rodrigues(rvecs[i])에 의해 3×3 회전행렬 R로 변환한다.

#5-2는 for 문의 i에 대응하는 영상을 img에 저장한다. #5-3은 카메라 캘리브레이션 정보 rvecs[i], tvecs[i], K, dists를 이용하여, cv2.projectPoints()로 3차원 축 좌표 axis3d를 img에 투영한다.

⑩ #5-4는 Z = 0 평면의 3차원 좌표 pW를 카메라 캘리브레이션 정보를 이용하여, cv2.projectPoints()로 p1에 투영한다. cv2.drawContours()로 p1을 img 영상에 노란색 (0, 255, 255)으로 채워 그리고, cv2.polylines()으로 녹색 (0, 255, 0) 테두리를 그린다.

#5-5는 Z = -2 평면의 3차원 좌표 pW[:, 2] = -2를 카메라 캘리브레이션 정보를 이용하여, cv2.projectPoints()로 p2에 투영한다. p2를 cv2.polylines()으로 빨간색 (0, 0, 255) 테두리를 그린다. #5-6은 Z = 0과 Z = -2 평면의 두 사각형의 에지를 파란색 (255, 0, 0) 직선으로 연결하여 6면체를 그린다.

⑪ #5-7은 카메라 캘리브레이션 정보(rvecs[i], tvecs[i], K, dists)를 이용하여, 3차원 평면좌표 mW를 각 영상에 투영한 좌표 pts와 코너점과의 거리를 cv2.norm()으로 계산하여 errs에 저장한다. #4-22의 cv2.calibrateCamera()로 계산하면 img1 영상의 투영 오차는 errs[0] = 0.84이고, img2 영상의 투영 오차는 errs[1] = 0.93이다. #4-3의 cv2.calibrate CameraRO()를 사용할 경우, newObjPoints를 사용하여 오차를 계산한다. [그림 11.6]은 cv2.calibrateCamera()로 계산한 캘리브레이션 정보를 이용하여, 3차원 축과 6면체를 표시한 결과이다.

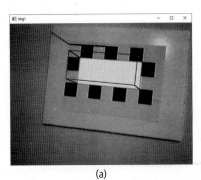
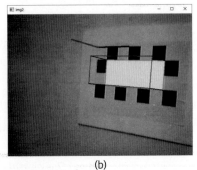

(a)                                    (b)

그림 11.6 ◆ calibrateCamera()에 의한 카메라 캘리브레이션

| 예제 11.5 | 카메라 캘리브레이션 2: cv2.initCameraMatrix2D(): 내부 파라미터 $K$ |
|---|---|
| | cv2.solvePnP(): 외부파라미터 $R$, $t$ |

```python
01  # 1105.py
02  import cv2
03  import numpy as np
04  np.set_printoptions(precision = 2, suppress = True)
05
06  #1
07  img1 = cv2.imread('./data/image1.jpg')
08  img2 = cv2.imread('./data/image2.jpg')
09  imageSize= (img1.shape[1], img1.shape[0])        # (width, height)
10
11  def FindCornerPoints(src_img, patternSize):
12      found, corners = cv2.findChessboardCorners(src_img, patternSize)
13      if not found:
14          return found, corners
15
16      term_crit = (cv2.TERM_CRITERIA_EPS+cv2.TERM_CRITERIA_MAX_ITER,
17                   10, 0.01)
18      gray = cv2.cvtColor(src_img, cv2.COLOR_BGR2GRAY)
19      corners = cv2.cornerSubPix(gray, corners, (5,5), (-1,-1),
20                          term_crit)
21  #   reverse order, in this example, to set origin to (left-upper)
22      corners = corners[::-1]
23      return found, corners
24
25  patternSize = (6, 3)
26  found1, corners1 = FindCornerPoints(img1, patternSize)
27  found2, corners2 = FindCornerPoints(img2, patternSize)
28
29  #2: set world(object) coordinates to Z = 0
30  xN, yN = patternSize                            # (6, 3)
31  mW = np.zeros((xN * yN, 3), np.float32)          # (18, 3)
32  # mW points on Z = 0
33  mW[:, :2] = np.mgrid[0:xN, 0:yN].T.reshape(-1, 2)
34  mW[:, :2] += 1
35
36  #3: camera calibration
37  #3-1: intrinc parameters
38  K = cv2.initCameraMatrix2D([mW, mW], [corners1, corners2],
39                          imageSize)          # (640, 480)
40  print("initial K=\n", K)
41
42  #3-2: extrinc parameters(camera pose) by cv2.solvePnP()
43  dists = None                # dists = np.zeros(5)
```

```python
44  ret1, rvec1, tvec1 = cv2.solvePnP(mW, corners1, K, dists)
45  ret2, rvec2, tvec2 = cv2.solvePnP(mW, corners2, K, dists)
46  rvecs = [rvec1, rvec2]
47  tvecs = [tvec1, tvec2]
48
49  #4: load the calibrated camera parameters
50  ##with np.load('./data/calib_1104.npz') as X:
51  ##     K, dists, rvecs, tvecs =
52  ##               [X[i] for i in ('K','dists','rvecs','tvecs')]
53
54  #5: display, project, and re-projection errors
55  index = [0, 5, 17, 12] # 4-corner index
56  axis3d = np.float32([[0,0,0], [3,0,0], [0,3,0],
57                       [0,0,-3]]).reshape(-1,3)
58
59  for i in range(2):
60  #5-1
61      print("tvec[{}]={}".format(i, tvecs[i].T))
62  #                           rvecs[i].shape = (3, 1)
63      print("rvec[{}]={}".format(i, rvecs[i].T))
64      R, _ = cv2.Rodrigues(rvecs[i])        # R.shape = (3, 3)
65      print("R[{}]=\n{}".format(i, R))
66
67  #5-2
68      if i == 0:
69          img = img1
70      else:
71          img = img2
72
73  #5-3: display axis
74      axis_2d, _ = cv2.projectPoints(axis3d, rvecs[i], tvecs[i],
75                                     K, dists)
76      axis_2d    = np.int32(axis_2d).reshape(-1, 2)
77      cv2.line(img, tuple(axis_2d[0]), tuple(axis_2d[1]), (255, 0, 0), 3)
78      cv2.line(img, tuple(axis_2d[0]), tuple(axis_2d[2]), (0, 255, 0), 3)
79      cv2.line(img, tuple(axis_2d[0]), tuple(axis_2d[3]), (0, 0, 255), 3)
80
81  #5-4: display pW on Z = 0
82      pW = mW[index]             # 4-corners' coord (x, y, 0)
83      p1, _ = cv2.projectPoints(pW, rvecs[i], tvecs[i], K, dists)
84      p1    = np.int32(p1)
85
86      cv2.drawContours(img, [p1], -1, (0, 255, 255), -1)
87      cv2.polylines(img, [p1], True, (0, 255, 0), 2)
88
```

```
89  #5-5: display pW on Z = -2
90      pW[:, 2] = -2                # 4-corners' coord (x, y, -2)
91      p2, _ = cv2.projectPoints(pW, rvecs[i], tvecs[i], K, dists)
92      p2    = np.int32(p2)
93      cv2.polylines(img, [p2], True, (0, 0, 255), 2)
94
95  #5-6: display edges between two rectangles
96      for j in range(4):
97          x1, y1 = p1[j][0]        # Z = 0
98          x2, y2 = p2[j][0]        # Z = -2
99          cv2.line(img, (x1, y1), (x2, y2), (255, 0, 0), 2)
100
101 #5-7: re-projection errors
102     pts, _ = cv2.projectPoints(mW, rvecs[i], tvecs[i], K, dists)
103     if i == 0:
104         errs = cv2.norm(corners1, np.float32(pts))
105     else:
106         errs = cv2.norm(corners2, np.float32(pts))
107     print("errs[{}]={}".format(i, errs))
108 cv2.imshow('img1', img1)
109 cv2.imshow('img2', img2)
110 cv2.waitKey()
111 cv2.destroyAllWindows()
```

**실행 결과: cv2.initCameraMatrix2D(): K, cv2.solvePnP(): rvecs, tvecs**

```
initial K=
[[942.73 0.   319.5 ]
 [  0.  942.73 239.5 ]
 [  0.   0.    1.  ]]

tvec[0]=[[-2.5  -3.89 21.87]]
rvec[0]=[[-0.05 0.24  0.11]]
R[0]=
[[ 0.97 -0.11 0.23]
 [ 0.1   0.99 0.06]
 [-0.24 -0.03 0.97]]
errs[0]=1.29476009696691

tvec[1]=[[-0.17 -3.  22.5 ]]
rvec[1]=[[-0.01 0.64 0.08]]
R[1]=
[[ 0.8  -0.08 0.6 ]
 [ 0.07 1.   0.04]
 [-0.6  0.01 0.8 ]]
errs[1]=1.0155692862396426
```

**프로그램 설명**

① 카메라 행렬 K와 왜곡계수, 3차원 물체 좌표와 2차원 영상 좌표의 대응관계를 이용하여, cv2.solvePnP()로 카메라 자세 $^{R, t}$를 계산한다. #1, #2, #3-1, #5는 [예제 11.4]와 같다.

② #3-1은 [mW, mW]와 [corners1, corners2]의 대응관계를 사용하여, cv2.initCamera Matrix2D()로 초기 카메라 행렬을 K에 계산한다.

③ #3-2는 dists = None( np.zeros(5) )으로 왜곡이 없는 것으로 가정하고, cv2.solvePnP()로 카메라 행렬 K, mW와 corners1의 대응관계를 이용하여 img1 영상에 대한 카메라 자세인 회전 $^{rvec1}$, 이동 $^{tvec1}$ 벡터를 계산한다. cv2.solvePnP()로 mW와 corners2의 대응관계를 이용하여 img2 영상에 대한 카메라 자세인 회전 $^{rvec2}$, 이동 $^{tvec2}$ 벡터를 계산한다.

④ #4에서 np.load()로 'calib_1104.npz'에 저장된 카메라 캘리브레이션 정보 $^{K, dists, rvecs,}$ $^{tvecs}$를 읽어 사용할 수 있다.

⑤ #5는 캘리브레이션 정보를 이용하여 두 영상에 3차원 축 $^{axis3d}$을 표시한다. axis3d의 [0, 0, 0]에서 [0, 0, -3]은 -Z축이다. 즉, Z = 0 평면에서 카메라를 바라보는 바깥쪽 방향이 -Z축이고, 평면 안쪽 방향이 +Z축이다. Z = 0 평면의 4개 코너점과 Z = -2 평면의 4개 코너점을 투영하여 사각형과 에지로 연결한 6면체를 각각의 영상에 표시한다. 캘리브레이션 정보를 이용하여 3차원 축과 6면체를 투영한 결과는 [그림 11.6]과 유사하다. mW의 img1 영상에 대한 카메라의 투영 오차는 errs[0] = 1.29이고, img2 영상에 대한 카메라의 투영 오차는 errs[1] = 1.01이다.

---

| 예제 11.6 | 카메라 캘리브레이션 3: Z = 0 평면과 영상 사이의 호모그래피 H로부터 카메라 자세 $^{rvec, tvec}$ |
| --- | --- |

```
01 # 1106.py
02 '''
03 https://docs.opencv.org/master/d9/dab/tutorial_homography.html
04 #projective_transformations
05 https://team.inria.fr/lagadic/camera_localization/tutorial-pose-
06 dlt-planar-opencv.html
07 '''
08 import cv2
09 import numpy as np
10 np.set_printoptions(precision = 2, suppress = True)
11
12 #1
13 img1 = cv2.imread('./data/image1.jpg')
14 img2 = cv2.imread('./data/image2.jpg')
15 imageSize= (img1.shape[1], img1.shape[0]) # (width, height)
16
```

```
17  def FindCornerPoints(src_img, patternSize):
18      found, corners = cv2.findChessboardCorners(src_img, patternSize)
19      if not found:
20          return found, corners
21
22      term_crit = (cv2.TERM_CRITERIA_EPS +
23                   cv2.TERM_CRITERIA_MAX_ITER, 10, 0.01)
24      gray = cv2.cvtColor(src_img, cv2.COLOR_BGR2GRAY)
25      corners = cv2.cornerSubPix(gray, corners, (5, 5), (-1, -1),
26                               term_crit)
27  #   reverse order, in this example, to set origin to (left-upper)
28      corners = corners[::-1]
29      return found, corners
30
31  patternSize = (6, 3)
32  found1, corners1 = FindCornerPoints(img1, patternSize)
33  found2, corners2 = FindCornerPoints(img2, patternSize)
34
35  #2: set world(object) coordinates to Z = 0
36  xN, yN = patternSize                            # (6, 3)
37  mW = np.zeros((xN*yN, 3), np.float32)            # (18, 3)
38  # mW points on Z = 0
39  mW[:, :2] = np.mgrid[0:xN, 0:yN].T.reshape(-1, 2)
40  mW[:, :2] += 1
41
42  #3: intrinc parameters
43  K = cv2.initCameraMatrix2D([mW, mW], [corners1, corners2],
44                             imageSize)  # (640, 480)
45  print("K=\n", K)
46
47  #4: decompose H into R(rvec) and T(tvec)
48  def decomposeH2RT(H):
49      H = H / cv2.norm(H[:, 0])                    # normalization ||c1|| = 1
50      c1 = H[:, 0]
51      c2 = H[:, 1]
52      c3 = np.cross(c1, c2)
53
54      tvec = H[:, 2]
55      Q = np.stack([c1, c2, c3], axis = 1)
56      U, s, VT = np.linalg.svd(Q)
57      R = np.dot(U, VT)
58      rvec, _ = cv2.Rodrigues(R)
59      return rvec, tvec
60
61  #5: pose estimation from H, project, and re-projection errors
62  dists = None                                     # dists = np.zeros(5)
```

```
63  index = [0, 5, 17, 12]            # 4-corner index
64  axis3d = np.float32([[0, 0, 0], [3, 0, 0], [0, 3, 0],
65                       [0, 0, -3]]).reshape(-1, 3)
66
67  for i in range(2):
68      print("----- i=", i)
69
70  #5-1
71      if i == 0:
72          img = img1
73          corners = cv2.undistortPoints(corners1, K, dists)
74
75          #for checking
76          #ret1, rvec1, tvec1 = cv2.solvePnP(mW, corners1, K, dists)
77          #print("rvec1=", rvec1.T)
78          #print("tvec1=", tvec1.T)
79
80      else:
81          img = img2
82          corners = cv2.undistortPoints(corners2, K, dists)
83
84          #for checking
85          #ret2, rvec2, tvec2 = cv2.solvePnP(mW, corners2, K, dists)
86          #print("rvec2=", rvec2.T)
87          #print("tvec2=", tvec2.T)
88
89  #5-2: pose estimation from H
90      H, mask = cv2.findHomography(mW, corners, cv2.LMEDS, 2.0)
91      print("H=", H)
92      rvec, tvec = decomposeH2RT(H)
93      print("rvec=", rvec.T)
94      print("tvec=", tvec.T)
95
96  #5-3: display axis
97      axis_2d, _ = cv2.projectPoints(axis3d, rvec, tvec, K, dists)
98      axis_2d    = np.int32(axis_2d).reshape(-1,2)
99      cv2.line(img, tuple(axis_2d[0]), tuple(axis_2d[1]), (255, 0, 0), 3)
100     cv2.line(img, tuple(axis_2d[0]), tuple(axis_2d[2]), (0, 255, 0), 3)
101     cv2.line(img, tuple(axis_2d[0]), tuple(axis_2d[3]), (0, 0, 255), 3)
102
103 #5-4: display pW on Z = 0
104     pW = mW[index]  # 4-corners' coord (x, y, 0)
105     p1, _ = cv2.projectPoints(pW, rvec, tvec, K, dists)
106     p1    = np.int32(p1)
107     cv2.drawContours(img, [p1], -1, (0, 255, 255), -1)
108     cv2.polylines(img, [p1], True, (0, 255, 0), 2)
```

```
109
110  #5-5: display pW on Z = -2
111      pW[:, 2] = -2 # 4-corners' coord (x, y, -2)
112      p2, _ = cv2.projectPoints(pW, rvec, tvec, K, dists)
113      p2    = np.int32(p2)
114      cv2.polylines(img,[p2],True,(0,0,255), 2)
115
116  #5-6: display edges between two rectangles
117      for j in range(4):
118          x1, y1 = p1[j][0] # Z = 0
119          x2, y2 = p2[j][0] # Z = -2
120          cv2.line(img, (x1, y1), (x2, y2), (255, 0, 0), 2)
121
122  #5-7: re-projection errors
123      pts, _ = cv2.projectPoints(mW, rvec, tvec, K, dists)
124      if i == 0:
125          errs = cv2.norm(corners1, np.float32(pts))
126      else:
127          errs = cv2.norm(corners2, np.float32(pts))
128      print("errs[{}]={}".format(i, errs))
129
130  cv2.imshow('img1', img1)
131  cv2.imshow('img2', img2)
132  cv2.waitKey()
133  cv2.destroyAllWindows()
```

**실행 결과:** method = 0 least squares

```
K=
[[942.73 0.    319.5 ]
 [  0.  942.73 239.5 ]
 [  0.    0.     1. ]]

----- i= 0
H= [[ 0.04 -0.01 -0.11]
    [ 0.    0.05 -0.18]
    [-0.01 -0.    1. ]]
rvec= [[-0.03 0.22 0.11]]
tvec= [-2.5 -3.9 21.87]
errs[0]=2.2157847343490116

----- i= 1
H= [[ 0.04 -0.    -0.01]
    [ 0.    0.04 -0.13]
    [-0.03 0.    1. ]]
rvec= [[0.01 0.64 0.08]]
tvec= [-0.17 -3.  22.48]
errs[1]=4.142253411517161
```

## 프로그램 설명

① 3차원 평면 $Z = 0$ 물체 좌표와 2차원 영상 좌표 사이의 호모그래피 H를 계산하고, H로부터 카메라 자세 $R, T$를 계산한다. #1, #2, #3은 [예제 11.4], [예제 11.5]와 같다. #3에서, K, dists는 'calib_1104.npz' 파일에서 로드하거나, cv2.calibrateCamera() 함수로 계산할 수 있다.

② Z = 0인 평면의 물체 좌표와 영상의 코너점 사이의 호모그래피 H로부터 카메라 자세는 [수식 11.7]과 같이 계산한다. 스케일은 호모그래피의 H[:, 0] 열을 정규화하여 계산한다. 프로그램에서는 카메라 행렬 K의 역행렬과 호모그래피를 계산하는 대신, cv2.undistortPoints() 함수로 카메라 정보 $K, dists$를 이용하여 영상 좌표인 코너점 $corners1$, $corners2$을 corners에 왜곡 보정하고, mW와 corners 사이의 호모그래피를 계산한다. np.linalg.svd() 함수를 사용하여 회전행렬을 직교행렬로 만든다.

$$x' = PX' = K[r1 \ r2 \ r3 \ t]\begin{bmatrix} X \\ Y \\ 0 \\ 1 \end{bmatrix} = K[r1 \ r2 \ t]\begin{bmatrix} X \\ Y \\ 1 \end{bmatrix} = H\begin{bmatrix} X \\ Y \\ 1 \end{bmatrix} \qquad \text{[수식 11.7]}$$

$$H = \lambda K[r1 \ r2 \ t]$$

$$K^{-1}H = \lambda [r1 \ r2 \ t]$$

$$P = K[r1 \ r2 \ (r1 \times r2) \ t]$$

③ #4의 decomposeH2RT() 함수는 3×3 호모그래피 행렬 H로부터 카메라 자세 $rvec, tvec$를 계산한다. cv2.norm(H[:, 0])로 정규화하고, tvec = H[:, 2]로 이동 벡터를 계산하며, c1, c2, c3의 벡터가 직교가 되도록 np.linalg.svd(Q)로 분해한 후에, R = np.dot(U, VT)에 의해 회전행렬을 계산한다. cv2.Rodrigues(R)에 의해 회전벡터 $rvec$로 변환한다.

④ #5는 캘리브레이션 정보를 이용하여 두 영상에 3차원 축(axis3d)을 표시하고, Z = 0 평면의 4개의 코너점과 Z = -2 평면의 4개의 코너점에 의한 6면체를 각각의 영상에 투영한다. axis3의 [0, 0, 0]에서 [0, 0, -3]은 -Z축이다. 즉, Z=0 평면에서 카메라를 바라보는 바깥쪽 방향이 -Z축이다.

⑤ #5-1은 반복 변수 i에 따라 두 영상 img1, img2를 img에 저장하고, 카메라 행렬 K와 왜곡 계수 dists(여기서는 dists = None)에 따라 corners1 또는 corners2를 변환하여 corners에 저장한다. 주석 처리된 cv2.solvePnP() 함수를 사용하면 H로부터 계산된 카메라 자세와 비교할 수 있다.

⑥ #5-2는 mW, corners의 대응관계에 의해, 호모그래피 H를 계산하고, decomposeH2RT(H)에 의해 H로부터 카메라 자세 rvec, tvec를 계산한다.

⑦ #5-3은 캘리브레이션 정보 rvec, tvec, K, dists를 이용하여, 3차원 축 axis3d을 투영하여 표시하고, #5-4, #5-5, #5-6은 6면체를 투영한다([그림 11.7]). #5-7에서 mW의 img1 영상에 대한 카메라의 투영 오차는 errs[0] = 2.21이고, img2 영상에 대한 카메라의 투영 오차는 errs[1] = 4.14이다. [예제 11.4], [예제 11.5]의 투영 오차보다 약간 큰 것을 알 수 있다.

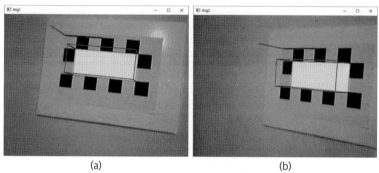

(a)            (b)

그림 11.7 ◆ calibrateCamera()에 의한 카메라 캘리브레이션

## 두 카메라 사이의 변위와 호모그래피 분해   06

캘리브레이션 패턴으로부터 계산한 두 영상의 카메라의 자세(회전, 이동)로부터 변위 displacement 계산과 변위로부터 호모그래피 계산에 대해 설명한다. [수식 11.8]의 $M_{o\_c}$ 행렬은 물체 좌표를 카메라 좌표로 변환한다. 변위 계산 및 호모그래피 분해의 자세한 내용은 OpenCV 튜토리얼 문서 또는 Ezio Malis 등의 "Deeper understanding of the homographydecomposition for vision-based control"을 참고한다.

$$\begin{bmatrix} X_c \\ Y_c \\ Z_c \\ 1 \end{bmatrix} = M_{o\_c} \begin{bmatrix} X_o \\ Y_o \\ Z_o \\ 1 \end{bmatrix}$$

[수식 11.8]

$$M_{o\_c} = \begin{bmatrix} R_{o\_c} & t_{o\_c} \\ 0_{1x3} & 1 \end{bmatrix} = \begin{bmatrix} r_{11} & r_{12} & r_{13} & t_x \\ r_{21} & r_{22} & r_{23} & t_y \\ r_{31} & r_{32} & r_{33} & t_y \\ 0 & 0 & 0 & 0 \end{bmatrix}$$

$M_{c1\_c2}$는 카메라 1의 좌표를 카메라 2의 좌표로 변환한다. $(M_{o\_c1})^{-1}$에 의해 카메라 1의 좌표를 물체 좌표로 옮기고, $M_{0\_c2}$에 의해 물체 좌표를 카메라 2의 좌표로 변환한다.

$$M_{c1\_c2} = M_{0\_c2}M_{c1\_0} = M_{0\_c2}(M_{o\_c1})^{-1} \qquad \text{[수식 11.9]}$$

$$= \begin{bmatrix} R_{o\_c2} & t_{o\_c2} \\ 0_{1\times3} & 1 \end{bmatrix} \begin{bmatrix} R_{o\_c1}^T & -R_{o\_c1}^T \, t_{o\_c1} \\ 0_{1\times3} & 1 \end{bmatrix}$$

두 영상 사이의 투영 호모그래피 projective homography 행렬 $G$는 유클리드 호모그래피 Euclidean homography 행렬 $H$와 카메라 행렬 $K$를 사용하여 [수식 11.10]과 같이 계산할 수 있다.

$$H = K^{-1}GK \qquad\qquad \text{[수식 11.10]}$$

$$G = \gamma KHK^{-1}$$

카메라 1 c1에서 카메라 2 c2 좌표계 프레임로의 호모그래피 $H_{1\_2}$를 카메라 변위로부터 [수식 11.11]과 같이 계산할 수 있다. $n$은 캘리브레이션 패턴 평면의 법선 벡터이고, $d$는 카메라 1에서 캘리브레이션 패턴 평면까지의 거리로 평면 위의 한 점과 법선 벡터의 내적으로 계산할 수 있다. 두 카메라 좌표계 사이의 회전행렬은 $R_{1\_2}$이고, 이동 벡터는 $t_{1\_2}$이다.

$$H_{1\_2} = R_{1\_2} + \frac{t_{1\_2} \cdot n^T}{d} \qquad\qquad \text{[수식 11.11]}$$

여기서, $R_{1\_2} = R_{o\_c2} \cdot R_{o\_c1}^T$, $t_{1\_2} = R_{o\_c2} \cdot (-R_{o\_c1}^T \cdot t_{o\_c1}) + t_{o\_c2}$

cv2.decomposeHomographyMat() 함수는 Ezio Malis 등의 기술보고서에 설명된 Faugeras와 Zhang의 SVD에 기반한 호모그래피로부터 회전행렬 R, 이동 벡터 t, 법선 벡터 n의 분해를 구현하여, 최대 4개까지의 가능해를 계산한다. cv2.filterHomography DecompByVisibleRefpoints() 함수는 호모그래피를 계산할 때 사용한 대응점을 사용하여 불가능한 해를 제거하여 최대 2개의 해의 인덱스를 검출한다. 이동 벡터 t는 평면까지의 거리 d에 의해 정규화 되어 있어 합성 변환에서 사용할 때는 거리 d로 스케일 해야 한다.

**예제 11.7** 카메라의 변위 displacement와 호모그래피

```
01  # 1107.py
02  '''
03  # https://docs.opencv.org/master/d9/dab/tutorial_homography.
04  html#projective_transformations
05  # https://hal.inria.fr/inria-00174036v3/document
06  #     Deeper understanding of the homography decomposition for
07  #     vision-based control
08  '''
09  import cv2
10  import numpy as np
11  np.set_printoptions(precision = 2, suppress = True)
12
13  #1
14  img1 = cv2.imread('./data/image1.jpg')
15  img2 = cv2.imread('./data/image2.jpg')
16  imageSize= (img1.shape[1], img1.shape[0]) # (width, height)
17
18  def FindCornerPoints(src_img, patternSize):
19      found, corners = cv2.findChessboardCorners(src_img, patternSize)
20      if not found:
21          return found, corners
22
23      term_crit = (cv2.TERM_CRITERIA_EPS + cv2.TERM_CRITERIA_MAX_ITER,
24                  10, 0.01)
25      gray = cv2.cvtColor(src_img, cv2.COLOR_BGR2GRAY)
26      corners = cv2.cornerSubPix(gray, corners, (5, 5), (-1, -1),
27                              term_crit)
28  #   reverse order, in this example, to set origin to (left-upper)
29      corners = corners[::-1]
30      return found, corners
31
32  patternSize = (6, 3)
33  found1, corners1 = FindCornerPoints(img1, patternSize)
34  found2, corners2 = FindCornerPoints(img2, patternSize)
35
36  #2: set world(object) coordinates to Z = 0
37
38  xN, yN = patternSize                        # (6, 3)
39  mW = np.zeros((xN * yN, 3), np.float32)      # (18, 3)
40  # mW points on Z = 0
41  mW[:, :2] = np.mgrid[0:xN, 0:yN].T.reshape(-1, 2)
42  mW[:, :2] += 1
43
44  #3: intrinc parameters
```

```python
45 K = cv2.initCameraMatrix2D([mW, mW], [corners1, corners2],
46                            imageSize)                    # (640, 480)
47 #print("K=\n", K)
48
49 #4: pose estimation on camera 1 and camera 2
50 dists = None  # dists = np.zeros(5)
51 ret1, rvec1, tvec1 = cv2.solvePnP(mW, corners1, K, dists)
52 ret2, rvec2, tvec2 = cv2.solvePnP(mW, corners2, K, dists)
53 print("rvec1=", rvec1.T)
54 print("tvec1=", tvec1.T)
55 print("rvec2=", rvec2.T)
56 print("tvec2=", tvec2.T)
57
58 def computeC2MC1(rvec1, t1, rvec2, t2):
59     R1 = cv2.Rodrigues(rvec1)[0]          # vector to matrix
60     R2 = cv2.Rodrigues(rvec2)[0]
61
62     R_1to2 = np.dot(R2, R1.T)
63     r_1to2 = cv2.Rodrigues(R_1to2)[0]
64
65     t_1to2 = np.dot(R2, np.dot(-R1.T, t1)) + t2
66     return r_1to2, t_1to2
67
68 rvec_1to2, tvec_1to2 = computeC2MC1(rvec1, tvec1, rvec2, tvec2)
69 #print("rvec_1to2=", rvec_1to2.T)
70 #print("tvec_1to2=", tvec_1to2.T)
71
72 #6: just for check, rvec==rvec2, tvec == tvec2
73 rvec, tvec = cv2.composeRT(rvec1, tvec1, rvec_1to2, tvec_1to2)[:2]
74 print("rvec=", rvec.T)
75 print("tvec=", tvec.T)
76
77 #7: homography from the camera displacement
78
79 #7-1: the plane normal at camera 1
80 normal = np.array([0., 0., 1.]).reshape(3, 1) # +Z
81 R1 = cv2.Rodrigues(rvec1)[0]                   # vector to matrix
82 normal1 = np.dot(R1, normal)
83
84 #7-2: the origin as a point on the plane at camera 1
85 origin = np.array([0., 0., 0.]).reshape(3, 1)
86 origin1 = np.dot(R1, origin) + tvec1
87
88 #7-3: the plane distance to the camera 1
89 #     as the dot product between the plane normal and a point
90 #     on the plane
```

```
 91  d1 = np.sum(normal1 * origin1)
 92  print("normal1=", normal1.T)
 93  print("origin1=", origin1.T)
 94  print("d1=", d1)
 95
 96  #7-4: homography from camera displacement
 97  def computeHomography(rvec_1to2, tvec_1to2, d, normal):
 98      R_1to2 = cv2.Rodrigues(rvec_1to2)[0]     # vector to matrix
 99      homography = R_1to2 + np.dot(tvec_1to2, normal.T)/d
100      return homography
101
102  homography_euclidean = computeHomography(rvec_1to2, tvec_1to2,
103                                           d1, normal1)
104  homography = np.dot(np.dot(K, homography_euclidean), np.linalg.inv(K))
105  homography /= homography[2,2]
106  homography_euclidean /= homography_euclidean[2,2]
107  print("homography=",homography)
108
109  #8: same but using absolute camera poses, just for check
110  def computeHomography2(rvec1, tvec1, rvec2, tvec2, d, normal):
111      R1 = cv2.Rodrigues(rvec1)[0]                # vector to matrix
112      R2 = cv2.Rodrigues(rvec2)[0]                # vector to matrix
113
114      homography = np.dot(R2, R1.T) +
115                      np.dot((np.dot(np.dot(-R2,R1.T), tvec1) +
116                          tvec2), normal.T)/d
117      return homography
118
119  homography_euclidean2 = computeHomography2(rvec1, tvec1,
120                                             rvec2, tvec2, d1, normal1)
121  homography2 = np.dot(np.dot(K, homography_euclidean2),
122                      np.linalg.inv(K))
123  homography2 /= homography2[2, 2]
124  homography_euclidean2 /= homography_euclidean2[2, 2]
125  print("homography2=", homography2)
126
127  #9: homography from image points
128  H, mask = cv2.findHomography(corners1, corners2, cv2.LMEDS, 2.0)
129  print("H=", H)
130
131  #10: perspective projections using homography
132  index = [0, 5, 17, 12]                    # 4-corner index
133  img1 = cv2.polylines(img1, [np.int32(corners1[index])],
134                  True, (255, 0, 0), 2)
135  #pts = cv2.perspectiveTransform(corners1, H)
136  #pts = corners1 * H
```

```
137  #pts = cv2.perspectiveTransform(corners1, homography2)
138  #pts = corners1 * homography2
139
140  pts = cv2.perspectiveTransform(corners1, homography)
141  #pts = corners1 * homography
142
143  img2 = cv2.polylines(img2, [np.int32(pts[index])], True,
144                       (0, 0, 255), 2)
145  cv2.imshow('img1', img1)
146  cv2.imshow('img2', img2)
147  cv2.waitKey()
148  cv2.destroyAllWindows()
```

**실행 결과**

```
rvec1= [[-0.05  0.24  0.11]]
tvec1= [[-2.5  -3.89 21.87]]

rvec2= [[-0.01  0.64  0.08]]
tvec2= [[-0.17 -3.   22.5 ]]

rvec= [[-0.01  0.64  0.08]]
tvec= [[-0.17 -3.   22.5 ]]

normal1= [[0.23 0.06 0.97]]
origin1= [[-2.5  -3.89 21.87]]
d1= 20.409671078597842

homography= [[  0.64  0.02  150.51]
             [ -0.11  0.9    63.59]
             [ -0.    0.     1.  ]]
homography2= [[  0.64  0.02  150.51]
              [ -0.11  0.9    63.59]
              [ -0.    0.     1.  ]]
H= [[  0.64  0.02  151.62]
    [ -0.11  0.9    64.45]
    [ -0.    0.     1.  ]]
```

**프로그램 설명**

1. 3차원 평면 $Z = 0$ 물체 좌표와 2개의 영상 img1, img2에 대한 카메라 행렬 $K$과 각각의 영상에 대한 카메라의 자세를 계산하고, 두 카메라 사이의 변위 rvec_1to2, tvec_1to2를 계산하고, 변위로부터 호모그래피를 계산한다.

2. #1, #2, #3, #4는 $Z = 0$인 평면의 물체 좌표 mW와 2개의 영상 img1, img2에 대한 코너점 corners1, corners2을 이용하여 카메라 행렬 K와 1번 카메라의 자세 rvec1, tvec1, 2번 카메라의 자세 rvec2, tvec2를 계산한다.

③ #5에서 computeC2MC1() 함수는 [수식 11.9]의 카메라 1의 좌표를 카메라 2의 좌표로 변환하는 $M_{c1\_c2}$ 를 구현한다. 카메라 1에서 카메라 2로의 변위는 회전 rvec_1to2, 이동 tvec_1to2이다.

④ #6은 카메라 1의 자세 rvec1, tvec1에서 #5의 변위 rvec_1to2, tvec_1to2를 합성 변환하면 카메라2의 자세 rvec2, tvec2이다. 즉, rvec는 rvec2와 같고, tvec은 tvec2와 같다.

⑤ #7은 변위로부터 호모그래피를 계산하는 [수식 11.11]을 구현한다. #7-1은 캘리브레이션 패턴 평면 Z = 0의 +Z축 방향 법선 벡터를 normal에 저장하고, 카메라 1의 좌표 normal1로 변환한다. #7-2는 캘리브레이션 패턴 평면 위의 한 점인 원점 origin을 카메라 1의 좌표 origin1로 변환한다. #7-3은 카메라 1에서 캘리브레이션 패턴 평면까지의 거리 d1은 normal1과 origin1의 내적으로 계산한다. 예제는 d1 = 20.4096이다.

⑥ #7-4의 computeHomography() 함수는 [수식 11.11]을 구현한다. [수식 11.11]을 이용하여 카메라 좌표계에서의 유클리드 호모그래피 homography_euclidean를 계산하고, [수식 11.10]을 이용하여 영상에서의 투영 호모그래피 homography를 계산한다.

⑦ #8은 [수식 11.9]와 [수식 11.10]을 이용하여 변위를 계산하지 않고, 두 카메라의 자세로부터 직접 호모그래피를 계산한다. 결과는 #7과 같다. 즉, homography와 homography2는 같다.

⑧ #9는 cv2.findHomography()로 영상의 대응점 corners1, corners2을 이용하여 호모그래피 H를 계산한다. H는 homography, homography2와 오차 범위 내에서 같은 결과를 갖는다.

⑨ #10은 cv2.perspectiveTransform()로 corners1에 호모그래피 H, homography, homography2 변환을 적용하여 pts를 생성하고, pts[index])를 사각형으로 표시한다([그림 11.8]).

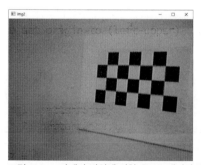

그림 11.8 ◆ 카메라 변위에 의한 호모그래피와 투영 변환

**예제 11.8** 영상 사이의 호모그래피 -> (rvec_decomp, tvec_decomp, nvec_decomp) 분해

```
01  # 1108.py
02  '''
03  https://docs.opencv.org/master/d9/dab/tutorial_homography.
04  html#projective_transformations
```

```
05  https://hal.inria.fr/inria-00174036v3/document
06      Deeper understanding of the homography decomposition for
07  #vision-based control
08  '''
09  import cv2
10  import numpy as np
11  np.set_printoptions(precision = 2, suppress = True)
12
13  #1
14  img1 = cv2.imread('./data/image1.jpg')
15  img2 = cv2.imread('./data/image2.jpg')
16  imageSize = (img1.shape[1], img1.shape[0])      # (width, height)
17
18  def FindCornerPoints(src_img, patternSize):
19      found, corners = cv2.findChessboardCorners(src_img, patternSize)
20      if not found:
21          return found, corners
22
23      term_crit = (cv2.TERM_CRITERIA_EPS+cv2.TERM_CRITERIA_MAX_ITER,
24                  10, 0.01)
25      gray = cv2.cvtColor(src_img, cv2.COLOR_BGR2GRAY)
26      corners = cv2.cornerSubPix(gray, corners, (5,5), (-1,-1),
27                          term_crit)
28  #   reverse order, in this example, to set origin to (left-upper)
29      corners = corners[::-1]
30      return found, corners
31
32  patternSize = (6, 3)
33  found1, corners1 = FindCornerPoints(img1, patternSize)
34  found2, corners2 = FindCornerPoints(img2, patternSize)
35
36  #2: set world(object) coordinates to Z = 0
37  xN, yN = patternSize                        # (6, 3)
38  mW = np.zeros((xN*yN, 3), np.float32)        # (18, 3)
39  # mW points on Z = 0
40  mW[:, :2] = np.mgrid[0:xN, 0:yN].T.reshape(-1, 2)
41  mW[:, :2] += 1
42
43  #3: intrinc parameters
44  K = cv2.initCameraMatrix2D([mW, mW], [corners1, corners2],
45                          imageSize)          # (640, 480)
46  #print("K=\n", K)
47
48  #4: pose estimation on camera 1 and camera 2
49  dists = None            # dists = np.zeros(5)
```

```
50 ret1, rvec1, tvec1 = cv2.solvePnP(mW, corners1, K, dists)
51 ret2, rvec2, tvec2 = cv2.solvePnP(mW, corners2, K, dists)
52 print("rvec1=", rvec1.T)
53 print("tvec1=", tvec1.T)
54 print("rvec2=", rvec2.T)
55 print("tvec2=", tvec2.T)
56
57 def computeC2MC1(rvec1, t1, rvec2, t2):
58     R1 = cv2.Rodrigues(rvec1)[0]          # vector to matrix
59     R2 = cv2.Rodrigues(rvec2)[0]
60
61     R_1to2 = np.dot(R2, R1.T)
62     r_1to2 = cv2.Rodrigues(R_1to2)[0]
63
64     t_1to2 = np.dot(R2, np.dot(-R1.T, t1)) + t2
65     return r_1to2, t_1to2
66
67 rvec_1to2, tvec_1to2 = computeC2MC1(rvec1, tvec1, rvec2, tvec2)
68 #print("rvec_1to2=",  rvec_1to2.T)
69 #print("tvec_1to2=",  tvec_1to2.T)
70
71 #6: just for check, rvec==rvec2, tvec == tvec2
72 rvec, tvec = cv2.composeRT(rvec1, tvec1, rvec_1to2, tvec_1to2)[:2]
73 print("rvec=",  rvec.T)
74 print("tvec=",  tvec.T)
75
76 #7: homography from the camera displacement
77
78 #7-1: the plane normal at camera 1
79 normal = np.array([0., 0., 1.]).reshape(3, 1) # +Z
80 R1 = cv2.Rodrigues(rvec1)[0]                  # vector to matrix
81 normal1 = np.dot(R1, normal)
82
83 #7-2: the origin as a point on the plane at camera 1
84 origin = np.array([0., 0., 0.]).reshape(3, 1)
85 origin1 = np.dot(R1, origin) + tvec1
86
87 #7-3: the plane distance to the camera 1
88 #       as the dot product between the plane normal and a point
89 #       on the plane
90 d1 = np.sum(normal1 * origin1)
91 #print("normal1=", normal1.T)
92 #print("origin1=", origin1.T)
93 print("d1=", d1)
94
```

```
95  #7-4: homography from camera displacement
96  def computeHomography(rvec_1to2, tvec_1to2, d, normal):
97      R_1to2 = cv2.Rodrigues(rvec_1to2)[0]      # vector to matrix
98      homography = R_1to2 + np.dot(tvec_1to2, normal.T) / d
99      return homography
100
101 homography_euclidean = computeHomography(rvec_1to2, tvec_1to2,
102                                          d1, normal1)
103 homography = np.dot(np.dot(K, homography_euclidean), np.linalg.inv(K))
104 homography /= homography[2, 2]
105 homography_euclidean /= homography_euclidean[2, 2]
106 print("homography=", homography)
107
108 #8: same but using absolute camera poses, just for check
109 def computeHomography2(rvec1, tvec1, rvec2, tvec2, d, normal):
110     R1 = cv2.Rodrigues(rvec1)[0]      # vector to matrix
111     R2 = cv2.Rodrigues(rvec2)[0]      # vector to matrix
112
113     homography = np.dot(R2,R1.T) +
114         np.dot((np.dot(np.dot(-R2, R1.T), tvec1) + tvec2),
115             normal.T) / d
116     return homography
117
118 homography_euclidean2 = computeHomography2(rvec1, tvec1, rvec2,
119                                            tvec2, d1, normal1)
120 homography2 = np.dot(np.dot(K, homography_euclidean2),
121                     np.linalg.inv(K))
122 homography2 /= homography2[2, 2]
123 homography_euclidean2 /= homography_euclidean2[2, 2]
124 #print("homography2=", homography2)
125
126 #9: homography from image points
127 H, mask = cv2.findHomography(corners1, corners2, cv2.LMEDS, 2.0)
128 print("H=", H)
129
130 #10: decompose the homography to a set of rotations,
131 #     translations and plane normals
132 #10-1
133 ret, Rs_decomp, ts_decomp, ns_decomp =
134         cv2.decomposeHomographyMat(homography, K)
135 #ret, Rs_decomp, ts_decomp, ns_decomp =
136 #         cv2.decomposeHomographyMat(homography2, K)
137 #ret, Rs_decomp, ts_decomp, ns_decomp =
138 #         cv2.decomposeHomographyMat(H, K)
139
```

```
140  #10-2
141  solutions = cv2.filterHomographyDecompByVisibleRefpoints(Rs_decomp,
142                          ns_decomp, corners1, corners2)
143  solutions = solutions.flatten()
144  print("solutions=", solutions)
145
146  #10-3: for check, the same as rvec_decomp, tvec_decomp,
147  #                           nvec_decomp in #10-4
148  print("rvec_1to2=", rvec_1to2.T)
149  print("tvec_1to2=", tvec_1to2.T)
150  print("normal1=",   normal1.T)
151
152  #10-4: find a solution with minimum re-projection errors
153  min_errors = 1.0E5
154  for i in solutions:
155      print("----- solutions, i=", i)
156
157      rvec_decomp = cv2.Rodrigues(Rs_decomp[i])[0]
158  #    scale by the plane distance to the camera 1
159      tvec_decomp = ts_decomp[i] * d1
160      #print("rvec_decomp=", rvec_decomp.T)
161      #print("tvec_decomp=", tvec_decomp.T)
162      #print("ns_decomp=", ns_decomp[i].T)
163
164      # re-projection errors
165      rvec3, tvec3 = cv2.composeRT(rvec1, tvec1, rvec_decomp,
166                              tvec_decomp)[:2]
167      pts, _ = cv2.projectPoints(mW, rvec3, tvec3, K, dists)
168      errs = cv2.norm(corners2, np.float32(pts))
169      print("errs[{}]={}".format(i, errs))
170      if errs < min_errors:
171          min_errors = errs
172          min_i = i
173  print("min_errors[{}]={}".format(min_i, min_errors))
174
175
176  rvec_decomp = cv2.Rodrigues(Rs_decomp[min_i])[0]
177  # scale by the plane distance to the camera 1
178  tvec_decomp = ts_decomp[min_i] * d1
179  nvec_decomp = ns_decomp[min_i]
180  print("rvec_decomp=", rvec_decomp.T)
181  print("tvec_decomp=", tvec_decomp.T)
182  print("nvec_decomp=", nvec_decomp.T)
183
184  #11: project and display
```

```
185  #11-1: compose camera1 + decomposition( or displacement)
186  rvec, tvec = cv2.composeRT(rvec1, tvec1, rvec_decomp, tvec_decomp)
187  [:2]
188  print("rvec=", rvec.T)
189  print("tvec=", tvec.T)
190
191  #11-2: display axis in img2
192  index = [0, 5, 17, 12]           # 4-corner index
193  axis3d = np.float32([[0, 0, 0], [3, 0, 0], [0, 3, 0],
194                       [0, 0, -3]]).reshape(-1, 3)
195  axis_2d, _ = cv2.projectPoints(axis3d, rvec, tvec, K, dists)
196  axis_2d    = np.int32(axis_2d).reshape(-1, 2)
197  cv2.line(img2, tuple(axis_2d[0]), tuple(axis_2d[1]), (255, 0, 0), 3)
198  cv2.line(img2, tuple(axis_2d[0]), tuple(axis_2d[2]), (0, 255, 0), 3)
199  cv2.line(img2, tuple(axis_2d[0]), tuple(axis_2d[3]), (0, 0, 255), 3)
200
201  #11-3: display pW on Z = 0
202  pW = mW[index]  # 4-corners' coord (x, y, 0)
203  p1, _ = cv2.projectPoints(pW, rvec, tvec, K, dists)
204  p1     = np.int32(p1)
205
206  cv2.drawContours(img2, [p1], -1, (0, 255, 255), -1)
207  cv2.polylines(img2, [p1], True, (0, 255, 0), 2)
208
209  #11-4: display pW on Z = -2
210  pW[:, 2] = -2 # 4-corners' coord (x, y, -2)
211  p2, _ = cv2.projectPoints(pW, rvec, tvec, K, dists)
212
213  p2     = np.int32(p2)
214  cv2.polylines(img2, [p2], True, (0, 0, 255), 2)
215
216  #11-5: display edges between two rectangles
217  for j in range(4):
218      x1, y1 = p1[j][0]           # Z = 0
219      x2, y2 = p2[j][0]           # Z = -2
220      cv2.line(img2, (x1, y1), (x2, y2), (255, 0, 0), 2)
221
222  cv2.imshow('img2',img2)
223  cv2.waitKey()
224  cv2.destroyAllWindows()
```

**실행 결과**

```
rvec1= [[-0.05 0.24 0.11]]
tvec1= [[-2.5 -3.89 21.87]]
rvec2= [[-0.01 0.64 0.08]]
tvec2= [[-0.17 -3. 22.5 ]]
```

```
rvec= [[-0.01  0.64  0.08]]          # rvec2와 같다.
tvec= [[-0.17  -3.  22.5 ]]          # tvec2와 같다.

d1= 20.409671078597842
homography= [[  0.64  0.02  150.51]
             [ -0.11  0.9    63.59]
             [ -0.     0.      1.  ]]
H= [[  0.64  0.02  151.62]
    [ -0.11  0.9    64.45]
    [ -0.     0.      1.  ]]

solutions= [1 3]
rvec_1to2= [[ 0.01  0.4  -0.04]]
tvec_1to2= [[-6.33  1.15  1.41]]
normal1= [[0.23 0.06 0.97]]

----- solutions, i= 1
errs[1]=624.2882407505576
----- solutions, i= 3
errs[3]=1.0155692862396426
min_errors[3]=1.0155692862396426

rvec_decomp= [[ 0.01  0.4  -0.04]]   # rvec_1to2와 같다.
tvec_decomp= [[-6.33  1.15  1.41]]   # tvec_1to2와 같다.
nvec_decomp= [[0.23 0.06 0.97]]      # normal과 같다.
rvec= [[-0.01  0.64  0.08]]          # rvec2와 같다.
tvec= [[-0.17  -3.  22.5 ]]          # rvec2와 같다.
```

## 프로그램 설명

① 3차원 평면 $Z = 0$ 물체 좌표와 2개의 영상 img1, img2에 대한 카메라 사이의 변위 rvec_1to2, tvec_1to2로부터 계산한 호모그래피를 (Rs_decomp, ts_decomp, ns_decomp)로 분해한다.

② #1에서 #9 까지는 [예제 11.7]과 같다. $Z = 0$인 평면의 물체 좌표 mW와 2개의 영상 img1, img2에 대한 코너점 corners1, corners2을 이용하여 카메라 행렬 K와 1번 카메라의 자세 rvec1, tvec1, 2번 카메라의 자세 rvec2, tvec2를 계산하고, 호모그래피 homography, homography2, H를 계산한다.

③ #10은 호모그래피를 계산하고, 최소 투영 오차를 갖는 해를 찾는다. #10-1은 cv2.decomposeHomographyMat()로 호모그래피 homography, homography2, H를 회전행렬 Rs_decomp, 이동 벡터 ts_decomp, 법선 벡터 ns_decomp로 분해한다. 최대 ret = 4개의 해를 반환한다. #10-2는 가시성을 이용하여 가능한 해를 최대 2개로 줄인다. 예제에서는 가능한 해는 solutions = [1, 3]이다. #10-3은 #10-4의 호모그래피 분해 (rvec_decomp, tvec_decomp, nvec_decomp)와 비교하기 위해 변위 rvec_1to2, tvec_1to2, normal1를 출력한다.

결과가 같은 것을 확인할 수 있다. #10-4는 가능한 해 중에서 투영 오차가 가장 작은 분해의 인덱스 min_i를 검출한다.

tvec_decomp = ts_decomp[i] * d1에 의해 이동 벡터는 카메라 1에서 캘리브레이션 패턴 평면 $Z = 0$ 까지의 거리 d1 = 20.4096로 스케일한다. cv2.composeRT()로 카메라 1의 자세 rvec1, tvec1와 분해 결과 (rvec_decomp, tvec_decomp)를 합성한 rvec3, tvec3을 계산하여, mW를 pts에 투영하고, corners2와의 오차를 계산하고, 최소오차를 갖는 인덱스를 찾는다.

호모그래피 분해 (rvec_decomp, tvec_decomp, nvec_decomp) 결과는 카메라 변위 rvec_1to2, tvec_1to2, normal1와 같다.

④ #11은 cv2.composeRT()로 카메라 1의 자세 rvec1, tvec1와 최소 투영 오차를 갖는 분해 결과 (rvec_decomp, tvec_decomp)를 합성한 rvec3, tvec3을 계산하고, img2에 좌표축과 6면체를 투영하여 표시한다([그림 11.9]). rvec3, tvec3는 rvec2, tvec2와 각각 같다. Z = 0 평면에서 카메라를 바라보는 바깥쪽 방향이 -Z축이다.

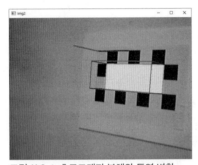

그림 11.9 ◆ 호모그래피 분해와 투영 변환

# 07 비디오에서 카메라 캘리브레이션

지금까지는 영상을 사용한 캘리브레이션에 대해 설명하였다. 여기서는 비디오에서 카메라 캘리브레이션에 대해 설명한다.

**예제 11.9** 비디오에서 캘리브레이션 1: cv2.initCameraMatrix2D, cv2.solvePnP

```python
01 # 1109.py
02 import cv2
03 import numpy as np
04 np.set_printoptions(precision = 2, suppress = True)
```

```
05
06 #1: open video capture
07 #cap = cv2.VideoCapture(0)
08 cap = cv2.VideoCapture('./data/chess1.wmv')
09 if (not cap.isOpened()):
10     print('Error opening video')
11     import sys
12     sys.exit()
13 height, width = (int(cap.get(cv2.CAP_PROP_FRAME_HEIGHT)),
14                  int(cap.get(cv2.CAP_PROP_FRAME_WIDTH)))
15 imageSize = width, height
16
17 #2
18 patternSize = (6, 3)
19 def FindCornerPoints(src_img, patternSize):
20     found, corners = cv2.findChessboardCorners(src_img, patternSize)
21     if not found:
22         return found, corners
23
24     term_crit = (cv2.TERM_CRITERIA_EPS + cv2.TERM_CRITERIA_MAX_ITER,
25                  10, 0.01)
26     gray = cv2.cvtColor(src_img, cv2.COLOR_BGR2GRAY)
27     corners = cv2.cornerSubPix(gray, corners, (5, 5), (-1, -1),
28                                term_crit)
29 #   reverse order, in this example, to set origin to (left-upper)
30     corners = corners[::-1]
31     return found, corners
32
33 #3: set world(object) coordinates to Z = 0
34 xN, yN = patternSize                          # (6, 3)
35 mW = np.zeros((xN * yN, 3), np.float32)        # (18, 3)
36 # mW points on Z = 0
37 mW[:, :2] = np.mgrid[0:xN, 0:yN].T.reshape(-1, 2)
38 # (1, 1, 0): coord of the start corner point in the pattern
39 mW[:, :2] += 1
40
41 #4: load camera matrix K
42 with np.load('./data/calib_1104.npz') as X:
43     K = X['K']
44     #dists = X['dists']
45 dists = np.zeros(5)
46 print("K=\n", K)
47 print("dists=", dists)
48
```

```
49  #5: calculate K from obj_points, img_points
50  ##t = 0
51  ##count = 0
52  ##N_FRAMES = 10
53  ##obj_points = [ ]
54  ##img_points = [ ]
55  ##
56  ##while True:
57  ###5-1: build obj_points, img_points
58  ##    ret, frame = cap.read()
59  ##    if not ret:
60  ##        break
61  ##    found, corners = FindCornerPoints(frame, patternSize)
62  ##    if not found:
63  ##        cv2.imshow('frame',frame)
64  ##        key = cv2.waitKey(20)
65  ##        if key == 27:  break
66  ##        continue
67  ##
68  ##    t+= 1
69  ##    if t%10 != 0:                    # sample
70  ##        continue
71  ##
72  ##    if found and count<N_FRAMES:
73  ##        obj_points.append(mW)
74  ##        img_points.append(corners)
75  ##        cv2.drawChessboardCorners(frame, patternSize,
76                                      corners, found)
77  ##        count += 1
78  ##    else:
79  ##        break
80  ##    cv2.imshow('frame', frame)
81  ##    key = cv2.waitKey(20)
82  ##    if key == 27:
83  ##        break
84  ##
85  ###5-2: calibrate camera matrix
86  ##K = cv2.initCameraMatrix2D(obj_points, img_points, imageSize)
87  ##errors, K, dists, _, _= cv2.calibrateCamera(
88  ##                          obj_points, img_points, imageSize,
89  ##                          None, None)
90  ##np.savez('./data/calib_1109.npz', K = K, dists = dists)
91  ##print("K=\n", K)
92  ##print("dists=", dists)
93
```

```
94  #6: calibrate rvec and tvec, draw axis, object, errors
95  index = [0, 5, 17, 12]          # 4-corner index
96  axis3d = np.float32([[0, 0, 0], [3, 0, 0],
97                       [0, 3, 0], [0, 0, -3]]).reshape(-1, 3)
98
99  t = 0 # frame counter
100 while True:
101 #6-1
102     ret, frame = cap.read()
103     if not ret:
104         break
105
106     found, corners = FindCornerPoints(frame, patternSize)
107     if not found:
108         cv2.imshow('frame',frame)
109         key = cv2.waitKey(20)
110         if key == 27:  break
111         continue
112
113     ret, rvec, tvec = cv2.solvePnP(mW, corners, K, dists)
114
115 #6-2: display axis
116     axis_2d, _ = cv2.projectPoints(axis3d, rvec, tvec, K, dists)
117     axis_2d    = np.int32(axis_2d).reshape(-1,2)
118     cv2.line(frame, tuple(axis_2d[0]), tuple(axis_2d[1]),
119             (255, 0, 0),3)
120     cv2.line(frame, tuple(axis_2d[0]), tuple(axis_2d[2]),
121             (0, 255, 0),3)
122     cv2.line(frame, tuple(axis_2d[0]), tuple(axis_2d[3]),
123             (0, 0, 255),3)
124
125 #6-3: display pW on Z = 0
126     pW = mW[index]              # 4-corners'coord (x, y, 0)
127     p1, _ = cv2.projectPoints(pW, rvec, tvec, K, dists)
128     p1    = np.int32(p1)
129
130     cv2.drawContours(frame, [p1],-1,(0,255,255), -1)
131     cv2.polylines(frame,[p1],True,(0,255,0), 2)
132
133 #6-4: display pW on Z = -2
134     pW[:, 2] = -2              # 4-corners'coord (x, y, -2)
135     p2, _ = cv2.projectPoints(pW, rvec, tvec, K, dists)
136     p2    = np.int32(p2)
137     cv2.polylines(frame, [p2], True, (0, 0, 255), 2)
138
```

```
139  #6-5: display edges between two rectangles
140      for j in range(4):
141          x1, y1 = p1[j][0]              # Z = 0
142          x2, y2 = p2[j][0]              # Z = -2
143          cv2.line(frame, (x1, y1), (x2, y2), (255, 0, 0), 2)
144
145  #6-6: re-projection errors
146      pts, _ = cv2.projectPoints(mW, rvec, tvec, K, dists)
147      errs = cv2.norm(corners, np.float32(pts))
148      #print("errs[{}]={:.2f}".format(t, errs))
149      t += 1
150      cv2.imshow('frame', frame)
151      key = cv2.waitKey(20)
152      if key == 27:
153          break
154  #7
155  if cap.isOpened(): cap.release()
156  cv2.destroyAllWindows()
```

**실행 결과: './data/chess1.wmv'**

```
K=          #4: load camera matrix K
 [[931.62   0.    333.46]
  [  0.    933.83 326.74]
  [  0.     0.     1. ]]
dists= [[ 0.01  4.64  0.05 -0.04 -27.83]]
K=          #5: calculate K from obj_points, img_points
 [[1629.79   0.    309.17]
  [  0.    1609.77 231.24]
  [  0.     0.     1. ]]
dists= [[ 2.94 -284.6  0.02  -0.03 9954.48]]
```

**프로그램 설명**

① 카메라 행렬 K를 로드하고, 비디오 프레임에서 코너점을 계산하고, cv2.solvePnP()로 mW와 코너점 corners을 이용하여, 카메라 자세 rvec, tvec를 계산한다. [예제 11.5]의 비디오 버전이다.

카메라 행렬 K를 로드하는 대신, 비디오의 앞부분 프레임으로부터 코너점을 검출하고 obj_points, img_points를 생성하여 카메라 행렬을 계산할 수 있다. 이때는 연속된 프레임보다는 일정간격으로 떨어진 프레임 예제에서는 10 프레임 간격에서 코너점을 찾는 것이 캘리브레이션에서 안정적이다.

② #1은 비디오를 개방한다. #2는 코너점 검출 함수를 정의하고, #3은 Z = 0인 평면의 물체 좌표 mW를 생성한다.

③ #4는 np.load()로 'calib_1104.npz' 파일에서 K, dists를 로드한다.

④ #5는 비디오 프레임으로부터 N_FRAMES = 10개의 비디오 프레임에서 코너점 corners을 검출하여 obj_points, img_points 리스트를 생성하고, cv2.initCameraMatrix2D()로 카메라 행렬 K를 계산하거나, cv2.calibrateCamera()로 K, dists를 계산한다. np.savez()로 K, dists를 'calib_1109.npz' 파일에 저장한다. if t % 10 != 0: continue 문을 사용하여 10 프레임 간격의 영상에서 코너점을 검출한다. 연속된 프레임에서 검출된 영상의 코너점을 사용할 경우 캘리브레이션 오차가 클 수 있다. 동일한 카메라를 사용해도 영상에 따라 #4와 #5의 K, dists의 결과가 다를 수 있다.

⑤ #6은 비디오 프레임에서 코너점 corners을 검출하고, cv2.solvePnP()로 mW, corners, K, dists를 이용하여 카메라 자세 rvec, tvec를 계산하고, frame에 좌표축과 6면체를 투영하여 표시한다. Z = 0 평면에서 카메라를 바라보는 바깥쪽 방향이 -Z축이다.
#6-6은 캘리브레이션 정보 rvec, tvec, K, dists를 이용하여 mW를 pts로 투영하고 코너점과 오차를 계산한다.

⑥ [그림 11.10]은 'chess1.wmv' 비디오 파일에서의 결과이다. [그림 11.10](a), [그림 11.10](b)는 dists = np.zeros(5)로 각각 t = 0, t = 200 프레임에서의 결과이다. [그림 11.10](c), [그림 11.10](d)는 캘리브레이션으로 계산한 왜곡계수 dists = X['dists']를 사용한 결과이다. 캘리브레이션에서 계산한 영상 왜곡계수는 영상 위쪽 좌우 모서리에서의 영상 왜곡이 많이 발생한다. 이러한 왜곡으로 인하여 좌표축이 위쪽 모서리 근처에 위치한 [그림 11.10](c)의 경우 좌표축 특히 -Z축이 약간 부정확해 보인다. 투영 오차는 중앙의 코너점에서만 계산하기 때문에 모든 프레임에서 비교적 작은 값을 갖는다.

⑦ [그림 11.11]은 #1에서 cap = cv2.VideoCapture(0)로 USB 카메라를 이용한 결과이다.
USB 카메라는 #4의 'calib_1104.npz' 캘리브레이션 파일을 생성할 때 사용한 카메라와 다른 카메라이다. 그럼에도 불구하고 잘 동작하는 것을 확인 할 수 있다.
좌표축의 원점이 [그림 11.11](a)는 왼쪽-상단이고, [그림 11.11](b)는 오른쪽-하단으로 다른 이유는 FindCornerPoints() 함수에서 캘리브레이션 패턴에서 cv2.findChessboardCorners() 함수가 왼쪽-상단 또는 오른쪽-하단을 기준 위치로 잡기 때문이다.

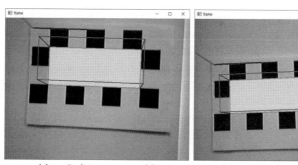

(a) t = 0, dists = np.zeros(5)    (b) t = 200, dists = np.zeros(5)

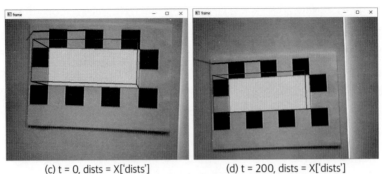

(c) t = 0, dists = X['dists']  (d) t = 200, dists = X['dists']

그림 11.10 ◆ 'chess1.wmv' 비디오에서 캘리브레이션

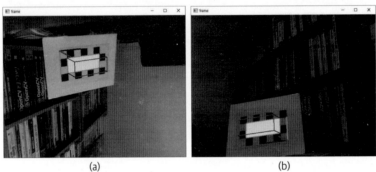

(a)  (b)

그림 11.11 ◆ USB 카메라에서 캘리브레이션

| 예제 11.10 | 비디오에서 캘리브레이션 2: Z = 0 평면과 영상 사이의 호모그래피 H로부터 카메라 자세 rvec, tvec |
| --- | --- |

```
01  1110.py
02 import cv2
03 import numpy as np
04 np.set_printoptions(precision = 2, suppress = True)
05
06 #1: open video capture
07 #cap = cv2.VideoCapture(0)
08 cap = cv2.VideoCapture('./data/chess1.wmv')
09 if (not cap.isOpened()):
10     print('Error opening video')
11     import sys
12     sys.exit()
13
14 height, width = (int(cap.get(cv2.CAP_PROP_FRAME_HEIGHT)),
15                  int(cap.get(cv2.CAP_PROP_FRAME_WIDTH)))
16 imageSize = width, height
```

```
17
18  #2
19  patternSize = (6, 3)
20  def FindCornerPoints(src_img, patternSize):
21      found, corners = cv2.findChessboardCorners(src_img, patternSize)
22      if not found:
23          return found, corners
24
25      term_crit = (cv2.TERM_CRITERIA_EPS + cv2.TERM_CRITERIA_MAX_ITER,
26                      10, 0.01)
27      gray = cv2.cvtColor(src_img, cv2.COLOR_BGR2GRAY)
28      corners = cv2.cornerSubPix(gray, corners, (5, 5), (-1, -1),
29                                  term_crit)
30  #   reverse order, in this example, to set origin to (left-upper)
31      corners = corners[::-1]
32      return found, corners
33
34  #3: set world(object) coordinates to Z = 0
35  xN, yN = patternSize                            # (6, 3)
36  mW = np.zeros((xN * yN, 3), np.float32)          # (18, 3)
37  # mW points on Z = 0
38  mW[:, :2] = np.mgrid[0:xN, 0:yN].T.reshape(-1, 2)
39  # (1, 1, 0): coord of the start corner point in the pattern
40  mW[:, :2] += 1
41
42  #4: load camera matrix K
43  with np.load('./data/calib_1104.npz') as X: # './data/calib_1109.npz'
44      K = X['K']
45      #dists = X['dists']
46  dists = np.zeros(5)
47  print("K=\n", K)
48  print("dists=", dists)
49
50  #5: decompose H into R(rvec) and T(tvec)
51  def decomposeH2RT(H):
52      H = H / cv2.norm(H[:, 0])       # normalization ||c1|| = 1
53      c1 = H[:, 0]
54      c2 = H[:, 1]
55      c3 = np.cross(c1, c2)
56
57      tvec = H[:, 2]
58      Q = np.stack([c1, c2, c3], axis = 1)
59      U, s, VT = np.linalg.svd(Q)
60      R = np.dot(U, VT)
61      rvec, _ = cv2.Rodrigues(R)
62      return rvec, tvec
```

```
63
64  #6: pose estimation from H, project, and re-projection errors
65  #dists = None  # np.zeros(5)
66  index = [0, 5, 17, 12] # 4-corner index
67  axis3d = np.float32([[0, 0, 0], [3, 0, 0], [0, 3, 0],
68                       [0, 0, -3]]).reshape(-1, 3)
69
70  t = 0 # frame counter
71  while True:
72  #6-1
73      ret, frame = cap.read()
74      if not ret:
75          break
76      found, corners1 = FindCornerPoints(frame, patternSize)
77      if not found:
78          cv2.imshow('frame',frame)
79          key = cv2.waitKey(20)
80          if key == 27:  break
81          continue
82
83      corners = cv2.undistortPoints(corners1, K, dists)
84
85      #pose estimation from H
86      H, mask = cv2.findHomography(mW, corners, cv2.LMEDS, 2.0)
87      #print("H=", H)
88      rvec, tvec = decomposeH2RT(H)
89
90  #6-2: display axis
91      axis_2d, _ = cv2.projectPoints(axis3d, rvec, tvec, K, dists)
92      axis_2d    = np.int32(axis_2d).reshape(-1,2)
93      cv2.line(frame, tuple(axis_2d[0]), tuple(axis_2d[1]),
94              (255, 0, 0),3)
95      cv2.line(frame, tuple(axis_2d[0]), tuple(axis_2d[2]),
96              (0, 255, 0),3)
97      cv2.line(frame, tuple(axis_2d[0]), tuple(axis_2d[3]),
98              (0, 0, 255),3)
99
100 #6-3: display pW on Z = 0
101     pW = mW[index]  # 4-corners' coord (x, y, 0)
102     p1, _ = cv2.projectPoints(pW, rvec, tvec, K, dists)
103     p1    = np.int32(p1)
104
105     cv2.drawContours(frame, [p1], -1, (0, 255, 255), -1)
106     cv2.polylines(frame, [p1], True, (0, 255, 0), 2)
107
```

```
108  #6-4: display pW on Z = -2
109      pW[:, 2] = -2                  # 4-corners' coord (x, y, -2)
110      p2, _ = cv2.projectPoints(pW, rvec, tvec, K, dists)
111      p2     = np.int32(p2)
112      cv2.polylines(frame, [p2], True, (0, 0, 255), 2)
113
114  #6-5: display edges between two rectangles
115      for j in range(4):
116          x1, y1 = p1[j][0]          # Z = 0
117          x2, y2 = p2[j][0]          # Z = -2
118          cv2.line(frame, (x1, y1), (x2, y2), (255, 0, 0), 2)
119
120  #6-6: re-projection errors
121      pts, _ = cv2.projectPoints(mW, rvec, tvec, K, dists)
122      errs = cv2.norm(corners1, np.float32(pts))
123      #print("errs[{}]={:.2f}".format(t, errs))
124      t += 1
125
126      cv2.imshow('frame', frame)
127      key = cv2.waitKey(20)
128      if key == 27:
129          break
130  #7
131  if cap.isOpened(): cap.release()
132  cv2.destroyAllWindows()
```

## 프로그램 설명

① 비디오에서 3차원 평면 $Z = 0$ 물체 좌표 $mW$와 비디오 프레임의 코너점 사이의 호모그래피 H를 이용하여 카메라의 자세를 캘리브레이션한다. [예제 11.6]의 비디오 버전이다.

② #1은 비디오를 오픈한다. #2는 코너점 검출 함수이고, #3은 $Z = 0$인 평면의 물체 좌표 mW를 생성하고, #4는 np.load()로 'calib_1104.npz' 파일에서 카메라 행렬 K를 로드한다. dists = np.zeros(5)는 왜곡이 없는 것으로 가정한다.

③ #5의 decomposeH2RT() 함수는 3×3 호모그래피 행렬 H로부터 카메라 자세 $rvec, tvec$를 계산한다. cv2.norm(H[:, 0])로 정규화하고, tvec = H[:, 2]로 이동 벡터를 계산하며, c1, c2, c3의 벡터가 직교가 되도록 np.linalg.svd(Q)로 분해한 후에 R = np.dot(U, VT)에 의해 회전 행렬을 계산한다. cv2.Rodrigues(R)에 의해 회전 벡터 $rvec$로 변환한다.

④ #6-1은 비디오 프레임에서 코너점 $corners1$을 검출하여, 카메라 정보 $K, dists$를 이용하여 cv2.undistortPoints()로 왜곡 보정한 좌표 $corners$를 계산하고, cv2.findHomography()로 mW와 corners 사이의 호모그래피 H를 계산한다. decomposeH2RT() 함수로 H로부터 카메라 자세 $rvec, tvec$를 계산한다.

⑤ #6-2는 카메라 정보 $rvec, tvec, K, dists$를 이용하여 좌표축을 투영하여 frame에 그리고,

#6-33, #6-4, #6-5는 6면체를 투영하여  frame에 표시한다. #6-6은 mW를 pts로 투영하여, 코너점 corners1과의 오차를 계산한다. 'chess1.wmv' 비디오 파일의 t = 0에서 투영오차는 errs[0] = 3.26으로 [예제 11.9]보다 약간 크다. 실행 결과는 [그림 11.10], [그림 11.11]과  유사하다. #4에서 dists = X['dists']를 사용하면 왜곡으로 인하여 비디오 프레임 일부에서 좌표축 특히 -Z축이 부자연스럽게 표시될 수 있다.

---

**예제 11.11  비디오에서 캘리브레이션 3:**
**Z = 0 평면과 영상 사이의 연속된 호모그래피 H로부터 카메라 자세 rvec, tvec**

```python
01  # 1111.py
02  import cv2
03  import numpy as np
04  np.set_printoptions(precision = 2, suppress = True)
05
06  #1: open video
07  #cap = cv2.VideoCapture(0)
08  cap = cv2.VideoCapture('./data/chess1.wmv')
09  if (not cap.isOpened()):
10      print('Error opening video')
11      import sys
12      sys.exit()
13  height, width = (int(cap.get(cv2.CAP_PROP_FRAME_HEIGHT)),
14                   int(cap.get(cv2.CAP_PROP_FRAME_WIDTH)))
15
16  #2
17  patternSize = (6, 3)
18  def FindCornerPoints(src_img, patternSize):
19      found, corners = cv2.findChessboardCorners(src_img, patternSize)
20      if not found:
21          return found, corners
22
23      term_crit = (cv2.TERM_CRITERIA_EPS+cv2.TERM_CRITERIA_MAX_ITER,
24                   10, 0.01)
25      gray = cv2.cvtColor(src_img, cv2.COLOR_BGR2GRAY)
26      corners = cv2.cornerSubPix(gray, corners, (5, 5), (-1, -1),
27                                 term_crit)
28  #   reverse order, in this example, to set origin to (left-upper)
29      corners = corners[::-1]
30      return found, corners
31
32  #3: set world(object) coordinates to Z = 0
33  xN, yN = patternSize                        # (6, 3)
34  mW = np.zeros((xN * yN, 3), np.float32)      # (18, 3)
```

```
35  # mW points on Z = 0
36  mW[:, :2] = np.mgrid[0:xN, 0:yN].T.reshape(-1, 2)
37  # (1, 1, 0): coord of the start corner point in the pattern
38  mW[:, :2] += 1
39
40  #4: load camera matrix K
41  # './data/calib_1109.npz'
42  with np.load('./data/calib_1104.npz') as X:
43      K = X['K']
44      #dists = X['dists']
45  dists = np.zeros(5)
46  print("K=\n", K)
47  print("dists=", dists)
48
49  #5: decompose H into R(rvec) and T(tvec)
50  def decomposeH2RT(H):
51      H = H / cv2.norm(H[:, 0])          # normalization ||c1|| = 1
52      c1 = H[:, 0]
53      c2 = H[:, 1]
54      c3 = np.cross(c1, c2)
55
56      tvec = H[:, 2]
57      Q = np.stack([c1, c2, c3], axis = 1)
58      U, s, VT = np.linalg.svd(Q)
59      R = np.dot(U, VT)
60      rvec, _ = cv2.Rodrigues(R)
61      return rvec, tvec
62
63  #6: pose estimation from H, project, and re-projection errors
64  index = [0, 5, 17, 12] # 4-corner index
65  axis3d = np.float32([[0, 0, 0], [3, 0, 0], [0, 3, 0],
66                       [0, 0, -3]]).reshape(-1, 3)
67  method = cv2.LMEDS                      # cv2.RANSAC
68
69  t = 1 # frame counter
70  bInit = True
71  while True:
72  #6-1
73      ret, frame = cap.read()
74      if not ret:
75          break
76      found, corners = FindCornerPoints(frame, patternSize)
77      #cv2.drawChessboardCorners(frame, patternSize, corners, found)
78
79      if not found:
80          cv2.imshow('frame',frame)
```

```
81          key = cv2.waitKey(20)
82          if key == 27:   break
83          bInit = True
84          continue
85  #6-2:
86      curr_corners = cv2.undistortPoints(corners, K, dists)
87      if bInit: # find H1: mW->corners, in 1st frame
88          print("Initialize.......")
89          prev_corners = curr_corners.copy()
90          #prev_corners = cv2.undistortPoints(corners, K, dists)
91          H1, mask = cv2.findHomography(mW, prev_corners, method, 2.0)
92          bInit = False
93          #continue
94  #6-3:
95      #pose estimation from H1 between mW and corners
96      H, mask = cv2.findHomography(prev_corners, curr_corners,
97                                  method, 2.0)
98      H1 = np.dot(H, H1)
99
100     rvec, tvec = decomposeH2RT(H1)
101
102     prev_corners = curr_corners.copy()      # for next frame
103
104  #6-4: display axis and cube
105     axis_2d, _ = cv2.projectPoints(axis3d, rvec, tvec, K, dists)
106     axis_2d    = np.int32(axis_2d).reshape(-1,2)
107     cv2.line(frame, tuple(axis_2d[0]), tuple(axis_2d[1]),
108             (255, 0, 0),3)
109     cv2.line(frame, tuple(axis_2d[0]), tuple(axis_2d[2]),
110             (0, 255, 0),3)
111     cv2.line(frame, tuple(axis_2d[0]), tuple(axis_2d[3]),
112             (0, 0, 255),3)
113
114     #display pW on Z = 0
115     pW = mW[index]          # 4-corners' coord (x, y, 0)
116     p1, _ = cv2.projectPoints(pW, rvec, tvec, K, dists)
117     p1    = np.int32(p1)
118
119     cv2.drawContours(frame, [p1], -1, (0, 255, 255), -1)
120     cv2.polylines(frame, [p1], True, (0, 255, 0), 2)
121
122     #display pW on Z = -2
123     pW[:, 2] = -2           # 4-corners' coord (x, y, -2)
124     p2, _ = cv2.projectPoints(pW, rvec, tvec, K, dists)
125     p2    = np.int32(p2)
126     cv2.polylines(frame, [p2], True, (0, 0, 255), 2)
```

```
127        cv2.polylines(frame, [p2], True, (0, 0, 255), 2)
128
129        #display edges between two rectangles
130        for j in range(4):
131            x1, y1 = p1[j][0]              # Z = 0
132            x2, y2 = p2[j][0]              # Z = -2
133            cv2.line(frame, (x1, y1), (x2, y2), (255, 0, 0), 2)
134
135 #6-5: re-projection errors
136        pts, _ = cv2.projectPoints(mW, rvec, tvec, K, dists)
137        errs = cv2.norm(corners, np.float32(pts))
138        print("errs[{}]={:.2f}".format(t, errs))
139        t += 1
140
141        cv2.imshow('frame',frame)
142        key = cv2.waitKey(20)
143        if key == 27:
144            break
145 #7
146 if cap.isOpened(): cap.release()
147 cv2.destroyAllWindows()
```

**프로그램 설명**

① [예제 11.3]의 Z = 0 평면의 세계 좌표와 비디오 프레임 사이의 연속된 호모그래피([그림 11.3] 참조)를 이용 카메라의 자세를 캘리브레이션한다. 첫 프레임에서만 mW와 코너점 사이의 호모그래피를 계산하고, 연속한 영상 사이의 호모그래피를 이용하여 mW와의 호모그래피를 계산하기 때문에 오차는 [예제 11.10]보다 크다.

② #1은 비디오를 오픈한다. #2는 코너점 검출 함수를 정의하고, #3은 Z = 0인 평면의 물체 좌표 mW를 생성하고, #4는 np.load()로 'calib_1104.npz' 파일에서 카메라 행렬 K를 로드한다. dists = np.zeros(5)는 왜곡이 없는 것으로 가정한다.

③ #5의 decomposeH2RT() 함수는 Z = 0 평면에서 코너점으로의 3×3 호모그래피 행렬 H로부터 카메라 자세 rvec, tvec를 계산한다.

④ #6은 비디오 프레임을 처리하는 루프이다. bInit= True이면 mW, prev_corners 사이의 호모그래피를 다시 계산한다. #6-1은 비디오 프레임에서 코너점 corners을 검출한다. 코너점이 없으면 다음 프레임을 처리한다.

⑤ #6-2는 검출된 코너점을 카메라 정보 K, dists를 이용하여 cv2.undistortPoints()로 왜곡보정한 좌표 curr_corners를 계산한다. bInit = True이면, curr_corners를 prev_corners에 복사하고, mW, prev_corners 사이의 호모그래피를 계산하고, bInit = False로 하고, 다음 프레임을 처리한다.

⑥ #6-3은 found = True이고, bInit = False일 때, cv2.findHomography()로 연속한 영상

프레임의 왜곡 보정된 코너점 prev_corners, curr_corners 사이의 호모그래피 H를 계산한다. H1 = np.dot(H, H1)에 의해 mW와 현재 프레임의 코너점 사이의 호모그래피를 H1에 계산한다([예제 11.3] 참조).

decomposeH2RT(H1)으로 H1로부터 카메라 자세 rvec, tvec를 계산한다. 다음 프레임의 호모그래피 계산을 위해 curr_corners를 prev_corners에 복사한다.

⑦ #6-4는 카메라 정보 rvec, tvec, K, dists를 이용하여, 좌표축과 6면체를 투영하여 frame에 표시한다. #6-5은 mW를 pts로 투영하여, 코너점 corners과의 오차를 계산한다. 실행 결과는 [그림 11.10], [그림 11.11]과 유사하다. USB 카메라를 사용하는 경우, 호모그래피 계산에서 누적오차로 인하여 오차가 크게 발생한다.

| 예제 11.12 | 비디오에서 캘리브레이션 4: 카메라 변위와 합성 변환 |
| --- | --- |

```
01  # 1112.py
02  import cv2
03  import numpy as np
04  np.set_printoptions(precision = 2, suppress = True)
05
06  #1: open video
07  #cap = cv2.VideoCapture(0)
08  cap = cv2.VideoCapture('./data/chess1.wmv')
09  if (not cap.isOpened()):
10      print('Error opening video')
11      import sys
12      sys.exit()
13  height, width = (int(cap.get(cv2.CAP_PROP_FRAME_HEIGHT)),
14                  int(cap.get(cv2.CAP_PROP_FRAME_WIDTH)))
15
16  #2
17  patternSize = (6, 3)
18  def FindCornerPoints(src_img, patternSize):
19      found, corners = cv2.findChessboardCorners(src_img, patternSize)
20      if not found:
21          return found, corners
22
23      term_crit = (cv2.TERM_CRITERIA_EPS + cv2.TERM_CRITERIA_MAX_ITER,
24                   10, 0.01)
25      gray = cv2.cvtColor(src_img, cv2.COLOR_BGR2GRAY)
26      corners = cv2.cornerSubPix(gray, corners, (5, 5), (-1, -1),
27                                 term_crit)
28  #   reverse order, in this example, to set origin to (left-upper)
29      corners = corners[::-1]
30      return found, corners
```

```
31
32  #3: set world(object) coordinates to Z = 0
33  xN, yN = patternSize                        # (6, 3)
34  mW = np.zeros((xN * yN, 3), np.float32)      # (18, 3)
35  # mW points on Z = 0
36  mW[:, :2] = np.mgrid[0:xN, 0:yN].T.reshape(-1, 2)
37  # (1, 1, 0): coord of the start corner point in the pattern
38  mW[:, :2] += 1
39
40  #4: load camera matrix K
41  with np.load('./data/calib_1104.npz') as X: # './data/calib_1109.npz'
42      K = X['K']
43      #dists = X['dists']
44  dists = np.zeros(5)
45  print("K=\n", K)
46  print("dists=", dists)
47
48  #5: the camera displacement
49  def computeC2MC1(rvec1, t1, rvec2, t2):
50      R1 = cv2.Rodrigues(rvec1)[0]             # vector to matrix
51      R2 = cv2.Rodrigues(rvec2)[0]
52
53      R_1to2 = np.dot(R2, R1.T)
54      r_1to2 = cv2.Rodrigues(R_1to2)[0]
55
56      t_1to2 = np.dot(R2, np.dot(-R1.T, t1)) + t2
57      return r_1to2, t_1to2
58
59  #6: pose estimation from H, project, and re-projection errors
60  index = [0, 5, 17, 12]       # 4-corner index
61  axis3d = np.float32([[0, 0, 0], [3, 0, 0], [0, 3, 0],
62                       [0, 0, -3]]).reshape(-1, 3)
63  method = cv2.LMEDS            # cv2.RANSAC
64
65  t = 1                         # frame counter
66  bInit = True
67  while True:
68  #6-1
69      ret, frame = cap.read()
70      if not ret:
71          break
72      found, corners2 = FindCornerPoints(frame, patternSize)
73      #cv2.drawChessboardCorners(frame, patternSize, corners, found)
74
75      if not found:
76          cv2.imshow('frame', frame)
```

```
 77          key = cv2.waitKey(20)
 78          if key == 27:   break
 79          bInit = True
 80          continue
 81  #6-2:
 82      if bInit: # find H1: mW->corners, in 1st frame
 83          print("Initialize.......")
 84          corners1 = corners2.copy()
 85          ret1, rvec1, tvec1 = cv2.solvePnP(mW, corners1, K, dists)
 86          bInit = False
 87          #continue
 88  #6-3:
 89      #pose estimation from H1 between mW and corners
 90      ret2, rvec2, tvec2 = cv2.solvePnP(mW, corners2, K, dists)
 91
 92      # the displacement from  camera 1 to camera 2
 93      rvec_1to2, tvec_1to2 = computeC2MC1(rvec1, tvec1, rvec2, tvec2)
 94
 95      # pose estimation from the camera displacement
 96      rvec, tvec = cv2.composeRT(rvec1, tvec1,
 97                                 rvec_1to2, tvec_1to2)[:2]
 98
 99      # copy for next frame
100      rvec1 = rvec2.copy()
101      tvec1 = tvec2.copy()
102
103  #6-4: display axis and cube
104      axis_2d, _ = cv2.projectPoints(axis3d, rvec, tvec, K, dists)
105      axis_2d    = np.int32(axis_2d).reshape(-1,2)
106      cv2.line(frame, tuple(axis_2d[0]), tuple(axis_2d[1]),
107              (255, 0, 0), 3)
108      cv2.line(frame, tuple(axis_2d[0]), tuple(axis_2d[2]),
109              (0, 255, 0), 3)
110      cv2.line(frame, tuple(axis_2d[0]), tuple(axis_2d[3]),
111              (0, 0, 255), 3)
112
113      #display pW on Z = 0
114      pW = mW[index]              # 4-corners'coord (x, y, 0)
115      p1, _ = cv2.projectPoints(pW, rvec, tvec, K, dists)
116      p1     = np.int32(p1)
117
118      cv2.drawContours(frame, [p1],-1,(0,255,255), -1)
119      cv2.polylines(frame, [p1], True, (0, 255, 0), 2)
120
121      #display pW on Z = -2
122      pW[:, 2] = -2               # 4-corners'coord (x, y, -2)
```

```
123     p2, _ = cv2.projectPoints(pW, rvec, tvec, K, dists)
124     p2    = np.int32(p2)
125     cv2.polylines(frame, [p2], True, (0, 0, 255), 2)
126
127     #display edges between two rectangles
128     for j in range(4):
129         x1, y1 = p1[j][0]          # Z = 0
130         x2, y2 = p2[j][0]          # Z = -2
131         cv2.line(frame, (x1, y1), (x2, y2), (255, 0, 0), 2)
132
133 #6-5: re-projection errors
134     pts, _ = cv2.projectPoints(mW, rvec, tvec, K, dists)
135     errs = cv2.norm(corners2, np.float32(pts))
136     print("errs[{}]={:.2f}".format(t, errs))
137     t += 1
138
139     cv2.imshow('frame',frame)
140     key = cv2.waitKey(20)
141     if key == 27:
142         break
143 #7
144 if cap.isOpened(): cap.release()
145 cv2.destroyAllWindows()
```

## 프로그램 설명

① 카메라 변위와 합성 변환으로 카메라의 자세를 계산하는 [예제 11.7]과 [예제 11.8]의 방법을 비디오 프레임에서 구현한다.

② #1은 비디오를 오픈한다. #2는 코너점 검출 함수를 정의하고, #3은 Z = 0인 평면의 물체 좌표 mW를 생성하고, #4는 np.load()로 'calib_1104.npz' 파일에서 카메라 행렬 K를 로드한다. dists = np.zeros(5)는 왜곡이 없는 것으로 가정한다.

③ #5의 computeC2MC1() 함수는 카메라1의 자세 $^{rvec1, t1}$와 카메라 2의 자세(rvec2, t2)의 변위(r_1to2, t_1to2)를 계산한다.

④ #6은 비디오 프레임을 처리하는 루프이다. bInit = True이면 mW, corners1 사이의 호모그래피를 다시 계산한다. #6-1은 비디오 프레임에서 코너점 $^{corners2}$을 검출한다. 코너점이 없으면 다음 프레임을 처리한다.

⑤ #6-2는 bInit = True이면 corners2를 corners1에 복사하고, cv2.solvePnP()로 mW, corners1 사이의 카메라의 자세 $^{rvec1, tvec1}$를 계산한다. bInit = False로 하고, 다음 프레임을 처리한다.

⑥ #6-3은 코너점이 검출 $^{found = True}$되고, 카메라의 초기 자세가 검출 $^{bInit = False}$되어 있을 때, cv2.solvePnP()로 mW, corners2 사이의 카메라의 자세 $^{rvec2, tvec2}$를 계산한다.

computeC2MC1()로 카메라1의 자세 $^{rvec1, tvec1}$와 카메라2의 자세 $^{rvec2, tvec2}$사이의 변위 $^{rvec\_1to2, tvec\_1to2}$를 계산하고, cv2.composeRT()로 카메라1의 자세 $^{rvec1, tvec1}$와 변위 $^{rvec\_1to2, tvec\_1to2}$의 합성 변환 $^{rvec, tvec}$을 계산한다. 합성 변환 $^{rvec, tvec}$은 카메라2의 자세 $^{rvec2, tvec2}$와 같다. 다음 프레임을 위해 rvec2, tvec2를 rvec1, tvec1에 각각 복사한다.

⑦ #6-4는 카메라 정보 $^{rvec, tvec, K, dists}$를 이용하여, 좌표축과 6면체를 투영하여 frame에 표시한다. #6-5는 mW를 pts로 투영하여, 코너점 $^{corners}$과의 오차를 계산한다. 실행 결과는 [그림 11.10], [그림 11.11]과 같다. #4에서 dists = X['dists']를 사용하면 왜곡으로 인하여 비디오 프레임 일부에서 좌표축 특히-Z축이 부자연스러울 수 있다.

| 예제 11.13 | 비디오에서 캘리브레이션 5: 카메라 변위, 호모그래피 분해, 합성 변환 |
| --- | --- |

```
01  # 1113.py
02  import cv2
03  import numpy as np
04  np.set_printoptions(precision = 2, suppress = True)
05
06  #1: open video
07  #cap = cv2.VideoCapture(0)
08  cap = cv2.VideoCapture('./data/chess1.wmv')
09  if (not cap.isOpened()):
10      print('Error opening video')
11      import sys
12      sys.exit()
13  height, width = (int(cap.get(cv2.CAP_PROP_FRAME_HEIGHT)),
14                   int(cap.get(cv2.CAP_PROP_FRAME_WIDTH)))
15
16  #2
17  patternSize = (6, 3)
18  def FindCornerPoints(src_img, patternSize):
19      found, corners = cv2.findChessboardCorners(src_img, patternSize)
20      if not found:
21          return found, corners
22
23      term_crit = (cv2.TERM_CRITERIA_EPS+cv2.TERM_CRITERIA_MAX_ITER,
24                   10, 0.01)
25      gray = cv2.cvtColor(src_img, cv2.COLOR_BGR2GRAY)
26      corners = cv2.cornerSubPix(gray, corners, (5, 5), (-1, -1),
27                                 term_crit)
28  #   reverse order, in this example, to set origin to (left-upper)
29      corners = corners[::-1]
30      return found, corners
31
```

```
32  #3: set world(object) coordinates to Z = 0
33  xN, yN = patternSize                          # (6, 3)
34  mW = np.zeros((xN * yN, 3), np.float32)        # (18, 3)
35  # mW points on Z = 0
36  mW[:, :2] = np.mgrid[0:xN, 0:yN].T.reshape(-1, 2)
37  # (1, 1, 0): coord of the start corner point in the pattern
38  mW[:, :2] += 1
39
40  #4: load camera matrix K
41  with np.load('./data/calib_1104.npz') as X: # './data/calib_1109.npz'
42      K = X['K']
43      #dists = X['dists']
44  dists = np.zeros(5)
45  print("K=\n", K)
46  print("dists=", dists)
47
48  #5: camera displacement, homography, plane normal and origin
49  #5-1: the camera displacement
50  def computeC2MC1(rvec1, t1, rvec2, t2):
51      R1 = cv2.Rodrigues(rvec1)[0]                # vector to matrix
52      R2 = cv2.Rodrigues(rvec2)[0]
53
54      R_1to2 = np.dot(R2, R1.T)
55      r_1to2 = cv2.Rodrigues(R_1to2)[0]
56
57      t_1to2 = np.dot(R2, np.dot(-R1.T, t1)) + t2
58      return r_1to2, t_1to2
59
60  #5-2:
61  def computeHomography(rvec_1to2, tvec_1to2, d, normal):
62      R_1to2 = cv2.Rodrigues(rvec_1to2)[0]     # vector to matrix
63      homography = R_1to2 + np.dot(tvec_1to2, normal.T) / d
64      return homography
65
66  #5-3: the plane normal and origin on calibration pattern
67  normal = np.array([0., 0.,  1.]).reshape(3, 1)     # +Z
68  origin = np.array([0., 0., 0.]).reshape(3, 1)
69
70  #6: pose estimation from H, project, and re-projection errors
71  index = [0, 5, 17, 12]                       # 4-corner index
72  axis3d = np.float32([[0, 0, 0], [3, 0, 0], [0, 3, 0],
73                      [0, 0, -3]]).reshape(-1,3)
74  method = cv2.LMEDS            # cv2.RANSAC
75
76  t = 1                        # frame counterbInit = True
77  bInit = True
```

```
78  while True:
79  #6-1
80      ret, frame = cap.read()
81      if not ret:
82          break
83      found, corners2 = FindCornerPoints(frame, patternSize)
84      #cv2.drawChessboardCorners(frame, patternSize, corners2, found)
85
86      if not found:
87          cv2.imshow('frame', frame)
88          key = cv2.waitKey(20)
89          if key == 27:   break
90          bInit = True
91          continue
92  #6-2:
93      if bInit:      # find (rvec1, tvec1) : mW->corners, in 1st frame
94          print("Initialize.......")
95          corners1 = corners2.copy()
96          ret1, rvec1, tvec1 = cv2.solvePnP(mW, corners1, K, dists)
97          bInit = False
98          #continue
99
100 #6-3: the plane distance to the camera 1
101     R1 = cv2.Rodrigues(rvec1)[0]          # vector to matrix
102     normal1 = np.dot(R1, normal)
103     origin1 = np.dot(R1, origin) + tvec1
104     d1 = np.sum(normal1 * origin1)
105     #print("d1=", d1)
106
107 #6-4: homography from the camera displacement
108     ret2, rvec2, tvec2 = cv2.solvePnP(mW, corners2, K, dists)
109     rvec_1to2, tvec_1to2 = computeC2MC1(rvec1, tvec1, rvec2, tvec2)
110     homography_euclidean = computeHomography(rvec_1to2, tvec_1to2,
111                                              d1, normal1)
112     H = np.dot(np.dot(K, homography_euclidean), np.linalg.inv(K))
113     H /= H[2, 2]
114     #print("H=", H)
115
116 #6-5: homography decomposition and filtering
117     ret, Rs_decomp, ts_decomp, ns_decomp =
118                 cv2.decomposeHomographyMat(H, K)
119     if ret == 1:
120         min_i = 0 # solutions = [0]
121     else:
122         solutions = cv2.filterHomographyDecompByVisibleRefpoints(
123                 Rs_decomp, ns_decomp, corners1, corners2)
```

```
124        if solutions is None:
125            print("----------no solutions! ----------")
126            print("ret=", ret)
127            #cv2.waitKey(0)
128            #bInit = False
129            continue
130        else:
131            solutions = solutions.flatten()
132
133            # find a solution with minimum re-projection errors
134            min_errors = 1.0E5
135            for i in solutions:
136                rvec_decomp = cv2.Rodrigues(Rs_decomp[i])[0]
137                # scale by the plane distance to the camera 1
138                tvec_decomp = ts_decomp[i] * d1
139
140                # re-projection errors
141                rvec3, tvec3 = cv2.composeRT(rvec1, tvec1,
142                                    rvec_decomp, tvec_decomp)[:2]
142                pts, _ = cv2.projectPoints(
143                                    mW, rvec3, tvec3, K, dists)
144                errs = cv2.norm(corners2, np.float32(pts))
145                #print("errs[{}]={}".format(i, errs))
146                if errs < min_errors:
147                    min_errors = errs
148                    min_i = i
149
150        # the decomposition with minimum errors
151        rvec_decomp = cv2.Rodrigues(Rs_decomp[min_i])[0]
152        # scale by the plane distance to the camera 1
153        tvec_decomp = ts_decomp[min_i] * d1
154        nvec_decomp = ns_decomp[min_i]
155
156 #6-6: pose estimation
157        rvec, tvec = cv2.composeRT(rvec1, tvec1, rvec_decomp,
158                                    tvec_decomp)[:2]
159
160        # copy for next frame
161        corners1 = corners2.copy()
162        rvec1 = rvec        #rvec2
163        tvec1 = tvec        #tvec2
164
165 #6-7: display axis and cube
166        axis_2d, _ = cv2.projectPoints(axis3d, rvec, tvec, K, dists)
167        axis_2d    = np.int32(axis_2d).reshape(-1, 2)
```

```
168    cv2.line(frame, tuple(axis_2d[0]), tuple(axis_2d[1]),
169            (255, 0, 0),3)
170    cv2.line(frame, tuple(axis_2d[0]), tuple(axis_2d[2]),
171            (0, 255, 0),3)
172    cv2.line(frame, tuple(axis_2d[0]), tuple(axis_2d[3]),
173            (0, 0, 255),3)
174
175    #display pW on Z = 0
176    pW = mW[index]  # 4-corners' coord (x, y, 0)
177    p1, _ = cv2.projectPoints(pW, rvec, tvec, K, dists)
178    p1    = np.int32(p1)
179
180    cv2.drawContours(frame, [p1],-1,(0,255,255), -1)
181    cv2.polylines(frame, [p1], True, (0, 255, 0), 2)
182
183    #display pW on Z = -2
184    pW[:, 2] = -2 # 4-corners' coord (x, y, -2)
185    p2, _ = cv2.projectPoints(pW, rvec, tvec, K, dists)
186    p2    = np.int32(p2)
187    cv2.polylines(frame, [p2], True, (0, 0, 255), 2)
188
189    #display edges between two rectangles
190    for j in range(4):
191        x1, y1 = p1[j][0]      # Z = 0
192        x2, y2 = p2[j][0]      # Z = -2
193        cv2.line(frame, (x1, y1), (x2, y2), (255, 0, 0), 2)
194
195 #6-8: re-projection errors
196    pts, _ = cv2.projectPoints(mW, rvec, tvec, K, dists)
197    errs = cv2.norm(corners2, np.float32(pts))
198    #print("errs[{}]={:.2f}".format(t, errs))
199    t += 1
200
201    cv2.imshow('frame', frame)
202    key = cv2.waitKey(20)
203    if key == 27:
204        break
205 #7
206 if cap.isOpened(): cap.release()
207 cv2.destroyAllWindows()
```

### 프로그램 설명

① [예제 11.8]의 카메라 변위로부터 호모그래피 H를 계산하고 분해하여 카메라의 자세를 계산
하는 방법을 비디오 프레임에서 구현한다.

② #1은 비디오를 오픈한다. #2는 코너점 검출 함수를 정의하고, #3은 Z = 0인 평면의 물체 좌표 mW를 생성하고, #4는 np.load()로 'calib_1104.npz' 파일에서 카메라 행렬 K를 로드한다. dists = np.zeros(5)는 왜곡이 없는 것으로 가정한다.

③ #5-1의 computeC2MC1() 함수는 카메라1의 자세 $^{rvec1, t1}$와 카메라 2의 자세 $^{rvec2, t2}$의 변위 $^{r\_1to2, t\_1to2}$를 계산한다. #5-2의 computeHomography() 함수는 변위 벡터 $^{rvec\_1to2,}$ $^{tvec\_1to2,}$ 평면까지의 거리 $^d$, 평면의 법선 벡터 $^{normal}$를 이용하여 호모그래피를 계산한다. #5-3의 origin, normal은 Z = 0의 캘리브레이션 패턴 평면의 법선 벡터 $^{normal}$와 평면 위의 한 점인 원점 $^{origin}$이다. 카메라를 180 회전하여 영상을 뒤집을 경우 법선 벡터를 -normal로 해야 한다.

④ #6은 비디오 프레임을 처리하는 루프이다. bInit = True이면 mW, corners1 사이의 카메라 자세 $^{rvec1, tvec1}$를 다시 계산한다. #6-1은 비디오 프레임에서 코너점 $^{corners2}$을 검출한다. 코너점이 없으면 다음 프레임을 처리한다.

⑤ #6-2는 bInit = True이면, corners2를 corners1에 복사하고, cv2.solvePnP()로 mW, corners1 사이의 카메라의 자세 $^{rvec1, tvec1}$를 계산한다. bInit = False로 하고, 다음 프레임을 처리한다.

⑥ #6-3은 카메라1에서 평면까지의 거리 $^{d1}$를 계산한다. #6-4는 (mW, corners2, K, dists)를 이용하여 cv2.solvePnP()로 현재 프레임 카메라2의 자세 $^{rvec2, tvec2}$를 계산한다. computeC2MC1() 함수로 변위 $^{rvec\_1to2, tvec\_1to2}$를 계산하고, computeHomography()로 계산한 homography_euclidean로부터 호모그래피 H를 계산한다.

⑦ #6-5는 호모그래피 H를 Rs_decomp, ts_decomp, ns_decomp로 분해한다. 하나의 해 $^{ret = 1}$ 이면 min_i = 0으로 하고, 해가 하나 이상이면 가시성을 이용하여 가능한 해를 필터링하여 solutions를 찾고, 투영 오류가 가장 작은 해에 대한 인덱스 min_i를 계산하여 호모그래피 분해 결과 $^{rvec\_decomp, tvec\_decomp, nvec\_decomp}$를 찾는다.

⑧ #6-6은 이전 프레임의 카메라의 자세 $^{rvec1, tvec1}$와 이전 프레임에서 현재 프레임으로의 카메라의 변위 $^{r\_1to2, t\_1to2}$로부터 호모그래피 H를 계산하고, 분해한 rvec_decomp, tvec_decomp를 이용하여, 카메라 자세 $^{rvec1, tvec1}$와 분해 $^{rvec\_decomp, tvec\_decomp}$의 합성 변환으로 현재 프레임의 카메라 자세 rvec, tvec를 계산한다. 다음 프레임의 계산을 위해 corners2, rvec, tvec를 corners1, rvec1, tvec1에 각각 복사한다. rvec, tvec는 rvec2, tvec2와 오차 범위에서 같은 값이다.

⑨ #6-7은 카메라 정보 $^{rvec, tvec, K, dists}$를 이용하여, 좌표축과 6면체를 투영하여 frame에 표시한다. #6-8은 mW를 pts로 투영하여, 코너점 $^{corners}$과의 오차를 계산한다. 실행 결과는 [그림 11.10], [그림 11.11]과 같다. 카메라를 180 회전하여 영상을 뒤집을 경우 법선 벡터를 -normal로 해야 한다.

# 04  증강현실 Augmented Reality

카메라로 촬영한 영상 비디오에 그래픽 물체를 삽입하는 증강현실에서 OpenCV를 사용한 카메라 캘리브레이션 정보를 사용할 수 있다. 여기서는 OpenGL의 투영에서 OpenCV 카메라 캘리브레이션 정보를 사용하는 방법에 대해 설명한다. Pygame을 설치하고 파이썬 윈도우즈 확장 패키지 사이트 https://www.lfd.uci.edu/~gohlke/pythonlibs/에서 파이썬 버전에 맞는 OpenGL, GLUT, GLE가 포함된 PyOpenGL의 whl 파일을 다운로드하여 설치한다([그림 11.12] 참조). [예제 11.14]에서는 GLUT를 인터페이스에서 PyOpenGL을 사용한 예제를 작성하고, [예제 11.15]에서는 PyGame에서 PyOpenGL을 사용한 예제를 작성한다.

```
C:\tmp> pip install pygame
C:\tmp> pip install PyOpenGL-3.1.5-cp310-cp310win_amd64.whl
C:\tmp> pip install PyOpenGL_accelerate-3.1.5-cp310-cp310-win_amd64.whl
```

그림 11.12 ◆ pip를 이용한 패키지 PyOpenG과 PyGame 설치

| 예제 11.14 | 증강현실 1: GLUT 인테페이스 PyOpenGL |
| --- | --- |

```
01  # 1114.py
02  #https://github.com/francoisruty/fruty_opencv-opengl-projection-
03  matrix/blob/master/test.py
04  #https://strawlab.org/2011/11/05/augmented-reality-with-OpenGL/
05
06  import cv2
07  import numpy as np
08  from OpenGL.GL import *
09  from OpenGL.GLUT import *
10
11  #1:
12  img1 = cv2.imread('./data/image1.jpg')
13  img2 = cv2.imread('./data/image2.jpg')
14  imageSize = (img1.shape[1], img1.shape[0])    # (width, height)
15  image_select = 1 # img1
16  patternSize = (6, 3)
17
18  #2: set world(object) coordinates to Z = 0
19  xN, yN = patternSize                          # (6, 3)
20  mW = np.zeros((xN * yN, 3), np.float32)        # (18, 3)
```

```
21 # mW points on Z = 0
22 mW[:, :2] = np.mgrid[0:xN, 0:yN].T.reshape(-1, 2)
23 mW[:, :2] += 1
24
25 #3: load calibration parameters
26 with np.load('./data/calib_1104.npz') as X:
27     K, dists, rvecs, tvecs =
28             [X[i] for i in ('K', 'dists', 'rvecs', 'tvecs')]
29 ##dists = np.zeros(5)
30 print("K=\n", K)
31 print("dists=", dists)
32
33 #4: OpenGL camera parameters, opengl_proj
34 #4-1:
35 cx = K[0, 2]
36 cy = K[1, 2]
37 fx = K[0, 0]
38 fy = K[1, 1]
39 w, h = imageSize # (width=640, height=480)
40 near = 0.1                     # near plane
41 far  = 100.0                   # far plane
42 #4-2:
43 opengl_proj = np.array(
44             [[2 * fx / w, 0.0,  (w - 2 * cx) / w, 0.0],
45              [0.0, 2 * fy / h, (-h + 2 * cy) / h, 0.0], # Y-down
46              [0.0, 0.0, (-far - near) / (far - near),
47              -2.0 * far * near / (far - near)],
48              [0.0, 0.0, -1.0, 0.0]])
49 #opengl_proj[1] *= -1            # Y-up
50 print("opengl_proj=", opengl_proj)
51
52 #5: calculate (left, right, top, bottom)
53 F = 10.0           # set arbitrary focal length, use in #8
54 mx = fx / F        # x-pixels per unit
55 my = fy / F        # y-pixels per unit
56
57 #convert image coords to unit of woord coords, use in #7
58 left  = cx / mx
59 right = (w - cx) / mx
60 top   = cy / my
61 bottom= (h - cy) / my
62
63 print("left=",   left)
64 print("right=",  right)
65 print("top=",    top)
66 print("bottom=", bottom)
```

```
67  #6: OpenGL: setup GL_PROJECTION with opengl_proj
68  def initGL():
69      glClearColor(0.0, 0.0, 0.0, 0.0)
70      glMatrixMode(GL_PROJECTION)
71      glLoadTransposeMatrixd(opengl_proj)     # row-major matrix
72  ##    opengl_proj = np.transpose(opengl_proj)
73  ##    glLoadMatrixd(opengl_proj) # column-major matrix
74
75  ##    proj = glGetFloatv(GL_PROJECTION_MATRIX)
76  ##    proj = np.transpose(proj)
77  ##    print("proj=", proj)
78
79      texture_id = glGenTextures(1)
80      return texture_id
81
82  #7: texture mapping
83  def drawBackgroundTexture():
84      glBegin(GL_QUADS)
85      glTexCoord2f(0.0, 1.0); glVertex3f(-left,  -bottom, 0.0)
86      glTexCoord2f(1.0, 1.0); glVertex3f( right, -bottom, 0.0)
87      glTexCoord2f(1.0, 0.0); glVertex3f( right, top, 0.0)
88      glTexCoord2f(0.0, 0.0); glVertex3f(-left,  top, 0.0)
89      glEnd( )
90
91  #8
92  def displayImage(image):
93
94      image_size = image.size
95      # create texture
96      image = cv2.undistort(image, K, dists)
97      glBindTexture(GL_TEXTURE_2D, background_texture)
98      glTexParameteri(GL_TEXTURE_2D, GL_TEXTURE_MIN_FILTER, GL_LINEAR)
99      glTexParameteri(GL_TEXTURE_2D, GL_TEXTURE_MAG_FILTER, GL_LINEAR)
100
101     # using Pillow
102 ##    from PIL import Image
103 ##    image = Image.fromarray(image)
104 ##    ix, iy = image.size[:2]
105 ##    image = image.tobytes('raw', 'BGRX', 0, 1)
106 ##    glTexImage2D(GL_TEXTURE_2D, 0, GL_RGBA, ix, iy,
107 ##                              0, GL_RGBA, GL_UNSIGNED_BYTE,image)
108     # using numpy
109     iy, ix = image.shape[:2]
110     image = image[...,::-1].copy()        # BGR -> RGB
111     image = np.frombuffer(image.tobytes(), dtype = 'uint8',
112                       count = image_size)
```

```
113        glTexImage2D(GL_TEXTURE_2D, 0, GL_RGB, ix, iy,
114                     0, GL_RGB, GL_UNSIGNED_BYTE, image)
115        # draw background image
116        glEnable(GL_TEXTURE_2D)
117        glBindTexture(GL_TEXTURE_2D, background_texture)
118        glPushMatrix()
119        glTranslatef(0.0, 0.0, -F)
120
121        drawBackgroundTexture()
122        glPopMatrix()
123        glDisable(GL_TEXTURE_2D)
124
125  #9
126  def drawCube(bottomFill = True):
127        index = [0, 5, 17, 12]      # 4-corner index
128        pts0 = mW[index]            # Z = 0
129
130        if bottomFill:
131            glBegin(GL_QUADS)
132        else:
133            glBegin(GL_LINE_LOOP)
134        glColor3f(1.0,1.0,0.0)
135        for i in range(4):
136            glVertex3fv(pts0[i])
137        glEnd()
138
139        glColor3f(1.0,0.0,0.0)
140        pts2 = pts0.copy()
141        pts2[:, 2] = -2            # Z = -2
142        glBegin(GL_LINE_LOOP)
143        for i in range(4):
144            glVertex3fv(pts2[i])
145        glEnd()
146
147        glColor3f(0.0, 0.0, 1.0)
148        glBegin(GL_LINES)
149        for i in range(4):
150            glVertex3fv(pts0[i])
151            glVertex3fv(pts2[i])
152        glEnd()
153
154  #10
155  def displayAxesCube(view_matrix):
156        axis3d = np.float32([[0, 0, 0], [3, 0,  0],
157                           [0, 3, 0], [0, 0, -3]]).reshape(-1, 3)
```

```
158
159        glMatrixMode(GL_MODELVIEW)
160        glPushMatrix()
161        glLoadTransposeMatrixd(view_matrix)
162
163        # draw axes
164        glLineWidth(5)
165        glBegin(GL_LINES)
166        glColor3f(0.0, 0.0, 1.0)        # blue
167        glVertex3fv(axis3d[0])          # X
168        glVertex3fv(axis3d[1])
169
170        glColor3f(0.0, 1.0, 0.0)        # green
171        glVertex3fv(axis3d[0])          # Y
172        glVertex3fv(axis3d[2])
173
174        glColor3f(1.0, 0.0, 0.0)        # red
175        glVertex3fv(axis3d[0])          # -Z
176        glVertex3fv(axis3d[3])
177        glEnd()
178        glPopMatrix()
179
180        # draw cube
181        glMatrixMode(GL_MODELVIEW)
182        glPushMatrix()
183        glLoadTransposeMatrixd(view_matrix)
184        drawCube()
185        glPopMatrix()
186
187 #11
188 def getViewMatrix(rvec, tvec):
189        tvec = tvec.flatten()
190        R = cv2.Rodrigues(rvec)[0]
191        # Axes Y, Z of OpenGL are the same as -Y, -Z of OpenCV respectively
192        view_matrix = np.array([[ R[0, 0],  R[0, 1],  R[0, 2],  tvec[0]],
193                                [-R[1, 0], -R[1, 1], -R[1, 2], -tvec[1]],
194                                [-R[2, 0], -R[2, 1], -R[2, 2], -tvec[2]],
195                                [ 0.0    ,  0.0    ,  0.0    , 1.0     ]])
196        return view_matrix
197
198 #12
199 tx = 0.5
200 ty = 0.5
201 def displayFun():
202        glClear(GL_COLOR_BUFFER_BIT|GL_DEPTH_BUFFER_BIT)
```

```
203     #12-1: create texture
204     if image_select == 1:
205         image = img1
206     else:
207         image = img2
208     displayImage(image)
209
210     #12-2:create view matrix using tvec and rvec
211     i = image_select - 1
212     tvec = tvecs[i].flatten()
213     rvec = rvecs[i]
214     view_matrix = getViewMatrix(rvec, tvec)
215     #print("view_matrix=", view_matrix)
216
217     #12-3: display X, Y, -Z
218     displayAxesCube(view_matrix)
219
220     #12-4: draw glut cube
221     glMatrixMode(GL_MODELVIEW)
222     glPushMatrix()
223     glLoadTransposeMatrixd(view_matrix)
224     glTranslatef(tx, ty, -1)        # move on Z = 0
225     glScale(1., 1., 2.0)            # size: (1 x 1 x 2)
226
227 ##      glColor3f(1.0, 1.0, 0.0)
228 ##      glutSolidCube(1)
229
230     glColor3f(0.0, 1.0, 1.0)
231     glutWireCube(1)
232     glPopMatrix()
233
234     glColor3f(1.0, 1.0, 1.0)        # white
235     glutSwapBuffers()
236
237 #13: handle keyboard events
238 def keyFun(key,x,y):
239     global image_select
240
241     if key == b'\x1b':
242         glutDestroyWindow(win_id)
243         #exit(0)
244     elif key == b'1':
245         image_select = 1
246     elif key == b'2':
247         image_select = 2
248     glutPostRedisplay()             #displayFun()
```

```
249
250  #14: handle arrow keys
251  def specialKeyFun(key, x, y):
252      global tx, ty
253      if key == GLUT_KEY_LEFT:
254          tx -= 1.0
255      elif key == GLUT_KEY_RIGHT:
256          tx += 1.0
257      elif key == GLUT_KEY_UP:
258          ty -= 1.0
259      elif key == GLUT_KEY_DOWN:
260          ty += 1.0
261
262      glutPostRedisplay()                        # displayFun()
263
264  #15
265  def main():
266      global win_id, background_texture
267      glutInit()
268      glutInitDisplayMode(GLUT_RGBA|GLUT_DOUBLE|GLUT_DEPTH)
269      glutInitWindowSize(640, 480)
270      win_id = glutCreateWindow(
271                  "Augmented Reality: GLUT, OpenGL and OpenCV")
272
273      background_texture = initGL()
274      glutDisplayFunc(displayFun)
275      glutKeyboardFunc(keyFun)
276      glutSpecialFunc(specialKeyFun)        # arrow key
277      glutMainLoop()
278  if __name__ == "__main__":
279      main()
```

**실행 결과**

```
K=
[[931.62    0.    333.46]
 [  0.    933.83  326.74]
 [  0.      0.      1.  ]]
dists= [[ 0.01  4.64  0.05  -0.04  -27.83]]
opengl_proj= [[ 2.91  0.    -0.04    0.  ]
              [ 0.    3.89   0.36    0.  ]
              [ 0.    0.    -1.     -0.2 ]
              [ 0.    0.    -1.      0.  ]]
left= 3.5793492213605296
right= 3.290394798585739
top= 3.498891432303993
bottom= 1.641226934299148
```

**프로그램 설명**

① GLUT 인터페이스에서 PyOpenGL을 사용하여 [예제 11.04]를 작성하고, GLUT로 생성한 6면체를 Z = 0 평면에서 키보드에서 상하좌우로 이동하도록 변경한다.

② #1은 영상을 읽고, image_select = 1로 img1을 현재 영상으로 선택한다. #2는 Z = 0 평면에서 코너점의 위치에 대한 세계 좌표 mW를 생성한다. #9의 drawCube() 함수에서 6면체를 그릴 때 사용한다.

③ #3은 'calib_1104.npz' 파일에서 캘리브레이션 정보 K, dists, rvecs, tvecs를 로드한다.

④ #4는 카메라 행렬 K로부터 OPENGL의 GL_PROJECTION 투영행렬로 사용할 opengl_proj 행렬을 계산한다. Y축이 아래 down로 향한다. opengl_proj[1] *= -1은 Y축이 위 up로 향한다.

⑤ #5는 영상을 텍스처 매핑하기 위한 left, right, top, bottom을 세계 좌표계에서 사용하는 단위인 임의의 초점거리 F = 10.0에 대해 계산한다. fx = F × mx, fy = F × my이고, mx, my는 단위 길이 당 화소 개수이며, (fx, fy)는 화소단위의 초점거리, (cx, cy)는 영상의 투영 중심이다.([수식 11.5] 참조)

⑥ #6의 initGL() 함수에서 glLoadTransposeMatrixd()로 GL_PROJECTION 투영행렬에 opengl_proj 행 우선 row-major 행렬을 로드한다. texture_id를 생성하여 반환한다.

⑦ #7의 drawBackgroundTexture() 함수는 (w, h) 크기의 영상의 중심 (cx, cy)을 기준으로 (-left, right), (top, -bottom)에 영상을 텍스처 매핑한다.

⑧ #8의 displayImage() 함수는 image를 왜곡 보정하고, 텍스처 영상으로 변경하고, glEnable(GL_TEXTURE_2D)로 텍스처를 활성시키고, glTranslatef(0.0, 0.0, -F)로 이동하고, drawBackgroundTexture()를 호출하여 텍스처를 출력한다. glDisable(GL_TEXTURE_2D)로 텍스처를 비활성하여 OpenGL로 축과 6면체를 그릴 때 glColor3f()로 설정한 컬러가 텍스처와 블랜딩하지 않도록 한다. 영상은 Pillow를 사용하여 GL_RGBA 텍스처로 변환하거나, numpy로 GL_RGB 텍스처로 변환한다.

⑨ #9의 drawCube() 함수는 3차원 평면 Z = 0 물체 좌표 mW에서 index = [0, 5, 17, 12]의 좌표 pts0을 GL_QUADS로 노란색 yellow으로 그리고, pts0을 Z = -2 평면으로 이동시킨 pts2[:, 2]를 빨간색 red 선으로 그리고, 파란색 선을 연결하여 6면체를 그린다.

⑩ #10의 displayAxesCube() 함수는 view_matrix 행렬을 이용하여 3축을 그리고, drawCube() 함수를 호출하여 6면체를 그린다. glLoadTransposeMatrixd()로 GL_MODELVIEW 행렬에 view_matrix 행우선 row-major 행렬을 로드한다.

⑪ #11의 getViewMatrix() 행렬은 카메라 자세 rvec, tvec로부터 OpenGL의 GL_MODELVIEW 행렬로 사용할 view_matrix 행렬을 반환한다. OpenCV의 -Y, -Z축을 OpenGL의 Y, Z축에 대응하도록 view_matrix[1], view_matrix[2]의 부호에 음수를 사용한다.

⑫ #12의 displayFun()은 #14에서 윈도우를 다시 그려야 할 때마다 호출되는 디스플레이 콜백 함수이다. tx = 0.5, ty = 0.5는 물체가 원점에 위치하고, (1 × 1 × 2) 크기이기 때문이다.

#12-1은 image_select에 따라 img1 또는 img2를 image에 저장하고, displayImage()로 image 영상을 텍스처를 표시한다. #12-2는 i = image_select - 1의 영상에 대한 카메라 자세 $^{tvec, rvec}$를 이용하여 getViewMatrix() 함수로 view_matrix 행렬을 생성한다. #12-3은 displayAxesCube() 함수로 축과 6면체를 그린다.

#12-4는 방향키에 의해 GLUT로 생성한 6면체를 Z = 0 평면에서 상하좌우 이동한다. glutWireCube(1)은 원점 (0, 0, 0)을 중심으로 각 에지의 길이가 1인 6면체를 생성한다. glScale(1., 1., 2.0)은 (1 × 1 × 2)로 스케일하고, glTranslatef(tx, ty, -1)은 Z = 0 평면에 위치시키고, 방향키에 의해 이동한다. glutSwapBuffers()는 이중 버퍼를 교환한다.

⑬ #13의 keyFun() 함수는 키보드 이벤트 처리 콜백 함수이다. ESC(b'\x1b') 키를 누르면 윈도우를 파괴하여 종료하고, b'1', b'2'에 따라 image_select에 1, 2를 저장하여 glutPostRedisplay()로 displayFun() 함수를 호출하여 윈도우를 다시 그리도록 한다.

⑭ #14의 specialKeyFun() 함수는 특수키 이벤트 처리 콜백 함수이다. GLUT_KEY_LEFT, GLUT_KEY_RIGHT 키에 따라 tx을 각각 6면체의 좌우 크기와 같은 1을 감소하거나 증가하고, GLUT_KEY_UP, GLUT_KEY_DOWN 키에 따라 ty을 각각 6면체의 상하크기와 같은 1을 감소하거나 증가한다. glutPostRedisplay()로 displayFun() 함수를 호출하여 윈도우를 다시 그리도록 한다.

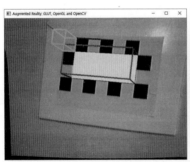
(a) img1, tx= 0.5, ty = 0.5

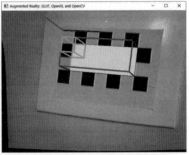
(b) img1, tx= 1.5, ty = 1.5

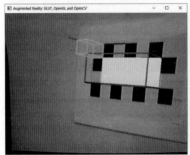
(c) img2, tx= 0.5, ty = 0.5

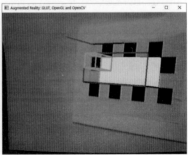
(d) img2, tx= 1.5, ty = 1.5

그림 11.13 ◆ 증강현실: GLUT, PyOpenGL, OpenCV

⑮ #15의 main() 함수는 GLUT를 초기화하고, 윈도우를 생성하고, 콜백함수를 지정한다. [그림 11.13]은 GLUT, PyOpenGL, OpenCV를 이용한 증강현실 결과이다. [그림 11.13](a)는 img1 영상의 초기상태 $^{tx = 0.5, ty = 0.5}$이고, [그림 11.13](b)는 방향키로 이동 $^{tx = 1.5, ty = 1.5}$한 결과이다. [그림 11.13](c)는 img2 영상의 초기상태 $^{tx = 0.5, ty = 0.5}$이고, [그림 11.13](d)는 방향키로 이동 $^{tx = 1.5, ty = 1.5}$한 결과이다. 마우스로 윈도우의 크기를 변경해도 잘 투영되는 것을 알 수 있다. 임의의 초점거리 F에 따라 left, right, top, bottom를 계산하여 텍스처를 투영하기 때문에, 초점거리를 F = 5, 20 등의 임의 값으로 변경해도 잘 동작한다.

**예제 11.15** 　증강현실 2: PyGame 인터페이스 PyOpenGL

```
01 # 1115.py
02 '''
03 ref1:https://rdmilligan.wordpress.com/2015/07/31/3d-augmented-
04 reality-using-opencv-and-python/
05 '''
06 # Objfile loader    :         objloader.py
07 # Wavefront OBJ file:         ./data/cube.obj
08 # material template library:  ./data/cube.mtl
09 import cv2
10 import numpy as np
11 np.set_printoptions(precision = 2, suppress = True)
12
13 #1
14 from OpenGL.GL import *
15 from OpenGL.GLU import *
16
17 import pygame
18 from pygame.locals import *
19 from objloader import OBJ         # objloader.py
20
21 # video
22 cap = cv2.VideoCapture('./data/chess1.wmv')
23 #cap = cv2.VideoCapture(0)
24 if (not cap.isOpened()):
25     print('Error opening video')
26     import sys
27     sys.exit()
28 height, width = (int(cap.get(cv2.CAP_PROP_FRAME_HEIGHT)),
29                  int(cap.get(cv2.CAP_PROP_FRAME_WIDTH)))
30 imageSize = width, height
31
32 #2
33 patternSize = (6, 3)
```

```python
34  def FindCornerPoints(src_img, patternSize):
35      found, corners = cv2.findChessboardCorners(src_img, patternSize)
36      if not found:
37          return found, corners
38
39      term_crit = (cv2.TERM_CRITERIA_EPS+cv2.TERM_CRITERIA_MAX_ITER,
40                      10, 0.01)
41      gray = cv2.cvtColor(src_img, cv2.COLOR_BGR2GRAY)
42      corners = cv2.cornerSubPix(gray, corners, (5, 5), (-1, -1),
43                          term_crit)
44      # reverse order, in this example, to set origin to (left-upper)
45      corners = corners[::-1]
46      return found, corners
47
48  #3: set world(object) coordinates to Z = 0
49  xN, yN = patternSize                              # (6, 3)
50  mW = np.zeros((xN*yN, 3), np.float32)             # (18, 3)
51  # mW points on Z = 0
52  mW[:, :2] = np.mgrid[0:xN, 0:yN].T.reshape(-1, 2)
53  # (1, 1, 0): coord of the start corner point in the pattern
54  mW[:, :2] += 1
55
56  #4: load camera matrix K
57  with np.load('./data/calib_1104.npz') as X:
58      K = X['K']
59      dists = X['dists']
60  #dists = np.zeros(5)
61  print("K=\n", K)
62  print("dists=", dists)
63
64  #5: OpenGL camera parameters, opengl_proj
65  #5-1:
66  cx = K[0, 2]
67  cy = K[1, 2]
68  fx = K[0, 0]
69  fy = K[1, 1]
70  w, h = imageSize          # (width = 640, height = 480)
71  near = 0.1                # near plane
72  far  = 100                #  far plane
73  #5-2:
74  opengl_proj = np.array([[2 * fx / w, 0.0,  (w - 2 * cx) / w, 0.0],
75                          # y-down, origin: left-upper
76                          [0.0, 2 * fy / h, (-h + 2 * cy) / h, 0.0],
77                          [0.0,  0.0,  (-far - near) / (far - near),
78                          -2.0 * far * near / (far - near)],
79                          [0.0, 0.0, -1.0, 0.0]])
```

```python
80
81   #opengl_proj[1] *= -1                     # y-up, origin: left-bottom
82   print("opengl_proj=", opengl_proj)
83
84   #6: calculate (left, right, top, bottom)
85   F = 10.0               # set arbitrary focal length, use in #8-2
86   mx = fx/F              # x-pixels per unit
87   my = fy/F              # y-pixels per unit
88
89   #convert image coords to unit of woord coords, use in #6
90   left    = cx / mx
91   right   = (w - cx) / mx
92   top     = cy / my
93   bottom = (h - cy) / my
94   print("left=",   left)
95   print("right=",  right)
96   print("top=",    top)
97   print("bottom=", bottom)
98
99   #7
100  def initGL():
101      glClearColor(0.0, 0.0, 0.0, 0.0)
102
103      glMatrixMode(GL_PROJECTION)
104      glLoadTransposeMatrixd(opengl_proj)   # row-major matrix
105      texture_id = glGenTextures(1)
106      return texture_id
107
108  #8: texture mapping
109  def drawBackgroundTexture():
110      glBegin(GL_QUADS)
111      glTexCoord2f(0.0, 1.0); glVertex3f(-left,  -bottom, 0.0)
112      glTexCoord2f(1.0, 1.0); glVertex3f( right, -bottom, 0.0)
113      glTexCoord2f(1.0, 0.0); glVertex3f( right, top, 0.0)
114      glTexCoord2f(0.0, 0.0); glVertex3f(-left,  top, 0.0)
115      glEnd( )
116
117  #9
118  def displayImage(image):
119
120      image_size = image.size
121      # create texture
122      image = cv2.undistort(image, K, dists)
123      glBindTexture(GL_TEXTURE_2D, background_texture)
124      glTexParameteri(GL_TEXTURE_2D, GL_TEXTURE_MIN_FILTER, GL_LINEAR)
125      glTexParameteri(GL_TEXTURE_2D, GL_TEXTURE_MAG_FILTER, GL_LINEAR)
```

```
126
127        # using Pillow
128  ##     from PIL import Image
129  ##     image = Image.fromarray(image)
130  ##     ix, iy = image.size[:2]
131  ##     image = image.tobytes('raw', 'BGRX', 0, 1)
132  ##     glTexImage2D(GL_TEXTURE_2D, 0, GL_RGBA, ix, iy,
133  ##                             0, GL_RGBA, GL_UNSIGNED_BYTE, image)
134        # using numpy
135        iy, ix = image.shape[:2]
136        image = image[..., ::-1].copy()        # BGR-> RGB
137        image = np.frombuffer(image.tobytes(), dtype = 'uint8',
138                            count = image_size)
139        glTexImage2D(GL_TEXTURE_2D, 0, GL_RGB, ix, iy,
140                             0, GL_RGB, GL_UNSIGNED_BYTE, image)
141        # draw background image
142        glEnable(GL_TEXTURE_2D)
143        glBindTexture(GL_TEXTURE_2D, background_texture)
144        glPushMatrix()
145        glTranslatef(0.0, 0.0, -F)
146
147        drawBackgroundTexture()
148        glPopMatrix()
149        glDisable(GL_TEXTURE_2D)
150
151  #10
152  def drawCube(bottomFill = True):
153        index = [0, 5, 17, 12]        # 4-corner index
154        pts0 = mW[index]             # Z = 0
155
156        if bottomFill:
157            glBegin(GL_QUADS)
158        else:
159            glBegin(GL_LINE_LOOP)
160        glColor3f(1.0, 1.0, 0.0)
161        for i in range(4):
162            glVertex3fv(pts0[i])
163        glEnd()
164
165        glColor3f(1.0, 0.0, 0.0)
166        pts2 = pts0.copy()
167        pts2[:, 2] = -2               # Z = -2
168        glBegin(GL_LINE_LOOP)
169        for i in range(4):
170            glVertex3fv(pts2[i])
171        glEnd()
```

```
172
173     glColor3f(0.0, 0.0, 1.0)
174     glBegin(GL_LINES)
175     for i in range(4):
176         glVertex3fv(pts0[i])
177         glVertex3fv(pts2[i])
178     glEnd()
179
180  #11
181  def displayAxesCube(view_matrix):
182      axis3d = np.float32([[0, 0, 0], [3, 0, 0],
183                           [0, 3, 0], [0, 0, -3]]).reshape(-1, 3)
184
185      glMatrixMode(GL_MODELVIEW)
186      glPushMatrix()
187      glLoadTransposeMatrixd(view_matrix)
188
189      # draw axes
190      glLineWidth(5)
191      glBegin(GL_LINES)
192      glColor3f(0.0, 0.0, 1.0)        # blue
193      glVertex3fv(axis3d[0])          # X
194      glVertex3fv(axis3d[1])
195
196      glColor3f(0.0, 1.0, 0.0)        # green
197      glVertex3fv(axis3d[0])          # Y
198      glVertex3fv(axis3d[2])
199
200      glColor3f(1.0, 0.0, 0.0)        #red
201      glVertex3fv(axis3d[0])          # -Z
202      glVertex3fv(axis3d[3])
203      glEnd()
204      glPopMatrix()
205
206      # draw cube
207      glMatrixMode(GL_MODELVIEW)
208      glPushMatrix()
209      glLoadTransposeMatrixd(view_matrix)
210      drawCube()
211      glPopMatrix()
212
213  #12
214  def getViewMatrix(rvec, tvec):
215      tvec = tvec.flatten()
216      R = cv2.Rodrigues(rvec)[0]
```

```
217    # Axes Y, Z of OpenGL are the same as -Y, -Z of OpenCV respectively
218    view_matrix = np.array([[ R[0, 0],  R[0, 1],  R[0, 2],  tvec[0]],
219                            [-R[1, 0], -R[1, 1], -R[1, 2], -tvec[1]],
220                            [-R[2, 0], -R[2, 1], -R[2, 2], -tvec[2]],
221                            [ 0.0    ,  0.0    ,  0.0    ,  1.0    ]])
222        return view_matrix
223
224 #13:  init pygame and PyOpenGL
225 pygame.init()
226 pygame.display.set_caption(
227            "Augmented Reality: Pygame, OpenGL and OpenCV")
228 screen = pygame.display.set_mode(imageSize,
229                                DOUBLEBUF | OPENGL | RESIZABLE)
230
231 background_texture = initGL()
232 model = OBJ('cube.obj')        # model size: (2 x 2 x 2)
233
234 #14: main loop
235 t = 0 # frame counter
236 tx = 0.5
237 ty = 0.5
238 stop = False
239 while True:
240 #14-1: handle keyboard events
241    for e in pygame.event.get():
242        if e.type == pygame.QUIT:
243            stop=True
244        elif e.type == KEYDOWN:
245            if e.key == K_ESCAPE:
246                stop=True
247            elif e.key == K_LEFT:
248                tx -= 1.0
249            elif e.key == K_RIGHT:
250                tx += 1.0
251            elif e.key == K_UP:
252                ty -= 1.0
253            elif e.key == K_DOWN:
254                ty += 1.0
255 #14-2
256    ret, frame = cap.read()
257    if not ret or stop:
258        break
259
260    glClear(GL_COLOR_BUFFER_BIT|GL_DEPTH_BUFFER_BIT)
261    displayImage(frame)
```

```
262
263     found, corners = FindCornerPoints(frame, patternSize)
264     if not found:
265         pygame.display.flip()
266         continue
267
268 #14-3
269     ret, rvec, tvec = cv2.solvePnP(mW, corners, K, dists)
270     view_matrix = getViewMatrix(rvec, tvec)
271     displayAxesCube(view_matrix)
272
273 #14-4: display obj
274     glPushMatrix()
275     glLoadTransposeMatrixd(view_matrix)
276
277     glTranslate(tx, ty, -1)          # move on Z = 0
278     glScale(0.5, 0.5, 1.0)          # model size: (1 x 1 x 2)
279     model.render() # glCallList(model.gl_list)
280     glPopMatrix()
281
282 #14-5
283     t += 1
284     glColor3f(1.0, 1.0, 1.0)         # white
285     pygame.display.flip()
286     #pygame.time.wait(20)
287 #15
288 pygame.quit()
289 if cap.isOpened(): cap.release()
```

**실행 결과**

```
K=
[[ 931.62    0.     333.46]
 [   0.    933.83  326.74]
 [   0.     0.      1.  ]]
dists= [[ 0.01  4.64  0.05  -0.04 -27.83]]
opengl_proj= [[ 2.91  0.    -0.04  0. ]
              [ 0.    3.89  0.36   0. ]
              [ 0.    0.   -1.    -0.2]
              [ 0.    0.   -1.     0. ]]
left= 3.5793492213605296
right= 3.290394798585739
top= 3.498891432303993
bottom= 1.641226934299148
```

## 프로그램 설명

① PyGame 인터페이스에서 PyOpenGL을 사용하여 비디오 캘리브레이션 [예제 11.9]를 작성하고, Wavefront의 OBJ을 로드하여 생성한 6면체를 Z = 0 평면에서 키보드에서 상하좌우로 이동하도록 변경한다. 블랜더로 작성한 OBJ 파일 'cube.obj', 재질 파일 'cube.mtl'을 objloader.py로 로드한다(ref1 참고).

② #1은 OpenGL, pygame을 로드하고, objloader.py 파일에서 OBJ 클래스를 로드한다. 비디오 캡처를 개방한다. #2~#12는 [예제 11.14]와 같다.

#2의 FindCornerPoints() 함수는 패턴을 검출하고, #3은 Z = 0 평면에 코너점의 위치에 대한 세계 좌표 mW를 생성한다. #4는 'calib_1104.npz' 파일에서 캘리브레이션 정보 K, dists, rvecs, tvecs를 로드한다. #5는 카메라 행렬 K로부터 OpenGL의 GL_PROJECTION 투영행렬로 사용할 opengl_proj 행렬을 계산한다. Y축이 아래 down로 향한다. opengl_proj[1] *= -1은 Y축이 위 up로 향한다. #6은 영상을 텍스처 매핑하기 위한 left, right, top, bottom을 세계 좌표계에서 사용하는 단위인 임의의 초점거리 F = 10.0에 대해 계산한다. fx = F×mx, fy = F×my이고, mx, my는 단위 길이 당 화소 개수이고, (fx, fy)는 화소단위의 초점거리, (cx, cy)는 영상의 투영중심이다([수식 11.5] 참조).

③ #7의 initGL() 함수는 glLoadTransposeMatrixd()로 GL_PROJECTION 투영행렬에 opengl_proj 행우선 row-major 행렬을 로드한다. texture_id를 생성하여 반환한다.

#8의 drawBackgroundTexture() 함수는 (w, h) 크기의 영상의 중심 (cx, cy)을 기준으로 (-left, right), (top, -bottom)에 영상을 텍스처 매핑한다.

④ #9의 displayImage() 함수는 image를 왜곡 보정하고, numpy로 GL_RGB 텍스처 영상으로 변경하고, glTranslatef(0.0, 0.0, -F)로 이동하고, drawBackgroundTexture()를 호출하여 텍스처를 출력한다.

⑤ #10의 drawCube() 함수는 3차원 평면 Z = 0 물체 좌표 mW에서 index = [1, 5, 17, 13]의 좌표 pts0을 GL_QUADS로 노란색 yellow으로 그리고, pts0을 Z = -2 평면으로 이동시킨 pts2[:, 2]를 빨간색 red 선으로 그리고, 파란색 선을 연결하여 6면체를 그린다.

⑥ #11의 displayAxesCube() 함수는 view_matrix 행렬을 이용하여 3축을 그리고, drawCube() 함수를 호출하여 6면체를 그린다.

⑦ #12의 getViewMatrix() 행렬은 카메라 자세 rvec, tvec로부터 OpenGL의 GL_MODELVIEW 행렬로 사용할 view_matrix 행렬을 반환한다.

⑧ #13은 pygame을 초기화하고, initGL() 함수를 호출하여 OpenGL을 초기화하고, 텍스처 바인딩을 위한 background_texture를 생성한다. OBJ('./data/cube.obj')로 OBJ 파일을 model에 로드한다. 로드된 직육면체는 (2×2×2)의 크기이다.

⑨ #14는 pygame의 메인루프이다. #14-1은 종료 이벤트 QUIT, 키보드 이벤트 K_ESCAPE, K_LEFT, K_RIGHT, K_UP, K_DOWN를 처리한다.

#14-2는 비디오 프레임 $^{frame}$을 획득하여, displayImage(frame)로 Z = 0 평면에 텍스처 매핑하고, 비디오 프레임에서 코너점 $^{corners}$을 검출한다. #14-3은 cv2.solvePnP() 함수로 카메라 자세 $^{rvec, tvec}$를 검출한다. getViewMatrix(rvec, tvec)로 view_matrix 행렬을 생성하고, displayAxesCube()로 축과 6면체를 표시한다.

#14-4는 glScale(0.5, 0.5, 1.0)로 model을 (1 × 1 × 2) 크기로 스케일링하고, glTranslate(tx, ty, -1)는 Z = 0 평면으로 이동한다. 방향키에 의해 #14-1에서(tx, ty)를 변경하여 상하좌우로 model을 이동하여 표시한다. model.render()는 glCallList(model. gl_list)에 의해 모델을 랜더링한다. #14-5는 pygame의 디스플레이를 교환한다.

⑩ [그림 11.14]는 'chess1.wmv' 비디오 파일에서 PyGame, PyOpenGL, OpenCV를 이용한 증강현실 결과이다. [그림 11.14](a)는 t = 0 프레임에서 초기상태 $^{tx = 0.5, ty = 0.5}$이고, [그림 11.14](b)는 t = 100 프레임에서 방향키로 이동 $^{tx = 1.5, ty = 1.5}$한 결과이다. 마우스로 윈도우의 크기를 변경해도 잘 투영되는 것을 알 수 있다. 임의의 초점거리 F에 따라 (left, right, top, bottom)을 계산하여 텍스처를 투영하기 때문에, 초점거리를 F = 5, 20 등의 임의 값으로 변경해도 잘 동작한다. OpenGL의 재질, 조명, 쉐이더 등을 추가하면 좀 더 현실적인 증강현실을 구현할 수 있다.

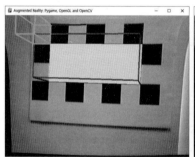 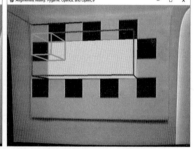

(a) t = 0, tx = 0.5, ty = 0.5      (b) t = 100, tx = 1.5, ty = 1.5

그림 11.14 ◆ 증강현실('chess1.wmv'): PyGame, PyOpenGL, OpenCV

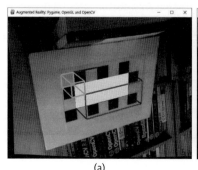 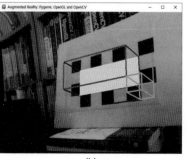

(a)      (b)

그림 11.15 ◆ 증강현실(USB Camera): PyGame, PyOpenGL, OpenCV

11 [그림 11.15]는 #1에서 cap = cv2.VideoCapture(0)로 USB 카메라를 이용한 결과이다. 카메라는 #4의 'calib_1104.npz' 캘리브레이션 파일을 생성할 때 사용한 카메라와 다른 카메라이다. 그럼에도 불구하고 잘 동작하는 것을 확인 할 수 있다. 좌표축이 [그림 11.15](a)는 왼쪽-상단이고, [그림 11.15](b)는 오른쪽-하단으로 다른 이유는 FindCornerPoints() 함수에서 cv2.findChessboardCorners() 함수가 캘리브레이션 패턴의 왼쪽-상단 또는 오른쪽-하단을 기준 위치로 설정하기 때문이다.

# 05 | ArUco · ChArUco 카메라 캘리브레이션

ArUco Augmented Reality University of Cordoba 마커는 Sergio Garrido 등이 물체식별, 추적, 캘리브레이션, 증강현실 등을 위해개발한 이진 사각형의 기준 마커이다. ArUco 모듈은 OpenCV 확장 extra 모듈 opencv-contrib-python에 포함되어 있다. ChArUco는 체스보드의 일부에 ArUco 마커가 포함된 형태이다.

## 01 | ArUco 마커 · 생성 · 검출 · 카메라 캘리브레이션

ArUco 마커를 생성, 검출, 카메라 캘리브레이션에 대해 설명한다. 마커 사전을 선택하고, 마커 식별번호 id, 픽셀 크기를 지정하여 생성한다.

**예제 11.16 | ArUco 마커 생성 1**

```
01 # 1116.py
02 '''
03 https://mecaruco2.readthedocs.io/en/latest/notebooks_rst/Aruco/
04 aruco_basics.html
05 '''
06 import cv2
07 import numpy as np
08 import matplotlib.pyplot as plt
09
10 #1
11 aruco_dict = cv2.aruco.Dictionary_get(cv2.aruco.DICT_5X5_250)
12
13 #2
14 fig = plt.figure(figsize=(6,6))
15 nx = 2
```

```
16  ny = 2
17  for i in range(nx*ny):
18      ax = fig.add_subplot(ny,nx, i + 1)
19      img = cv2.aruco.drawMarker(aruco_dict,i, 600)
20      plt.imshow(img, cmap = "gray", interpolation = "nearest")
21      ax.axis("off")
22
23  plt.savefig("./data/aruco_5x5.png")
24  plt.show()
```

### 프로그램 설명

① #1은 cv2.aruco.DICT_5X5_250로 5 × 5 셀의 250개 마커 사전 객체 aruco_dict를 생성한다. cv2.aruco.DICT_4X4_250, cv2.aruco.DICT_7X7_250 등 다양한 마커가 정의되어 있다.

② #2는 matplotlib로 6 × 6 인치에 0에서 3까지의 4개의 마커를 생성하고, plt의 서브플롯에 추가한다. img = cv2.aruco.drawMarker(aruco_dict, i, 600)는 aruco_dict 사전에서 ID가 i인 마커를 600 × 600 화소 크기의 img 영상을 생성한다.

③ #3은 영상을 "aruco_5x5.png" 파일에 저장한다([그림 11.16]).

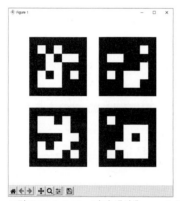

그림 11.16 ◆ ArUco 마커 생성("aruco_5x5.png")

---

### 예제 11.17 | ArUco 마커 생성 2

```
01  # 1117.py
02  import cv2
03  import numpy as np
04
05  #1
06  # cv2.aruco.DICT_5X5_250
07  aruco_dict = cv2.aruco.Dictionary_get(cv2.aruco.DICT_6X6_250)
08
```

```
09 #2
10 nx = 2
11 ny = 2
12
13 board = cv2.aruco.GridBoard_create(nx, ny,
14                                    markerLength = 1.0,
15                                    markerSeparation = 0.1,
16                                    dictionary = aruco_dict,
17                                    firstMarker = 0)
18 #3
19 img = board.draw(outSize = (600, 600), marginSize = 50)
20 #img = cv2.aruco.drawPlanarBoard(board, outSize = (600, 600),
21 #                                marginSize=50)
22
23 #4
24 cv2.imwrite("./data/aruco_6x6.png", img)
25 cv2.imshow('img', img)
26 cv2.waitKey(0)
27 cv2.destroyAllWindows()
```

### 프로그램 설명

① #1은 cv2.aruco.DICT_6X6_250로 6 × 6 셀의 250개 마커 사전 객체 aruco_dict를 생성한다.

② #2는 cv2.aruco.GridBoard_create()로 nx × ny 그리드, 마커 크기 markerLength = 1.0, 마커 사이 간격 markerSeparation = 0.1, 마커 종류 dictionary = aruco_dict, 첫 마커 번호 firstMarker = 0로 보드를 생성한다.

③ board.draw() 또는 cv2.aruco.drawPlanarBoard()로 영상 크기 (600, 600), 테두리 마진 크기 marginSize = 50로 img 영상을 생성한다.

④ #4는 img 영상을 "aruco_6x6.png" 파일에 저장한다([그림 11.17]).

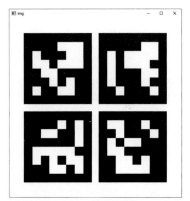

그림 11.17 ◆ ArUco 마커 생성("aruco_6x6.png")

| 예제 11.18 | ArUco 마커 검출 |
|---|---|

```
01  # 1118.py
02  import cv2
03  import numpy as np
04
05  #1
06  img = cv2.imread("./data/aruco_6x6.png")      # "./data/aruco_5x5.png"
07  gray = cv2.cvtColor(img, cv2.COLOR_BGR2GRAY)
08
09  #2
10  aruco_dict = cv2.aruco.Dictionary_get(cv2.aruco.DICT_6X6_250)
11  #param  = cv2.aruco.DetectorParameters_create()
12
13  corners, ids, rejected = cv2.aruco.detectMarkers(gray, aruco_dict)
14  #                                          , parameters = param)
15  print("corners=", corners)
16  print("ids=", ids)
17
18  #3
19  img_markers = cv2.aruco.drawDetectedMarkers(img.copy(), corners, ids)
20  ##img_markers = img.copy()
21  ##for i in range(len(corners)):
22  ##      pts    = np.int32(corners[i])
23  ##      cv2.polylines(img_markers, [pts], True, (0, 255, 255), 2)
24  cv2.imshow('img_markers', img_markers)
25
26  #4
27  rejected_img = cv2.aruco.drawDetectedMarkers(img.copy(), rejected,
28                                  borderColor = (0, 255, 255))
29
30  ##rejected_img = img.copy()
31  ##for i in range(len(rejected)):
32  ##      pts    = np.int32(rejected[i])
33  ##      cv2.polylines(rejected_img, [pts], True, (0, 255, 255), 2)
34  cv2.imshow('rejected', rejected_img)
35
36  cv2.waitKey(0)
37  cv2.destroyAllWindows()
```

## 프로그램 설명

① #1은 "aruco_6x6.png" 영상을 img에 로드하고 그레이스케일 영상 gray로 변환한다.
   cv2.aruco.DICT_6X6_250로 6×6 셀의 250개 마커 사전 객체 aruco_dict를 생성한다.
   cv2.aruco.DICT_4X4_250, cv2.aruco.DICT_7X7_250 등 다양한 마커가 정의되어 있다.

② #2는 cv2.aruco.detectMarkers()로 gray 영상에서 aruco_dict 객체를 검출하여 corners, ids, rejected에 반환한다. cv2.aruco.DetectorParameters_create()로 검출 매개 인수를 생성하여 전달할 수 있다. 컬러 영상을 전달해도 내부에서 그레이 영상으로 변환하며, adaptiveThreshold() 함수로 이진 영상으로 변환한다. corners는 검출된 마커의 코너점이고, ids는 마커 식별번호, rejected는 검출됐지만 최종적으로 거부된 코너점들이다.

③ #3은 검출된 마커의 코너점 corners을 img_markers 영상에 표시한다([그림 11.18](a)). 영상에 마커 번호 id가 올바르게 출력되는 것을 확인할 수 있다.

④ #4는 rejected를 rejected_img 영상에 표시한다([그림 11.18](b)). rejected는 디버깅을 위해 사용될 수 있지만 잘 사용하지 않는다. [그림 11.18]은 "aruco_6x6.png" 파일에서 ArUco 마커 검출 결과이다. 사전 객체가 올바르지 않으면 검출되지 않음을 주의해야 한다.

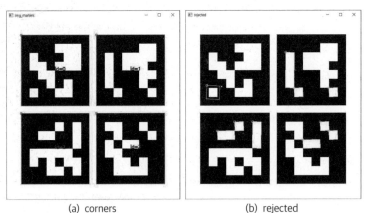

(a) corners          (b) rejected

그림 11.18 ◆ ArUco 마커 검출("aruco_6x6.png")

---

**예제 11.19** | ArUco 캘리브레이션 1: 카메라 행렬 K, 왜곡 dists

```
01  # 1119.py
02  import cv2
03  import numpy as np
04  np.set_printoptions(precision = 2, suppress = True)
05
06  #1: open video capture
07  #cap = cv2.VideoCapture(0)
08  cap = cv2.VideoCapture('./data/aruco6x6_250.mp4')
09  if (not cap.isOpened()):
10      print('Error opening video')
11      import sys
12      sys.exit()
```

```
13
14  height, width = (int(cap.get(cv2.CAP_PROP_FRAME_HEIGHT)),
15                   int(cap.get(cv2.CAP_PROP_FRAME_WIDTH)))
16  imageSize = width, height
17
18  #2
19  aruco_dict = cv2.aruco.Dictionary_get(cv2.aruco.DICT_6X6_250)
20  nx = 2
21  ny = 2
22  board = cv2.aruco.GridBoard_create(nx, ny,
23                                     markerLength = 1.0,
24                                     markerSeparation = 0.1,
25                                     dictionary = aruco_dict,
26                                     firstMarker = 0)
27
28  #3: calibrate K, dists using calibrateCameraAruco()
29  t = 0
30  count = 0
31  N_FRAMES = 20
32
33  marker_counter = []            # number of markers in a frame
34  all_corners = []
35  all_ids = []
36
37  while True:
38  #3-1
39      ret, frame = cap.read()
40      if not ret:
41          print(ret, t)
42          break
43      if t%10 != 0:              # sample
44          t += 1
45          continue
46
47      gray = cv2.cvtColor(frame, cv2.COLOR_BGR2GRAY)
48      corners, ids, rejected = cv2.aruco.detectMarkers(
49                                       gray, aruco_dict)
50      #                               , parameters = param)
51      #corners, ids, _, _ = cv2.aruco.refineDetectedMarkers(gray,
52      #                          board, corners, ids, rejected)
53
54  #3-2
55      if ids is None:
56          cv2.imshow('frame', frame)
57          key = cv2.waitKey(20)
```

```
58          if key == 27:  break
59          continue
60 #3-3
61     for i in range(len(corners)):
62         all_corners.append(corners[i])
63         for _id in ids[i]:
64             all_ids.append(_id)
65     marker_counter.append(len(corners))        # nx * ny
66     count += 1
67     if count >= N_FRAMES:
68         break
69
70     #print("t=", t)
71     t += 1
72     cv2.imshow('frame', frame)
73     key = cv2.waitKey(20)
74     if key == 27:  break
75
76 #3-4: convert list to numpy's array
77 all_ids = np.array(all_ids)
78 marker_counter = np.array(marker_counter)
79
80 #3-5
81 errs, K, dists, rvecs, tvecs =
82     cv2.aruco.calibrateCameraAruco(all_corners, all_ids,
83                                    marker_counter, board,
84                                    imageSize, None, None)
85
86 #3-6
87 np.savez('./data/calib_1119.npz', K = K, dists = dists)
88 print("K=\n", K)
89 print("dists=", dists)
90
91 #4:
92 if cap.isOpened(): cap.release()
93 cv2.destroyAllWindows()
```

**실행 결과**

```
K=
[[616.1   0.    361.46]
 [  0.   603.48 226.69]
 [  0.    0.      1.  ]]
dists= [[ 0.23 -0.79 -0.02  0.  1.04]]
```

**프로그램 설명**

① ArUco 마커 보드의 비디오 파일에서 카메라 행렬 K와 왜곡계수 dists를 캘리브레이션 한다. #1은 'aruco6x6_250.mp4' 비디오 파일을 개방한다.

② #2는 cv2.aruco.GridBoard_create()로 cv2.aruco.DICT_6X6_250 마커의 사전 객체 aruco_dict에서 nx = 2, ny = 2, firstMarker = 0의 board를 생성한다. board는 비디오에 있는 마커와 같아야 한다.

③ #3은 all_corners, all_ids, marker_counter를 수집하여 캘리브레이션한다. #3-1은 10 프레임 간격으로 cv2.aruco.detectMarkers()로 마커 corners, ids를 검출한다. refineDetectedMarkers()는 board, rejected를 사용하여 검출된 마커를 개선 처리한다. #3-2에서 검출된 마커가 없으면 다음 프레임을 처리한다.

④ #3-3은 검출된 마커가 있는 경우 마커 corners와 번호 ids를 all_corners, all_ids 리스트에 추가하고, marker_counter에 마커의 개수를 추가한다. 마커가 검출된 프레임 수 count가 N_FRAMES = 10보다 크면 while 반복을 벗어난다.

⑤ #3-4는 all_ids, marker_counter를 넘파이 numpy 배열로 변경한다. #3-5는 cv2.aruco. calibrateCameraAruco()로 all_corners, all_ids, marker_counter, board, imageSize를 이용하여 K, dists, rvecs, tvecs를 캘리브레이션한다. errs는 재투영 오차이다. rvecs, tvecs는 마커를 검출한 프레임들의 자세이다.

#3-6은 카메라 행렬 K와 왜곡계수 dists를 'calib_1119.npz' 파일에 저장한다.

---

**예제 11.20** | ArUco 캘리브레이션 2: 보드 자세 rvec, tvec, 마커 자세 rvecs, tvecs

```python
01 # 1120.py
02 import cv2
03 import numpy as np
04 np.set_printoptions(precision = 2, suppress = True)
05
06 #1: open video capture
07 #cap = cv2.VideoCapture(0)
08 cap = cv2.VideoCapture('./data/aruco6x6_250.mp4')
09 if (not cap.isOpened()):
10     print('Error opening video')
11     import sys
12     sys.exit()
13
14 height, width = (int(cap.get(cv2.CAP_PROP_FRAME_HEIGHT)),
15                  int(cap.get(cv2.CAP_PROP_FRAME_WIDTH)))
16 imageSize = width, height
17
```

```
18  #2: load camera matrix K
19  with np.load('./data/calib_1119.npz') as X: # './data/calib_1104.npz'
20      K = X['K']
21      dists = X['dists']
22  #dists = np.zeros(5)
23  print("K=\n", K)
24  print("dists=", dists)
25
26  #3
27  aruco_dict = cv2.aruco.Dictionary_get(cv2.aruco.DICT_6X6_250)
28  nx = 2
29  ny = 2
30  board = cv2.aruco.GridBoard_create(nx, ny,
31                                     markerLength = 1.0,
32                                     markerSeparation = 0.1,
33                                     dictionary = aruco_dict,
34                                     firstMarker = 0)
35
36  #4:
37  t = 0 # frame counter
38  while True:
39  #4-1
40      ret, frame = cap.read()
41      if not ret:
42          break
43      gray = cv2.cvtColor(frame, cv2.COLOR_BGR2GRAY)
44      corners, ids, rejected =
45          cv2.aruco.detectMarkers(gray, aruco_dict)
46          #, parameters = param)
47      corners, ids, _, _ =
48          cv2.aruco.refineDetectedMarkers(gray, board,
49                                        corners, ids, rejected)
50  #4-2
51      if ids is None:
52          cv2.imshow('frame', frame)
53          key = cv2.waitKey(20)
54          if key == 27:  break
55          continue
56
57  #4-3: board pos
58      ret, rvec, tvec =
59          cv2.aruco.estimatePoseBoard(corners, ids, board,
60                                      K, dists, None, None)
61      cv2.aruco.drawAxis(frame, K, dists, rvec, tvec, 1.0)
62      cv2.aruco.drawDetectedMarkers(frame, corners)
```

```
63
64  #4-4: markers' pose
65      rvecs, tvecs, _ =
66          cv2.aruco.estimatePoseSingleMarkers(corners, 0.05, K, dists)
67      for i in range(rvecs.shape[0]):
68          cv2.aruco.drawAxis(frame, K, dists, rvecs[i, :, :],
69                              tvecs[i, :, :], 0.03)
70  #4-5
71      #print("t=", t)
72      t += 1
73      cv2.imshow('frame', frame)
74      key = cv2.waitKey(20)
75
76      if key == 27:
77          break
78  #5
79  if cap.isOpened(): cap.release()
80  cv2.destroyAllWindows()
```

### 프로그램 설명

① 카메라 행렬과 왜곡계수를 로드하여 Aruco 마커 보드의 자세와 각 마커의 자세를 캘리브레이션하고, 축을 표시한다. #1은 'aruco6x6.mp4' 비디오 파일을 개방한다.

② #2는 'calib_1119.npz' 파일에서 카메라 행렬 K와 왜곡계수 dists를 로드한다. 'calib_1104.npz' 파일을 사용할 수 있다.

③ #3은 cv2.aruco.GridBoard_create()로 cv2.aruco.DICT_6X6_250 마커의 사전 객체 aruco_dict에서 nx = 2, ny = 2, firstMarker = 0의 보드를 생성한다.

④ #4는 비디오 프레임에서 보드의 자세 $^{rvec, tvec}$와 각 마커의 카메라 자세 $^{rvecs, tvecs}$를 검출하여 축을 표시한다.

#4-1은 비디오 프레임 $^{frame}$을 획득하고, 그레이스케일 $^{gray}$로 변경하고, cv2.aruco.detectMarkers()로 gray에서 마커 객체 $^{aruco\_dict}$의 마커를 검출한다.

refineDetectedMarkers()로 검출된 마커를 개선 처리한다. #4-2는 검출된 마커가 없으면 다음 프레임을 처리한다.

⑤ #4-3은 cv2.aruco.estimatePoseBoard()로 보드의 자세 $^{rvec, tve}$를 계산하고, 마커와 축을 표시한다.

#4-4는 cv2.aruco.estimatePoseSingleMarkers()로 corners, markerLength = 0.05, K, dists를 이용하여 각 마커의 카메라 자세 $^{rvecs, tvecs}$를 검출하고, cv2.aruco.drawAxis()로 캘리브레이션 정보 K, dists, rvecs[i, :, :], tvecs[i, :, :], length = 0.03를 이용하여 frame에 각 마커의 좌표축을 표시한다. 각 마커의 축은 마커의 중앙에 표시된다. markerLength와 length는 서로 관련 있다.

⑥ [그림 11.19]는 'calib_1119.npz' 파일을 사용한 ArUco 마커 캘리브레이션 결과이다.

(a) t = 0                                 (b) t = 200

그림 11.19 ◆ ArUco 마커를 사용한 카메라 자세 캘리브레이션

## 02 ChArUco 마커 생성 · 검출 · 카메라 캘리브레이션

ChArUco는 체스보드와 ArUco 마커가 결합된 형태이다. 체스보드의 흰색 영역에 마커가 표시된다.

**예제 11.21 | ChArUco 마커 생성**

```
01 # 1121.py
02 import cv2
03 import numpy as np
04 np.set_printoptions(precision = 2, suppress = True)
05
06
07 #1
08 select = 1 # 2
09 if select == 1:
10     nx, ny  = 3, 3 # "charuco_6x6_250.png"
11     aruco_dict = cv2.aruco.Dictionary_get(cv2.aruco.DICT_6X6_250)
12     # "charuco_6x6.png"
13 else:
14     nx, ny  = 4, 7 # "charuco_5x5_1000.png"
15     aruco_dict = cv2.aruco.Dictionary_get(cv2.aruco.DICT_5X5_1000)
16     # "charuco_5x5_1000.png"
17
18 #2
19 board = cv2.aruco.CharucoBoard_create(squaresX = nx, squaresY = ny,
```

```
20                              squareLength = 0.04,
21                              markerLength = 0.02,
22                              dictionary = aruco_dict)
23
24  #3 an image from the board
25  if select == 1:
26      img = board.draw(outSize = (600, 600), marginSize = 50)
27      cv2.imwrite("./data/charuco_6x6_250.png", img)
28  else:
29      img = board.draw(outSize = (600, 800), marginSize = 50)
30      cv2.imwrite("./data/charuco_5x5_1000.png", img)
31
32  cv2.imshow('img', img)
33  cv2.waitKey(0)
34  cv2.destroyAllWindows()
```

### 프로그램 설명

① select = 1이면 3×3 체스보드를 생성하고, cv2.aruco.DICT_6X6_250 마커를 생성하여 "charuco_6x6_250.png" 파일을 생성한다.

② select ≠ 1이면 4×7 체스보드를 생성하고, cv2.aruco.DICT_5X5_1000 마커를 생성하여 "charuco_5x5_1000.png" 파일을 생성한다.

③ #2는 cv2.aruco.CharucoBoard_create()로 nx × ny 체스보드를 생성한다. 하나의 사각형 크기는 squareLength = 0.04, 마커의 크기는 markerLength = 0.02이며, 마커의 사전은 aruco_dict이다.

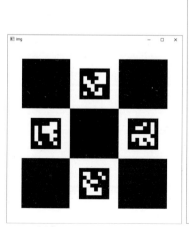

(a) "charuco_6x6_250.png"

(b) "charuco_5x5_1000.png"

그림 11.20 ◆ ChArUco 마커 생성

④ #3은 board.draw()로 select = 1에따라 outSize에 영상 크기를 전달하고, 테두리 마진 크기 marginSize = 50으로 img 영상을 생성하고 파일에 저장한다.

⑤ [그림 11.20]은 ChArUco 마커를 생성한 결과이다. [그림 11.20](a)은 select = 1로 생성한 "charuco_6x6_250.png" 영상이고, [그림 11.20](b)은 select = 2로 생성한 "charuco_5x5_1000.png" 영상이다. ChArUco는 체스보드의 흰색 영역에 ArUco 마커가 표시되어 있다.

---

**예제 11.22 | ChArUco 마커 검출**

```python
01  # 1122.py
02  import cv2
03  import numpy as np
04  np.set_printoptions(precision = 2, suppress = True)
05
06  #1
07  select = 1    # 2
08  if select == 1:
09      nx, ny  = 3, 3
10      img = cv2.imread("./data/charuco_6x6_250.png")
11      aruco_dict = cv2.aruco.Dictionary_get(cv2.aruco.DICT_6X6_250)
12  else:
13      nx, ny  = 4, 7
14      img = cv2.imread("./data/charuco_5x5_1000.png")
15      aruco_dict = cv2.aruco.Dictionary_get(cv2.aruco.DICT_5X5_1000)
16
17  gray = cv2.cvtColor(img, cv2.COLOR_BGR2GRAY)
18
19  #2: detect markers
20  #2-1
21  #param  = cv2.aruco.DetectorParameters_create()
22  corners, ids, rejected = cv2.aruco.detectMarkers(gray, aruco_dict)
23                                      #, parameters = param)
24  #print("corners=", corners)
25  #print("ids=", ids)
26
27  #2-2
28  img_markers = cv2.aruco.drawDetectedMarkers(img.copy(), corners, ids)
29
30  ##img_markers = img.copy()
31  ##for i in range(len(corners)):
32  ##    pts    = np.int32(corners[i])
33  ##    cv2.polylines(img_markers, [pts], True, (0, 255, 255), 2)
```

```
34  #3: detect board corners
35  #3-1
36  board = cv2.aruco.CharucoBoard_create(squaresX = nx, squaresY = ny,
37                        squareLength = 0.04, markerLength = 0.02,
38                        dictionary = aruco_dict)
39  corners, ids, _, _ = cv2.aruco.refineDetectedMarkers(gray, board,
40                                      corners, ids, rejected)
41
42  #3-2
43  ret, charucoCorners, charucoIds =
44          cv2.aruco.interpolateCornersCharuco(corners, ids, gray, board)
45  cv2.aruco.drawDetectedCornersCharuco(img_markers, charucoCorners)
46
47  #3-3
48  hull = cv2.convexHull(charucoCorners)
49  pts  = np.int32(hull)
50  cv2.polylines(img_markers, [pts], True, (0, 255, 255), 2)
51  cv2.imshow('img_markers', img_markers)
52
53  cv2.waitKey(0)
54  cv2.destroyAllWindows()
```

**프로그램 설명**

① ChArUco 마커를 검출하고, 체스보드의 코너점을 검출한다.

select = 1이면, "charuco_6x6_250.png" 파일에서 마커와 체스보 드의 코너점을 검출한다.

select ≠ 1이면 "charuco_5x5_1000.png" 파일에서 마커와 체스보드의 코너점을 검출한다.

② #2는 gray 영상에서 aruco_dict 객체의 마커를 검출하고, img_markers에 표시한다.

③ #3은 체스보드의 코너점을 검출한다. #3-1은 nx × ny 체 스보드, squareLength = 0.04, markerLength = 0.02, aruco_dict 사전의 ChArUco 보드 객체 board를 생성한다.

refineDetectedMarkers()로 검출된 마커를 개선 처리한다.

④ #3-2는 cv2.aruco.interpolateCornersCharuco()로 (corners, ids, gray, board) 정보를 이용하여 체스보드의 코너점 charucoCorners, charucoIds을 보간하여 검출한다. ret는 검출된 보드 코너점의 개수이다. "charuco_6x6_250.png" 파일에서는 ret = 4개의 코너점을 검출 하고, "charuco_5x5_1000.png" 파일에서는 ret = 18개의 코너점을 검출한다.

#3-3은 cv2.convexHull()로 코너점 charucoCorners의 최소 다각형을 hull에 계산하고, 노란색 다각형으로 표시한다.

⑤ [그림 11.21]은 ChArUco 마커 검출 결과이다.

[그림 11.21](a)는 select = 1로 "charuco_6x6_250.png" 영상에서 검출 결과이고, [그림 11.21](b)은 select = 2로 "charuco_5x5_1000.png" 영상에서 검출 결과이다.

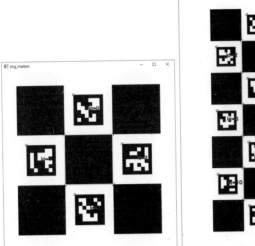

(a) "charuco_6x6_250.png"  (b) "charuco_5x5_1000.png"

그림 11.21 ◆ ChArUco 마커 검출

**예제 11.23** ChArUco 캘리브레이션 1: 카메라 행렬 K, 왜곡 dists

```python
01  # 1123.py
02  import cv2
03  import numpy as np
04  np.set_printoptions(precision = 2, suppress = True)
05
06  #1: open video capture
07  #cap = cv2.VideoCapture(0)
08  cap = cv2.VideoCapture('./data/charuco_6x6_250.mp4')
09  if (not cap.isOpened()):
10      print('Error opening video')
11      import sys
12      sys.exit()
13  height, width = (int(cap.get(cv2.CAP_PROP_FRAME_HEIGHT)),
14                   int(cap.get(cv2.CAP_PROP_FRAME_WIDTH)))
15  imageSize = width, height
16
17  #2
18  aruco_dict = cv2.aruco.Dictionary_get(cv2.aruco.DICT_6X6_250)
19  nx = 3
20  ny = 3
21  board = cv2.aruco.CharucoBoard_create(squaresX = nx, squaresY = ny,
22                        squareLength = 0.04, markerLength = 0.02,
23                        dictionary = aruco_dict)
```

```
24
25  #3: calibrate K, dists using calibrateCameraCharuco()
26  t = 0
27  count = 0
28  N_FRAMES = 20
29
30  marker_counter = []              # number of markers in a frame
31  all_corners = []
32  all_ids = []
33
34  while True:
35  #3-1
36      ret, frame = cap.read()
37      if not ret:
38          print(ret, t)
39          break
40      if t % 10 != 0:              # sample
41          t += 1
42          continue
43
44      gray = cv2.cvtColor(frame, cv2.COLOR_BGR2GRAY)
45      corners, ids, rejected =
46                  cv2.aruco.detectMarkers(gray, aruco_dict)
47                              #, parameters = param)
48      corners, ids, _, _ =
49              cv2.aruco.refineDetectedMarkers(gray, board,
50                              corners, ids, rejected)
51
52  #3-2
53      if ids is None:
54          cv2.imshow('frame', frame)
55          key = cv2.waitKey(20)
56          if key == 27:  break
57          continue
58  #3-3
59      cv2.aruco.drawDetectedMarkers(frame,corners)
60      ret, charucoCorners, charucoIds =
61      cv2.aruco.interpolateCornersCharuco(corners, ids, gray, board)
62      if ret >= 4:                  # number of charucoCorners
63          all_corners.append(charucoCorners)
64          all_ids.append(charucoIds)
65
66  #3-4
67      count += 1
68      if count >= N_FRAMES:
69          break
```

```
70
71      #print("t=", t)
72       t += 1
73       cv2.imshow('frame',frame)
74       key = cv2.waitKey(20)
75       if key == 27:   break
76
77  #3-5
78  errs, K, dists, rvecs, tvecs =
79          cv2.aruco.calibrateCameraCharuco(all_corners, all_ids, board,
80                                           imageSize, None, None)
81
82  np.savez('./data/calib_1123.npz', K = K, dists = dists)
83  print("K=\n", K)
84  print("dists=", dists)
85
86  #4:
87  if cap.isOpened(): cap.release()
88  cv2.destroyAllWindows()
```

### 실행 결과

```
K=
[[638.54   0.   315.15]
 [  0.   635.45 244.3 ]
 [  0.     0.     1.  ]]
dists= [[ 0.41 -8.41  0.01 -0.01 73.68]]
```

### 프로그램 설명

① ChArUco 마커 보드의 'charuco6x6_250.mp4' 비디오 파일에서 카메라 행렬 K와 왜곡 계수 dists를 캘리브레이션 한다. #1은 비디오를 개방한다.

② #2는 cv2.aruco.CharucoBoard_create()로 nx×ny 그리드 보드를 생성한다. 그리드에서 하나의 사각형 크기는 squareLength = 0.04, 마커의 크기는 markerLength = 0.02이며, 마커의 사전은 cv2.aruco.DICT_6X6_250이다. board는 비디오에 있는 보드 정보와 같아야 한다.

③ #3은 all_corners, all_ids를 수집하여 캘리브레이션한다.
   #3-1은 10 프레임 간격으로 cv2.aruco.detectMarkers()로 마커 corners, ids를 검출하고, refineDetectedMarkers()로 마커를 개선 처리한다. #3-2에서 검출된 마커가 없으면 다음 프레임을 처리한다.

④ #3-3은 검출된 마커를 표시하고, cv2.aruco.interpolateCornersCharuco()로 ChArUco 보드의 코너점 charucoCorners, charucoIds을 보간하여 검출한다 마커의 위치가 아니다. 보드 코너점의 개수가 ret >= 4 이면 코너점 charucoCorners와 번호 charucoIds를 all_corners, all_ids 리스트에 추가다. 코너점이 검출된 프레임 수 count가 N_FRAMES = 10 보다 크면 while 반복을 벗어난다.

⑤ #3-5는 cv2.aruco.calibrateCameraCharuco()로 all_corners, all_ids, board, imageSize를 이용하여 K, dists, rvecs, tvecs를 캘리브레이션한다. errs는 재투영 오차이다. rvecs, tvecs는 보드 코너점을 검출한 프레임들의 자세이다. 카메라 행렬 K와 왜곡계수 dists를 'calib_1123.npz' 파일에 저장한다.

---

**예제 11.24** ChArUco 캘리브레이션 2: 보드 자세 rvec, tvec, 마커 자세 rvecs, tvecs

```python
01  # 1124.py
02  import cv2
03  import numpy as np
04  np.set_printoptions(precision = 2, suppress = True)
05
06  #1: open video capture
07  #cap = cv2.VideoCapture(0)
08  cap = cv2.VideoCapture('./data/charuco6x6_250.mp4')
09  if (not cap.isOpened()):
10      print('Error opening video')
11      import sys
12      sys.exit()
13
14  height, width = (int(cap.get(cv2.CAP_PROP_FRAME_HEIGHT)),
15                   int(cap.get(cv2.CAP_PROP_FRAME_WIDTH)))
16  imageSize = width, height
17
18  #2: load camera matrix K
19  with np.load('./data/calib_1123.npz') as X:
20  #            'calib_1119.npz', 'calib_1104.npz'
21      K = X['K']
22      dists = X['dists']
23  #dists = np.zeros(5)
24  print("K=\n", K)
25  print("dists=", dists)
26
27  #3
28  nx = 3
29  ny = 3
30  aruco_dict = cv2.aruco.Dictionary_get(cv2.aruco.DICT_6X6_250)
31  board = cv2.aruco.CharucoBoard_create(squaresX = nx, squaresY = ny,
32                        squareLength = 0.04, markerLength = 0.02,
33                        dictionary = aruco_dict)
```

```
34
35  #4:
36  t = 0                       # frame counter
37  while True:
38  #4-1
39      ret, frame = cap.read()
40      if not ret:
41          break
42      gray = cv2.cvtColor(frame, cv2.COLOR_BGR2GRAY)
43      corners, ids, rejected =
44              cv2.aruco.detectMarkers(gray, aruco_dict)
45              #, parameters=param)
46      corners, ids, _, _ = cv2.aruco.refineDetectedMarkers(gray,
47                                      board, corners, ids,
48  rejected)
49
50  #4-2
51      if ids is None:
52          cv2.imshow('frame',frame)
53          key = cv2.waitKey(20)
54          if key == 27:  break
55          continue
56
57  #4-3: draw and interpolate
58      cv2.aruco.drawDetectedMarkers(frame, corners)
59      ret, charucoCorners, charucoIds =
60              cv2.aruco.interpolateCornersCharuco(corners,
61                                      ids, gray, board)
62
63  #4-4: board pos: rvec, tvec
64      if ret >= 4: # ret == len(charucoCorners)
65          pts     = np.int32(charucoCorners)
66          # cv2.polylines(frame, [pts],True, (0,255,255), 2)
67          hull = cv2.convexHull(pts)
68          cv2.polylines(frame, [hull],True, (0,255,255), 2)
69
70          cv2.aruco.drawDetectedCornersCharuco(frame, charucoCorners)
71          ret, rvec, tvec =
72                  cv2.aruco.estimatePoseCharucoBoard(charucoCorners,
73                                      charucoIds, board,
74                                      K, dists, None, None)
75          cv2.aruco.drawAxis(frame, K, dists, rvec, tvec, 0.1)
76      else:
77          print("charucoCorners are not found enough!!!")
```

```
78  #4-5: markers' pos: rvecs, tvecs
79      rvecs, tvecs, _ =
80          cv2.aruco.estimatePoseSingleMarkers(corners, 0.05, K, dists)
81      for i in range(rvecs.shape[0]):
82          cv2.aruco.drawAxis(frame, K, dists, rvecs[i, :, :],
83                              tvecs[i, :, :], 0.03)
84  #4-6
85      print("t=", t)
86      t += 1
87      cv2.imshow('frame',frame)
88      key = cv2.waitKey(20)
89
90      if key == 27:
91          break
92  #5
93  if cap.isOpened(): cap.release()
94  cv2.destroyAllWindows()
```

### 프로그램 설명

① 카메라 행렬과 왜곡계수를 로드하여 ChArUco 보드의 자세 rvec, tvec와 각 마커의 자세 rvecs, tvecs를 캘리브레이션하고, 축을 표시한다. #1은 'charuco6x6_250.mp4' 비디오 파일을 개방한다.

② #2는 'calib_1123.npz' 파일에서 카메라 행렬 K와 왜곡계수 dists를 로드한다. 'calib_1119.npz', 'calib_1104.npz' 등의 캘리브레이션 파일을 사용할 수 있다.

③ #3은 cv2.aruco.CharucoBoard_create()로 cv2.aruco.DICT_6X6_250 마커의 사전 객체 aruco_dict에서 nx = 3, ny = 3인 보드 board 객체를 생성한다.

④ #4는 비디오 프레임에서 보드의 자세 rvec, tvec와 각 마커의 카메라 자세 rvecs, tvecs를 검출하여, 축을 표시한다.

⑤ #4-1은 비디오 프레임 frame을 획득하고, 그레이스케일 gray로 변경하고, cv2.aruco.detectMarkers()로 gray에서 마커 객체 aruco_dict의 마커를 검출한다. cv2.aruco.refineDetectedMarkers()로 검출된 마커를 개선한다.
#4-2는 검출된 마커가 없으면 다음 프레임을 처리한다.

⑥ #4-3은 마커를 표시하고, cv2.aruco.interpolateCornersCharuco()로 ChArUco 보드의 코너점 charucoCorners, charucoIds을 보간하여 검출한다 마커의 위치가 아니다.

⑦ #4-4는 보드의 자세를 검출하고, 표시한다. 'charuco6x6_250.mp4' 파일의 경우 각 프레임에서 보드 코너점을 모두 검출하면 ret = 4, len(charucoIds) = 4이다. 코너점과 코너점의 볼록 다각형을 표시한다. cv2.aruco.estimatePoseCharucoBoard()로 charucoCorners, charucoIds, board, K, dists를 이용하여 보드의 자세 rvec, tvec를 계산하고, 축을 표시한다.

⑧ #4-55는 각 마커의 자세를 검출하고, 표시한다.

cv2.aruco.estimatePoseSingleMarkers()로 corners, markerLength = 0.05, K, dists를 이용하여 각 마커의 카메라 자세 rvecs, tvecs를 검출하고, cv2.aruco.drawAxis()로 캘리브레이션 정보 K, dists, rvecs[i, :, :], tvecs[i, :, :], length = 0.03를 이용하여 frame에 각 마커의 좌표축을 표시한다. 각 마커의 축은 마커의 중앙에 표시된다.

⑨ [그림 11.22]는 'calib_1123.npz' 파일을 사용한 ChArUco 마커 캘리브레이션 결과이다.

(a) t = 0                    (b) t = 200

그림 11.22 ◆ ChArUco 마커를 사용한 카메라 자세 캘리브레이션

**CHAPTER** **12**

# Pillow(PIL)·Tkinter·Pygame·PyQt5

Pillow <sup></sup>Python Imaging Library; PIL은 파이썬 영상처리 라이브러리이다. Tkinter는 파이썬의 표준 GUI <sup></sup>Gaphical User Interface 개발 툴킷이다. Pygame은 파이썬의 비디오 게임 개발 라이브러리이다. PyQt는 크로스 플랫폼 GUI 도구인의 Qt의 파이썬 바인딩이다. 12장에서는 Pillow/PIL, Tkinter, Pygame, PyQt5와 함께 OpenCV 영상과 비디오를 사용하는 방법을 설명한다. [그림 12.1]은 Pillow, PyQt5, Pygame을 설치한다.

```
C:\> pip install pillow
C:\> pip install PyQt5
C:\> pip install Pygame        # 11장 증강현실에서 설치
```

그림 12.1 ◆ Pillow(PIL), PyQt5, Pygame 설치PyGame 설치

# 01 Pillow/PIL

PIL <sup></sup>Python Imaging Library은 파이썬 영상처리 라이브러리이다. 다양한 영상 포맷에 대한 입출력과 Tkinter, Windows, PyQt 등의 GUI를 사용한 영상 디스플레이를 지원한다. Tensorflow, PyTorch 등의 딥러닝 프레임워크에서도 영상 전처리에 PIL을 사용한다.

여기서는 Pillow 8.4.0 버전을 사용하여 간단한 영상처리 예제를 작성하여 설명한다. PIL은 다양한 영상 포맷을 읽고, 변환하고, 저장할 수 있다. 다른 GUI 개발 도구를 위해 ImageTk, ImageWin, ImageQt 모듈을 지원한다. show() 메서드를 이용하여 영상을 화면에 표시할 수 있다. PIL은 영상에 대한 포인트 연산, 히스토그램 처리, 필터링, 컬러 변환, 크기변환, 회전, 어파인 변환 등의 영상처리 연산을 제공한다. [표 12.1]은 PIL의 영상 모드이다.

[표 12.1] PIL의 영상 모드

| 모드 mode | 깊이 depth, bits/pixel |
|---|---|
| "1" | 1-bit pixels, black and white |
| "L" | 8-bit pixels, gray scale |
| "P" | 8-bit pixels, a color palette |
| "RGB" | 3x8-bit pixels, true color |
| "RGBA" | 4x8-bit pixels, true color with transparency mask |
| "CMYK" | 4x8-bit pixels, color separation |

[표 12.1] PIL의 영상 모드 계속

| 모드 mode | 깊이 depth, bits/pixel |
|---|---|
| "YCrCb" | 3x8-bit pixels, color video format |
| "LAB" | 3x8-bit pixels, the L*a*b color |
| "HSV" | 3x8-bit pixels, Hue, Saturation, Value |
| "I" | 32-bit signed integer pixels |
| "F" | 32-bit floating point pixels |

[표 12.2]는 PIL의 주요 모듈이다. PIL.Image 모듈은 [표 12.3]의 함수와 [표 12.4]의 PIL. Image.Image 클래스로 구성된다. PIL.Image.open() 함수는 영상파일을 Image 클래스 객체로 개방한다.

[표 12.2] PIL의 주요 모듈

| 모듈 | 설명 |
|---|---|
| Image | PIL 영상을 위한 PIL.Image.Image 클래스 |
| ImageChops | 채널연산 channel operations<br>add(), subtract(), multiply(), blend(), composite(), logical_and() 등 |
| ImageDraw | Image 객체에 대한 간단한 2D 그래픽스 |
| ImageEnhance | 영상 개선 클래스 |
| ImageFilter | Image.filter() 메서드에서 사용할 필터 집합 |
| ImageGrab | 스크린, 클립보드를 PIL 영상으로 복사 |
| ImageMath | 영상 문자열 수식을 평가 |
| ImageMorph | 모풀로지 연산 |
| ImageOps | autocontrast(), equalize() 등의 영상처리 연산 |
| ImageStat | 영상전체 또는 일부영역에 대한 합계, 평균, 표준편차 등의 통계 계산 |
| ImageTk | tkinter의 인터페이스인 BitmapImage, PhotoImage |
| ImageWin | MS 윈도우즈에서 영상을 생성 및 표시하기 위한 인터페이스 |
| ImageQt | PyQt6, PySide6, PyQt5, PySide2 지원 인터페이스 |
| PixelAccess | PIL.Image의 화소접근(읽기/쓰기) |
| PyAccess | PixelAccess의 CFFI/Python 구현, PyPy에서 PixelAccess보다 빠름 |

[표 12.3] PIL.Images 모듈의 주요 함수

| 모듈 | 설명 |
|---|---|
| open(fp, mode = 'r') | 파일이름 fp의 영상을 개방하여, Image 객체 반환 |
| new(mode, size, color = 0) | mode, size의 영상을 생성 |
| fromarray(obj, mode = None) | Numpy 배열로부터 Pillow 영상생성 |
| frombytes(mode, size, data, decoder_name = 'raw', *args) | 버퍼의 화소 데이터로부터 Pillow 영상생성 |
| frombuffer(mode, size, data, decoder_name = 'raw', *args) | 바이트 버퍼의 화소 데이터로부터 Pillow 영상생성 |
| blend(im1, im2, alpha) | out = im1 × (1.0 − alpha) + im2 × alpha |
| composite(image1, image2, mask) | mask를 사용한 합성, mask는 "1", "L", "RGBA 모드 |
| merge(mode, bands) | bands에 주어진 각 채널영상을 mode의 다채널 출력 영상 |

[표 12.4] PIL.Image.Image 클래스의 주요 속성 및 메서드

| Image 클래스 속성/메서드 | 설명 |
|---|---|
| format | 소스 파일의 영상 포맷, 직접 생성된 영상은 None |
| mode | [표 12.1]의 영상 모드 |
| size | 2-tuple (width, height) |
| width | 영상의 가로 화소 크기 |
| height | 영상의 세로 화소 크기 |
| convert(mode = None, ...) | 영상을 mode로 변환, "L", "RGB", "CMYK" 모드 변환 |
| copy() | 영상을 복사하여 반환 |
| crop(box = None) | box(left, upper, right, lower) 영역의 영상을 잘라서 반환 |
| filter(filter) | ImageFilter 모듈의 filter를 사용하여 영상을 필터링 |
| getextrema() | 영상의 각 밴드에 대한 최소, 최대값 반환 |
| getpixel(xy) | xy = (x, y) 좌표의 영상 화소값 반환 |
| getbbox() | 영상에서 0이 아닌 영역의 바운딩박스(left, upper, right, lower) 반환 |
| histogram(mask = None, extrema = None) | 히스토그램을 계산, mask는 0이 아닌 값으로 마스킹 |
| paste(im, box = None, mask = None) | image 또는 화소값(정수, 튜플)인 im을 영상 객체의 box 영역에 복사, box는 (left, upper) 또는 (left, upper , right, lower) |
| putpixel(xy, value) | xy = (x, y) 좌표의 영상 화소값을 value로 변경, 넓은 영역을 변경할 때는 paste() 또는 ImageDraw 사용 |

[표 12.4] PIL.Image.Image 클래스의 주요 속성 및 메서드 계속

| Image 클래스 속성/메서드 | 설명 |
|---|---|
| resize(size, resample = 0) | 영상을 size 크기로 변환하여 반환, resample은 NEAREST, BILINEAR 등 보간법 |
| rotate(angle, resample = 0, expand = 0) | 영상을 반시계 방향 angle 각도로 회전시켜 반환, expand = true이면 회전된 전체 크기 영상 반환 |
| save(fp, format = None, **params) | 파일이름 fp로 영상을 저장, format이 생략되면 BMP, GIF, JPEG, PNG 등의 파일 확장자로 포맷 구분, |
| show(title = None, command = None) | 영상을 디스플레이 |
| split() | 영상의 각 밴드를 분리하여 반환 |
| thumbnail(size,resample = 3) | 원본영상을 size 크기의 섬네일 영상으로 변환 |
| transpose(method) | FLIP_LEFT_RIGHT, FLIP_TOP_BOTTOM, ROTATE_90, ROTATE_180, ROTATE_270, TRANSPOSE |
| load() | 영상에 대한 메모리를 할당하고, 데이터를 로드한 후에 영상 접근을 위한 PixelAccess, PyAccess 객체를 반환 |
| close() | 파일을 닫기 |

**예제 12.1** PIL.Image: 영상 읽기, 보이기, 저장하기, 생성하기

```
01  # 1201.py
02
03  #1
04  from PIL import Image
05  img = Image.open( "./data/lena.jpg")
06  img.save("./data/1201-1.png")
07  img.show()
08  print(img.format, img.size, img.mode)
09
10  #2
11  img2 = Image.new("RGB", (200, 200), (0, 0, 255))
12  img.paste(img2, (100, 100))
13  img.save("./data/1201-2.png")
14  img.show()
15  img.close()
```

**프로그램 설명**

① #1은 PIL 라이브러리에서 Image 클래스를 임포트한다. Image.open() 함수를 사용하여 "lena.jpg" 파일을 img에 읽는다. img.format은 영상 파일포맷 'JPEG', img.size는 영상의 크기 (512, 512), img.width = 512, img.height = 512, img.mode는 영상 모드로 'RGB'를 출력한다. img.show()는 임시 영상파일을 생성하여 윈도우즈 기능 중 [설정]-[앱]-[기본

앱]-[사진 뷰어]에 설정된 표준뷰어를 사용하여 화면에 표시한다([그림 12.1])[a]). img. save() 함수로 "1201-1.png" 파일에 저장한다.

② #2는 Image.new() 함수로 컬러영상("RGB"), 영상 크기 (200, 200), 파란색 (0, 0, 255) 으로 영상을 img2에 생성한다. img.paste(im2, (100, 100))는 생성된 영상 img2를 img의 left = 100, upper = 100 위치에 복사한다. img.save() 함수로 "1201-2.png" 파일에 저장한다. img.show()는 ([그림 12.1])[b])와 같이 영상을 보이고, img.close()는 img 객체를 닫는다.

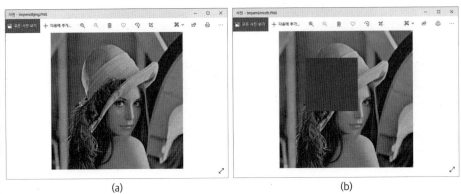

(a)　　　　　　　　　　　　　　　　(b)

그림 12.1 ◆ PIL.Image: 영상 읽기, 보이기, 저장하기, 생성하기

---

**예제 12.2　PIL.Image -> OpenCV 영상으로 변환**

```python
01 # 1202.py
02 import cv2
03 import numpy as np
04 from PIL import Image
05
06 #1
07 img = Image.open("./data/lena.jpg")
08 img_rgb = np.array(img)          # RGB
09
10 #2
11 cv_bgr = cv2.cvtColor(img_rgb, cv2.COLOR_RGB2BGR)
12
13 #3
14 ##r, g, b = cv2.split(img_rgb)
15 ##cv_bgr = cv2.merge([b, g, r])
16
17 cv2.imshow('cv_bgr', cv_bgr)
18 cv2.waitKey()
19 cv2.destroyAllWindows()
```

## 프로그램 설명

① #1은 PIL의 Image.open()로 "lena.jpg" 파일을 img에 읽는다. PIL의 영상 채널 순서는 RGB 이다. np.array(img)로 Numpy 배열 img_rgb을 생성한다.

② #2는 cv2.cvtColor()로 img_rgb를 cv2.COLOR_RGB2BGR 변환하여, BGR 채널의 OpenCV 영상 cv_bgr을 생성한다.

③ #3은 cv2.split()와 cv2.merge()를 사용하여 cv_bgr을 생성한다. ②와 결과는 같다.

### 예제 12.3  OpenCV 영상 -> PIL.Image 영상으로 변환

```
01 # 1203.py
02 import cv2
03 import numpy as np
04 from PIL import Image
05
06 #1
07 img  = cv2.imread("./data/lena.jpg")
08 img_rgb = cv2.cvtColor(img, cv2.COLOR_BGR2RGB)
09
10 ##b, g, r = cv2.split(img)
11 ##img_rgb = cv2.merge([r, g, b])
12
13 #2
14 pil_img = Image.fromarray(img_rgb)
15 pil_img.show()
```

## 프로그램 설명

① #1은 OpenCV의 cv2.imread()로 "lena.jpg" 파일을 img에 읽는다.OpenCV의 영상 채널 순서는 BGR이다. cv2.cvtColor()로 img를 cv2.COLOR_BGR2RGB 변환하여, RGB 채널 순서의 영상 img_rgb을 생성한다. cv2.split()와 cv2.merge()를 사용하여 img_rgb를 생성 할 수 있다.

② #2는 Image.fromarray(img_rgb)로 PIL 영상 pil_img을 생성하고, pil_img.show()로 표시 한다.

### 예제 12.4  PIL.Image: 영상 채널 분리, Matplotlib 영상 표시

```
01 # 1204.py
02 from PIL import Image
03 import matplotlib.pyplot as plt
04
```

```
05 #1
06 img = Image.open( "./data/lena.jpg")
07 R, G, B = img.split()
08 print(R.size, R.mode)
09 #img2 = Image.merge("RGB", (R, G, B))
10
11 #2
12 fig, ax = plt.subplots(2, 2, figsize = (10, 10))
13 fig.canvas.manager.set_window_title("lena.jpg")
14
15 ax[0][0].set_title("RGB", fontsize = 10)
16 ax[0][0].axis("off")
17 ax[0][0].imshow(img, aspect = "auto")
18
19 ax[0][1].set_title("R", fontsize = 10)
20 ax[0][1].axis("off")
21 ax[0][1].imshow(R, aspect = "auto", cmap = plt.cm.gray)
22
23 ax[1][0].set_title("G", fontsize = 10)
24 ax[1][0].axis("off")
25 ax[1][0].imshow(G, aspect = "auto", cmap = plt.cm.gray)
26
27 ax[1][1].set_title("B", fontsize = 10)
28 ax[1][1].axis("off")
29 ax[1][1].imshow(B, aspect = "auto", cmap = plt.cm.gray)
30
31 plt.subplots_adjust(left = 0, bottom = 0, right = 1,
32                     top = 0.98, wspace = 0.05, hspace = 0.05)
33 plt.savefig("1204.png", bbox_inches = 'tight')
34 plt.show()
```

### 프로그램 설명

① #1은 Image.open()로 "lena.jpg" 파일을 img에 읽는다. img.split()로 컬러영상을 R, G, B에 채널 분리한다. R.size=(512, 512), R.mode = 'L'이다.

② #2는 2×2 서브플롯을 figsize = (10, 10) 크기로 ax에 생성하고 영상을 표시한다. ax[0][0]에 img, ax[0][1]은 R, ax[1][0]은 G, ax[1][1]은 B를 표시한다. axis("off")는 축을 표시하지 않고, imshow()는 영상을 표시한다.

plt.savefig()에서 bbox_inches = 'tight'로 Figure의 여백을 최소로 줄여 "1202.png" 파일에 저장한다([그림 12.2]).

그림 12.2 ◆ PIL.Image: 영상의 채널 분리, Matplotlib 영상 표시

| 예제 12.5 | PIL.Image:가우시안 블러링, 그레이스케일 변환, 에지, 히스토그램 |

```
01  # 1205.py
02  import numpy as np
03  import matplotlib.pyplot as plt
04  from PIL import Image, ImageFilter
05
06  #1
07  #1-1
08  #img0 = img.resize(size = (480, 320))  # resample = PIL.Image.
09  NEAREST
10  img0 = img.resize(size = (480, 320), box = (0, 0, 256, 512))
11
12  #1-2
13  img1 = img.filter(ImageFilter.GaussianBlur(radius = 10))
14
```

```
15  #1-3
16  img2 = img.convert(mode = "L")                    # grayscale image
17
18  #1-4
19  img3 = img2.filter(ImageFilter.FIND_EDGES)
20  img3 = img3.point(lambda i: i > 50)
21
22  #2
23  fig, ax = plt.subplots(2, 2, figsize=(6, 6))
24  fig.canvas.manager.set_window_title("IPL: Image processing")
25  ax[0][0].set_title("resize=(480, 320)", fontsize=10)
26  ax[0][0].axis("off")
27  ax[0][0].imshow(img0)                              # aspect = "auto"
28  ax[0][1].set_title("GaussianBlur", fontsize=10)
29  ax[0][1].axis("off")
30  ax[0][1].imshow(img1)
31  ax[1][0].set_title("Grayscale", fontsize = 10)
32  ax[1][0].axis("off")
33  ax[1][0].imshow(img2, cmap = plt.cm.gray)
34  ax[1][1].set_title("Edge", fontsize = 10)
35  ax[1][1].axis("off")
36  ax[1][1].imshow(img3, cmap = plt.cm.gray)
37  plt.savefig("./data/1205.jpg", bbox_inches = 'tight')
38  plt.show()
```

### 프로그램 설명

① #1은 Image.open()로 "lena.jpg" 파일을 img에 읽는다.

② #1-1의 img0은 img.resize()로 영상 크기를 조정한 영상이다. size = (width, height)는 변경할 크기, box = (x, y, width, height)는 원본의 영역이다. box를 설정하지 않으면 전체 영역이다. resample은 샘플링, 보간법은 PIL.Image.NEAREST 디폴트, PIL.Image.BOX, PIL.Image.BILINEAR, PIL.Image.BICUBIC 등이 있다.

③ #1-2의 img.filter()는 영상에 필터를 적용한다. ImageFilter.GaussianBlur(radius = 10) 필터이다. 컬러영상 img을 가우시안 필터링한 img1 영상을 생성한다.

④ #1-3의 img.convert(mode = "L")는 컬러영상 img를 mode = "L"로 그레이스케일 영상 으로 변환하여 img2를 생성한다.

⑤ #1-4는 img2를 ImageFilter.FIND_EDGES 필터링한 img3 영상을 생성한다. im3 = im3.point(lambda i: i > 50)로 임계값 50의 이진 영상을 생성한다.

⑥ #2는 figsize = (6, 6) 크기의 2×2 서브플롯을 ax에 생성하고, ax[0][0]에 크기변경 img1, ax[0][1]에 블러영상 img1, ax[1][0]에 그레이스케일 영상 img3, ax[1][1]은 에지영상 img3을 표시한다([그림 12.3]).

그림 12.3 ◆ PIL.Image: 영상의 채널 분리, Matplotlib 영상 표시

**예제 12.6 | ImageGrab: 스크린 캡처 동영상**

```
01  # 1206.py
02  from PIL import ImageGrab
03  import numpy as np
04  import cv2
05
06  #1
07  image = ImageGrab.grab()
08  width, height = image.size
09  print(f"width={width}, height={height}")
10
11  #2
12  H, W = 1024, 768
13  fourcc = cv2.VideoWriter_fourcc(*'XVID')
```

```
14  video = cv2.VideoWriter('./data/screen.mp4', fourcc, 20.0, (H, W))
15
16  #3
17  ##cv2.namedWindow("Screen")
18  while True:
19      rgb = ImageGrab.grab()
20      bgr = cv2.cvtColor (np.array(rgb), cv2.COLOR_RGB2BGR)
21      bgr = cv2.resize(bgr, (H, W))
22
23      video.write(bgr)
24      cv2.imshow("Screen", bgr)
25      if cv2.waitKey(50) == 27:                # Esc
26          break
27
28  video.release ()
29  cv2.destroyAllWindows()
```

**프로그램 설명**

① #1은 ImageGrab.grab()으로 컴퓨터의 현재 화면을 image에 캡처한다. ImageGrab.grab(all_screens = True)은 듀얼 스크린에서 전체 화면을 하나의 영상으로 캡처한다.

② #2는 컴퓨터 캡처 화면을 cv2.VideoWriter()로 동영상 'screen.mp4' 파일에 저장할 video를 생성한다.

③ #3은 while 반복문에서 50밀리초 간격으로 ImageGrab.grab()을 이용하여 rgb에 화면을 캡처하고, cv2.cvtColor()로 BGR 영상 bgr로 변경하고, cv2.resize()로 (H, W) 크기 조정하여, video.write(bgr)로 비디오 프레임에 출력한다.

---

**예제 12.7 │ PIL.ImageWin 윈도우즈 Dib 영상**

```
01  # 1207.py
02  from PIL import Image, ImageWin
03
04  #1
05  img = Image.open("./data/lena.png")
06
07  #2
08  dib = ImageWin.Dib(img)
09  wnd1 = ImageWin.ImageWindow(dib)
10
11  #3
12  dib2 = ImageWin.Dib(image = "RGB", size = (512, 480))
13  wnd2 = ImageWin.ImageWindow(dib2)
14
```

```
15  #4
16  wnd1.mainloop()
17  wnd2.mainloop()
```

**프로그램 설명**

① PIL의 ImageWin 모듈은 Windows에서만 동작한다. **#1**은 Image.open()으로 img에 영상을 로드한다.

② **#2**는 ImageWin.Dib()로 img를 윈도우즈의 Dib 포맷 영상(dib)으로 변환한다. ImageWin. ImageWindow()로 dib를 윈도우에 표시한다.

③ **#3**은 ImageWin.Dib()로 img2에 image = "RGB", size = (512, 480)의 Dib 영상(dib2)을 생성한다. ImageWin.ImageWindow()로 dib2를 윈도우에 표시한다.

④ **#4**는 wnd1, wnd2 윈도우의 메시지루프를 시작한다.

# TKinter  02

Tkinter는 파이썬을 설치하면 함께 설치되는 표준 GUI 개발 도구이다. Tkinter의 레이블과 캔버스에 OpenCV 영상, 비디오를 윈도우에 표시하는 방법을 설명한다. Tkinter는 PIL.ImageTk.PhotoImage 영상을 사용한다. PIL의 Image.fromarray()로 PIL 영상으로 변환하고, ImageTk.PhotoImage()로 ImageTk.PhotoImage 영상을 생성한다.

| 예제 12.8 | PIL.ImageTk 영상 |
|---|---|

```
01  #1208.py
02  from PIL import Image, ImageTk
03
04  #1
05  tk   = ImageTk.tkinter
06  main_wnd = tk.Tk()
07  main_wnd.title("ImageTk: image")
08
09  #2
10  img = Image.open("./data/lena.png")
11  photo = ImageTk.PhotoImage(img)
12  canvas = ImageTk.tkinter.Canvas(main_wnd,
13                               height = 512, width = 512)
```

```
14  canvas.pack()
15  canvas.create_image(0, 0, image = photo, anchor = tk.NW)
16  main_wnd.mainloop()
```

### 프로그램 설명

① PIL의 ImageTk 모듈을 사용하여 영상을 캔버스에 표시한다.

② #1은 ImageTk.tkinter를 tk에 저장하고, tk.Tk()로 메인 윈도우 main_wnd를 생성하고 타이틀을 설정한다.

③ #2는 Image.open()으로 img에 영상을 로드하고, ImageTk의 PhotoImage 영상 <sup>photo</sup> 으로 변환하고, main_wnd 윈도우에 캔버스 <sup>canvas</sup>를 생성하고, canvas.pack()으로 윈도우에 붙이고, canvas.create_image()로 캔버스에 image = photo 영상을 표시한다.

---

**예제 12.9**    tkinter의 Canvas 크기 변경 화면 출력

```
01  # 1209.py
02  import tkinter as tk
03  from tkinter import messagebox
04  from PIL import Image, ImageTk
05
06  #1
07  main_wnd = tk.Tk()
08  main_wnd.title("ImageTk: image")
09  img = Image.open("./data/lena.jpg")
10  canvas = tk.Canvas(main_wnd,
11                     width = img.width, height = img.height)
12  canvas.pack(expand = tk.YES, fill = tk.BOTH)
13
14  #2
15  def onResize(event):
16      # The application must keep a reference to the image object
17      global photo
18      global resized          # for saving image
19      size = event.width, event.height
20      resized = img.resize(size, Image.ANTIALIAS)
21      photo = ImageTk.PhotoImage(resized)
22
23      canvas.delete("IMG")
24      canvas.create_image(0, 0, image = photo,
25                          anchor = tk.NW, tags = "IMG")
26
27  #3
28  def onDestroy(event = None):
29      if messagebox.askokcancel("Msg", "Quit?"):
```

```
30          resized.save("./data/1209.png")
31          main_wnd.destroy()
32 #4
33 if __name__ == "__main__":
34      canvas.bind("<Configure>", onResize)
35      main_wnd.protocol("WM_DELETE_WINDOW", onDestroy)
36      main_wnd.bind("<Escape>", onDestroy)
37      main_wnd.mainloop()
```

**프로그램 설명**

① #1은 tk.Tk()로 메인윈도우 main_wnd를 생성하고, 윈도우를 표시한다. Image.open()으로 영상을 img에 개방한다. tk.Canvas()로 main_wnd에 캔버스 canvas를 생성한다. canvas.pack()으로 캔버스를 윈도우에 붙여 보이게 한다.

② #2의 onResize(event)는 윈도우 크기 등의 환경변경 이벤트("<Configure>") 핸들러 함수이다. canvas.create_image()에서 사용할 photo는 응용프로그램에서 계속 참조할 수 있어야 하므로 전역변수로 선언한다. resized는 onDestroy() 함수에서 크기 변경된 영상을 저장하기 위해 전역변수로 선언한다. resized = img.resize(size, Image.ANTIALIAS)는 변경된 윈도우 크기 size로 원본영상 img를 resized에 크기 변경한다. resized의 PhotoImage 영상 photo을 생성한다. canvas.delete("IMG")는 이전의 "IMG" 태그영상을 삭제한다. 캔버스에 tags = "IMG" 태그의 image = photo 영상을 새로 생성한다. 마우스로 윈도우 크기를 조정하면 "IMG" 태그 영상을 삭제하고, 다시 생성한다.

③ #3의 onDestroy()는 윈도우 파괴 이벤트 핸들러이다. 메시지 박스에서 확인 OK 버튼을 선택하면, resized.save()로 resized 영상을 "1209.png" 파일에 저장한다. main_wnd.destroy()로 main_wnd 윈도우를 파괴하여 응용프로그램을 종료한다.

④ #4에서, canvas.bind()로 이벤트("<Configure>")에 대한 핸들러를 onResize() 함수로 바인딩한다. main_wnd.protocol()로 "WM_DELETE_WINDOW" 이벤트와 "<Escape>" 키의 핸들러를 onDestroy 함수로 바인딩한다. main_wnd.mainloop()는 이벤트 메시지 루프를 시작한다.

**예제 12.10 | OpenCV 영상 디스플레이, 버튼 클릭**

```
01 # 1210.py
02 import cv2
03 import tkinter as tk
04 from PIL import Image, ImageTk
05
06 #1
07 main_wnd = tk.Tk()
08 main_wnd.title("ImageTk: image")
```

```
09
10  #2
11  img   = cv2.imread("./data/lena.jpg")
12  img_rgb = cv2.cvtColor(img, cv2.COLOR_BGR2RGB)
13
14  #3
15  pil_img = Image.fromarray(img_rgb)
16  photo = ImageTk.PhotoImage(pil_img)
17  label = tk.Label(main_wnd, image = photo)
18  label.pack()
19
20  #4
21  def onClickButton(image):
22  #4-1
23      if button['text'] == "RGB":
24          image = cv2.cvtColor(image, cv2.COLOR_BGR2GRAY)
25          button['text'] = "GRAY"
26
27      else:
28          image=cv2.cvtColor(image, cv2.COLOR_BGR2RGB)
29          button['text'] = "RGB"
30
31  #4-2
32      pil_img = Image.fromarray(image)
33      photo = ImageTk.PhotoImage(image = pil_img)
34
35  #4-3
36      label.config(image = photo)
37      label.image = photo
38
39  #5
40  button = tk.Button(main_wnd, text = "RGB",
41                  command = lambda: onClickButton(img))
42  button.pack(side = "bottom", expand = True, fill = 'both')
43  main_wnd.mainloop()
```

### 프로그램 설명

① #1은 tk.Tk()로 메인 윈도우 main_wnd를 생성하고, 윈도우를 표시하고, 윈도우의 타이틀을 설정한다.

② #2는 OpenCV의 cv2.imread()로 "lena.jpg" 파일을 img에 읽는다. OpenCV의 영상 채널 순서는 BGR이다. cv2.cvtColor()로 img를 cv2.COLOR_BGR2RGB 변환하여, RGB 채널 영상 img_rgb을 생성한다.

③ #3은 Image.fromarray()로 PIL 영상 pil_img을 생성하고, ImageTk.PhotoImage()로 PhotoImage 영상 photo를 생성한다.

tk.Label()로 window에 레이블 <sup>label</sup>을 생성하고, photo 영상을 표시한다. label.pack()은
레이블을 window에 붙이고 보이게 한다.

④ #4의 onClickButton()는 버튼 클릭 핸들러 함수이다.

#4-1은 button['text'] 속성이 "RGB"이면 image를 그레이스케일 영상으로 변환하고,
button['text'] = "GRAY"로 버튼 속성을 변경한다. button['text'] 속성이 "GRAY"이면,
image를 RGB 채널 영상으로 변경하고, button['text'] = "RGB"로 버튼 속성을 변경한다.

#4-2는 Image.fromarray()로 PIL 영상 pil_img를 생성하고, ImageTk.PhotoImage()로
PhotoImage 영상 photo를 생성한다. #4-3은 레이블의 영상을 photo로 변경한다.

⑤ #5는 tk.Button()으로 text = "RGB" 이름의 window에 버튼을 생성하고, command =
lambda: onClickButton(img)으로 버튼 클릭 핸들러 함수를 설정한다. button.pack()으로
윈도우의 아래쪽에 버튼을 배치한다. window.mainloop()는 이벤트 메시지 루프를 시작
한다.

⑥ [그림 12.4]는 실행 결과이다. 버튼의 레이블은 변환할 영상의 문자열이다.

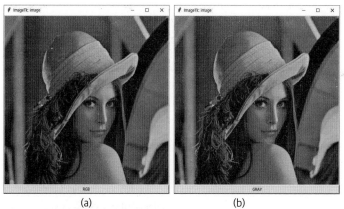

(a)　　　　　　　　　　　　(b)

그림 12.4 ◆ tkinter의 OpenCV 영상 디스플레이, 버튼 클릭

| 예제 12.11 | tkinter 메뉴 처리 영상 디스플레이 |
| --- | --- |

```
01  # 1211.py
02  import tkinter as tk
03  from PIL import Image, ImageTk
04  from tkinter.filedialog import askopenfilename, asksaveasfilename
05
06  class ImageApp(tk.Frame):
07      #1
08      def __init__(self, master = None, width = 512, height = 512):
09          tk.Frame.__init__(self, master)
```

```
10          # centering as frame size
11          self.screenW = self.master.winfo_screenwidth()
12          self.screenH = self.master.winfo_screenheight()
13          x = (self.screenW - width) // 2
14          y = (self.screenH - height) // 2
15          self.master.geometry("%dx%d+%d+%d"%(width, height, x, y))
16          #self.master.resizable(0,0)        # disable resizing
17
18          self.makeMenu()
19
20          self.canvas = tk.Canvas(self, bd = 0)
21          self.canvas.pack(fill = tk.BOTH, expand = tk.YES)
22          self.pack(fill = tk.BOTH, expand = tk.YES)
23
24          self.image = None                   # source image
25          self.resized = None                 # resized image
26          self.bind("<Configure>", self.onResize)
27          #self.canvas.bind("<Configure>", self.onResize)
28      #2
29      def onResize(self, event):
30          if self.image is None:
31              return
32          size = (event.width, event.height)
33          self.resized = self.image.resize(size, Image.ANTIALIAS)
34          self.photo = ImageTk.PhotoImage(self.resized)
35          self.canvas.delete("IMG")
36          self.canvas.create_image(0, 0, image = self.photo,
37                              anchor = tk.NW, tags = "IMG")
38      #3
39      def displayImage(self):                 # display self.image
40          if self.image is None:
41              return
42          w, h = self.image.size
43          #self.canvas.config(width = w, height = h)
44          self.photo = ImageTk.PhotoImage(self.image)
45          self.canvas.delete("IMG")
46          self.canvas.create_image(0, 0, image = self.photo,
47                              anchor = tk.NW, tags = "IMG")
48      #4
49      def makeMenu(self):
50          menuBar = tk.Menu(self.master)
51          self.master.config(menu = menuBar)
52          filemenu = tk.Menu(menuBar, title = "file")
53          filemenu.add_command(label = 'Open...',
54                          command = self.onFileOpen)
```

```
55        filemenu.add_command(label = 'Save...',
56                              command = self.onFileSave)
57        filemenu.add_command(label = 'Exit',
58                              command = self.master.destroy)
59        menuBar.add_cascade(label = 'File', menu = filemenu)
60    #5
61    def onFileOpen(self):
62        fname = askopenfilename(title = "Image Open",
63              filetypes = [("JPEG", "*.jpg;*.jpeg"),
64                           ("PNG", "*.png"),
65                           ("Bitmap", "*.bmp"),
66                           ("All files", "*.*")],
67              defaultextension = '.jpg')
68        self.image = Image.open(fname)
69        self.resized = self.image
70        self.master.title(fname)
71
72        # centering as frame size
73        width, height = self.image.size
74        x = ( self.screenW - width) // 2
75        y = ( self.screenH - height) // 2
76        self.master.geometry("%dx%d+%d+%d"%(width, height, x, y))
77        self.displayImage()            # display self.image
78    #6
79    def onFileSave(self):
80        fname = asksaveasfilename(title = "Image Save",
81              filetypes = [("JPEG", "*.jpg;*.jpeg"),
82                           ("PNG", "*.png"),
83                           ("Bitmap", "*.bmp"),
84                           ("All files", "*.*") ],
85              defaultextension = '.jpg')
86        if self.resized is not None:
87            self.resized.save(fname)
88 #7
89 if __name__ == '__main__':
90    app = ImageApp()
91    app.mainloop()
```

**프로그램 설명**

① 윈도우를 생성, 메뉴 처리, 이벤트 처리, 화면표시 등은 tkinter를 사용하고, 영상 입출력, 크기조정은 PIL을 사용한다.

'File' 메뉴의 'Open...' 메뉴 항목에서 파일개방 대화상자로 영상파일을 선택하여, 영상을 개방하여, 캔버스에 영상 크기로 표시하고, 마우스로 윈도우 크기를 재조정하면 크기에 맞게 영상을 재조정하여 표시한다.

'Save...' 메뉴 항목에서 파일 저장 대화상자로 저장 파일이름을 선택하여 영상파일로 저장한다. 'Exit' 메뉴 항목은 응용프로그램을 종료한다.

② #1은 Frame을 초기화하고, self.master.geometry()로 윈도우를 모니터 스크린의 중앙에 위치시킨다. 실제는 최상위 윈도우가 아닌, Frame 객체의 크기 width × height를 기준으로 위치시킨다. self.master.resizable()는 윈도우 크기 변경을 불가능하게 한다. self.makeMenu()는 메뉴를 생성한다. tk.Canvas(self, bd = 0)로 캔버스 객체 self.canvas를 생성하고, self.canvas.pack()로 캔버스를 프레임에 붙이고, self.pack()로 프레임을 최상위 윈도우에 붙인다. 원본영상과 크기조정 영상을 위한 self.image, self.resized 인스턴스 변수를 None으로 초기화한다. "<Configure>" 이벤트에 대한 핸들러를 self.onResize()로 바인딩한다.

③ #2의 onResize(self, event)는 윈도우 크기 등의 환경변경 이벤드('<Configure>') 핸들러 함수이다. 바인딩에 따라 캔버스 또는 프레임의 크기 size로 self.image.resize(size,Image.ANTIALIAS)로 원본영상 self.image를 크기를 변경하여 self.resized에 저장한다. ImageTk.PhotoImage()로 tkinter에 표시할 수 있는 영상을 self.photo에 생성한다. 캔버스의 "IMG" 태그 영상을 삭제하고, self.canvas.create_image()로 (0, 0) 위치에 tags = "IMG" 태그의 image = photo 영상을 생성한다.

④ #3의 displayImage(self)는 onFileOpen()에서 개방한 self.image를 캔버스에 표시한다. self.master.geometry() 윈도우 크기를 재조정하기 때문에, self.canvas.config(width = w, height = h)는 없어도 된다.

⑤ #4는 메뉴를 생성하고, 메뉴 항목 처리 메서드를 설정한다.

⑥ #5의 onFileOpen(self)은 askopenfilename() 대화상자로 선택한 영상파일 fname을 Image.open(fname)로 self.image에 개방한다. self.resized = self.image.size는 영상을 열고 크기 조정 없이 바로 영상을 저장하는 것을 가능하게 하기 위해서이다. 윈도우를 모니터 스크린 중앙에 위치시키고, self.displayImage()로 self.image를 캔버스에 표시한다.

⑦ #6의 onFileSave(self)는 asksaveasfilename() 대화상자로 선택한 영상파일 fname에 self.resized 영상을 저장한다.

⑧ #7은 ImageApp 클래스 객체 app을 생성하고, app.mainloop()로 메시지 루프를 시작한다.

**예제 12.12** tkinter의 OpenCV 비디오 디스플레이

```
01  # 1212.py
02  '''
03  ref: https://scribles.net/showing-video-image-on-tkinter-window-
04  with-opencv/
05  '''
06  import tkinter as tk
```

```
10  from PIL import Image, ImageTk
11  import cv2
12
13  class VideoApp():
14
15      #1
16      def __init__(self, window, cap):
17          self.window = window
18          self.cap = cap
19          self.width = self.cap.get(cv2.CAP_PROP_FRAME_WIDTH)
20          self.height = self.cap.get(cv2.CAP_PROP_FRAME_HEIGHT)
21          self.delay = 20
22
23          #self.window.resizable(0,0)
24          self.canvas = tk.Canvas(self.window, width = self.width,
25                                  height = self.height)
26          self.canvas.pack(expand = tk.YES, fill = tk.BOTH)
27          #self.canvas.grid(row = 0, column = 0)
28          self.updateFrame()
29      #2
30      def updateFrame(self):
31          self.img = cv2.cvtColor(self.cap.read()[1],
32                                  cv2.COLOR_BGR2RGB)
33          self.img = Image.fromarray(self.img)
34          self.img = ImageTk.PhotoImage(self.img)
35
36          self.canvas.create_image(0, 0, anchor = tk.NW,
37                                   image = self.img)
38          self.window.after(self.delay, self.updateFrame)
39
40      #3
41      def __del__(self):
42          if self.cap.isOpened():
43              self.cap.release()
44  #4
45  if __name__ == "__main__":
46      main_wnd = tk.Tk()
47      VideoApp(main_wnd, cv2.VideoCapture(0)) # './data/vtest.avi'
48      main_wnd.mainloop()
```

**프로그램 설명**

① VideoApp() 클래스는 tk.Canvas()에 비디오 프레임을 표시한다.

② #1의 __init__() 생성자에서 self.window, self.cap, self.width, self.height, self.delay를 초기화하고, tk.Canvas()로 self.canvas를 생성하고, self.updateFrame()를 호출한다.

③ #2의 updateFrame() 메서드는 비디오에서 self.cap.read()[1]로 캡처한 영상을 self.img에 저장하고, RGB, PIL, PhotoImage 영상으로 변환하여 self.canvas에 출력한다. self.window.after()를 사용하여 self.delay = 20 밀리초 간격으로 self.updateFrame() 메서드를 반복 호출한다.

④ #3의 __del__() 파괴자에서 self.cap.release()로 비디오를 닫는다.

⑤ #4는 tk.Tk()로 main_wnd를 생성하고, VideoApp(main_wnd, cv2.VideoCapture(0))로 카메라 0에서 객체를 생성한다.

# 03 Pygame

Pygame은 비디오 게임 작성을 위한 파이썬 라이브러리이다. 11장의 증강현실 예제에서 Pygame을 사용하였다. PIL, OpenCV의 영상과 비디오를 Pygame의 디스플레이에 표시하는 방법을 설명한다. OpenCV 영상은 (H, W, C) 모양의 넘파이 배열을 사용한다. Pygame의 디스플레이 Surface는 (W, H, C) 모양을 사용한다. 넘파이의 np.swapaxes(0, 1)로 축을 변경한다. pygame.image.frombuffer()를 사용하면 BGR, RGB 등의 채널 포맷의 버퍼로부터 Surface를 생성할 수 있다.

| 예제 12.13 | Pygame 영상 디스플레이 |
| --- | --- |

```
01  # 1213.py
02  from PIL import Image
03  from tkinter import messagebox
04  import pygame
05  import cv2
06
07  #1
08  ##surface = pygame.image.load("./data/lena.jpg")
09
10  #2: PIL
11  ##image = Image.open("./data/lena.jpg")
12  ##mode = image.mode
13  ##size = image.size
14  ##data = image.tobytes()
15  ##surface = pygame.image.frombuffer(data, size, mode)
16
```

```
17  #3: OpenCV
18  image  = cv2.imread("./data/lena.jpg")
19  image = cv2.cvtColor(image, cv2.COLOR_BGR2RGB)   # (H, W, C), RGB
20  image = image.swapaxes(0, 1)                     # (W, H, C)
21
22  #3-1
23  ##size =  image.shape[:2]
24  ##surface = pygame.image.frombuffer(image.flatten(), size, "RGB")
25
26  #3-2
27  surface = pygame.surfarray.make_surface(image)
28  W, H = surface.get_size()
29  print(f"W = {W}, H={H}")
30
31  #4
32  pygame.init()
33  pygame.display.set_caption('Pygame image')
34  screen  = pygame.display.set_mode((W, H))
35
36  #5
37  running = True
38  while  running:
39  #5-1
40      #screen .fill((255, 255, 255))                 # white
41      screen .blit(surface, (0, 0))
42      #pygame.surfarray.blit_array(screen, image)  #3:OpenCV's image
43      pygame.display.update()
44
45  #5-2
46      for event in pygame.event.get() :
47          if (event.type == pygame.QUIT or
48              (event.type == pygame.KEYDOWN and
49                  event.key == pygame.K_ESCAPE)):
50              if messagebox.askokcancel("Msg", "Quit?"):
51                  pygame.quit()
52                  running = False                 # while
53                  break                           # for
```

### 프로그램 설명

① Pygame을 이용하여 영상을 표시한다. #1은 pygame.image.load()로 "lena.jpg" 영상을
surface에 로드한다. type(surface_img) = <class 'pygame.Surface'>이다.

② #2는 PIL의 Image.open()로 영상을 image에 로드하고, image.tobytes()로 바이트 data를
생성하고, pygame.image.frombuffer()로 pygame.Surface 영상 surface를 생성한다.

③ #3은 OpenCV의 cv2.imread()로 영상을 image에 로드하고, RGB 영상으로 변환하고, image.swapaxes(0, 1)로 image의 모양을 (W, H, C)로 변경한다.

#3-1은 pygame.image.frombuffer()로 bytes = image.flatten(), size = size, format = "RGB"를 설정하여 surface를 생성한다.

#3-2는 pygame.surfarray.make_surface(image)로 surface를 생성한다. surface.get_size()는 pygame.Surface의 크기를 반환한다.

④ #4의 pygame.init()는 pygame을 초기화한다. pygame.display.set_caption()은 디스플레이 타이틀을 설정한다. pygame.display.set_mode()로 (W, H) 크기의 디스플레이 스크린 screen을 생성한다.

⑤ #5는 while 반복에서 running = True인 동안 영상을 표시하고, 이벤트를 처리한다. #5-1에서 screen.fill()로 (255, 255, 255) 컬러로 채운다. screen.blit()로 surface_img를 screen의 (0, 0)를 기준으로 블록 이동한다. pygame.display.update()로 디스플레이 스크린 전체를 갱신하여 영상을 표시한다.

#5-2의 for 문에서 pygame.event.get()의 이벤트를 처리한다. pygame.QUIT 또는 키보드 pygame.K_ESCAPE를 누르면 tkinter의 messagebox()를 보이고, 확인 버튼을 누르면 pygame.quit()으로 종료하고, for와 while을 탈출하여 프로그램을 종료한다.

---

**예제 12.14 | Pygame의 OpenCV 비디오 디스플레이**

```
01  # 1214.py
02  import cv2
03  import sys
04  import pygame
05  from pygame.locals import KEYDOWN, K_ESCAPE
06  #1
07  cap = cv2.VideoCapture(0)
08  W = int(cap.get(cv2.CAP_PROP_FRAME_WIDTH))
09  H = int(cap.get(cv2.CAP_PROP_FRAME_HEIGHT))
10  print(f"W = {W}, H={H}")
11
12  #2
13  pygame.init()
14  pygame.display.set_caption("OpenCV video on Pygame")
15  screen = pygame.display.set_mode([W, H])
16
17  #3
18  try:
19      while True:
20  #3-1
21          frame = cap.read()[1] # BGR
```

```
22          #screen.fill([0, 0, 0])
23          # (H, W, C), RGB
24          frame = cv2.cvtColor(frame, cv2.COLOR_BGR2RGB)
25
26  #3-2
27  ##          surface = pygame.image.frombuffer(frame, (W,H), "RGB")
28  ##          screen .blit(surface, (0, 0))
29
30  #3-3
31  ##          frame = frame.swapaxes(0, 1)      # (W, H, C)
32  ##          surface = pygame.surfarray.make_surface(frame)
33  ##          screen .blit(surface, (0, 0))
34
35  #3-4
36          frame = frame.swapaxes(0, 1)          # (W, H, C)
37          pygame.surfarray.blit_array(screen, frame)
38          pygame.display.update()
39
40  #3-5
41          for event in pygame.event.get():
42              if event.type == pygame.QUIT:
43                  sys.exit(0)
44              elif event.type == KEYDOWN and event.key == K_ESCAPE:
45                  sys.exit(0)
46  #3-6
47          pygame.display.flip()
48
49  #4
50  except (KeyboardInterrupt, SystemExit):
51      pygame.quit()
52      cv2.destroyAllWindows()
```

**프로그램 설명**

1. OpenCV의 cv2.VideoCapture()에 의한 비디오를 Pygame에 표시한다. pygame.locals 에서 KEYDOWN, K_ESCAPE 키를 임포트 한다. #1은 cv2.VideoCapture(0)로 카메라 객체 cap을 생성한다. 비디오의 화면 크기를 (W, H)에 저장한다.

2. #2의 pygame.init()는 pygame을 초기화한다. pygame.display.set_caption()은 디스플레이 타이틀을 설정한다. pygame.display.set_mode()로 (W, H) 크기의 디스플레이 스크린 screen을 생성한다.

3. #3은 while 반복문에서 비디오를 캡처하고 표시한다. 프로그램 종료를 try~except를 이용 하여 예외 처리한다.

4. #3-1은 cap.read()[1]로 비디오 프레임 frame을 획득하고, RGB영상으로 변환한다.

⑤ #3-2는 pygame.image.frombuffer()로 surface를 생성하고, screen .blit()로 스크린에 블록 이동 한다.

⑥ #3-3은 frame.swapaxes(0, 1)으로 frame의 모양을 (W, H, C)로 변경하고, pygame. surfarray.make_surface(frame)로 surface를 생성하고, screen.blit()로 스크린에 블록 복사한다.

⑦ #3-4는 frame.swapaxes(0, 1)으로 frame의 모양을 (W, H, C)로 변경하고, pygame. surfarray.blit_array(screen, frame)로 넘파이 배열 frame을 직접 스크린에 블록 복사 한다.

⑧ #3-5는 pygame.display.update()로 디스플레이 스크린 전체를 갱신하여 영상을 표시한다.

⑨ #3-6은 for 문에서 pygame.event.get()의 이벤트를 처리한다. 종료 pygame.QUIT 또는 키보드 K_ESCAPE를 누르면 sys.exit()로 SystemExit 예외를 발생하여 while을 탈출한다.

⑩ #4는 KeyboardInterrupt, SystemExit 예외가 발생하면, pygame을 종료한다.

# 04 PyQt5

PyQt는 크로스 플랫폼의 강력한 사용자 인터페이스 GUI 도구인 Qt의 파이썬 바인딩 이다. 이 절에서는 PyQt5를 이용하여 OpenCV 영상과 비디오를 출력하는 방법을 설명 한다. PyQt5의 윈도우, 컨트롤의 영상 표시는 QPixmat을 사용한다. QPixmat은 RGBA 채널을 기본으로 사용한다. OpenCV의 BGR 채널 넘파이 배열을 PyQt5의 QImage로 변환하고, QPixmat으로 변환해서 윈도우에 표시한다. QPixmat은 디바이스에서 사용 하는 포맷이고, QImage는 영상변환, 수정, 화소접근 등에 사용한다.

| 예제 12.15 | QtGui.QPixmap 영상 디스플레이 |

```
01  # 1215
02  from PyQt5 import QtWidgets, QtGui
03  from PIL import Image, ImageQt
04
05  #1
06  app = QtWidgets.QApplication([])
07  label = QtWidgets.QLabel()
08
09  #2
10  pixmap = QtGui.QPixmap('./data/lena.jpg')
```

```
11
12  #3: PIL
13  img = Image.open("./data/lena.png")
14  qimage = ImageQt.ImageQt(img)
15  pixmap = QtGui.QPixmap.fromImage(qimage)
16
17  #4
18  pixmap.save('./data/1213.png')
19  W, H = pixmap.width(), pixmap.height()
20  C = pixmap.depth() // 8
21  print(f"W={W}, H={H}, C={C}")
22
23  #5
24  label.setPixmap(pixmap)
25  label.setScaledContents(True)
26  label.setWindowTitle("image")
27  label.show()
28  app.exec_() #loop
```

**프로그램 설명**

① #1은 QtWidgets.QApplication로 응용프로그램 객체 app를 생성한다. QtWidgets. QLabel로 label을 생성한다.

② #2는 QtGui.QPixmap()으로 'lena.jpg' 파일을 로드하여 QPixmap 객체 pixmap을 생성한다.

③ #3은 PIL의 Image.open()로 영상을 img에 개방하고, ImageQt.ImageQt(img)로 qimage 영상을 생성하고, QtGui.QPixmap.fromImage(qimage)로 #2와 같은 QPixmap 영상 pixmap을 생성한다.

④ #4는 pixmap.save()로 pixmap 영상을 파일에 저장한다. pixmap.width(), pixmap. height(), pixmap.depth()는 각각 영상의 가로, 세로, 화소 비트수이다. C = 32 / 8 = 4는 RGBA 채널을 의미한다.

⑤ #5는 label.setPixmap()로 레이블에 pixmap을 설정하고, label.show()로 보인다. label. setScaledContents(True)이면 레이블 크기에 따라 영상의 크기를 변경한다 레이블의 pixmap은 변경되지 않는다. label.setWindowTitle("image")은 윈도우 타이틀을 설정한다. app.exec_()로 무한반복 대기한다.

---

**예제 12.16** OpenCV 영상의 PyQt5 디스플레이

```
01  # 1216
02  '''
03  ref: https://github.com/hmeine/qimage2ndarray
04  '''
```

```
05  from PyQt5 import QtWidgets, QtGui
06  import cv2
07  #import qimage2ndarray # pip install qimage2ndarray
08
09  #1
10  img = cv2.imread('./data/lena.jpg')              # BGR
11  img = cv2.cvtColor(img, cv2.COLOR_BGR2RGB)       # RGB
12  H,W,C = img.shape
13  print(f"W={W}, H={H}, C={C}")
14
15  #2
16  app = QtWidgets.QApplication([])
17  label = QtWidgets.QLabel()
18
19  #3: OpenCV's numpy array -> QImage
20  #3-1
21  qimg = QtGui.QImage(img.data, W, H, W * C,
22                      QtGui.QImage.Format_RGB888)
23
24  #3-2
25  ##qimg = qimage2ndarray.array2qimage(img)        # 32bit WImage
26
27  #3-3
28  ##qimg = qimg.convertToFormat(QtGui.QImage.Format_Grayscale8)
29  ##qimg.save('./data/1216.png')
30
31  #4
32  pixmap = QtGui.QPixmap.fromImage(qimg)
33  w, h = pixmap.width(), pixmap.height()
34  c = pixmap.depth()//8
35  print(f"w={w}, h={h}, c={c}")
36
37  #5
38  label.setPixmap(pixmap)
39  label.setScaledContents(True)
40  label.setWindowTitle("PyQt5: image")
41  label.show()
42  app.exec_()
```

### 프로그램 설명

① #1은 cv2.imread()로 img에 BGR 컬러영상을 읽는다. cv2.cvtColor()로 RGB 채널 순서로 변경한다. C = 3 채널이다.

② #2는 응용프로그램 객체 app를 생성하고, 레이블 label을 생성한다.

③ #3은 OpenCV의 넘파이 배열 img을 QImage로 변환한다. QImage는 영상변환, 수정, 화소

접근 등에 사용한다.

#3-1은 QtGui.QImage()로 img.data의 데이터를 QImage 영상 qimg로 변경한다.
img.data.tobytes()로 바이트 데이터로 변경하여 사용할 수 있다.

#3-22는 qimage2ndarray 패키지는 넘파이 배열과 QImage 영상사이의 변환을 제공한다.
qimage2ndarray.array2qimage()로 넘파일 배열 img를 qimg로 변환한다.

#3-3은 qimg.convertToFormat()으로 영상 포맷을 그레이스케일로 변환한다.
qimg.save()로 영상을 파일에 저장한다.

④ #4의 QtGui.QPixmap.fromImage()는 QImage 영상 qimg으로부터 QPixmap 객체
pixmap을 생성한다. pixmap.depth() = 32비트로 c = 4는 RGBA 채널을 의미한다.

⑤ #5는 label.setPixmap()로 레이블에 pixmap을 설정하고, label.show()로 보인다.
app.exec_()는 응용프로그램을 무한반복 대기한다.

---

**예제 12.17** | PyQt5의 영상의 OpenCV 디스플레이

```
01  # 1217
02  '''
03  ref1: https://github.com/hmeine/qimage2ndarray
04  ref2: https://stackoverflow.com/questions/37552924/convert-qpixmap-
05  to-numpy
06  '''
07  from PyQt5 import QtWidgets, QtGui
08  import numpy as np
09  import cv2
10  import qimage2ndarray          # pip install qimage2ndarray
11
12  #1:
13  def qimg2array(qimg):          # QImage-> OpenCV's numpy array
14  #1-1
15      img_size = qimg.size()
16      H, W, C = img_size.height(), img_size.width(), \
17              qimg.depth() // 8
18      #print(f'H={H}, W={W}, C={C}')
19
20      n_bytes  = W * H * C
21      #print('n_bytes=', n_bytes)
22
23  #1-2
24      data = qimg.bits().asstring(n_bytes)      # qtimg.constBits()
25      arr = np.ndarray(shape = (H, W, C), buffer = data, \
26                      dtype  = np.uint8)
```

```
27  ##     arr = np.frombuffer(data, dtype = np.uint8).reshape(
28  ##                       img_size.height(), img_size.width(), -1)
29  #1-3
30      if qimg.isGrayscale():
31          return arr[...,0]          # GRAY
32      return arr[...,:3]             # RGB
33
34  #2
35  app = QtWidgets.QApplication([])
36  label = QtWidgets.QLabel()
37  pixmap = QtGui.QPixmap('./data/lena.jpg')          # QPixmap
38  label.setPixmap(pixmap)
39  label.setScaledContents(True)
40  label.show()
41  label.setWindowTitle("PyQt5: image")
42
43  #3
44  #3-1
45  qimg = pixmap.toImage()            # QImage
46
47  #3-2
48  cv_img = qimage2ndarray.rgb_view(qimg)
49  #cv_img = cv_img[..., ::-1]
50  cv_img = cv2.cvtColor(cv_img, cv2.COLOR_RGB2BGR)
51  cv2.imshow('cv_img', cv_img)
52  print('cv_img.shape=', cv_img.shape )
53
54  #3-3
55  cv_img2 = qimg2array(qimg)
56  cv2.imshow('cv_img2', cv_img2)
57  print('cv_img2.shape=', cv_img2.shape )
58
59  #3-4
60  qimg = qimg.convertToFormat(QtGui.QImage.Format_Grayscale8)
61  cv_img3 = qimg2array(qimg)
62  cv2.imshow('cv_img3', cv_img3)
63  print('cv_img3.shape=', cv_img3.shape )
64
65  #4
66  cv2.waitKey()
67  cv2.destroyAllWindows()
68  app.exec_()
```

## 프로그램 설명

① qimage2ndarray, 사용자 정의 함수 qimg2array()를 사용하여 QImage를 OpenCV의 넘파일 배열로 반환한다.

② #1의 qimg2array()는 QImage를 OpenCV 넘파이 배열로 변환하여 반환한다.

#1-1에서 img_size.height(), img_size.width(), qimg.depth()//8을 H, W, C에 각각 저장한다. n_bytes = W * H * C는 바이트 크기이다.

#1-2에서 qimg.bits().asstring(n_bytes)로 qimg을 bytes 자료형의 data에 저장한다. cv2.imread()로 img에 BGR 컬러영상을 읽는다. cv2.cvtColor()로 RGB 채널로 변경한다. np.ndarray()를 사용하여 data를 shape = (H, W, C) 모양의 np.uint8 배열로 변경한다.

#1-3에서 qimg.isGrayscale()이면 arr[...,0]를 반환한다. 그레이스케일이 아니면 RGB 채널 순서의 arr[..., :3]를 반환한다.

③ #2는 QtWidgets.QApplication로 응용프로그램 객체 app를 생성한다. QtWidgets. QLabel로 label을 생성한다. QPixmap()으로 pixmap에 영상 파일을 로드한다. label. setPixmap()로 레이블에 pixmap을 설정하고 label.show()로 보인다.

④ #3-1은 QPixmap 영상 <sup>pixmap</sup>을 QImage 영상 <sup>qimg</sup>으로 변환한다.

⑤ #3-2는 qimage2ndarray.rgb_view()로 qimg을 RGB 채널 순서의 3차원 넘파이 배열 cv_img로 변환한다. cv2.cvtColor()로 BGR 채널 순서로 변경하고, cv2.imshow()로 cv_img를 'cv_img' 윈도우에 표시한다.

⑥ #3-3은 #1의 qimg2array() 함수로 qimg을 BGR 채널의 3차원 넘파이 배열 cv_img2로 변환한다. cv2.imshow()로 cv_img2를 'cv_img2' 윈도우에 표시한다.

⑦ #3-4는 qimg.convertToFormat()로 Format_Grayscale8 포맷의 그레이스케일 영상으로 변환한다. #1의 qimg2array() 함수로 qimg을 2차원 넘파이 배열 cv_img3로 변환한다. cv2.imshow()로 cv_img3을 'cv_img3' 윈도우에 표시한다.

---

**예제 12.18 | PyQt5 메뉴 처리 영상 디스플레이**

```
01  # 1218
02  from PyQt5 import QtWidgets, QtGui
03  from PyQt5.QtGui import QPixmap, QImage, QIcon
04  from PyQt5.QtWidgets import   QMenuBar, QFileDialog, QAction, qApp
05  #import qimage2ndarray
06
07  import numpy as np
08  import cv2
09  import sys
10
11  #1
12  #1-1
13  def toRGB(image):
14      image = cv2.cvtColor(image, cv2.COLOR_BGR2RGB)
```

```
15
16      H,W,C = image.shape
17      qimg = QtGui.QImage(image.data, W, H, W * C,
18                          QtGui.QImage.Format_RGB888)
19      #qimg = qimage2ndarray.array2qimage(image)
20
21      pixmap = QtGui.QPixmap.fromImage(qimg)
22      label.setPixmap(pixmap)
23      label.show()
24
25      btn1.setEnabled(False)          # btn1.setDisabled(True)
26      btn2.setEnabled(True)
27
28  #1-2
29  def toGray(image):
30      gray = cv2.cvtColor(image, cv2.COLOR_BGR2GRAY)
31
32      H,W = gray.shape
33      qimg = QtGui.QImage(gray.data, W, H, W,
34                          QtGui.QImage.Format_Grayscale8)
35  ##    qimg = qimage2ndarray.gray2qimage(gray)
36
37      pixmap = QtGui.QPixmap.fromImage(qimg)
38      label.setPixmap(pixmap)
39      label.show()
40
41      btn1.setEnabled(True)
42      btn2.setEnabled(False)
43
44  #2: create label, button, menu,  window and layout
45  #2-1
46  app = QtWidgets.QApplication([])
47  label= QtWidgets.QLabel()
48  #label.setScaledContents(True)
49  btn1 = QtWidgets.QPushButton("RGB")
50  btn2 = QtWidgets.QPushButton("GRAY")
51  menubar =  QMenuBar()
52
53  #2-2
54  layout = QtWidgets.QVBoxLayout()
55  layout.addWidget(menubar)
56  layout.addWidget(label)
57  layout.addWidget(btn1)
58  layout.addWidget(btn2)
59
```

```
60  #2-3
61  window = QtWidgets.QWidget()
62  window.setLayout(layout)
63  window.setWindowTitle('PyQt5: OpenCV Image')
64  window.show()
65
66  #3: load OpenCV image and button click event
67  cv_image = cv2.imread('./data/lena.jpg')
68  toRGB(cv_image)                    # initial display
69  btn1.clicked.connect(lambda: onRGB(cv_image))
70  btn2.clicked.connect(lambda: onGray(cv_image))
71
72  #4
73  def qimg2array(qimg):
74      img_size = qimg.size()
75      H, W, C = img_size.height(), img_size.width(), \
76                qimg.depth() // 8
77      #print(f'H={H}, W={W}, C={C}')
78
79      n_bytes = W * H * C
80      data = qimg.bits().asstring(n_bytes)
81      arr = np.ndarray(shape = (H, W, C), buffer= data,
82                       dtype = np.uint8)
83
84      if qimg.isGrayscale():
85          return arr[...,0]       # GRAY
86      return arr[...,:3]          # RGB
87
88  #5:
89  #5-1
90  def OnFileOpenDialog():
91      global cv_image
92      fname, _ = QFileDialog.getOpenFileName(window,
93                       'Open file', './data',
94                       "Images(*.png, *.jpg);;All files (*.*)")
95      print('fname=', fname)
96      if fname:                    # fname != ''
97          cv_image = cv2.imread(fname)
98          toRGB(cv_image)
99
100 #5-2
101 def OnFileSaveDialog():
102     fname, _ = QFileDialog.getSaveFileName(window,
103                       'Save file', './data',
104                       "PNG(*.png);; JPG(*.jpg);; Bmp(*.bmp)")
```

```
105     if not fname:
106         return
107
108     pixmap = label.pixmap()    # QPixmap
109     qimage = pixmap.toImage() # QImage
110
111     #img = qimage2ndarray.rgb_view(qimage,
112     #                              byteorder = 'little')  # BGR
113     img = qimg2array(qimage)
114     cv2.imwrite(fname, img)
115
116 #5-3
117 def OnExit():
118     window.close()
119     qApp.quit()
120
121 #6: menu item action
122 openFile = QAction(QIcon('./data/folder.png'), 'Open')
123 openFile.setShortcut('Ctrl+O')
124 openFile.triggered.connect(OnFileOpenDialog)
125
126 saveFile = QAction(QIcon('./data/save.png'), 'Save')
127 saveFile.setShortcut('Ctrl+S')
128 saveFile.triggered.connect(OnFileSaveDialog)
129
130 exitFile = QAction(QIcon('./data/exit.png'), 'Exit')
131 exitFile.setShortcut('Ctrl+Q')
132 exitFile.triggered.connect(OnExit)
133
134 fileMenu = menubar.addMenu('&File')
135 fileMenu.addAction(openFile)
136 fileMenu.addAction(saveFile)
137 fileMenu.addAction(exitFile)
138
139 sys.exit(app.exec_())
```

**프로그램 설명**

① PyQt5에서 윈도우(window)를 생성하고, 레이블, 버튼, 메뉴를 생성하여 파일 메뉴에서 영상을 읽고, 저장한다.

② #1의 #1-1의 toRGB()는 btn1 버튼의 클릭을 처리한다. image는 전역변수 cv_image이다 (함수에서 전역변수를 선언하면 인수를 사용하지 않을 수 있다). image를 Format_RGB888의 QImage qimg, QPixmap pixmap로 변환하여 label.setPixmap()로 레이블의 영상을 RGB 영상으로 변경한다.

③ #1-2의 toGray()는 btn2 버튼의 클릭을 처리한다. image를 Format_Grayscale8의 QImage의 qimg, QPixmap의 pixmap로 변환하여 label.setPixmap()로 레이블에 그레이스케일 영상을 표시한다.

④ #2-1은 응용프로그램 app, 레이블 label, 버튼 btn1, btn2, 메뉴바 menubar를 생성한다. #2-2는 세로방향 박스 레이아웃 layout을 생성하고, menubar, label, btn1, btn2를 차례로 추가한다. #2-3은 QWidget 윈도우 window를 생성하고, layout로 레이아웃을 설정한다.

⑤ #3은 cv2.imread()로 영상을 cv_image에 읽고, toRGB(cv_image)로 레이블에 표시한다. btn1, btn2의 각 클릭 이벤트 처리 함수를 toRGB(), toGray()로 설정한다. lambda를 사용하여 cv_image를 전달한다.

⑥ #4의 qimg2array()는 QImage를 OpenCV 넘파이 배열로 변환하여 반환한다.

⑦ #5-1의 OnFileOpenDialog()는 [File-Open] 메뉴를 처리하는 함수이다. fname 파일의 영상을 cv2.imread()로 전역변수 cv_image에 파일을 로드하고 toRGB()로 레이블에 표시한다.

⑧ #5-2의 OnFileSaveDialog()는 [File-Save] 메뉴를 처리하는 함수이다. 레이블의 QPixmap 영상 pixmap을 QImage 영상 qimage로 변환하고, qimg2array()로 넘파일 배열 img로 변환하여 cv2.imwrite()로 fname 파일에 저장한다.

#5-3의 OnExit()는 [File-Exit] 메뉴처리함수이다. window.close()로 윈도우를 닫고, qApp.quit() 응용프로그램을 종료한다.

⑨ #6은 menubar에 [File] 메뉴를 생성하고, [File-Open], [File-Save], [File-Exit] 항목을 생성하고, 단축키와 메뉴 액션으로 openFile(), saveFile(), exitFile() 함수를 설정한다. QWidget 또는 QMainWindo에서 상속받아 클래스로 작성할 수 있다.

**예제 12.19 PyQt5 비디오 디스플레이: QTimer**

```
01 # 1219
02 '''
03 https://gist.github.com/bsdnoobz/8464000
04 '''
05
06 from PyQt5 import QtWidgets, QtGui
07 from PyQt5.QtGui     import QImage, QPixmap
08 from PyQt5.QtCore    import QTimer, Qt
09 import cv2
10 import sys
11 #import qimage2ndarray
12
13 class VideoWindow(QtWidgets.QWidget):
14 #1
15     def __init__(self, source = 0):
```

```
16          super().__init__()
17          self.title = "OpenCV VideoCam: QTimer"
18          self.mode = "RGB"
19          self.cap = cv2.VideoCapture(source)
20          self.initUI()
21  #2
22      def displayImage(self):
23          ret, frame = self.cap.read()
24          if ret:
25              H,W,C = frame.shape
26
27              image = cv2.cvtColor(frame, cv2.COLOR_BGR2RGB)
28              qimg = QImage(image.data.tobytes(), W, H, W * C,
29                          QtGui.QImage.Format_RGB888)
30              #image = qimage2ndarray.array2qimage(image)
31
32              if self.mode =="GRAY":
33                  qimg = qimg.convertToFormat(
34                              QImage.Format_Grayscale8)
35
36              self.label.setPixmap(QPixmap.fromImage(qimg))
37  #3
38      def initUI(self):
39          self.setWindowTitle(self.title)
40          self.resize(800, 600)
41
42          self.label = QtWidgets.QLabel()
43          self.label.resize(640, 480)
44          self.label.setScaledContents(True)
45
46          self.btn1 = QtWidgets.QPushButton("RGB")
47          self.btn2 = QtWidgets.QPushButton("GRAY")
48
49          layout = QtWidgets.QVBoxLayout()
50          layout.addWidget(self.label)
51          layout.addWidget(self.btn1)
52          layout.addWidget(self.btn2)
53          self.setLayout(layout)
54
55          self.btn1.clicked.connect(self.toRGB)
56          self.btn2.clicked.connect(self.toGray)
57
58          self.timer = QTimer()
59          self.timer.setInterval(20)
60          self.timer.timeout.connect(self.displayImage)
61          self.timer.start()
```

```
62
63  #4
64      def toGray(self):
65          self.mode = "GRAY"
66          self.btn1.setEnabled(True)
67          self.btn2.setEnabled(False)
68      def toRGB(self):
69          self.mode = "RGB"
70          self.btn1.setEnabled(False)
71          self.btn2.setEnabled(True)
72
73      def closeEvent(self, event):
74          close = QtWidgets.QMessageBox.question(self,
75              "Msg", "Are you sure?",
76              QtWidgets.QMessageBox.Yes | \
77              QtWidgets.QMessageBox.No)
78          if close == QtWidgets.QMessageBox.Yes:
79              event.accept()
80          else:
81              event.ignore()
82
83      def keyPressEvent(self, event):
84          if event.key() == Qt.Key_Escape:
85              self.close()
86  #5
87  if __name__ == '__main__':
88      app = QtWidgets.QApplication([])
89      window = VideoWindow()
90      window.show()
91      sys.exit(app.exec_())
```

## 프로그램 설명

① VideoWindow 클래스는 QTimer를 이용하여 OpenCV 비디오를 디스플레이 한다. GUI와 비디오 처리를 같은 스레드에서 처리하므로 컴퓨터가 느리면 문제가 발생할 수 있다.

② #1의 __init__() 생성자에서 self.mode는 디스플레이 모드를 설정하고, self.cap에 OpenCV의 cv2.VideoCapture()를 이용하여 비디오를 연결한다. self.initUI()는 사용자인터페이스 UI를 생성한다.

③ #2의 displayImage() 메서드는 ret, frame = self.cap.read()로 프레임을 캡처하고, 프레임이 있으면 ret = True, RGB 영상 image, QImage 영상 qimg으로 변환한다. self.mode == "GRAY"이면 QImage.Format_Grayscal8 포맷으로 변환한다. QPixmap 영상으로 변환하여 self.label에 표시한다.

④ #3의 initUI() 메서드는 영상을 표시할 레이블 <sup>self.label</sup>, 화면표시 모드를 변경할 버튼 self.btn1, self.btn2을 생성하여 layout에 수직으로 배치하고, btn1, btn2 버튼 클릭 이벤트 처리를 self.toRGB(), self.toGray() 함수로 설정한다.

QTimer로 타이머(self.timer)를 20 밀리 초 간격으로 생성하고, self.displayImage() 함수를 호출하게 설정하고 타이머를 시작시킨다.

⑤ #4의 toGray(), toRGB()는 버튼 <sup>self.btn1, self.btn2</sup>의 클릭을 처리하여 영상의 표시 모드 <sup>self.mode</sup>를 변경한다. 윈도우 종료 이벤트 처리 메서드를 재정의한 closeEvent()에서 메시지 박스로 종료 여부를 다시 확인한다. keyPressEvent()는 Esc 키를 처리한다.

⑥ #5는 응용 프로그램(app)을 생성하고, 윈도우(window)를 생성하고, 화면에 표시한다. [그림 12.5]는 실행 결과이다. 버튼을 클릭하면 화면표시 모드를 변경한다.

그림 12.5 ◆ PyQt5의 비디오 디스플레이

예제 12.20 | PyQt5 비디오 디스플레이: QThread, pyqtSignal, pyqtSlot

```
01  # 1220
02  '''
03  https://stackoverflow.com/questions/44404349/pyqt-showing-video-
04  stream-from-opencv
05  '''
06
07  from PyQt5 import QtWidgets, QtGui
08  from PyQt5.QtGui  import QImage, QPixmap
09  from PyQt5.QtCore import Qt, QThread, pyqtSignal, pyqtSlot
10  import cv2
11  import sys
12
```

```python
13  #1
14  class VideoWorker(QThread):
15  #1-1
16      send_qimage = pyqtSignal(QImage)
17
18  #1-2
19      def __init__(self, parent, source = 0):
20          super(VideoWorker, self).__init__(parent)
21          self.parent = parent
22          self.source = source
23  #1-3
24      def run(self):
25          cap = cv2.VideoCapture(self.source)
26          ret, frame = cap.read()
27          if ret:
28              self.stopped = False
29          else:
30              self.stopped = True
31
32          H, W, C = frame.shape
33          bytesPerLine = W*C
34          while not self.stopped:
35              ret, frame = cap.read()
36              if ret:
37                  frame = cv2.cvtColor(frame, cv2.COLOR_BGR2RGB)
38                  qimg = QImage(frame.data.tobytes(), W, H,
39                                  bytesPerLine,
40                                  QtGui.QImage.Format_RGB888)
41                  self.send_qimage.emit(qimg)
42              else:
43                  self.stopped = True
44          cap.release()
45          #print("stop camera!")
46
47  #2
48  class VideoWindow(QtWidgets.QWidget):
49  #2-1
50      def __init__(self, source = 0):
51          super().__init__()
52          self.title = "OpenCV VideoCam"
53          self.mode = "RGB"
54          self.source = source
55          self.initUI()
56  #2-2
57      @pyqtSlot(QImage)
58      def displatImage(self, image):
```

```python
59          if self.mode == "GRAY":
60              image = image.convertToFormat(
61                              QImage.Format_Grayscale8)
62
63          self.image = image
64          self.label.setPixmap(QPixmap.fromImage(image))
65
66  #2-3
67      def initUI(self):
68          self.setWindowTitle(self.title)
69          self.resize(800, 600)
70
71          self.label = QtWidgets.QLabel()
72          self.label.resize(640, 480)
73          self.label.setScaledContents(True)
74
75          self.btn1 = QtWidgets.QPushButton("RGB")
76          self.btn2 = QtWidgets.QPushButton("GRAY")
77          self.btn2.setEnabled(False)
78
79          layout = QtWidgets.QVBoxLayout()
80
81          layout.addWidget(self.label)
82          layout.addWidget(self.btn1)
83          layout.addWidget(self.btn2)
84          self.setLayout(layout)
85
86          self.btn1.clicked.connect(self.toRGB)
87          self.btn2.clicked.connect(self.toGray)
88
89          self.thread  = VideoWorker(self, self.source)
90          self.thread .send_qimage.connect(self.displatImage)
91          self.thread .start()
92
93  #2-4
94      def toGray(self):
95          self.mode = "GRAY"
96          self.btn1.setEnabled(True)
97          self.btn2.setEnabled(False)
98
99      def toRGB(self):
100          self.mode = "RGB"
101          self.btn1.setEnabled(False)
102          self.btn2.setEnabled(True)
103
```

```
104     def closeEvent(self, event):
105         close = QtWidgets.QMessageBox.question(self,
106                         "Msg", "Are you sure?",
107                         QtWidgets.QMessageBox.Yes | \
108                         QtWidgets.QMessageBox.No)
109         if close == QtWidgets.QMessageBox.Yes:
110             event.accept()
111         else:
112             event.ignore()
113
114     def keyPressEvent(self, event):
115         if event.key() == Qt.Key_Escape:
116             self.stopped = True
117             self.close()
118
119 #3
120 if __name__ == '__main__':
121     app = QtWidgets.QApplication([])
122     window = VideoWindow()
123     window.show()
124     sys.exit(app.exec_())
```

**프로그램 설명**

① [예제 12.19]의 예제를 PyQt5의 QThread, pyqtSignal, pyqtSlot를 이용하여 다시 작성 하였다.

② #1의 QThread에서 상속한 VideoWorker 클래스는 영상을 캡처하여 send_qimage를 통해 전달하는 스레드이다.

#1-1의 send_qimage는 pyqtSignal()로 QImage 영상을 전달할 신호 객체이다.

#1-2의 __init__() 생성자에서 self.parent에 부모 윈도우를 저장하고, self.source에 비디오 소스를 저장한다.

#1-3의 run() 메서드에서 cap에 OpenCV의 cv2.VideoCapture()를 이용하여 비디오를 연결하고, self.stopped = False인 동안 프레임 frame에 영상을 읽고, 프레임이 있으면 ret = True, QImage 영상 qimg으로 변환하고, self.send_qimage.emit(qimg)로 영상을 내보낸다. 프레임이 없으면 ret = False, self.stopped = True로 설정하여 반복을 종료하여 스레드를 멈춘다.

③ #2의 VideoWindow 클래스는 윈도우를 생성하고, 비디오를 표시한다. #2-1의 생성자는 self.mode = "RGB"로 화면표시모드를 설정하고, self.source에 비디오 소스를 저장하고, self.initUI()로 UI를 생성하고 초기화한다.

④ #2-2의 @pyqtSlot(QImage) 데코레이터로 displatImage() 메서드가 #1-1의 send_ qimage 신호를 받을 메서드임을 표시한다. self.mode == "GRAY"이면 전달받은 QImage

포멧의 image를 그레이스케일로 변환한다. self.label.setPixmap()으로 QPixmap.
fromImage(image) 영상을 레이블에 표시한다.

⑤ #2-3의 initUI() 메서드는 영상을 표시할 레이블 self.label, 화면표시 모드를 변경할 버튼
self.btn1, self.btn2을 생성하여 layout에 수직으로 배치하고, btn1, btn2 버튼 클릭 이벤트
처리를 self.toRGB(), self.toGray() 함수로 설정한다.

VideoWorker(self, self.source)로 비디오 프레임을 획득할 스레드를 self.thread에 생성
하고, VideoWorker의 #1-1에서 send_qimage로 생성하고, #1-3에서 self.send_qimage.
emit(qimg)로 보낸 신호를 받을 메서드를 self.thread .send_qimage.connect(self.
displatImage)로 설정한다. self.thread .start()로 스레드를 시작하면 #1-3의 스레드의
run() 메서드가 실행된다.

⑥ #2-4에서 toGray(), toRGB()는 버튼 self.btn1, self.btn2의 클릭을 처리하여 영상의 표시 모드
self.mode를 변경한다. closeEvent()는 윈도우 종료 이벤트를 재정의하여 메시지 박스로
종료 여부를 다시 확인한다. keyPressEvent()는 Esc 키를 처리한다.

⑦ #3은 응용 프로그램 app을 생성하고, 윈도우 window를 생성하여 화면에 표시한다. 실행 결과는
[그림 12.5]와 같다. 버튼을 클릭하면 화면표시 모드를 변경한다.

| 예제 12.21 | threading.Thread 비디오 디스플레이 |
|---|---|

```
01  # 1221
02  '''
03  ref: https://github.com/nrsyed/computer-vision/tree/master/
04  multithread
05  '''
06  from threading import Thread
07  import cv2
08
09  #1
10  class VideoCam(Thread):
11
12      def __init__(self, source = 0):
13          super().__init__()
14          self.cap = cv2.VideoCapture(source)
15          self.frame = self.cap.read()[1]
16          self.stopped = False
17          print("start camera!")
18
19      def run(self):
20          while not self.stopped:
21              ret, self.frame = self.cap.read()
```

```
22        if not ret:
23            self.stopped = True
24        self.cap.release()
25        print("stop camera!")
26
27 #2
28 class VideoShow(Thread):
29    def __init__(self, source):
30        super().__init__()
31        self.cap = source
32        self.stopped = False
33        print("start show!!")
34
35    def run(self):
36        while not self.stopped:
37            cv2.imshow("VideoCam:", self.cap.frame)
38            if cv2.waitKey(1) == 27: #Esc
39                self.stopped = True
40        print("stop show!")
41 #3
42 #3-1
43 camera_thread = VideoCam()
44 camera_thread.start()
45
46 #3-2
47 show_thread = VideoShow(camera_thread)
48 show_thread.start()
49
50 #3-3
51 while True:
52    if camera_thread.stopped:
53        show_thread.stopped = True
54        break
55
56    if show_thread.stopped:
57        camera_thread.stopped= True
58        break
59
60 cv2.destroyAllWindows()
```

### 프로그램 설명

① 파이썬의 threading 모듈의 Thread 클래스를 사용하여 두 개의 스레드 클래스를 작성한다.
   VideoCam 클래스는 영상을 캡처하는 스레드이고, VideoShow는 cv2.imshow()로 화면에
   표시하는 스레드이다.

② #1의 Thread에서 상속한 VideoCam 클래스 _init_()에서 self.cap에 OpenCV의 cv2.VideoCapture()를 이용하여 비디오를 연결한다. self.frame에 프레임을 한 장 읽고, self.stopped = False로 설정한다. run() 메서드를 재정의 하여, self.stopped가 False일 동안 계속 self.frame에 영상을 읽고, ret = False이면 self.stopped = True로 설정하여 반복을 중단한다.

③ #2의 Thread에서 상속한 VideoShow 클래스 _init_()에서 self.cap에 source를 비디오를 연결하고, self.stopped = False로 설정한다. run() 메서드를 재정의 하여, self.stopped가 False인 동안 계속 cv2.imshow()로 self.cap.frame 영상을 윈도우에 표시한다. Esc 키에 의해 self.stopped = True로 반복을 종료한다.

④ #3은 스레드를 생성하고, 실행시킨다. #3-1은 VideoCam()으로 camera_thread 스레드를 생성하고, camera_thread.start()로 스레드를 실행하면 VideoCam.run() 메서드가 호출된다.

⑤ #3-2는 VideoShow(camera_thread)로 show_thread 스레드를 생성한다. VideoShow 클래스의 생성자에 camera_thread를 전달한다. show_thread.cap은 camera_thread 이다. show_thread.start()로 스레드를 실행하면 VideoShow.run() 메서드가 호출된다.

⑥ #3-3은 camera_thread, show_thread 스레드가 멈추었는지를 확인하는 반복이다. camera_thread.stopped 또는 show_thread.stopped가 True이면 반복을 멈춘다.